Zu diesem Buch

In Natura gibt es verschiedene Sonderseiten, ein ganz besonderer Typ davon sind die **Basiskonzept-Seiten.** Den Seitenaufbau zeigt die Abbildung rechts. Ein Basiskonzept enthält neben der Überschrift einen Einleitungstext, sechs „Knoten" und mehrere Aufgaben.

Die Basiskonzepte beschäftigen sich mit biologischen Prinzipien. **Biologische Prinzipien** beschreiben Gemeinsamkeiten, immer wiederkehrende Erscheinungen und Vorgänge bei Lebewesen, die auf den ersten Blick wenig miteinander zu tun haben. Sie sind also Hilfen zur Orientierung angesichts der Vielfalt der Lebensformen und der Vorgänge, also der **biologischen Phänomene**.

Die Basiskonzepte stehen am Ende des Buches, weil sie diese Phänomene *zusammenführen* und *verknüpfen.* Im Verlauf eines Schuljahres wirst du viele Phänomene kennen lernen, die sich bestimmten Prinzipien zuordnen lassen. An vielen Stellen im Buch gibt es daher

Verweise ▶

auf die einzelnen Basiskonzepte. Man sollte also immer dann mit ihnen arbeiten, wenn man bei der Erarbeitung eines Themas auf einen *Seitenverweis* stößt. Zu jedem Basiskonzept gibt es mehrere Verweise im Buch. Auf einigen Seiten, die im Inhaltsverzeichnis *rot* markiert sind, wird an einem Beispiel die Bedeutung des Prinzips erläutert. Im **Einleitungstext** jedes Basiskonzeptes ist das

Thema

Knoten
zeigen Beispiele, auf die das Prinzip angewendet wird.

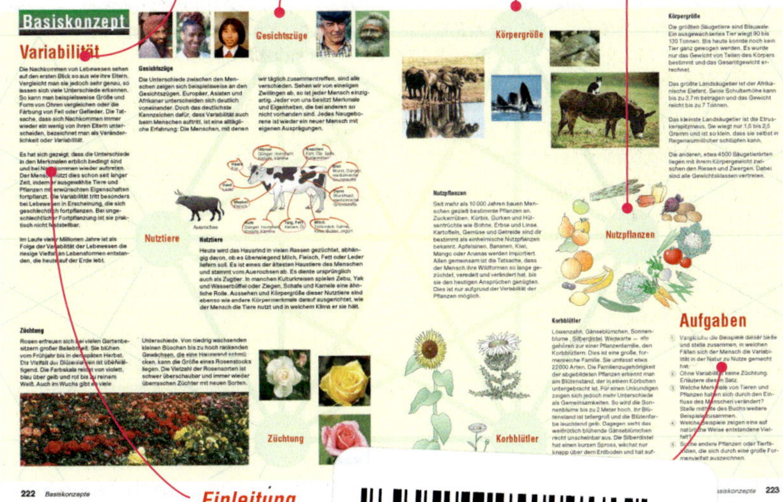

Einleitung
Sie stellt das b…
Prinzip allgem…

…etzung
…nzip auf.

Prinzip beschrieben, ohne dass da… ein bestimmtes Beispiel eingegan… wird. Die Beispiele findest du an den **„Knoten"** der Basiskonzepte, die teils Bekanntes — aber auch Neues aufgreifen.

Wie du mit den Basiskonzepten arbeiten kannst, dazu leiten dich die **Aufgaben** an. Mit der *ersten Aufgabe* kannst du das Prinzip anhand der Knotenbeispiele *erschließen.* Darauf folgen Aufgaben, mit denen du die einzelnen Knotenbeispiele

… Mit den … as Prinzip … …icht biologische Bereiche *übertragen.* Mit ihnen kannst du also fächerverbindend arbeiten und Querverbindungen zwischen unterschiedlichsten Bereichen erkennen.

Viele Aufgaben liefern auch Ideen für **Referate** und **Präsentationen** und du kannst dich selbstständig und weitergehend mit einem Thema beschäftigen.

Weitere Sonderseiten

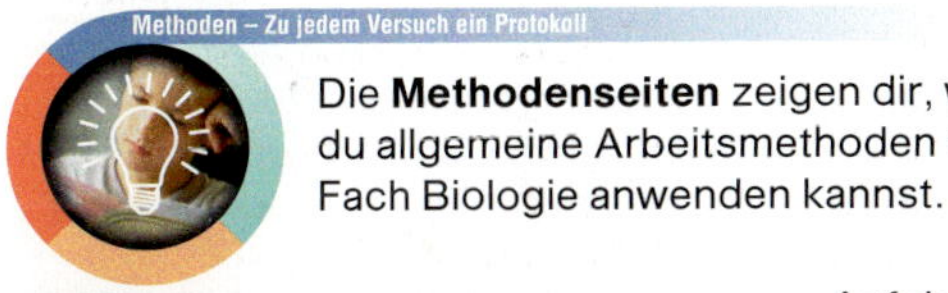

Die **Methodenseiten** zeigen dir, wie du allgemeine Arbeitsmethoden im Fach Biologie anwenden kannst.

Die **Lexikonseiten** laden zum Schmökern ein und liefern interessante Zusatzinformationen zu einem bestimmten Themengebiet.

Die **Praktikumseiten** leiten zur Anwendung wichtiger biologischer Arbeitsmethoden an wie Beobachten, Präparieren, Mikroskopieren und Experimentieren.

Auf den **Materialseiten** findest du Aufgaben zu einem Themengebiet, die mithilfe der Materialien dieser Seite und den Informationen des Kapitels lösbar sind.

Die **Impulseseiten** geben dir Anstöße zur Vertiefung eines Themas. Sie werfen Fragen auf, die auch über das Fach Biologie hinausgehen und als Anregung zur Bearbeitung in Form eines kleinen *Projekts* dienen können.

Inhaltsverzeichnis

Grundlagen der Biologie 6

Säugetiere

Der Mensch

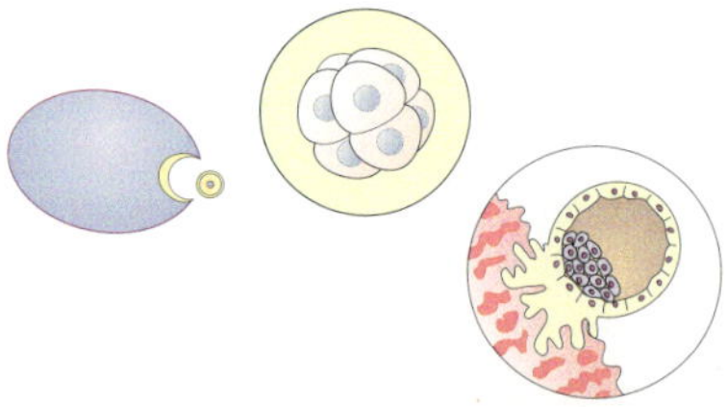

Blütenpflanzen – Bau und Leistung

Vögel – Eroberer der Luft

Fische, Lurche, Kriechtiere

Grundlagen der Biologie

Biologie ist die Wissenschaft von den Lebewesen und den Lebenserscheinungen. Was damit gemeint ist, scheint auf den ersten Blick völlig klar zu sein, denn jeder weiß doch, was ein Lebewesen ist. Wirklich? Woran kann man erkennen, ob etwas lebendig ist oder nicht? Haben alle Lebewesen die gleichen Merkmale?

Wichtig sind die *Kennzeichen des Lebendigen.* Sind sie festgelegt, findet man schnell eine unüberschaubare Vielfalt von Lebewesen mit ganz verschiedenartigen Merkmalen. Durch Gemeinsamkeiten und Unterschiede lassen sich Tiere oder Pflanzen, Vorgänge oder Verhaltensweisen und Vieles mehr ordnen und vergleichen. Damit zeigen sich dann wichtige **Prinzipien,** wobei jede neue Tier- oder Pflanzenart oder jeder neu entdeckte Vorgang auch zahlreiche Besonderheiten mit sich bringt. Um den Überblick nicht zu verlieren ist es wichtig, ein *Wissensnetz* aufzubauen, grundlegende *Methoden* zur Erforschung der Zusammenhänge zu erlernen und selbstständig neue *Probleme lösen* zu können. In diesem Wissensnetz sollen die „Löcher“ immer kleiner werden, sodass zunehmend mehr hängen bleibt.

Daher gibt es in diesem Buch verschiedene Seitentypen, die diese Aspekte in den Mittelpunkt stellen und damit auch die Grundlagen der Biologie vermitteln.

Die Indianer Nordamerikas benutzen die Traumfänger, um Träume „einzufangen“.

Die Lebewesen

Biologen betrachten die Tiere, die Pflanzen oder den Menschen unter bestimmten Fragestellungen.

Das Experiment

Biologen setzen Experimente so ein, dass damit Fragestellungen geklärt werden können.

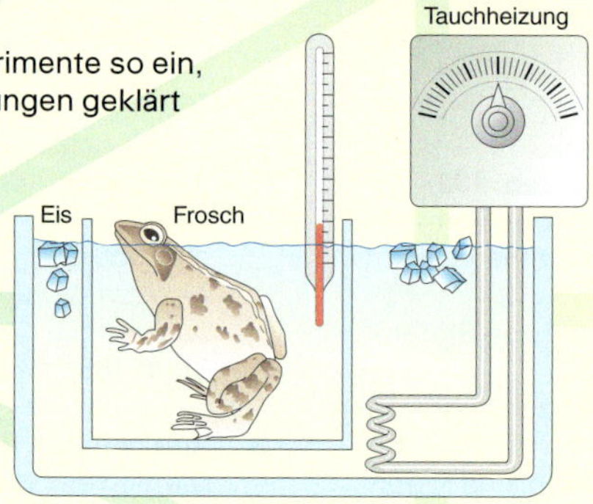

Die Methoden

Biologen benutzen z. B. das Mikroskop, bestimmte Geräte oder chemische Methoden, um einem ungeklärten *Phänomen* auf den Grund zu gehen. Auch zum Erlernen neuer Dinge, zum Beobachten, Beschreiben oder dem Vorstellen von Ergebnissen gibt es bestimmte Methoden.

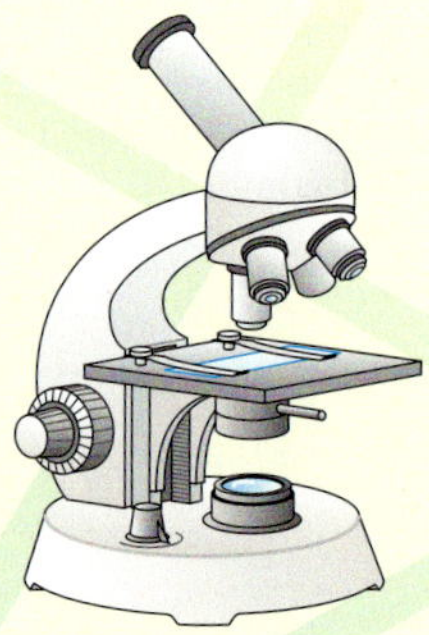

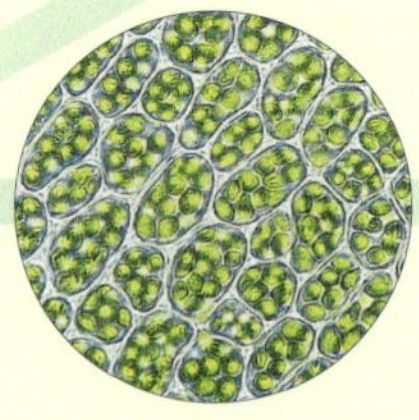

Die Lebensprozesse

Biologen erforschen einzelne Funktionen der Lebewesen und suchen nach Zusammenhängen der beobachteten *Strukturen* und *Funktionen.*

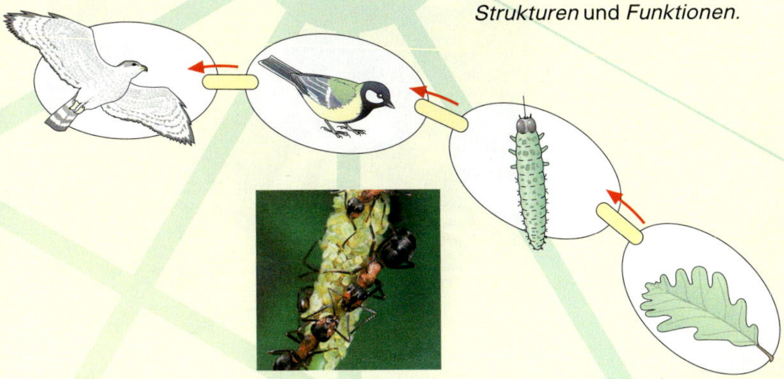

Biologen finden in der Vielfalt der Lebewesen und ihren Lebensprozessen gemeinsame *Erklärungsmuster* und *Übereinstimmungen.* Die Basiskonzepte sind Teil der *Erschließungsfelder*, die helfen, sich in der Vielfalt biologischer Phänomene zu orientieren.

Die Basiskonzepte

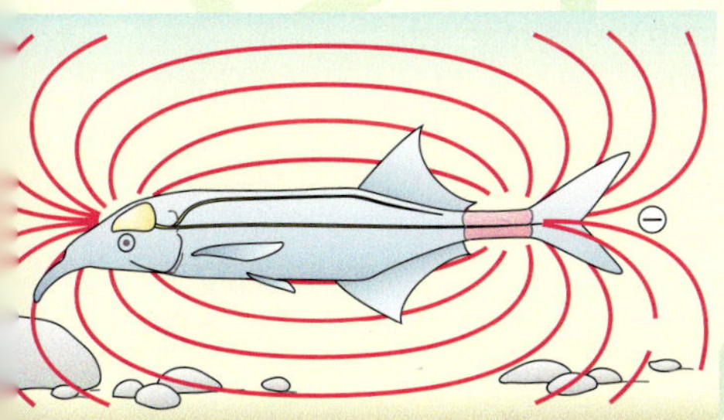

Biologen beobachten wie Physiker und Chemiker Vorgänge in der Natur, äußern *Vermutungen* zu ungeklärten Problemen, planen dazu *Versuche* und führen sie durch, bestätigen damit eine anfangs aufgestellte *Hypothese* oder verwerfen sie. Diese naturwissenschaftliche Arbeitsmethode unterscheidet sich z. B. vom Vorgehen in den Sprachen oder anderen Wissenschaften.

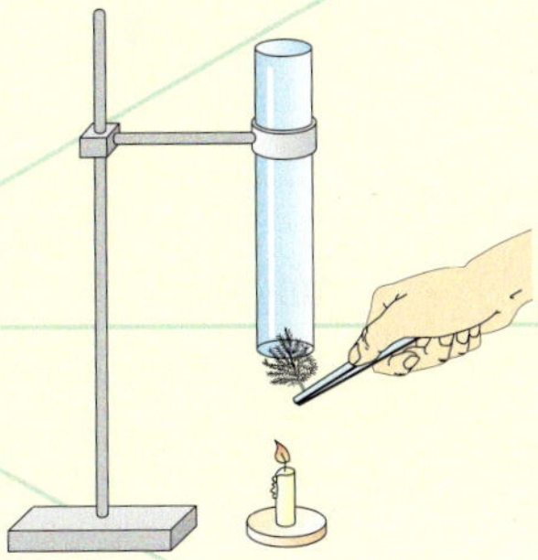

Die Arbeitsweise

Aufgaben

① Experimente sind in den Naturwissenschaften charakteristische Hilfsmittel, um Vermutungen zu bestätigen oder Hypothesen zu widerlegen. Ein Schüler vermutet, dass man Pflanzen gießen muss, weil über die Blätter Wasser verdunstet wird. Plane ein einfaches Experiment, das genau diese Vermutung bestätigen kann.

② In einer Projektwoche zum Thema Fliegen wird folgendes Problem gestellt: Ein rohes Ei soll den „Flug" (Fall) aus dem zweiten Stock des Schulgebäudes auf den Hof unbeschadet überstehen. Die Schüler sollen das Problem entsprechend geeigneter Vorbilder aus der Natur lösen. Welche Konstruktion würdest du bauen? Wie würdest du deine Arbeitsweise dazu beschreiben?

③ An vielen Stellen im Buch gibt es Verweise auf die Basiskonzepte, die am Ende des Buches zusammengefasst sind. Auf einigen Seiten, die im Inhaltsverzeichnis und Register rot markiert sind, wird die Bedeutung dieser biologischen Prinzipien besonders erläutert. Am Beispiel des Grünspechts erkennst du z. B. den Zusammenhang von *Struktur* und *Funktion* eines Organs: Der Vogel ist Spezialist für das Aufsammeln von Ameisen. Seine Nahrung kann er mit der löffelähnlichen, klebrigen Zungenspitze gut aufnehmen. Suche für dein Lieblingstier nach ähnlichen Zusammenhängen zu den Basiskonzepten.

④ Du lernst mit diesem Buch naturwissenschaftliche Arbeitsmethoden und Lernmethoden kennen. Dabei wird oft nach Unterschieden gesucht oder Gemeinsames herausgehoben. Die Sonderseiten am Ende des Buches sind ähnlich wie diese Einführungsseite gestaltet. Suche nach Gemeinsamkeiten in der Gestaltung.

⑤ Der Computer kann Informationen ähnlich dem Gehirn speichern, das Auto kann sich schneller als jedes Tier bewegen und eine sprechende Puppe oder ein Roboter lauter als ein Mensch schreien. Begründe, warum diese Dinge keine Lebewesen sind, obwohl sie scheinbar einzelne Lebensprozesse zeigen. Die Lebensprozesse werden durch die Kennzeichen der Lebewesen in diesem Buch erstmals beschrieben.

Arbeitsweisen in der Biologie

Weißt du, welches Tier auf dem Foto abgebildet ist? Richtig, es ist ein Hamster. Aber weißt du auch, wo er lebt und was er frisst, wie groß oder wie alt er wird? Solche Fragen werden im Biologieunterricht häufig gestellt und es ist gar nicht so leicht, sie alle richtig zu beantworten.

Beobachten und *Beschreiben* sind also häufig benutzte Arbeitsweisen im Fach Biologie. Beim Beschreiben ist es wichtig, dass man sich verständlich ausdrückt und die richtigen *Fachbegriffe* benutzt. In vielen Fällen fertigt man eine *Zeichnung* von dem an, was beobachtet wurde. Sie sollte groß und deutlich angelegt sein. Jede Zeichnung erhält eine Überschrift und wird sorgfältig beschriftet. Manchmal muss man auch etwas *zählen, messen* oder *vergleichen*. Dann wird eine Tabelle oder ein Protokoll erstellt, worin das Ergebnis der Arbeit übersichtlich dargestellt wird.

Vieles kannst du durch sorgfältige Beobachtung selbst entdecken. Dabei sind häufig Hilfsmittel nötig. Eine Pflanze zum Beispiel oder einen Käfer untersuchst du am besten mit einer *Lupe*. Willst du noch mehr Einzelheiten sehen oder ist das Lebewesen winzig klein, dann kann nur noch das *Mikroskop* weiterhelfen. Vögel dagegen oder andere scheue Tiere lassen sich vor allem mit einem *Fernglas* genauer erkennen. Manche Tiere oder Pflanzen werden zur Beobachtung oder für Versuche in der Obhut des Menschen gehalten. Dann müssen sie so gehalten und versorgt werden, wie es ihrer Lebensweise und den natürlichen Bedürfnissen entspricht.

Es kann viel Freude machen, etwas zu *sammeln* und zu *ordnen*, zum Beispiel bunte Laubblätter im Herbst oder Muschelschalen am Strand oder auch leere Schneckenhäuschen. Aber Vorsicht! Unbekannte oder geschützte Tiere oder Pflanzen muss man immer an Ort und Stelle lassen.

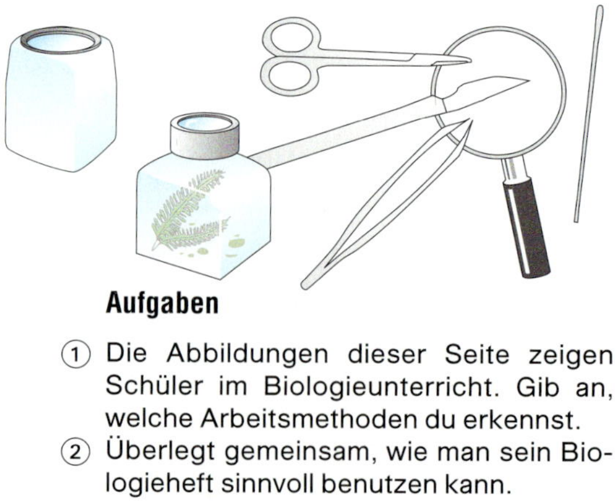

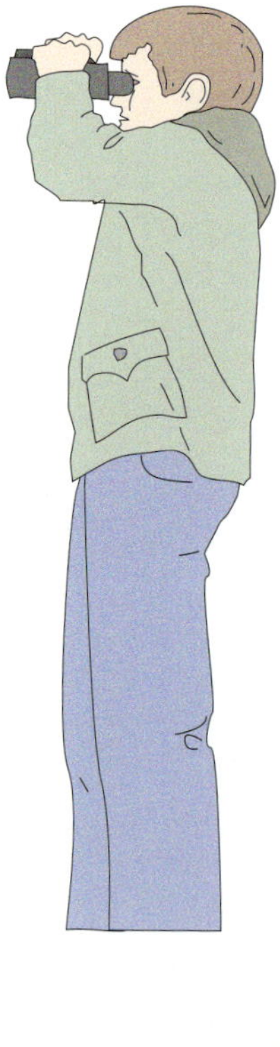

Aufgaben

① Die Abbildungen dieser Seite zeigen Schüler im Biologieunterricht. Gib an, welche Arbeitsmethoden du erkennst.

② Überlegt gemeinsam, wie man sein Biologieheft sinnvoll benutzen kann.

Versuche sind Fragen an die Natur

Eine weitere wichtige Arbeitsmethode im Fach Biologie ist es, *Versuche* durchzuführen. Wie man bei einem Experiment vorgeht und was man dabei entdecken kann, soll ein kleines Beispiel zeigen.

Vielleicht ist dir schon einmal aufgefallen, dass das Essen nicht so recht schmeckt, wenn du starken Schnupfen hast. „Na klar," wirst du sagen, „wenn man krank ist, dann schmeckt es eben nicht." Aber du könntest dir auch überlegen, wie dieser Zusammenhang zu erklären ist. Was vermutest du? Woran könnte es liegen?

Wir gehen einmal der Vermutung nach, dass der Geschmacksverlust nicht an der Krankheit allgemein liegt, sondern nur an der verstopften Nase. Um herauszubekommen, ob man „mit der Nase etwas schmeckt", muss man sich eine geeignete Versuchsanordnung ausdenken. In deinem Biologiebuch werden manchmal Vorschläge zur Durchführung eines Experimentes gemacht. Für unser Problem könnte das folgendermaßen aussehen:

Aufgabe

(1) Verschiedene Kostproben, zum Beisiel Erdbeergelee, Nusscreme, Ketschup, Apfelmus und Mayonnaise oder Sahnemeerrettich, werden vom Lehrer vorbereitet und in nummerierten Schälchen verdeckt aufbewahrt.
Einer Versuchsperson werden die Augen verbunden, damit sie nicht sehen kann, was ihr zum Schmecken angeboten wird. Außerdem wird ihr die Nase zugehalten. Mit einem Löffelchen werden nacheinander Kostproben in den Mund gegeben und die Versuchsperson soll ihre Geschmacksempfindung nennen. Dieser Versuch wird mit mehreren Schülerinnen und Schülern wiederholt. Die Ergebnisse werden protokolliert und anschließend in einer Tabelle festgehalten.
Danach wird der Versuch mit mehreren Versuchspersonen ohne Zuhalten der Nase durchgeführt. Auch diese Antworten werden protokolliert.
Wertet die Ergebnisse aus.

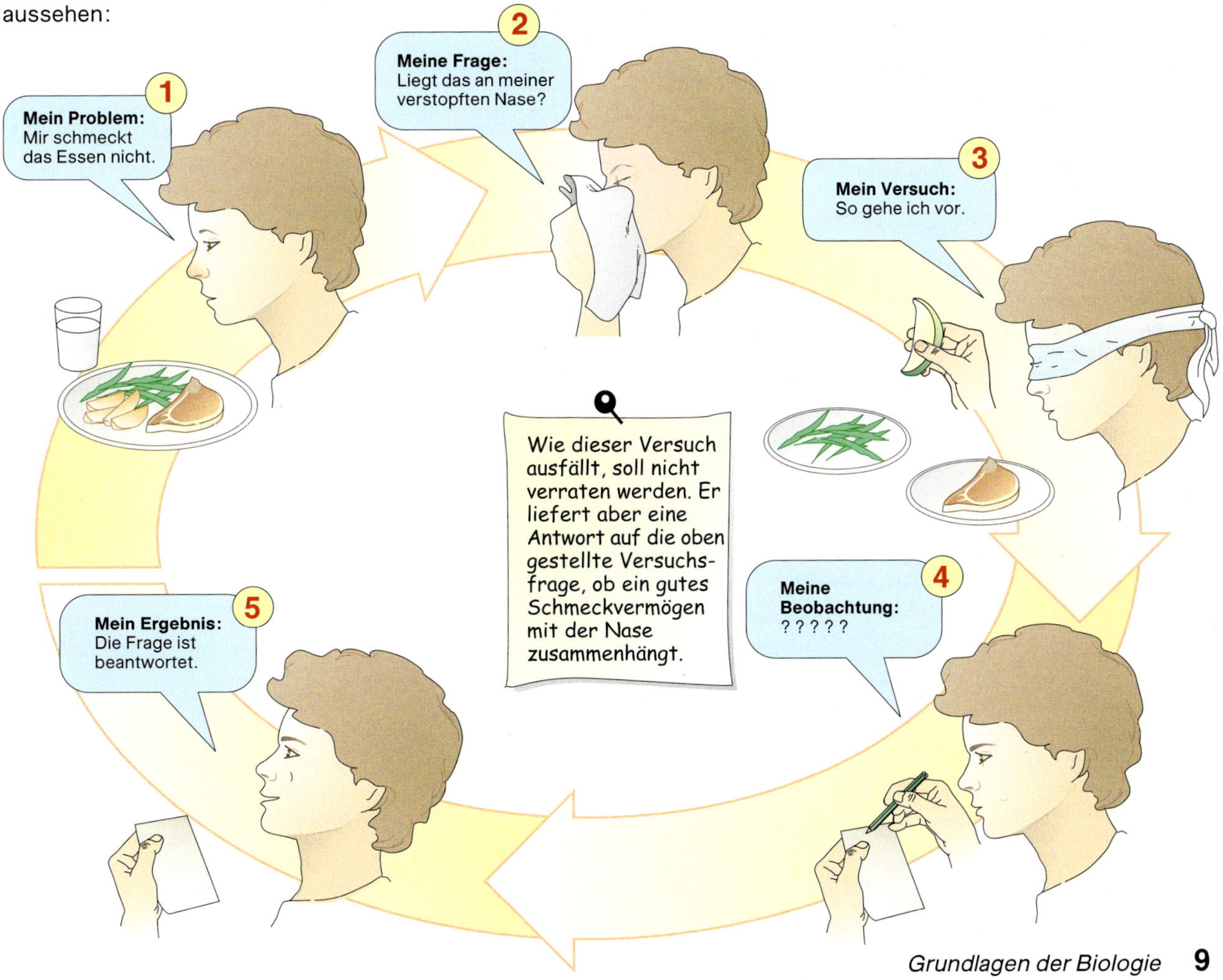

Methoden – Zu jedem Versuch ein Protokoll

Zu jedem Versuch, der durchgeführt wird, gehört unbedingt auch ein schriftliches *Versuchsprotokoll.* Es dient dazu, alle Versuchsschritte zu dokumentieren. Falls jemand den Versuch wiederholen möchte, kann er auf das Protokoll zurückgreifen und die Ergebnisse vergleichen. Das Protokoll muss übersichtlich angefertigt und klar gegliedert sein. Die Gliederung folgt genau den Schritten von der Problemstellung bis zur Auswertung der Ergebnisse. Die Deutung eines Versuchs gelingt nur, wenn alle Beobachtungen genau festgehalten werden.

0 Datum und Name

Jedes Protokoll enthält das Datum des Versuchs und den Namen des Protokollführers.

1 Versuchsfrage

Für den Versuch werden ein Thema oder eine Frage formuliert. Dieser Satz sollte möglichst exakt das Problem ausdrücken.

2 Vermutung

Nur mit einer konkreten Vermutung kann man sich auch ein geeignetes Experiment ausdenken.

3 Material / Versuchsaufbau

Alle benötigten Geräte, Chemikalien und sonstige Hilfsmittel, auch für den Versuchsaufbau, werden notiert. Manchmal nützt es, die Versuchsanordnung nicht nur in Worten auszudrücken, sondern eine Skizze des Versuchsaufbaus anzufertigen.

4 Versuchsdurchführung

In kurzer und verständlicher Form muss der genaue Ablauf des Versuchs beschrieben werden.

5 Beobachtungen

Alle Einzelheiten, die während des Versuchsablaufs und am Ende des Versuchs beobachtet werden, insbesondere die Messergebnisse, werden aufgeschrieben.

6 Auswertung

Das Versuchsergebnis wird im Zusammenhang mit der Fragestellung und der Vermutung gedeutet. Die Auswertung besteht häufig in einem allgemein formulierten Ergebnissatz.

Sicherheitsmaßnahmen

Oft sind bei der Versuchsdurchführung Sicherheitsbestimmungen zu beachten. Oft ist eine Schutzbrille zu tragen. Hier ist es besonders wichtig, sich genau zu informieren. Sorgfältiges und sicheres Arbeiten ist unerlässlich!

Entsorgung

Häufig bleiben nach Beendigung eines Versuchs Abfälle übrig (Chemikalienreste, Glasbruch, etc.) Diese müssen sachgerecht entsorgt werden.

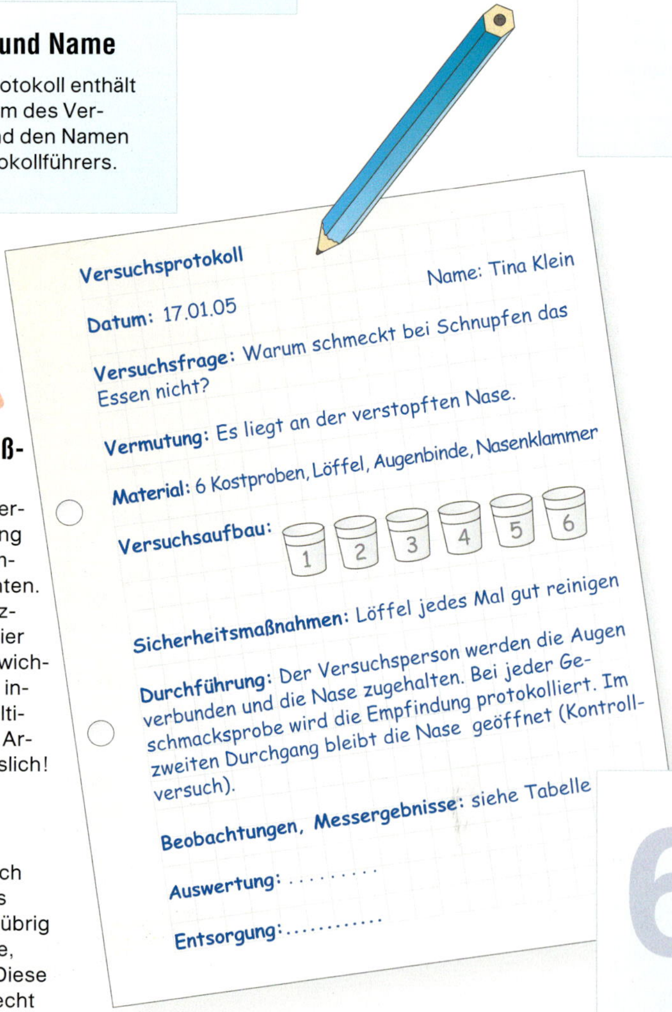

Versuchsprotokoll

Datum: 17.01.05 Name: Tina Klein

Versuchsfrage: Warum schmeckt bei Schnupfen das Essen nicht?

Vermutung: Es liegt an der verstopften Nase.

Material: 6 Kostproben, Löffel, Augenbinde, Nasenklammer

Versuchsaufbau: 1 2 3 4 5 6

Sicherheitsmaßnahmen: Löffel jedes Mal gut reinigen

Durchführung: Der Versuchsperson werden die Augen verbunden und die Nase zugehalten. Bei jeder Geschmacksprobe wird die Empfindung protokolliert. Im zweiten Durchgang bleibt die Nase geöffnet (Kontrollversuch).

Beobachtungen, Messergebnisse: siehe Tabelle

Auswertung: ....

Entsorgung: ....

Lesen wie ein Profi

„Lest den Text durch und lernt den Inhalt!“ Solche Hausaufgaben kennst du sicher. Es ist gar nicht so einfach, einen naturwissenschaftlichen Text zu lesen, zu verstehen und das Wesentliche zu behalten. Wie kannst du geschickt vorgehen? Versuche es einmal in folgenden Schritten:

1. **Überblick gewinnen**
2. **Fragen stellen**
3. **Gründlich lesen**
4. **Zusammenfassen**
5. **Wiederholen**

Übe diese Lesetechnik mehrfach bei mündlichen Hausaufgaben. Finde dabei heraus, welche Schritte für dich besonders wichtig sind.

Wenn das Buch dein Eigentum ist, kannst du dir die Arbeit durch gezieltes Markieren erleichtern, wie das Beispiel am nebenstehenden Text zeigt. Zum Üben kannst du dir die betreffende Buchseite auch einmal kopieren lassen.

– Hebe durch einen roten Textmarker die Schlüsselwörter hervor.
– Unterstreiche Wichtiges mit einem roten Buntstift.
– Kennzeichne mit Bleistift am Rand, z.B. durch ein Ausrufezeichen, was dir besonders bedeutsam erscheint. !
– Ebenso kannst du mit einem Fragezeichen markieren, was dir unklar ist. ?

Überblick gewinnen:
Mache dir klar, worum es in dem Text geht und welche Frage beantwortet werden soll. Schau dir dazu die Überschriften und Abbildungen an! Oft helfen zum Verstehen auch *schräg* oder **fett** gedruckte Wörter.

Fragen stellen:
Unbekannte Begriffe sollten dabei geklärt werden. Schlage in einem Lexikon nach oder nutze andere Hilfsmittel, wie Internet oder Fremdwörterbuch.

Gründlich lesen:
Lies Absatz für Absatz genau durch. Gib den Inhalt nach jedem Abschnitt mit eigenen Worten wieder.

Zusammenfassen:
Schreibe möglichst zu jedem Absatz eine kurze Überschrift auf. Notiere wichtige Schlüsselwörter oder bedeutsame Erläuterungen.

Wiederholen:
Gehe dazu in deinen Notizen die Stichworte und Zusammenfassungen mindestens noch einmal durch. Trage das Gelernte jemandem laut vor.

Bau einer Pflanzenzelle

Betrachtet man ein Blättchen der *Wasserpest* unter dem Mikroskop, so erkennt man viele gegeneinander abgegrenzte Räume. Diese kleinen Kammern werden als *Zellen* bezeichnet. Sie sind meist länglich und von einer festen *Zellwand* umschlossen. Im Innern erkennt man ein rundliches Gebilde, den *Zellkern*. Er ist in jeder Zelle vorhanden und steuert alle Lebensvorgänge. Der Zellkern liegt in einer farblosen, körnigen Masse, dem *Zellplasma*. Die hellere Zone in der Mitte der Zelle ist der *Zellsaftraum*. Er ist mit einer wässrigen Flüssigkeit angefüllt. Sehr dünne Häute, die *innere* und die *äußere Plasmahaut*, grenzen das Zellplasma zum Zellsaftraum bzw. zur Zellwand hin ab.

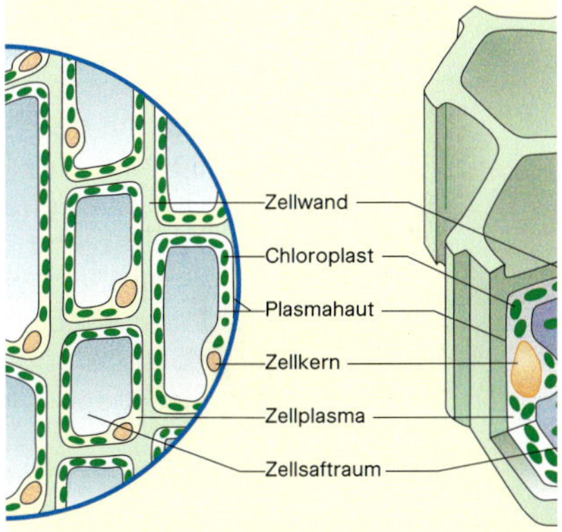

Im Zellplasma befinden sich viele grüne Körnchen. Sie enthalten Blattgrün, das *Chlorophyll*, und heißen deshalb Blattgrünkörner oder *Chloroplasten*. Sie liegen nur im Zellplasma, nicht im Zellsaftraum, auch wenn es im mikroskopischen Bild manchmal so aussieht.

Eine Zelle ist nämlich nicht flach wie ein Blatt Papier. Man muss sie sich vielmehr als räumliches Gebilde vorstellen. Sie gleicht einem durchsichtigen Behälter, in dem die Zellinhalte übereinander aufgeschichtet sind. Mit dem Mikroskop kann man aber, besonders bei starker Vergrößerung, nur eine ganz dünne Schicht scharf erkennen. Wenn man am Feintrieb dreht, werden daher nacheinander verschiedene Schichten sichtbar. Aus den unterschiedlichen Bildern kann man dann ein *räumliches Modell* der Wasserpestzelle wie in unserer Abbildung entwickeln.

Lupe und Mikroskop sind Hilfsmittel

Wenn du ein farbiges Bild oder Foto in einem Buch betrachtest, erscheint es dir gleichmäßig gefärbt. Doch schon mit einer Lupe, die 8-fach vergrößert, erkennst du einzelne Farbpunkte und das Bild wird unscharf, wie die Abbildung zweier Papageien in der Randspalte zeigt. Halte dein Buch nun weiter vom Auge weg. Du verkleinerst dadurch für dein Auge das Bild und schon erkennst du die Rasterpunkte nicht mehr.

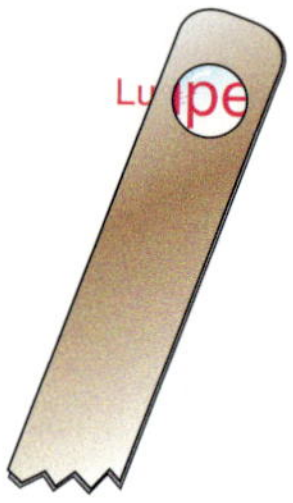

Die Fähigkeit unserer Augen, winzige Einzelheiten zu erkennen, hat also ihre natürlichen Grenzen. Bei der Untersuchung von kleinen Lebewesen oder Gegenständen sind deshalb verschiedene *Vergrößerungsgeräte* hilfreich. Wie funktionieren sie?

Besorge dir den Steg eines Schnellhefters. Gib mit der Fingerspitze einen Tropfen Wasser auf das Loch im Steg. Betrachte die Buchstaben einer kleinen Schrift (s. Randspalte) und du erkennst, dass die Schrift vergrößert wird. Streichst du jetzt etwas Wasser ab, dann ist der Tropfen nicht mehr so dick und die Stärke der Vergrößerung lässt nach.

Die Vergrößerungswirkung einer Lupe entsteht durch eine gewölbte Linse, eine *Sammellinse*. Es ist schon erstaunlich, welche Einzelheiten mit einer einfachen Handlupe sichtbar werden. Ein winziger Splitter, den du dir in die Haut eingezogen hast, erscheint wie ein Balken.

Beim Einsatz der Lupe wirst du merken, dass es gar nicht so einfach ist, damit umzugehen. Deshalb ein paar Tipps, wie du am besten vorgehst:

- Bringe das Objekt, das du genauer anschauen willst, in eine zum Licht günstige Stellung.
- Nähere Lupe und Objekt langsam aneinander an. Schaue dabei durch die Linse und bestimme die Entfernung, bei der das Bild für deine Augen am schärfsten ist.
- Bewege die Lupe nicht hastig, sondern betrachte das Objekt mit Ruhe.

Aufgaben

① Betrachte deine Fingerkuppe mit der Lupe und zeichne die Hautlinien möglichst genau. Vergleiche mit deinem Nachbar und mit den Abbildungen oben.

② Finde heraus, wozu Fingerabdrücke benutzt werden.

③ Lupen werden in unterschiedlicher Form und mit verschiedenen Vergrößerungen hergestellt. Beschreibe die Lupen in der Randabbildung und suche nach weiteren Beispielen.

Zettelkasten

Lupe, Stereolupe und Mikroskop

Handlupen, die du vielleicht von Zuhause kennst, vergrößern in der Regel 6- bis 12-fach. Die aufwändiger gebauten Stereolupen besitzen meist schon eine 40- oder 60-fache Vergrößerung. Mit ihnen lassen sich viele Entdeckungen machen, die uns mit bloßem Auge verborgen bleiben.

Wie bei einer Stereolupe, wirken auch beim *Mikroskop* mehrere Sammellinsen zusammen, um stärkere Vergrößerungen zu bekommen. Mit guten Mikroskopen können mehr als tausendfache Vergrößerungen erreicht werden. Das Untersuchungsobjekt muss allerdings für die mikroskopische Betrachtung besonders aufbereitet werden.

Handlupe

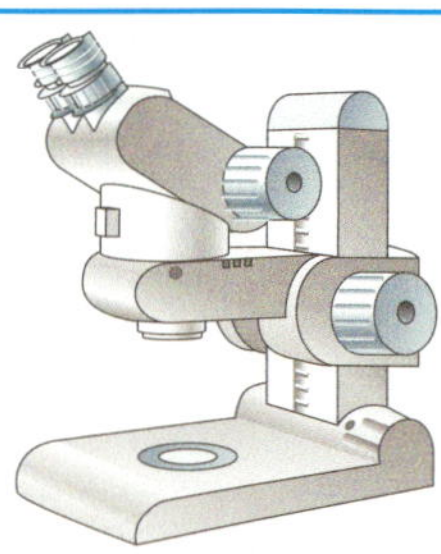

Stereolupe

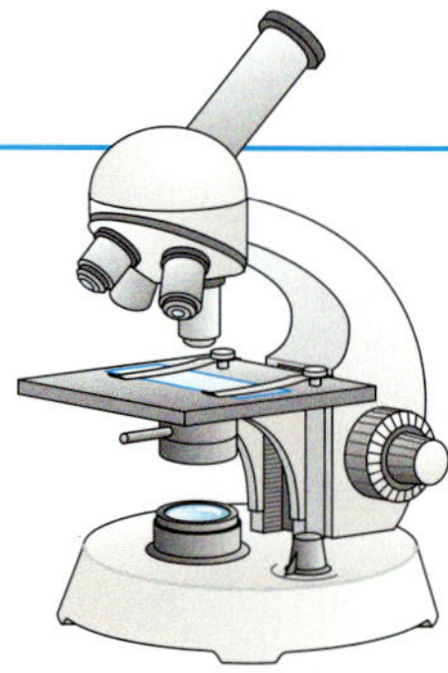

Mikroskop

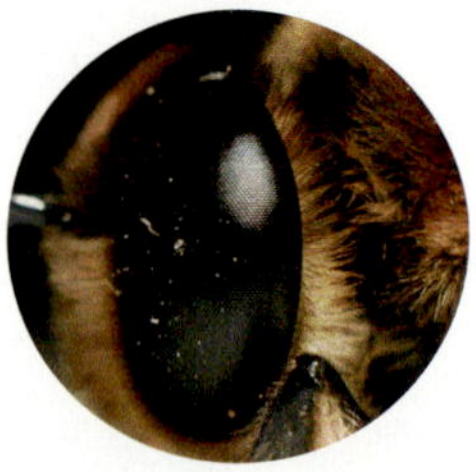

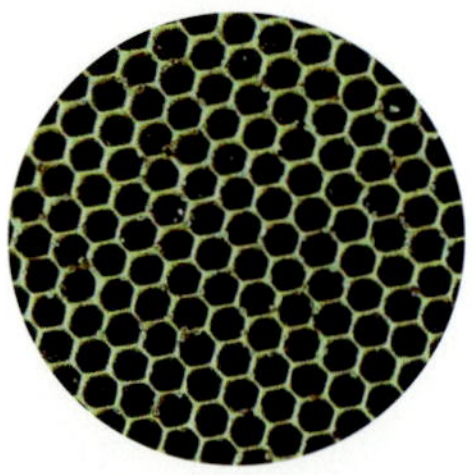

Mikroskopieren

Wenn wir den Aufbau von Lebewesen genauer untersuchen wollen, benutzen wir Lupe und Mikroskop als Vergrößerungsgeräte. Der Umgang mit der Lupe ist noch einfach. Es fällt dabei nicht schwer, den Zusammenhang zwischen dem betrachteten *Original* und dem *vergrößerten Bild* herzustellen.

Anders ist es beim Mikroskop. Dies ist ein empfindliches Gerät, mit dessen Aufbau man sich vertraut machen muss, bevor man damit arbeiten kann.

Das Arbeiten mit dem Mikroskop bedarf einiger Übung, um zu guten Ergebnissen zu kommen. Deshalb sollte man sich an feste Arbeitsregeln halten und immer schrittweise vorgehen.

Schreibt folgende Regeln auf ein großes Plakat und befestigt es gut sichtbar in dem Raum, in dem ihr mikroskopiert.

- Beginne die Untersuchung stets mit der schwächsten Vergrößerung. Verwende dazu das kürzeste Objektiv.
- Betätige das Triebrad unter seitlichem Hinsehen. Bewege dadurch das Objektiv so weit wie möglich an den Objektträger heran.
- Schaue erst dann durch das Okular und vergrößere durch Drehen am Grobtrieb den Abstand zwischen Objektiv und Präparat wieder, bis ein Bild erscheint.
- Stelle danach das Bild mit dem Feintrieb scharf ein.
- Erst wenn du dir einen Überblick verschafft hast, wird die nächste Vergrößerung benutzt.

Es gibt viele Fehlerquellen beim Mikroskopieren. Häufig wird zu hastig gearbeitet oder die Glasgeräte und die Linsen sind verschmutzt. Beim Arbeiten mit Farblösungen, mit spitzen Pinzetten und Pipetten oder beim Schneiden mit der Rasierklinge muss man besonders vorsichtig sein. *Sicherheit*, *Sorgfalt* und *Sauberkeit* sind oberstes Gebot.

Aufgaben

① Vergleiche den Aufbau deines Schulmikroskops mit unserer Abbildung. Benenne die Teile und gib ihre Aufgabe an. Bewege vorsichtig Triebrad, Objektivrevolver und Blende.
Wenn man die Vergrößerungen von Objektiv und Okular multipliziert, erhält man die Gesamtvergrößerung.
a) Berechne für dein Schulmikroskop die Vergrößerungswerte.
b) Zeichne die Länge eines Millimeters maßstabsgetreu für die berechneten Vergrößerungen.

② Mache mit einem Bleistift einen Punkt auf ein Stückchen Millimeterpapier und lege es auf den Objekttisch. Stelle bei kleinster Vergrößerung dieses Objekt scharf ein.

③ Miss mithilfe des Millimeterpapiers bei verschiedenen Vergrößerungen die Breite deines Beobachtungsfeldes aus.

④ Lege ein Haar auf das Millimeterpapier und schätze, wie dick es ist.

⑤ Bei vielen biologischen Objekten ist ein vorheriges *Aufbereiten* notwendig. Stelle entsprechend der unten stehenden Abbildung ein *Nasspräparat* von einem Blättchen der Wasserpest her. Mikroskopiere und versuche zu zeichnen, was du siehst.

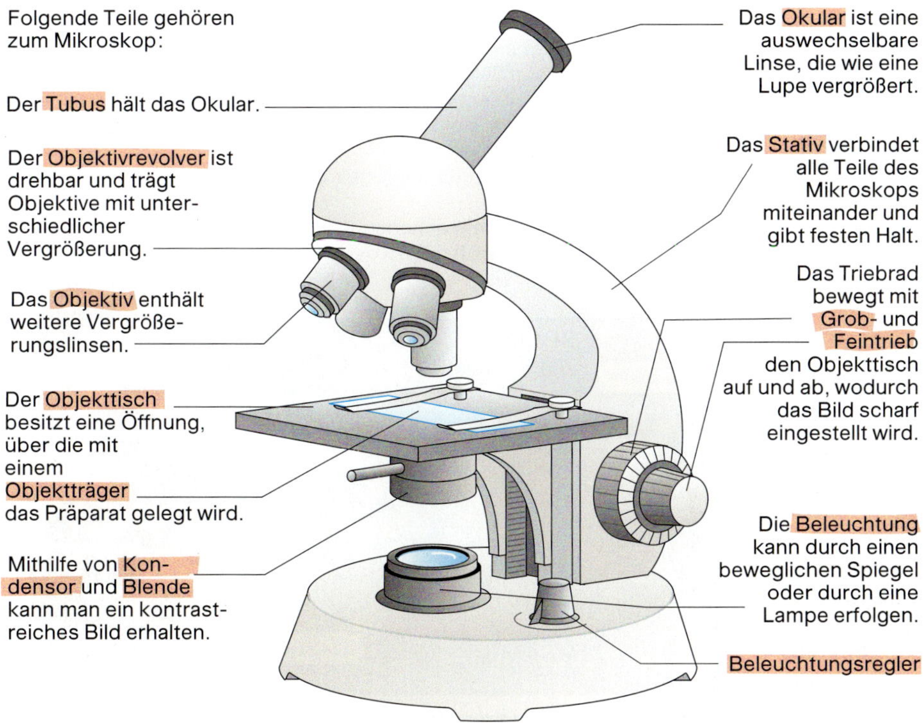

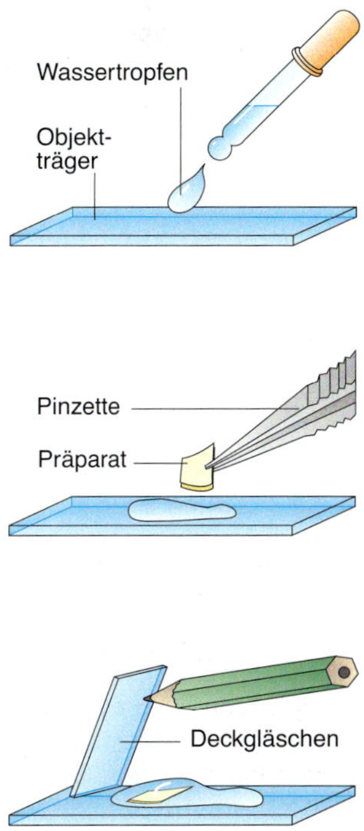

Was kannst du im Klassenzimmer untersuchen?

Nach den Sommerferien kommt die Klasse 5a in ihren neuen Klassenraum. Da alles kahl und langweilig wirkt, sollen ein paar Pflanzen und Tiere angeschafft werden. Jeder hat einige Ideen dazu und schnell entsteht eine erregte Diskussion. Der passende *Standort* und die richtige *Pflege* der Pflanzen werden zuerst angegangen. Bekannt ist, dass nur wenige Pflanzen ohne Schaden ständige pralle Sonne überleben, wie das z. B. einige Kakteen können. Jede Pflanze hat eigene *Ansprüche* an Boden und Luftfeuchtigkeit.

Also beschließt die Klasse zunächst einmal zu erkunden, welche Bedingungen normalerweise im Klassenzimmer herrschen. Wie stark bescheint die Sonne im Tagesverlauf den Klassenraum? Welche Raumtemperatur herrscht meistens und wie verändert sie sich? Neben einem *Thermometer* wird auch ein *Luftfeuchtigkeitsmesser* (Hygrometer) aufgehängt und beide Werte werden über einen längeren Zeitraum mehrmals täglich gemessen und in Tabellen eingetragen.

Aus verschiedenen Büchern über Zimmerpflanzen informieren sich einzelne Gruppen über weitere Themen. Viele Zimmerpflanzen kommen aus tropischen Ländern mit einem feuchtwarmen Klima. Gießen allein hilft dann in der Raumluft des Klassenzimmers nicht. Diese Pflanzen müssen hin und wieder auch mit einem Handzerstäuber beregnet werden. Die meisten Pflanzen vertragen kein dauerhaftes „Fußbad“, weil dann schnell die Wurzeln verfaulen. Noch eine wichtige Bedingung für gutes Wachstum ist die ausreichende Versorgung mit *Mineralsalzen.* Deshalb müssen Topfpflanzen ab und zu gedüngt werden. Auch Beregnen, Gießen und Düngen sollten im **Pflegeplan** für die Pflanzen protokolliert werden.

Aufgaben

① Man kann Pflanzen auch in einer Nährlösung ohne Erde halten. Erkundige dich z. B. in einer Gärtnerei, wie eine solche Hydrokultur aussieht und welche Pflanzen sich dafür eignen. Berichte in der Klasse darüber.

② Erörtert, welche Pflanzen für euren Klassenraum in Frage kommen. Erstellt dann für jede Pflanze auf einer Karteikarte einen Steckbrief. Beachtet die Herkunft und die Ansprüche der Pflanze und vermerkt die besonderen Pflegehinweise.

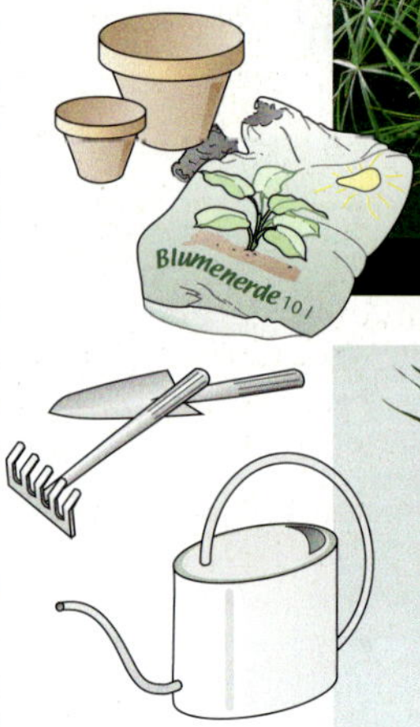

Zettelkasten

Tiere halten und beobachten

Im Vergleich zu den Pflanzen gibt es kaum Tierarten, die man in der Schule einigermaßen problemlos halten kann. Rennmäuse, Stabheuschrecken oder Fische sind noch am ehesten geeignet. Im Zoofachgeschäft könnt ihr erfragen, wie groß der Käfig bzw. das Aquarium für die *artgerechte Haltung* sein muss und welche Gerätschaften benötigt werden. Auf jeden Fall muss man zuerst den Rat eines Fachmanns einholen, der auch weiß, welche Tierarten nicht zu empfindlich sind. Nur wenn sich die Tiere wohl fühlen, lassen sich ihre Verhaltensweisen gut beobachten.
Bevor ihr euch entschließt, ein Aquarium oder Terrarium in der Schule einzurichten, solltet ihr einige Fragen klären und Regeln vereinbaren, damit die Tiere keinen Schaden erleiden:

- Gibt es einen abgeschlossenen Raum, in dem die Tiere gehalten und das Futter sowie alle Gerätschaften aufbewahrt werden können?
- Wer ist verantwortlich für die regelmäßige Fütterung und die Reinigung?
- Wer kümmert sich am Wochenende und in den Ferien um die Tiere?
- Wer übernimmt die laufenden Kosten?
- ...

Einrichten eines Aquariums

Ein Aquarium bietet die Möglichkeit, einen Ausschnitt aus der Vielfalt der Lebewesen auf kleinstem Raum zu beobachten. Mit dem Einrichten und Pflegen eines Aquariums kannst du insbesondere Wasserpflanzen, Fische, Schnecken und Mikroorganismen kennen lernen.

Die Planung eines Aquariums

Damit du keine bösen Überraschungen erlebst, solltest du dich vorher gut mithilfe entsprechender Bücher und im Fachhandel informieren. Besonders wichtig ist, dass angehende Aquarianer Fische auswählen sollten, die einfach zu halten sind und auch Besonderheiten im Verhalten zeigen. Dazu gehören Guppys, Schwertträger, Panzerwelse und Purpurprachtbarsche. Das Aquarium sollte für die ausgewählten Fische hinreichend groß sein und so aufgestellt werden können, dass ständige Störungen vermieden und die notwendige Technik (Beleuchtung, Heizung, Filterung) gut installiert werden kann.

Aufgaben

① Fertige zunächst eine Skizze an, auf der du dir deine Planung veranschaulichst. Die Höhe der Bodenschicht, die Bepflanzung, Steine und Wurzeln als Versteckmöglichkeiten sollten darin notiert sein. Auch die Installation des Filters, der Belüftung usw. solltest du in der Skizze unterbringen. So kannst du einigermaßen sicher sein, dass dein Aquarium später auch so aussieht, wie du es dir vorgestellt hast.

Einrichtung eines Aquariums

② In das leere Aquarium wird zunächst der Boden eingefüllt. Gut geeignet ist feinkörniger Kies. Wasche ihn vorher gut aus, um ihn von feinen Schwebstoffen zu befreien.

③ Verteile Wurzeln und Steine entsprechend deiner Skizze im Becken.

④ Fülle das Becken nun mit Leitungswasser mithilfe eines Schlauches. Lasse das Wasser langsam über einen Stein einlaufen, sodass nur wenig Boden aufgewirbelt wird.

⑤ Installiere Filter und Heizung und lasse das Becken so lange stehen, bis das Wasser weitgehend klar ist.

⑥ Setze nun die Pflanzen ein, warte dann ca. 1 Woche, bevor du die ersten Fische einsetzt. Nicht zu viele Fische einsetzen, damit das Wasser später nicht zu schnell verschmutzt.

⑦ Decke das Becken mit einer Glasscheibe ab, bevor die Beleuchtung aufgesetzt wird.

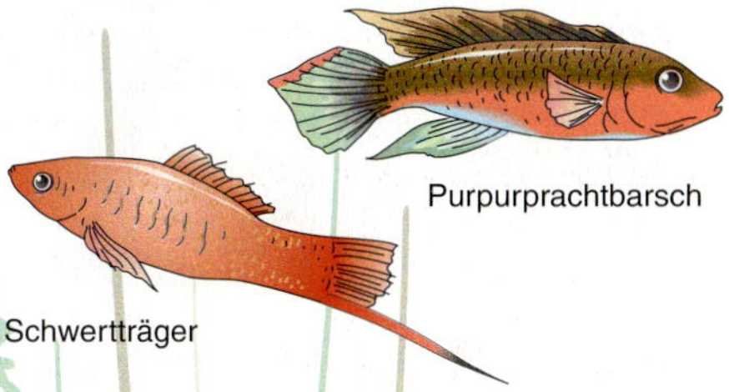

Purpurprachtbarsch

Schwertträger

Die Pflege des Aquariums

⑧ Kontrolliere regelmäßig, ob Filter und Belüftung ordnungsgemäß funktionieren und die gewünschte Temperatur eingeregelt wird.

⑨ Füttere deine Fische abwechslungsreich. Verwende neben dem handelsüblichen Trockenfutter auch Mückenlarven, Tubifex und Ähnliches. Betrachte diese Lebewesen auch einmal unter dem Mikroskop.

⑩ Füttere sparsam. Es sollten sich keine Futterreste am Boden ansammeln, denn das verschlechtert sehr schnell die Wasserqualität.

⑪ Wechsle ca. alle 14 Tage einen Teil des Wassers aus. Das Filtermaterial brauchst du nur in größeren Abständen erneuern. Hänge für längere Zeit einen Objektträger in das Aquarium und untersuche dann den Aufwuchs mithilfe des Mikroskops. Welche Rolle spielen die Mikroorganismen?

Die Kennzeichen der

Die Lebewesen und die Lebenserscheinungen stehen in der Biologie im Mittelpunkt. Einige Kennzeichen der Lebewesen kommen auch wieder in den Basiskonzepten am Ende des Buches vor. Suche dir ein Beispiel heraus und beschreibe kurz den Zusammenhang.

Stoffwechsel

Menschen und Tiere essen, trinken und atmen. Sie nehmen also Stoffe aus ihrer Umgebung auf, um sie zu verarbeiten. Alles, was nicht verwertbar ist oder was als Abfallprodukt im Körper entsteht, wird wieder ausgeschieden. Dieser Vorgang heißt *Stoffwechsel*. Er ist ein Kennzeichen aller Lebewesen (▶ S. 232).

Auch Pflanzen besitzen einen Stoffwechsel. Sie nehmen mit ihren Wurzeln aus dem Boden und mit ihren Blättern aus der Luft viele Stoffe auf. Nur so können sie gedeihen und beispielsweise Früchte bilden.

Körpergestalt und Wachstum

Menschen, Tiere und Pflanzen besitzen eine unverwechselbare Gestalt, an der sie zu erkennen sind (▶ S. 218). Außerdem sind sie in der Lage zu wachsen. Auch dies ist eine Eigenschaft aller Lebewesen.

Woran erkennst du, dass ein Stofftier, eine Seidenblume oder einen Stein kein Lebewesen ist?

Bewegung aus eigener Kraft

Viele Menschen bezeichnen die Fähigkeit zur freien Bewegung als das wichtigste Merkmal eines Lebewesens. Für die meisten Tiere ist das auch richtig. Aber es gibt einige darunter, die sich – wie eine Pflanze – nicht von der Stelle bewegen können.
Dennoch ist die Bewegung aus eigener Kraft ein wichtiges Kennzeichen aller Lebewesen. Nur manchmal ist die Bewegung für unser Auge zu langsam oder sie ist äußerlich nicht sichtbar, wie zum Beispiel das Fließen des Blutes.
Auch in Pflanzen werden Stoffe, zum Beispiel Wasser und Zucker aktiv bewegt, ohne dass wir es sehen (▶ S. 232).

Eine Kerzenflamme benötigt Sauerstoff und gibt Kohlenstoffdioxid ab. Sie zeigt also einen Stoffwechsel. Auf Wind reagiert sie mit Flackern, bewegt sich also. Stellt man eine Kerze unter eine Glasglocke, erlischt sie („Tod"). Lebt eine Kerze?

Einige Pflanzen bewegen sich so schnell, dass sie sogar Fliegen fangen können, wie zum Beispiel die Venusfliegenfalle, eine „Fleisch fressende Pflanze".

Lebewesen

Reizbarkeit und Verhalten

Tiere sind mit ihren Sinnesorganen in der Lage, Veränderungen in der Umwelt als Reize wahrzunehmen. Sie reagieren darauf mit einem bestimmten Verhalten. Alle Lebewesen müssen, um leben zu können, Informationen über ihre Umwelt erhalten, müssen diese verarbeiten und sich entsprechend verhalten(▶ S. 224).

Auch Pflanzen können Reize wahrnehmen und darauf reagieren. Erkennst du, wovon die Öffnung des Blütenköpfchens bei einem Gänseblümchen abhängt?

Mit einem Fotoapparat oder einer Filmkamera kann man die Umwelt aufnehmen. Warum ist die Kamera kein Lebewesen?

Beschreibe für dein Lieblingstier, woran du die verschiedenen Kennzeichen der Lebewesen bei ihm erkennst. Für den Hund oder die Katze findet du Hinweise auf S. 22 und 30.

Fortpflanzung und Entwicklung

Lebewesen entwickeln sich ständig neu. Sie wachsen heran, werden fortpflanzungsfähig und zeugen eigene Nachkommen, die ihnen ähnlich sehen. Nur Lebewesen, die zur selben Art gehören, können miteinander fruchtbare Nachkommen zeugen(▶ S. 228).

Aufbau aus Zellen

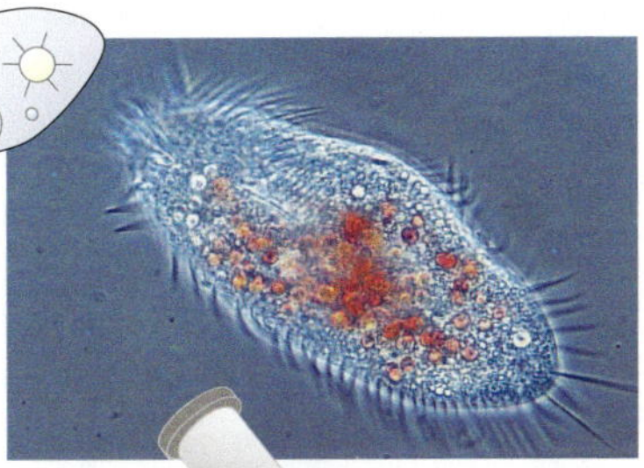

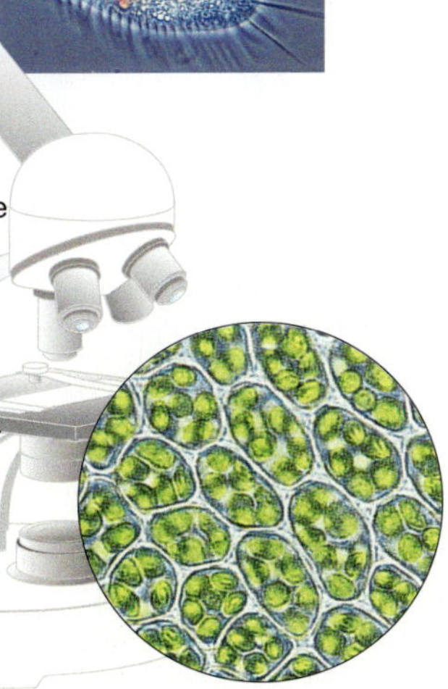

Alle Lebewesen besitzen ein weiteres Merkmal, das allerdings mit bloßem Auge nicht zu erkennen ist. Nur unter dem Mikroskop wird es bei etwa hundertfacher Vergrößerung sichtbar. Dabei zeigt sich, dass jedes Lebewesen aus gleichartigen Bausteinen, den Zellen, aufgebaut ist. Ja es gibt sogar viele, mikroskopisch kleine Lebewesen, die nur aus einer einzigen Zelle bestehen.

Der Begriff „Zelle“ bezeichnet also die kleinste Einheit, den Grundbaustein der Lebewesen.

Sind folgende Dinge lebendig: eine Wolke, ein ferngesteuertes Auto, ein Bergkristall, ein Veilchen, ein Wetterhahn? Begründe deine Entscheidung!

Die Vielfalt der Lebewesen

Wir Menschen sind nicht allein auf der Erde, sondern teilen sie uns mit über 1,7 Millionen Tierarten und mehr als 330 000 Pflanzenarten. Hinzu kommen ca. 120000 Pilzarten und mehrere tausend Arten der Einzeller, Bakterien und Viren, die wir mit bloßem Auge nicht wahrnehmen können. Wodurch unterscheiden sich diese Lebewesen? Wie kann man ein Lebewesen so genau beschreiben, dass ein anderer es sofort wiedererkennt und nicht mit ähnlichen Tieren oder Pflanzen verwechselt?

Auch Pflanzen und Tiere haben Namen

So wie jeder Mensch, haben auch Pflanzen- und Tierarten einen weltweit bekannten, *wissenschaftlichen Namen*, d. h. eine Bezeichnung, die in allen Sprachen verstanden wird. So heißt der Löwe nicht lion (engl.), leone (ital.), lew (poln.), simba (suaheli) oder aslan (türk.), sondern für die Naturwissenschaftler in allen Ländern *Panthera leo*. Gleiches gilt für die Hausmaus *Mus musculus* oder das Gänseblümchen *Bellis perennis*. Diese Namen lassen z.B. auch erkennen, ob zwei Lebewesen miteinander verwandt sind: So heißt der Tiger *Panthera tigris* und gehört, wie der Löwe, zu den Großkatzen. Dieses System wurde Mitte des 18. Jahrhunderts von CARL VON LINNÉ (1707 – 1778) eingeführt. Oft sind die wissenschaftlichen Namen verwirrend, doch wenn man sie übersetzt, wird ihre Bedeutung klar. So heißt beispielsweise der heutige Mensch *Homo sapiens*, also „der kluge Mensch“.

Kennzeichnende Merkmale

Würde in deiner Klasse jeder nur fünf verschiedene Tiere aufschreiben, so wäre es bereits schwierig, diese wenigen Lebewesen nach bestimmten Merkmalen zu ordnen. Betrachtet man z. B. einen Hai, einen Pinguin und einen Delfin, so haben alle drei Tiere eine fischähnliche, stromlinienförmige Gestalt. Sicher weißt du aber schon, dass Pinguine zu den Vögeln und Delfine zu den Säugetieren gehören und mit dem Hai wohl kaum verwandt sind.

Was bedeutet der Begriff „Verwandtschaft“ in diesem Zusammenhang? Du bist mit deinen Großeltern, deinem Onkel oder deiner Tante verwandt und könntest alle Mitglieder deiner Familie entsprechend ihren Namen oder bestimmten Kennzeichen erkennen. Nach einem ähnlichen System haben Wissenschaftler die Vielfalt der Lebewesen geordnet. So ist zu erkennen, dass der Pinguin zu den Vögeln gehört, weil er wie alle anderen Vögel Federn und kein Fell besitzt und zur Fortpflanzung Eier legt. Ein Goldhamster schlüpft nie aus dem Ei und ein Vogel säugt nie seine Jungen. Nahe verwandte Arten gleichen sich also im Aufbau, ihrem Stoffwechsel und vielen anderen Kennzeichen. Tiger und Löwe sind nahe verwandt, Tiger und Fisch dagegen nicht. Trotzdem haben beide Gemeinsamkeiten, die sie z. B. von einer Spinne oder einem Regenwurm unterscheiden. So ergeben sich immer weitere Gruppen, die in einer größeren Übersicht zusammengefasst werden.

Wie kann man Gruppen bei Gegenständen bilden?

Aufgabe

Welche Einteilungen findest du, sodass Ähnliches zu einer größeren Gruppe zusammengefasst werden kann? Ordne die Gegenstände nach gemeinsamen Eigenschaften und erstelle einen von mehreren möglichen „Stammbäumen“.

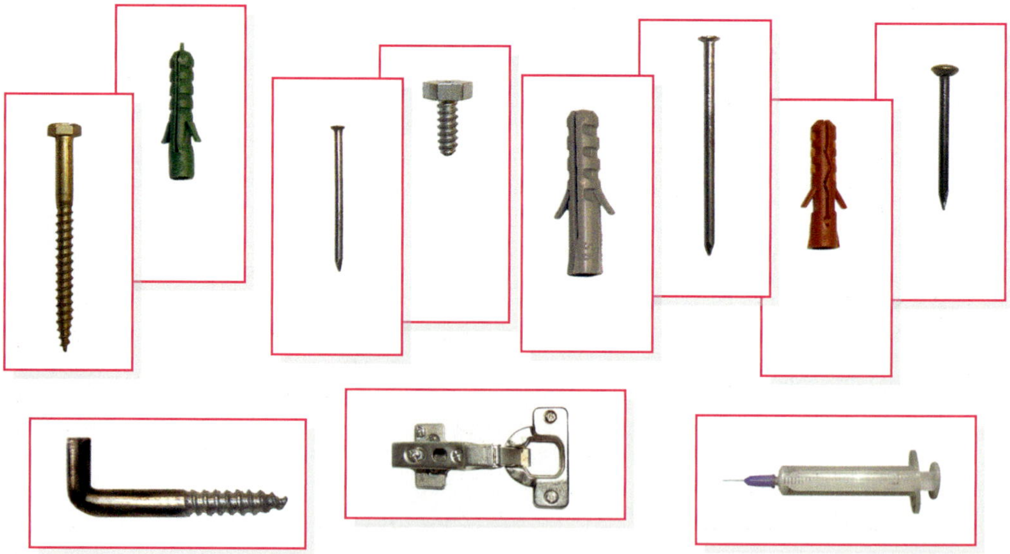

Gemeinsamkeiten und Unterschiede

Gegenstände, wie Schrauben, Haken oder Nägel, lassen sich nach dem Material, aus dem sie hergestellt wurden, nach ihrer Form oder ihrer Verwendbarkeit sortieren. Im Baumarkt wird man sie getrennt in verschiedenen Kästen wieder finden. Diese Kästen sind dann, entsprechend sortiert, wieder in größeren Gruppen zusammengefasst. Kann man die Vielfalt der Lebewesen vielleicht nach einem ähnlichen Verfahren ordnen?

Du kennst sicherlich viele Unterschiede zwischen Tieren und Pflanzen. So hast du vielleicht die Keimung der Bohne oder anderer Samen, wie Haselnuss, Sonnenblumenkern, Kastanie oder Kressesamen, schon beobachtet. Im Unterschied dazu wird ein junges Tier geboren oder schlüpft aus dem Ei. Auch andere Unterschiede in der Ernährung, dem Aufbau und vielen anderen Lebenskennzeichen grenzen Pflanzen und Tiere in vielen Fällen deutlich gegeneinander ab.

Die Tiere untereinander sind meist schon auf den ersten Blick sehr verschieden. So wird niemand eine Spinne mit einem Schmetterling oder einen Hund mit einer Katze verwechseln. Größere Gruppen, wie Fische, Lurche, Kriechtiere, Vögel oder Säugetiere, sind ebenfalls gut zu unterscheiden. Wozu gehören aber z. B. der Regenwurm, der Maikäfer oder die Libelle? Untersucht man diese Tiere genauer, findet man kein Skelett aus Knochen und keine Wirbelsäule. Naturwissenschaftler fassen sie daher unter dem Begriff *„wirbellose Tiere"* zusammen und unterscheiden sie dann weiter nach dem Körperbau, der Zahl der Beine oder dem Aufbau der Flügel.

Auch Pflanzen unterscheiden sich bei genauerem Hinsehen. Betrachte z. B. eine Farnpflanze im Wald, das Moos auf den Steinen und Baumstümpfen, einen Laubbaum oder einen Nadelbaum, die „Blumen" im Garten oder die Pflanzen im Gemüsebeet. Haben alle Pflanzen Blüten? Bilden sie alle das, was wir als „Holz" verbrennen können?

Bei der genaueren Betrachtung der einzelnen Tier- und Pflanzenarten und ihren Beziehungen zueinander und zur Umwelt wirst du viele weitere Unterschiede kennen lernen – aber auch sehr viele Gemeinsamkeiten. Eine gute Übersicht dazu geben dir die so genannten **Basiskonzepte** oder **Prinzipien.** Sie werden von Fachleuten auch als *Erschließungsfelder* bezeichnet, weil sie dir helfen, Neues leichter zu erkennen und zu erschließen. So behältst du in der Vielfalt der Lebewesen den Überblick und kannst neue Zusammenhänge schneller erlernen.

Aufgaben

① Erstelle einen Steckbrief für dein Lieblingstier oder deine Lieblingspflanze.
② Hängt die Steckbriefe in eurem Klassenraum nach größeren Tier- oder Pflanzengruppen sortiert auf.
③ Warum ist das Wissen über Merkmale und Eigenschaften bestimmter Lebewesen besonders dann notwendig, wenn sie vom Aussterben bedroht sind?

Wie kann man Gruppen bei Lebewesen bilden?

Aufgabe

Nach welchen Merkmalen könnte man die abgebildeten Lebewesen zu größeren Gruppen zusammenfassen?

Welches Tier gibt es bestimmt nicht?

Säugetiere

Lebensraum

Abstammung

Verhalten

Säugetiere bilden eine sehr vielgestaltige und vielseitige Tiergruppe. Eine Maus wiegt höchstens 30 Gramm. Ein Wal kann mehrere Tausend Kilogramm wiegen. Außer in der Größe und im Gewicht unterscheiden sich Säugetiere noch in vielen anderen Merkmalen. Das hängt mit ihrer ganz unterschiedlichen Anpassung an ihren Lebensraum zusammen. Die meisten Säugetiere sind Landtiere, manche haben aber auch den Luftraum oder das Meer erobert. So sind Fledermäuse gewandte Flieger, Wale ausdauernde Schwimmer.

Einige Säugetiere hat der Mensch durch Züchtung für sich nutzbar gemacht. So stammen unsere Haustiere von Wildtieren ab. Wildschweine, die auch heute noch in größeren Waldgebieten häufig sind, sind die Urahnen unserer Hausschweine. Haustiere sind Nutztiere, zum Beispiel Fleischlieferanten, aber auch Gefährten des Menschen, zum Beispiel Hund und Katze.

Wild
tiere
Haus

Entwicklung

Tierhaltung

Ernährung

Verwandtschaft

1 Haustiere des Menschen

Der Hund – ein Säugetier

Welpe
junger, noch nicht ausgewachsener Hund

Rüde
männlicher Hund

Zitzen
Austrittsöffnung der Milchdrüsen. Eine Hündin besitzt 4 Paar Zitzen.

Für die meisten Menschen, die einen Hund besitzen, ist er wie ein Familienmitglied. Deshalb ist er eines der beliebtesten Haustiere. Ein *Welpe* sollte mindestens 7 bis 8 Wochen alt sein, bevor er in seine neue Familie kommt. Zuvor wuchs er zusammen mit seinen Geschwistern auf, die alle aus einem Wurf stammen. Ein *Wurf* kann aus bis zu 10 Welpen bestehen. Vor ihrer Geburt haben sie sich 63 Tage lang im Mutterleib entwickelt *(Tragzeit)*. In Abständen von ungefähr 15 Minuten werden die Jungen geboren. Sie sind noch von dünnen Häuten, der *Fruchtblase*, umgeben, die die Hündin aufbeißt und frisst. Anschließend werden die Welpen trocken geleckt.

1 Schäferhündin säugt ihre Jungen

Tragzeit
Zeit, in der sich die Jungen im Mutterleib entwickeln.

Säugetiere
Bringen lebende Junge zur Welt, die anschließend gesäugt werden.

Die Welpen sind in den ersten Lebenswochen hilflose *Nesthocker* und müssen vom Muttertier ständig betreut werden *(Brutpflege)*. In den ersten 10 bis 12 Tagen sind ihre Augen und Ohren noch verschlossen. Nach der Geburt suchen die Welpen sofort die *Zitzen* der Mutter an Brust und Bauch und saugen Milch. Beim Suchen nach den Zitzen pendeln die Welpen mit dem Kopf hin und her und kriechen so lange herum, bis sie sie gefunden haben. Das Zitzensuchen ist den Welpen angeboren. Durch Trippeln der Pfoten gegen den Bauch der Mutter werden die Milchdrüsen angeregt, Milch zu bilden und abzugeben. Nach 2 bis 3 Wochen werden die Welpen von der Milch entwöhnt, die ersten Zähne wachsen. Bis zur 7. oder 8. Lebenswoche spielen die Welpen viel mit den Artgenossen und erkunden ihre Umgebung. Danach beginnt die *Erziehungsphase* der Welpen, die bei wild lebenden Hunden der erwachsene *Rüde* übernimmt. Dabei lernen sie z. B. den Umgang mit erwachsenen Hunden. Bleiben mehrere Welpen zusammen, bildet sich bei spielerischen Kämpfen eine *Rangordnung* aus. Bei Haushunden erfolgt die Erziehung in menschlicher Obhut. Da hier die gleichen Regeln wie bei wild lebenden Hunden gelten sollten, muss der Mensch die Rolle des Rüden übernehmen.

Alle Tiere, die wie Hunde ihre Jungen lebend zur Welt bringen und mit Muttermilch säugen, nennt man **Säugetiere**. Ein weiteres Merkmal der Säugetiere sind *Haare*, die das *Fell* bilden. Keine andere Tiergruppe außer den Säugern besitzt ein solches Fell. Da es gegen Kälte schützt, können Säugetiere so ihre Körpertemperatur auf einem bestimmten Wert halten. Sie sind *gleichwarme Tiere*.

Der Hund ist ein Fleischfresser

Während die Welpen heranwachsen, entwickelt sich ihr Gebiss vollständig. Die langen spitzen Eckzähne überragen die übrigen Zähne. Sie heißen *Fangzähne*, da sie bei der Jagd zum Ergreifen und Festhalten der Beute dienen. Die größten Backenzähne im Ober- und Unterkiefer, die *Reißzähne*, besitzen scharfkantige Höcker. Sie arbeiten bei Bewegungen von Unter- gegen Oberkiefer wie eine Schere und zerkleinern so größere Fleischstücke. Nicht zu große Knochen zermalmen die hinteren Backenzähne. Mit den flachen *Schneidezähnen* werden Fleischreste von den Knochen abgeschabt. Ein Gebiss, das wie das eines Hundes aufgebaut ist, nennt man ein *Fleischfressergebiss*.

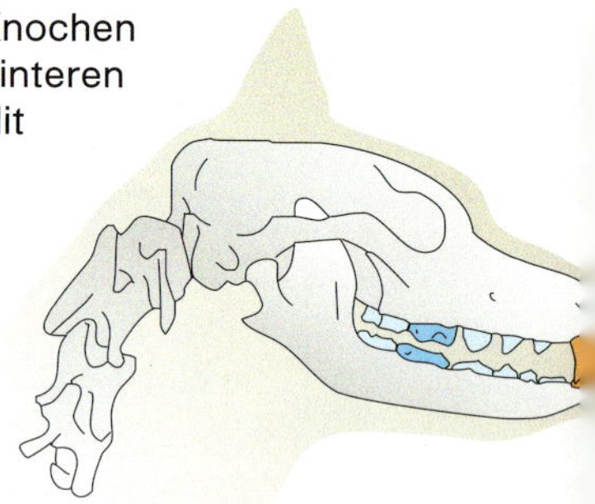

1 Deutscher Schäferhund

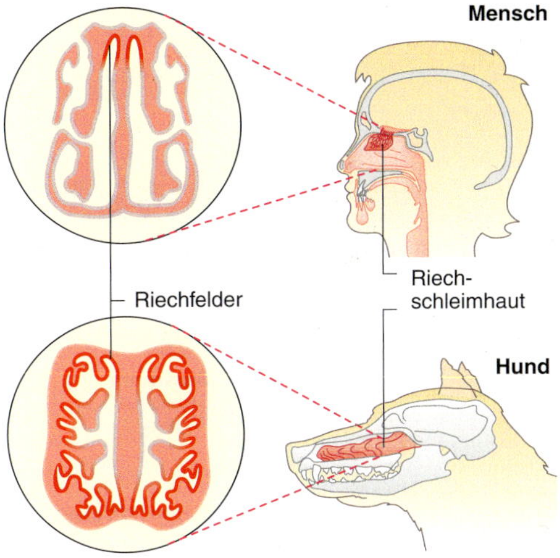

2 Riechfelder von Hund und Mensch im Vergleich

Wie der Hund seine Umwelt wahrnimmt

Das dauernde Schnuppern der Hunde am Boden oder an Bäumen deutet darauf hin, dass sie sich sehr stark mithilfe des Geruchssinns orientieren. Die ständig feuchte Nase ist Anzeichen für seine große Empfindlichkeit. Verantwortlich dafür ist die in der Nasenhöhle verborgen liegende *Riechschleimhaut*. Sie hat eine Größe von etwa 150 Quadratzentimetern, auf der sich etwa 220 Mio. *Riechsinneszellen* befinden. Sie ist etwa 30-mal so groß und 15-mal so dick wie die des Menschen und besitzt zahlreiche Einfaltungen (▶ S. 232). Deshalb reagieren Hunde auf Stoffe in der Luft bereits in geringsten Mengen.

Bei intensivem Riechen atmet der Hund bis zu 300-mal in der Minute Luft ein *(Schnüffelatmung)*. Dadurch erreichen mehr Geruchsstoffe die Riechschleimhaut. Anschließend wird einmal stark ausgeatmet. Die Nase ist das empfindlichste Sinnesorgan des Hundes, sie ist sein *Leitsinn*. Auf einige Stoffe reagiert ein Hund etwa 1 Million Mal empfindlicher als der Mensch, z. B. auf Buttersäure, die im Schweiß von Tieren enthalten ist. Der Hund kann mit seinem empfindlichen Geruchssinn wahrnehmen, ob vor ihm ein Mensch ging oder z. B. ein anderer Hund entlang lief. Am Geruch der Harnmarken anderer Hunde erkennt er, ob diese von einem Rüden oder einer Hündin stammen. Bei Jagdhunden nutzt der Mensch diese Fähigkeit, um Wild aufzuspüren.

Das aufmerksame Spiel der *Ohren* verrät den sehr guten *Gehörsinn*. Mit ihm kann der Hund höhere und leisere Töne, wie zum Beispiel das Fiepen einer Maus, besser wahrnehmen als der Mensch.

Die Duftwelt eines Hundes

Die Sehschärfe der *Augen* ist allerdings nicht so hoch wie die des Menschen. Außerdem nehmen Hunde Farben anders wahr. Wahrscheinlich sehen sie die Umwelt wie rotgrün-sehschwache Menschen. Jedoch reagiert der Sehsinn des Hundes besonders empfindlich auf Bewegungen, auch in der Dämmerung. Hirtenhunde, welche ein Signal durch eine Armbewegung des Schäfers aus einer Entfernung von 500 Metern und mehr erkennen können, erkennen dagegen unbeweglich dastehende Menschen noch nicht einmal aus 50 Metern Entfernung.

Aufgaben

① Nenne Merkmale, die den Hund als Säugetier kennzeichnen. Auf welche anderen Tiere treffen diese Merkmale ebenfalls zu? Nenne mindestens 5 Beispiele.

② Begründe, weshalb man die jungen Welpen *Nesthocker* nennt.

③ Erläutere, warum ein junger Welpe in der Regel nach 8 bis 12 Wochen von seinen Geschwistern getrennt und in eine menschliche Familie aufgenommen wird. Was spricht gegen einen früheren Zeitpunkt, was gegen einen späteren?

④ Mit welchen Zähnen kann der Hund am kräftigsten zubeißen und einen Knochen zerbrechen? Ein Versuch hilft bei der Lösung: Stelle fest, wie du mit einer Schere die größte Kraft entfalten kannst.

⑤ Erläutere die Vorteile, die sich für den Hund durch den hervorragenden Geruchs- und Hörsinn ergeben.

⑥ Welchen Vorteil bietet die Fähigkeit, Bewegungen gut wahrzunehmen? Begründe.

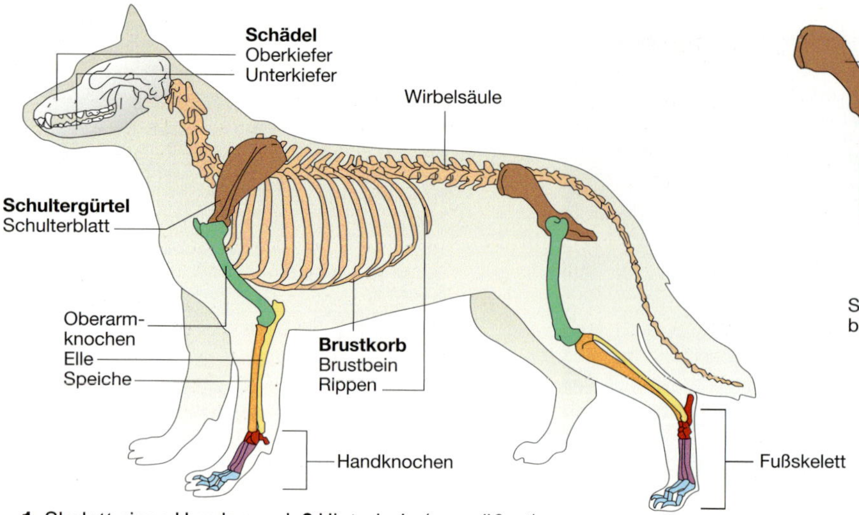

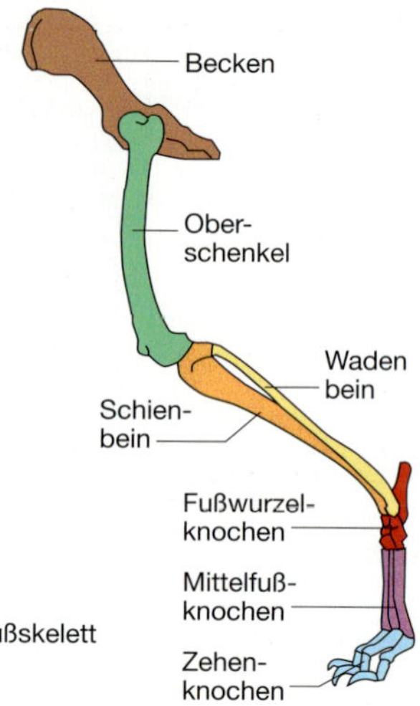

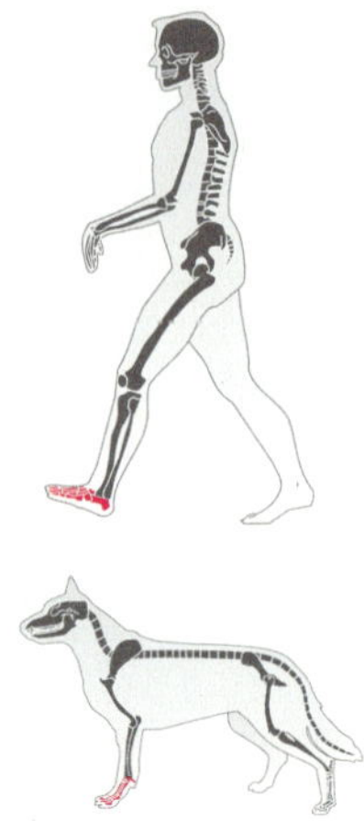

1 Skelett eines Hundes und **2** Hinterbein (vergrößert)

Der Hund – ein leistungsfähiges Wirbeltier

Die bewegliche Wirbelsäule und die langen Beine ermöglichen dem Hund, in großen Sätzen zu laufen. Nach dem Abstoßen mit den Hinterbeinen streckt sich der Körper und hebt vom Boden ab. Die Vorderbeine setzen auf und der Rücken krümmt sich bogenförmig nach vorn. Dann setzen die Hinterbeine auf und das Ganze beginnt von neuem. Viele Hunde sind durch ihren Körperbau also gute und ausdauernde Läufer. In ihnen ist das Erbe des *Hetzjägers* Wolf noch gut erhalten.

Ermöglicht wird das durch das Knochengerüst, das *Skelett*. Es stützt den ganzen Körper. Es besteht aus mehreren Abschnitten, dem *Rumpfskelett* mit der Wirbelsäule, dem *Kopfskelett* mit der Schädelkapsel und dem *Gliedmaßenskelett* mit den Beinen. Die Wirbelsäule wird aus einzelnen *Wirbeln* gebildet und ist beweglich. Die an ihr ansetzenden Muskeln bewirken beim Laufen ihre Krümmung und das anschließende Zurückschnellen in die Ausgangslage. Alle Tiere, die wie der Hund eine Wirbelsäule aus einzelnen Wirbeln besitzen, nennt man **Wirbeltiere**. Beim Laufen setzt der Hund nur mit den Zehen auf. Mittelfuß und Ferse berühren also nicht den Boden. Der Hund ist ein *Zehengänger*. Ballen unter den Zehen federn den Körper ab. Die nicht einziehbaren Krallen am Ende der Zehen verhindern auf weichem Untergrund das Wegrutschen.

Wirbeltiere
besitzen eine Wirbelsäule aus einzelnen Wirbelkörpern

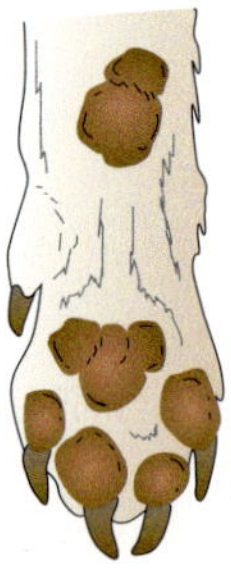

Hundepfote

Viele Hunde können mehrere Stunden ständig in Bewegung sein, wobei sie immer wieder kürzere Strecken mit Höchstgeschwindigkeit laufen. Zu dieser Anstrengung sind sie nur fähig, weil sie ihren beim Laufen erhitzten Körper gut abkühlen können. Dabei *hecheln* Hunde kräftig und lassen die vom Speichel nasse Zunge aus dem Maul hängen. Durch die Verdunstung kühlen sich die Zunge und auch das Blut ab. Hunde können nicht wie der Mensch schwitzen, da sie keine Schweißdrüsen besitzen. Das Abkühlen des Körpers erreichen sie also nur durch Hecheln und über die nasse Zunge.

Aufgaben

① Durch die Lungenbläschen entsteht eine Fläche von 90 m^2 zum Austausch der Atemgase. Welche Vorteile bringt das? Benutze zur Erklärung auch die ▶ S. 232.

② Der Hund ist ein *Zehengänger*, der Mensch ein *Sohlengänger*. Erläutere anhand des jeweiligen Skeletts die Unterschiede.

Innere Organe des Hundes

Nicht nur im Skelett, sondern auch im Bau der inneren Organe ist das Erbe des Hetzjägers Wolf im Hund noch erhalten. Das *Gehirn* verarbeitet blitzschnell die Sinneseindrücke vor allem von Nase und Ohr, sodass es über das Rückenmark und über die davon abgehenden Nerven den leistungsfähigen Muskeln den Befehl „laufen" erteilen kann, um eine Beute zu verfolgen. Gehirn und Rückenmark bilden das *Zentralnervensystem.*

Für eine lange Verfolgungsjagd ist Ausdauer erforderlich. Deshalb sind die *Atmungsorgane* und das *Herz-Kreislauf-System* gut ausgebildet und sehr leistungsfähig. Die *Lunge* besteht wie bei allen Säugetieren aus zwei Lungenflügeln, die über Luftröhre und Bronchien mit der Umgebung in Verbindung stehen. In der Lunge gelangt der mit der Luft eingeatmete *Sauerstoff* ins Blut hinein, im Körper entstandenes *Kohlenstoffdioxid* umgekehrt aus dem Blut heraus. Mit dem nächsten Ausatmen gelangt die verbrauchte Luft über die *Luftröhre* wieder in die Umgebung.

Über das Blut gelangt der aufgenommene Sauerstoff zu den einzelnen Organen, z. B. zu den Muskeln. Dort wird er benötigt, um Nährstoffe zu Wasser und Kohlenstoffdioxid umzuwandeln. Das nun sauerstoffarme und kohlenstoffdioxidreiche Blut wird wieder den Lungen zugeführt.

Da bei einer Verfolgungsjagd die Muskeln wesentlich mehr Energie benötigen als in Ruhe, reagiert der Hund mit schnellerer und tieferer Atmung und einer Verstärkung der Herztätigkeit darauf. So wird den Muskeln auch bei starker Belastung genügend Sauerstoff zugeführt.

Das *Verdauungssystem* ist an die Verwertung eiweißreicher Fleischnahrung angepasst. Neben den *Eiweißen* enthält die Nahrung *Kohlenhydrate* und *Fette*. In diesen *Nährstoffen* ist Energie gespeichert, die vom Hund genutzt werden kann. Nach dem Zerkleinern gelangen die Nahrungsbrocken über die *Speiseröhre* in den *Magen*, wo die Verdauung beginnt. Diese wird im sich anschließenden *Darm* fortgesetzt. Dorthin gelangen auch Verdauungssäfte aus der *Bauchspeicheldrüse* und der Gallensaft. Sie unterstützen die Verdauung. Dabei werden die Nährstoffe gespalten und anschließend ins Blut aufgenommen. Durch das Blut werden sie zum Beispiel zu den Muskeln transportiert. Die in den Nährstoffen enthaltene Energie wird dort für die Muskelarbeit genutzt. In der *Leber* werden Nährstoffe hingegen zu anderen lebenswichtigen Stoffen umgewandelt. Unverdauliche Anteile der Nahrung können nicht ins Blut aufgenommen werden und werden als Kot ausgeschieden.

Bei der Verarbeitung und Umwandlung von Stoffen im Körper *(Stoffwechsel)* entstehen auch giftige Abfallstoffe. Diese werden in der *Niere* dem Blut entzogen und zusammen mit dem Harn aus dem Körper entfernt. Im hinteren Teil des Körpers liegen die *Geschlechtsorgane*: Das sind die Eierstöcke bei der Hündin und die Hoden beim Rüden.

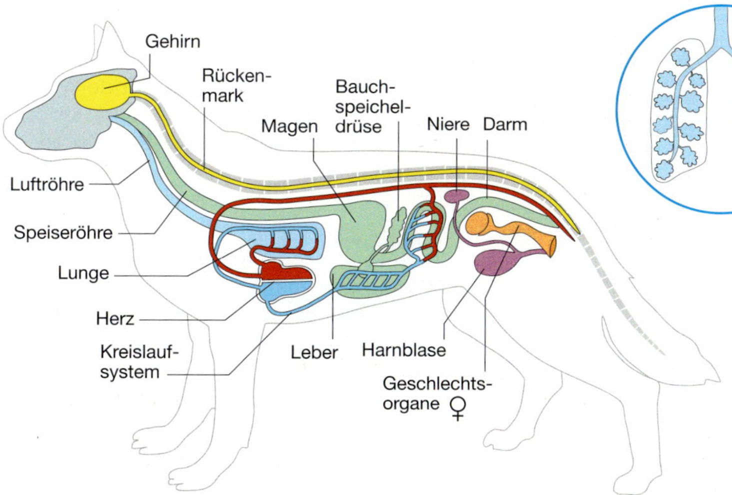

1 Innere Organe eines Hundes

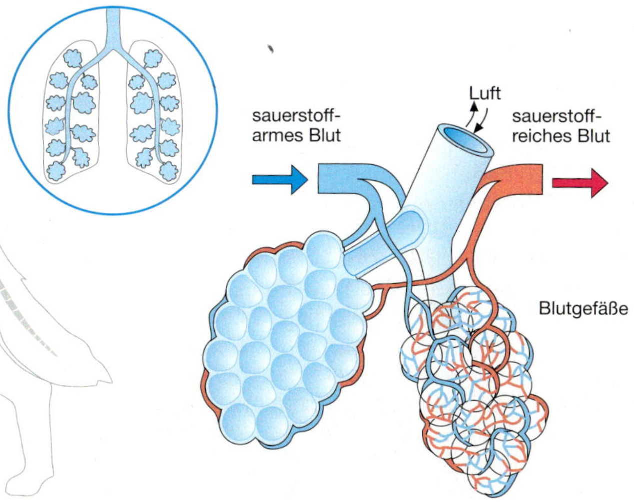

2 Gasaustausch in den Lungenbläschen

Heute gibt es mehr als 400 Hunderassen. Trotz des zum Teil sehr unterschiedlichen Aussehens der einzelnen Rassen sind sie alle auf einen Ursprung zurückzuführen: Ihr Stammvater ist der Wolf. Er ist der gemeinsame Vorfahre aller Hunde. Während einige Hunderassen, wie zum Beispiel der Schäferhund, in ihrem Aussehen noch eine größere Ähnlichkeit mit ihrem Stammvater aufweisen, unterscheiden sich andere sehr deutlich, zum Beispiel der Yorkshire-Terrier.

Der Hund – ein Vorfahr, viele Rassen

Die Entstehung der heutigen Haushunde begann bereits in der Steinzeit vor etwa 12 000 Jahren. Wahrscheinlich suchten Wölfe immer wieder die Nähe der jagenden Steinzeitmenschen, um sich von deren Fleischabfällen zu ernähren. Die Menschen erkannten, dass Wölfe ihnen nützlich waren, wenn deren Laute sie vor Gefahren warnten oder sie Wild aufstöberten. Vermutlich nahmen die Menschen Wolfswelpen in ihre Obhut, zogen sie auf und gewöhnten sie so an sich. Schließlich haben sie auch Wölfe in der Gefangenschaft weiter vermehrt.

Dadurch war aus dem Wolf aber noch kein Haushund geworden. Die Menschen entdeckten, dass sich die Welpen eines Wurfes in Farbe, Größe und im Verhalten unterschieden. Diese *Variabilität* tauchte auch in der nächsten Generation auf. Deshalb wurden diejenigen Wölfe, auf deren Eigenschaften man besonders Wert legte, nach ihrem Heranwachsen mit Artgenossen gepaart, die ähnliche Eigenschaften hatten. Tiere mit unerwünschten Eigenschaften wurden von der Fortpflanzung ausgeschlossen. Durch diese Auswahl entstanden im Verlauf vieler Generationen die ersten Haushunde, deren Eigenschaften sich von denen des Wolfes immer stärker unterschieden.

Durch diese *Zucht* wurden gezielt die Nachfahren des Wolfes verändert. Unter natürlichen Bedingungen wäre das nicht möglich gewesen. In der Natur könnte z. B. ein Wolf mit kurzen Beinen seine Beute nicht jagen und somit nicht überleben. Solche nachteiligen Eigenschaften bleiben deshalb in der Natur nicht erhalten. In menschlicher Obhut können sich auch Merkmale ausbilden und erhalten, die für das Überleben unter natürlichen Bedingungen nachteilig sind. Wenn durch Zucht veränderte, neue Merkmale über viele Generationen immer wieder auftreten, ist eine neue *Rasse* entstanden.

Die Eigenschaften der jeweilige Rasse hängen vor allem von den *Zuchtzielen* ab. Beim Deutschen Schäferhund soll zum Beispiel die Rückenlinie leicht nach hinten abfallen. Auf Zuchtschauen werden die Besitzer mit Prämien belohnt, deren Hunde dem angestrebten Ideal am nächsten kommen. So wurden extrem kleine (Pekinese) und große Hunderassen (irischer Wolfshund) gezüchtet. Es gibt die kurzbeinigen Dackel und die langbeinigen Windhunde. Es gibt Hunde mit kurzem und langem Fell, mit langer und kurzer Schnauze, mit aufrecht stehenden und hängenden Ohren. Es gibt Hunde mit einer sehr guten Nase sowie solche, die aggressiver sind als andere usw. Trotz der Verschiedenartigkeit gehören alle Hunde zu einer einzigen Art, zu der Art des Haushundes. Sie lassen sich untereinander kreuzen, wie es die vielen Mischlingshunde zeigen.

Da sich nicht nur beim Hund alle Individuen von einander unterscheiden, sondern diese **Variabilität** bei allen Organismenarten auftritt, spricht man von einem **Prinzip** (▶ S. 222).

Rasse
Die Mitglieder einer Rasse bilden über viele Generationen hinweg konstante Merkmale, in denen sie sich von anderen Rassen unterscheiden.

Art
Eine Art umfasst alle Organismen, die sich untereinander fortpflanzen können.

Aufgaben

① Vergleiche mindestens 5 verschiedene Hunderassen. Fasse in einer Tabelle ihre wichtigsten Eigenschaften zusammen.

② Erkläre, wie ein Züchter vorgehen müsste, wenn er Hunde mit besonders langen Ohren haben möchte.

③ Nenne weitere Tierarten, deren Merkmale bei den einzelnen Tieren stark unterschiedlich sind.

Hunderassen

Der **Deutsche Schäferhund** erinnert in seinem Erscheinungsbild noch sehr an seinen Urahn, den Wolf. Sein Name verrät, dass er für den Einsatz als Hüte- und Hirtenhund in Deutschland gezüchtet wurde. Inzwischen ist diese Rasse zum vielseitigsten und häufigsten Diensthund aufgestiegen. Sein ausdauerndes, treues, mutiges und gelehriges Wesen hat entscheidend dazu beigetragen.

Durch Zuchtauswahl sind aber auch Hunderassen entstanden, deren starke Aggressivität von manchen Menschen missbraucht wird. Dies gilt besonders für die so genannten *Kampfhunde*, zu denen der **Bullterrier** gehört. Solche Hunde brauchen eine konsequente Erziehung, damit sie für fremde Menschen keine Gefahr werden.

Der **Rauhaardackel** zählt bei uns zu den am häufigsten gehaltenen Hunderassen. Er ist ein beliebter Familien- und Jagdhund, der ab und zu eigenwillig sein kann und deswegen konsequent erzogen werden muss. Weitere Eigenschaften sind seine Neugier und Wachsamkeit.

Zu Beginn unseres Jahrhunderts wurde der **Golden Retriever** in England als neue Hunderasse anerkannt. Sein Fell ist gold- bis cremefarben. Er ist ein guter Schwimmer. Die wasserdichte Unterwolle hält ihn trocken und warm. Heute ist der Golden Retriever ein beliebter Familienhund. Er ist überaus geduldig, ruhig und anhänglich. Er braucht viel Auslauf und Beschäftigung.

Der **Airedaleterrier** gehört zu den jüngeren Hunderassen. Trotz seiner Größe ist er ein idealer Haushund, verspielt bis ins hohe Alter und sehr kinderlieb. Außerdem gilt er als treu und wachsam.

Der **Husky** ist hauptsächlich in den nördlichen kalten und schneereichen Ländern der Erde verbreitet. Er wird als Schlittenhund eingesetzt, weil er große körperliche Anstrengungen ausdauernd erträgt.

Der **Große Münsterländer** ist ein Jagdhund mit einem kräftigen und muskulösen Körperbau. Er besitzt einen fein entwickelten Geruchssinn, mit dessen Hilfe er bei der Jagd Wild, zum Beispiel ein Kaninchen, aufspürt.

In England züchteten Weber und Bergleute im vorigen Jahrhundert eine kleine Terrierrasse. Der **Yorkshire-Terrier** sollte in den kleinen Häusern der Bergleute leben und dort Mäuse oder Ratten fangen. Damals hatte man keineswegs vor, einen Modehund zu züchten, zu dem der Yorkshire-Terrier heute geworden ist.

Sowohl bei den männlichen als auch bei den weiblichen Tieren gibt es jeweils ein Leittier, die zusammen das Rudel anführen. Die übrigen Rudelmitglieder sind den zwei Leittieren untergeordnet. Nur die beiden Leittiere paaren sich und bringen einmal im Jahr durchschnittlich fünf Junge zur Welt. An der Aufzucht der Welpen ist das ganze Rudel beteiligt, zum Beispiel bei der Versorgung mit Nahrung nach der Beendigung der Stillzeit. Hast du eine Erklärung dafür, dass nur die beiden Leittiere Junge bekommen?

Der Wolf Stammvater des Hundes

Die entblößten Zähne, die etwas nach vorn gezogenen Mundwinkel zeigen an, dass der Wolf droht.

Der Wolf gilt als Stammvater aller Hunderassen. Daher wirst du auch das Verhalten eines Hundes besser verstehen, wenn du über das Verhalten von frei lebenden Wölfen genauere Kenntnisse hast. Weißt du, wo es heute noch frei lebende Wölfe gibt?

Für die Haustierwerdung des Wolfes waren unsere Vorfahren verantwortlich, die aus ihm viele Hunderassen züchteten. Bei manchen ist die Wolfsverwandtschaft noch gut erkennbar, bei manchen auf den ersten Blick gar nicht. Kennst du einige Hunderassen, bei denen die Verwandtschaft zum Wolf noch gut erkennbar ist? Kannst du dir vorstellen, warum und wie unsere Vorfahren den Wolf zum Haustier machten?

Lebensweise

Wölfe leben in Rudeln, das sind kleinere Gruppen von 5 — 8 Tieren. Nur selten sind die Rudel größer. Im Rudel besteht eine feste Rangordnung. Die einzelnen Tiere des Rudels kennen sich deshalb genau. Aber woran erkennen sie sich?

Ein Wolfsrudel jagt in einem Revier von 100 bis weit über 1000 Quadratkilometern. Viel zu groß, um es gegen fremde Wolfsrudel zu verteidigen? Doch, es funktioniert! Aber wie?

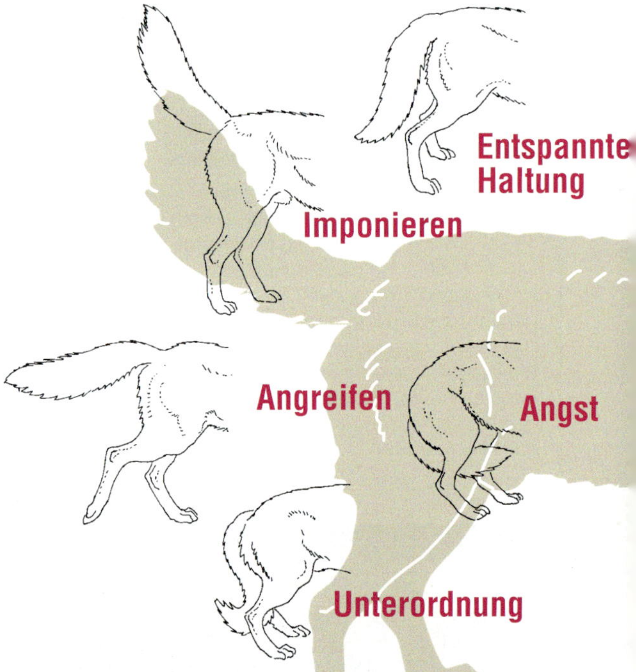

Körpersprache

Wölfe zeigen zum Beispiel durch die Körperhaltung, die Schwanzhaltung und den Gesichtsausdruck an, ob sie drohen oder imponieren, ob sie angreifen wollen oder Angst haben oder ob sie sich unterwerfen wollen.

Wie Wölfe jagen

Zwar trifft ein Wolfsrudel manchmal zufällig auf ein Beutetier, z.B. einen Hirsch oder ein Rentier. Meist machen sie ihre Beute jedoch mithilfe ihrer hervorragenden Sinnesorgane aus. Vor allem ihre gute Nase hilft ihnen dabei. Jetzt kommt es darauf an, möglichst nahe an die Beute heran zu kommen. Nur dann haben die Wölfe eine Chance, die Beute auch einzuholen.

Raffiniert, wie die Wölfe das machen. Vielleicht kannst du erklären, wie die in der Abbildung dargestellten Wölfe das eine der beiden Rentiere fangen. Kennst du Tiere, die ähnlich geschickt wie die Wölfe im Rudel jagen? Vergleiche!

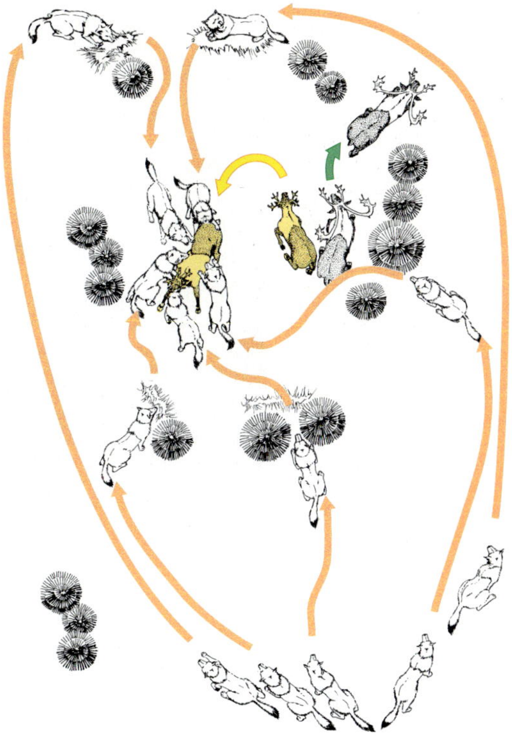

Kannst du an Hunden aus deiner Umgebung ihre Stimmung erkennen? Die Abbildungen können dir dabei helfen.

Verwandte von Wolf und Hund

Sicher kannst du herausfinden, in welchen Gebieten der Erde die hier vorgestellten Verwandten von Wolf und Hund leben. Gibt es auch bei uns wild lebende Verwandte?

Wildhunde gelten als gefürchtete Räuber. Das beruht auf ihrer äußerst wirksamen Art der Beutejagd im Rudel. So können sie über mehrere Kilometer das Opfer, z. B. größere Antilopen und Zebras, bis zur Erschöpfung hetzen und schließlich überwältigen und zerreißen.

Schakal

Der abwechslungsreiche Speiseplan der Schakale und Kojoten enthält kleinere Säugetiere, z.B. Mäuse, Insekten und Obst. Sie jagen meist paarweise.

Kojote

1 Hauskatze

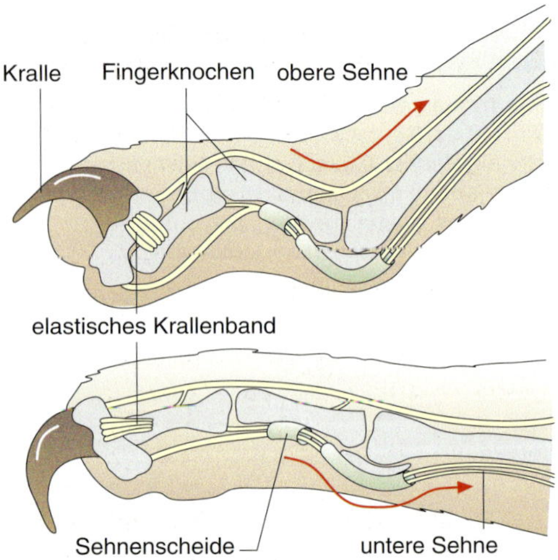

2 Schema der Krallenbewegung

Die Katze ist ein Schleichjäger

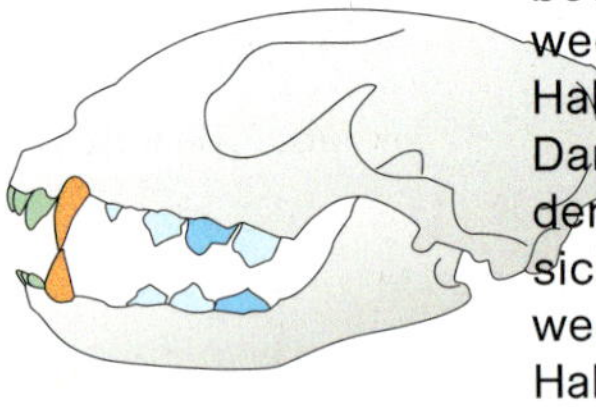

Eine Katze liegt in der Nähe eines Bauernhofes tief geduckt und regungslos in einer Wiese. Sie scheint etwas aufmerksam zu beobachten. Die Katze erhebt sich und bewegt sich im Zeitlupentempo in geduckter Haltung zwei bis drei Schritte nach vorn. Dann drückt sie sich wieder ganz dicht an den Erdboden. Sie wartet eine Weile, bis sie sich wiederum einige Schritte weiterbewegt. Schließlich verharrt sie in gespannter Haltung. Plötzlich schnellt die Katze mit gestreckten Vorderbeinen in einem weiten Bogen vorwärts. Nach der Landung hört man ein kurzes Fiepen. Sie hat eine Maus gefangen. Diese wird durch einen Biss getötet und davongetragen.

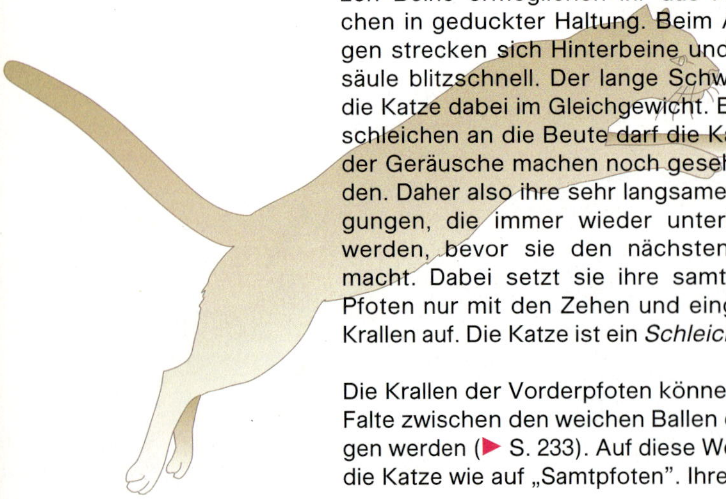

Die Katze ist an diese Art des Beuteerwerbs gut angepasst (► S. 220/221). Die recht kurzen Beine ermöglichen ihr das Anschleichen in geduckter Haltung. Beim Abspringen strecken sich Hinterbeine und Wirbelsäule blitzschnell. Der lange Schwanz hält die Katze dabei im Gleichgewicht. Beim Anschleichen an die Beute darf die Katze weder Geräusche machen noch gesehen werden. Daher also ihre sehr langsamen Bewegungen, die immer wieder unterbrochen werden, bevor sie den nächsten Schritt macht. Dabei setzt sie ihre samtweichen Pfoten nur mit den Zehen und eingezogen Krallen auf. Die Katze ist ein *Schleichjäger*.

Die Krallen der Vorderpfoten können in eine Falte zwischen den weichen Ballen eingezogen werden (► S. 233). Auf diese Weise läuft die Katze wie auf „Samtpfoten". Ihre Schritte sind deshalb nicht zu hören. Beim blitzschnellen und überraschenden Beutesprung fährt sie ihre Krallen aus und ergreift damit die Beute. Das Ausfahren der Krallen wird durch Muskeln ermöglicht, die über Sehnen mit den Krallen verbunden sind. Ab und zu müssen die Krallen nachgeschärft werden. Das geschieht, indem die Katze an Bäumen oder anderen Gegenständen kratzt.

Die Katze verzehrt die erbeutete Maus mit ihrem *Fleischfressergebiss*. Die Fangzähne halten die Beute fest. Die Katze tötet sie durch einen Genickbiss. Mit den Reißzähnen zerkleinert sie die Beute. Die Knochen des Beutetieres werden zwischen den hinteren Backenzähnen zermalmt und im Magen zersetzt. Die Verdauung erfolgt im sich anschließenden Darm, der vier- bis fünfmal so lang ist wie der ganze Körper.

Sinnesorgane der Katze

Tagsüber ruhen Katzen häufig. Erst in der Dämmerung gehen sie auf Mäusejagd. Um dabei Erfolg zu haben, muss die Katze sich nicht nur unbemerkt an die Beute anschleichen, sondern diese auch rechtzeitig entdecken können. Diese Aufgabe übernehmen ihre Sinnesorgane. Katzen nehmen ihre Umwelt vor allem mit ihren empfindlichen Augen und Ohren wahr.

Die großen, kreisrunden *Pupillen* lassen dann viel Licht in das Innere des Auges fallen. So kann die Katze auch bei geringer Helligkeit noch gut sehen. Das im Inneren des Auges auf die Netzhaut fallende Licht wird gespiegelt. Katzenaugen leuchten deshalb auf, wenn sie im Dunkeln von einem Licht angestrahlt werden. Tagsüber würden weit geöffnete Pupillen zu viel Licht auf die Netzhaut fallen lassen, die Katze würde geblendet. Das wird durch Verengung der Pupille am Tage verhindert. Die Pupillenschlitze sind dann schmal und senkrecht gestellt (Abb. 1).

Beim Aufspüren der Beute wirken Augen und Ohren zusammen. Die tütenförmigen Ohren sind in dauernder Bewegung. Die Öffnungen der Ohrmuscheln können dabei jeweils in verschiedene Richtungen zeigen. Mit ihrem empfindlichen *Gehör* nehmen Katzen auch aus größerer Entfernung noch leise Geräusche wahr.

Ihre unmittelbare Umgebung können Katzen zusätzlich durch ihre weit abstehenden *Schnurrhaare* ertasten. Auf diese Weise finden sie sich auch in vollständiger Dunkelheit zurecht, selbst wenn ihre empfindlichen Augen nichts mehr wahrnehmen können.

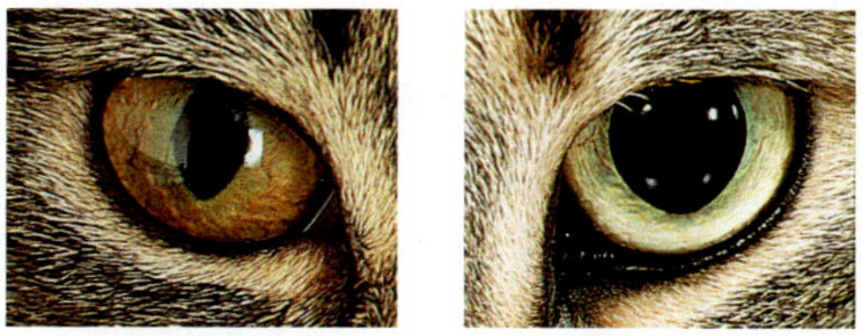

1 Pupillen bei unterschiedlicher Helligkeit

Jungenaufzucht und Verhalten

Zwei- oder dreimal im Jahr ist die Katze paarungsbereit. Neun Wochen nach der Paarung werden zwei bis acht hilflose Junge geboren, die vier bis fünf Wochen lang gesäugt werden. Bei Störungen trägt die Katze ihre Jungen häufig in ein Ausweichnest. Dazu werden sie mit den Zähnen im Genick gefasst. Die Jungen verharren dabei regungslos. Man sagt, sie fallen in *Tragstarre*. Nach etwa vier Wochen beginnen die Jungen miteinander zu spielen. Sie üben dabei das Anschleichen und Zuspringen auf die Beute. Nun kann es sein, dass die Katzenmutter eine Maus mitbringt, die noch lebt. Sie lässt sie kurz los, um sie wieder zu ergreifen. Auch die Jungen versuchen die Maus zu fangen. Später nimmt die Mutter die Jungen mit auf die Jagd. So lernen sie den Beutefang.

Taucht ein Feind auf, z. B. ein Hund, bildet die Katze häufig einen Buckel und sträubt die Haare. Dadurch sieht sie größer aus. Dazu faucht sie laut. Zieht sich der Hund nicht zurück, verpasst sie ihm entweder einen Pfotenschlag auf die Nase, bei dem die Krallen ausgefahren sind, oder sie ergreift in schnellen Sprüngen die Flucht. Da sie nur über kurze Entfernungen sehr schnell ist, flieht sie möglichst auf einen Baum oder eine Mauer.

2 Katzenmutter mit Jungen

Katzenpfote von unten

Katzen sind *Einzelgänger* und besitzen ein Revier. Deshalb gehen sie auch nicht so leicht eine enge Beziehung zum Menschen ein, wohl aber zum Haus, Garten oder zur Wohnung. Dieses ist dann ihr Revier.

Aufgaben

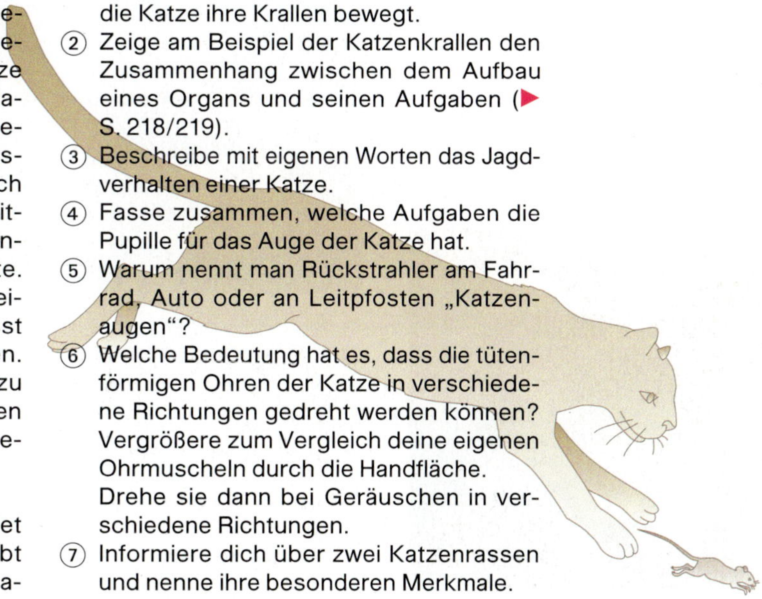

① Erkläre mithilfe der Abbildung 30. 2, wie die Katze ihre Krallen bewegt.
② Zeige am Beispiel der Katzenkrallen den Zusammenhang zwischen dem Aufbau eines Organs und seinen Aufgaben (▶ S. 218/219).
③ Beschreibe mit eigenen Worten das Jagdverhalten einer Katze.
④ Fasse zusammen, welche Aufgaben die Pupille für das Auge der Katze hat.
⑤ Warum nennt man Rückstrahler am Fahrrad, Auto oder an Leitpfosten „Katzenaugen"?
⑥ Welche Bedeutung hat es, dass die tütenförmigen Ohren der Katze in verschiedene Richtungen gedreht werden können? Vergrößere zum Vergleich deine eigenen Ohrmuscheln durch die Handfläche. Drehe sie dann bei Geräuschen in verschiedene Richtungen.
⑦ Informiere dich über zwei Katzenrassen und nenne ihre besonderen Merkmale.

Verwandte und Abstammung der Hauskatze

Unsere Hauskatzen unterscheiden sich stark in der Farbzeichnung und Beschaffenheit ihres Fells. Trotz dieser Vielfalt stammen alle Hauskatzen von der **Falbkatze** ab, die in Nordafrika und Vorderasien lebt.

Von den Römern wurde sie in unserer Heimat als Haustier eingeführt. Sie diente als nützlicher Mäuse- und Rattenfänger zum Schutz der Getreidevorräte. Heute haben Katzenliebhaber verschiedene Katzenrassen gezüchtet, die besonders dem Schönheitsempfinden der Menschen entsprechen. Unsere Hauskatze hat aber auch wild lebende Verwandte, die in Europa, Asien, Afrika und Amerika verbreitet sind.

Dazu gehört die **Wildkatze**. Sie lebt in den Wäldern der Mittelgebirge. Den Tag verschläft sie in einem sicheren

Versteck. Erst in der Dämmerung geht sie auf Jagd. Das Fell der Wildkatze ist grau, dunkel gefleckt und gestreift. Über den Rücken läuft ein dunkler Längsstreifen. An dem dicken, buschigen Schwanz mit zwei bis drei schwarzen Ringen und schwarzer Spitze kann man die Wildkatze gut von der kleineren Hauskatze unterscheiden.

Der **Tiger** ist eine Großkatze aus Asien. Der Schwerpunkt seiner Verbreitung liegt in Indien und Nepal. Dort ist er stark gefährdet, weil sein Lebensraum durch den Menschen immer kleiner wird. Außerdem wurde der Tiger lange Zeit stark bejagt. Vor einigen Jahren hat man aber Schutzgebiete für Tiger eingerichtet. Tiger leben die meiste Zeit des Jahres als Einzelgänger. Auf Jagd gehen sie meist nachts.

Der schlanke Körperbau des langbeinigen **Geparden** zeigt die Angepasstheit an seine Jagdweise. Dabei hetzt er Gazellen, die einen Hauptteil seiner Beute bilden, mit Geschwindigkeiten von über 110 km pro Stunde, die er aber nur über einige hundert Meter halten kann. Auf dieser Strecke muss es ihm gelingen, die ebenfalls sehr schnelle Beute zu überwältigen. Geparden sind in Afrika zu Hause.

Ebenfalls in Afrika und Teilen Asiens lebt der gefleckte **Leopard**, der größer und gedrungener ist als der Gepard. Leoparden leben außerhalb der Fortpflanzungszeit als Einzelgänger und begeben sich meist abends und nachts auf Schleichjagd. Mit ihrer Beute ziehen sie sich häufig auf Bäume zurück, um diese ungestört verzehren zu können. Die *schwarzen Panther*, die wir aus dem Zirkus oder Zoo kennen, sind Leoparden, die ein schwarzes Fell besitzen.

Auch in Amerika kommen katzenartige Säugetiere vor. Darunter sind viele kleine Arten, aber auch Großkatzen wie der **Puma**, der auch *Berg-* oder *Silberlöwe* genannt wird. Der Puma besiedelte ursprünglich fast ganz Amerika außerhalb der Polargebiete. Heute ist er stark gefährdet und kommt nur noch in kaum von Menschen besiedelten Gegenden vor. Seine Beute jagt er als Einzelgänger hauptsächlich in der Nacht.

Auch der **Jaguar** ist eine Großkatze. Er lebt hauptsächlich in den Urwäldern Mittel- und Südamerikas. Wegen seines schönen, gefleckten Fells wird er nach wie vor stark bejagt. Durch die Vernichtung der Urwälder wird ihm zudem der Lebensraum genommen.

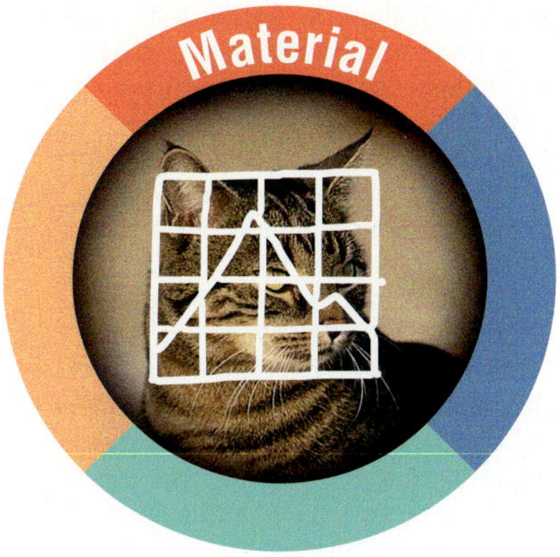

Wir vergleichen Hund und Katze

Hund und Katze weisen neben Unterschieden auch gemeinsame Merkmale auf, die du genauer untersuchen sollst.

Skelett und Gebiss

① Vergleiche mithilfe der Abbildung das Skelett von Hund und Katze. Stelle die Unterschiede heraus.
② Vergleiche die Gebisse von Hund und Katze (Abbildung 30. Rd.). Welche Unterschiede fallen dir auf?
③ In der folgenden Abbildung ist für den Hund gezeigt, wie man eine Zahnformel erstellt. Ermittle und zeichne in gleicher Weise die Zahnformel für die Katze.
④ Welche Aufgaben haben die verschiedenen Zähne?

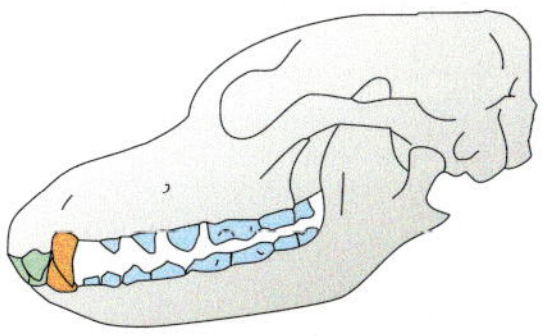

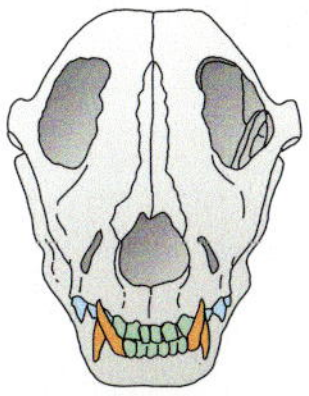

rechts					links	
6	1	3	3	1	6	Oberkiefer
7	1	3	3	1	7	Unterkiefer

Zahnformel

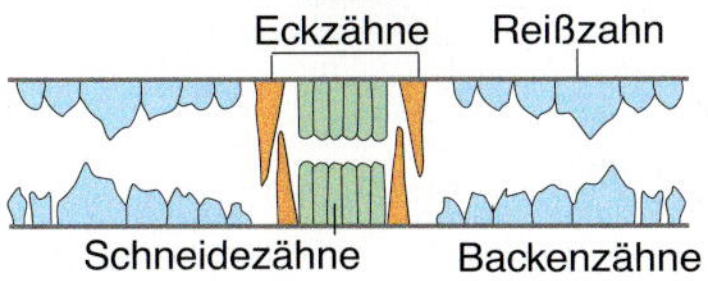

Beutefang und Verhalten

Hund und Katze sind durch ihren Körperbau in verschiedener Weise an den Fang von lebenden Beutetieren angepasst. Für beide Tiere spielen dabei die Sinnesorgane eine große Rolle.

⑤ Erkläre den unterschiedlichen Körperbau und das jeweilige Beutefangverhalten von Hund und Katze.
⑥ Erläutere, welche Sinnesorgane bei Hund und Katze für den Beuteerwerb am wichtigsten sind.
⑦ Die Jungen von Hund und Katze sind sehr verspielt. Beschreibe und nenne die Bedeutung dieses Spielverhaltens.
⑧ Katzen betrachten zwar die häusliche Umgebung als ihr Revier, sie ordnen sich aber dem Menschen nicht so leicht unter. Hunde dagegen kann man leicht in die menschliche Familie eingliedern. Warum?

Bauplan

⑨ Beschreibe die Lage der inneren Organe einer Katze anhand der Abbildung. Nenne, soweit möglich, die Aufgaben der einzelnen Organe. Lege dazu eine Tabelle an.

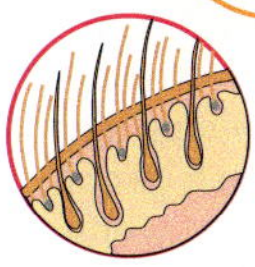

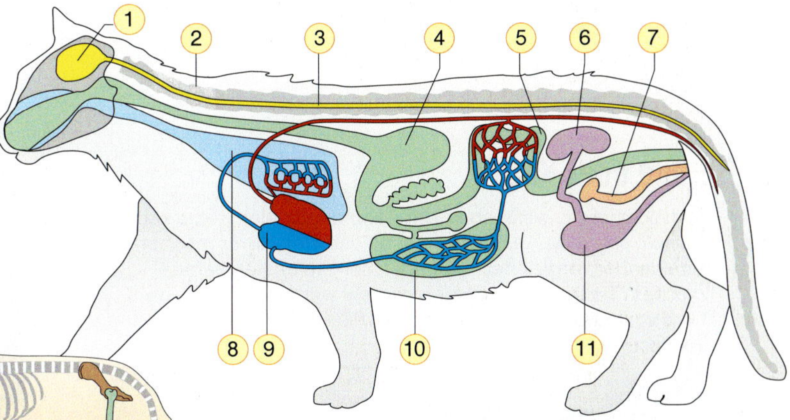

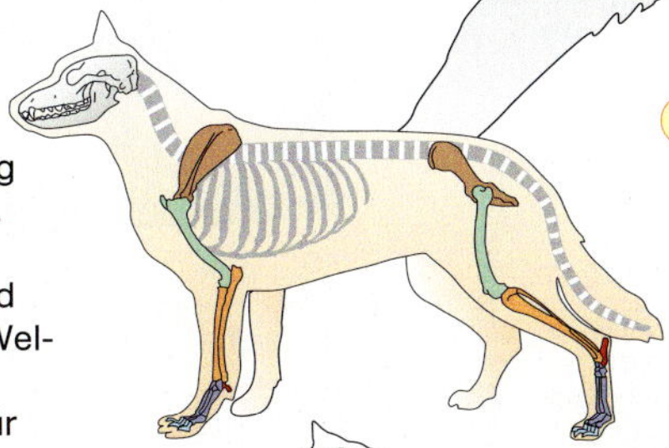

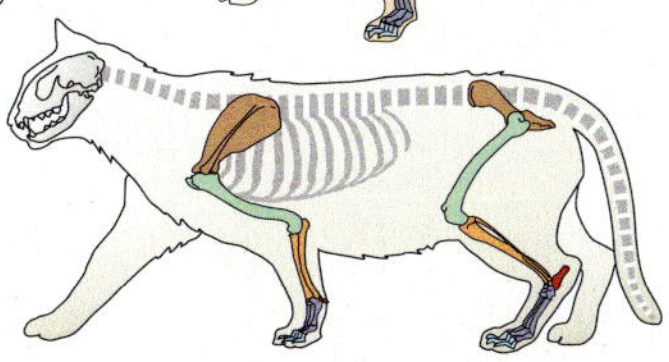

⑩ Stelle am Beispiel von Hund und Katze die Merkmale zusammen, die Säugetiere kennzeichnen. Die Abbildungen helfen dir dabei.
⑪ Fertige eine Tabelle an, in der du die gemeinsamen und unterschiedlichen Merkmale bzw. Eigenschaften übersichtlich zusammenstellst.

Merkmale bzw. Eigenschaften	Hund	Katze
Soziale Lebensweise	Rudeltier	Einzelgänger
Hauptsinnesorgane	?	?
Sind die Krallen einziehbar?	?	?
Jagdverhalten usw.	?	?

Heimtiere

Vielleicht hast du dir schon immer ein eigenes Tier gewünscht, vielleicht hast du gar schon eines. So schön es ist, ein Haustier zu haben, muss man sich vorab über die Folgen gedanken machen. Viele Menschen überlegen sich nämlich vorher nicht gründlich genug, welche Pflichten sich ergeben, wenn sie ein Haustier in ihren Haushalt aufnehmen.

Tiere stellen bestimmte *Ansprüche* an ihre Umwelt, die bei der Haltung berücksichtigt werden müssen. Du solltest dir deshalb vor der Anschaffung eines Heimtieres einige Fragen stellen und diese ehrlich beantworten.

1. *Welches Tier ist für mich am besten geeignet?*

Größere Tiere, wie Hund oder Katze, benötigen meist viel Platz. Ihr Lebensraum ist dann die Wohnung, das Haus oder der Garten. Nur kleinere Tiere, wie z. B. Hamster oder Wellensittiche, kann man dauernd in geeigneten Käfigen halten. Es kommen auf keinen Fall Tiere in Frage, deren Haltung durch das Tierschutzgesetz untersagt ist.

2. *Habe ich genügend Zeit, mich um das Tier zu kümmern?*

Informiere dich über den täglichen Zeitaufwand für das gewünschte Tier. Kläre, ob sich bei längerer Abwesenheit jemand um das Tier kümmern kann. Hast du Bedenken, solltest du dir kein Tier anschaffen.

3. *Welche Ansprüche hat das Tier an die Nahrung?*

Damit dein Heimtier gegenüber Krankheiten widerstandsfähig ist und gesund bleibt, musst du wissen, welche Nahrung es benötigt.

4. *Welche Krankheiten kann das Tier bekommen oder übertragen?*

Manche Krankheiten sind lebensgefährlich für Tier und Mensch. Deshalb sind unter Umständen Impfungen durch den Tierarzt notwendig.

5. *Was geschieht mit dem Nachwuchs?*

Du solltest klären, ob du die Jungtiere abgeben kannst oder ob es besser ist, dein Heimtier sterilisieren oder kastrieren zu lassen, damit keine Nachkommen entstehen.

6. *Woher beschaffe ich mir das gewünschte Tier?*

Nicht jeder, der Tiere verkauft, verkauft sie in einem guten Zustand. Du solltest dich deshalb über den Verkäufer informieren. In vielen Fällen kann auch der Gang zum Tierheim eine günstige Möglichkeit darstellen.

7. *Welche Kosten sind mit der Anschaffung eines Tieres verbunden?*

Nicht nur der Kauf, sondern auch die Haltung (Futter, Tierarzt) kostet Geld.

Hund oder Katze?

Wer nicht genau weiß, ob er einen Hund oder eine Katze kaufen soll, sollte die Ansprüche der beiden Tierarten zunächst miteinander vergleichen. So findet man am besten heraus, welchem Tier man am ehesten gerecht werden kann. Beide Tiere verlangen eine *gewissenhafte Pflege*. Sie sind keine Spielzeuge.

Hund

Steckbrief

Anschaffungszeitpunkt: Möglichst in der 7. bis 8. Lebenswoche.
Impfungen: Auf jeden Fall gegen Staupe, evtl. auch gegen Hepatitis (Gelbsucht) und Tollwut.
Unterbringung: Bei Haltung in der Wohnung fester Schlafplatz. Unterbringung größerer Hunde auch in hinreichend großen Zwingern.
Fütterung: Junghunde 3 – 4-mal täglich, erwachsene Hunde nur noch 1-mal täglich. Dosen- oder Trockenfutter für Hunde enthält alle lebensnotwendigen Stoffe. Keine gewürzten Essensreste verfüttern und Trinkwasser nicht vergessen.
Zeitbedarf: Hunde benötigen täglichen Auslauf und Beschäftigung. Die Erziehung sollte gewissenhaft erfolgen, vor allem durch Lob.
Alter: 10 bis 15 Jahre.
Kosten: Reinrassige Hunde sind zum Teil sehr teuer (bis zu einigen hundert Euro). Mischlinge sind für wenig Geld erhältlich und in der Regel genauso treue Hausgenossen.

Katze

Steckbrief

Anschaffungszeitpunkt: Ab der 12. Lebenswoche.
Impfungen: Auf jeden Fall gegen Katzenseuche, evtl. gegen Tollwut und Katzenschnupfen.
Unterbringung: Fester Schlafplatz in der Wohnung, immer zugängliches Katzenklo, nach Möglichkeit freier Auslauf.
Ernährung: Abwechslungsreiche Fleischnahrung und käufliches Dosen- und Trockenfutter, auch Trinkwasser nicht vergessen. Fütterung von Jungkatzen 3 – 4-mal, bei erwachsenen Katzen genügt 1 – 2-mal am Tag.
Zeitbedarf: Man sollte sich jeden Tag mit der Katze beschäftigen, auch wenn sie ein größeres Ruhebedürfnis als der Hund hat.
Alter: Bis ca. 12 Jahre
Sonstiges: Will man keinen Nachwuchs, sollte man die Katze nach Eintreten der Geschlechtsreife (ungefähr im 8. Lebensmonat) sterilisieren oder kastrieren lassen.

Goldhamster

Steckbrief

Der Goldhamster kommt in den Wüstensteppen Syriens und den angrenzenden Ländern vor. Er bewohnt unterirdische Bauten, die er selbst gräbt. In seinen Backentaschen sammelt er Nahrung und trägt sie in seinen Bau. Er ist dämmerungs- und nachtaktiv. Der Goldhamster lebt außerhalb der Paarungszeit als Einzelgänger. Seinen Namen hat er wegen seines goldgelben Fells.

Anschaffung: Im Alter von 4 bis 5 Wochen geben die Zoofachgeschäfte die kleinen Hamster ab, denn ältere Tiere lassen sich nicht so leicht an die neue Umgebung gewöhnen.
Haltung: In der Regel als Einzeltier in einem geeigneten Käfig mit verschiedenen Klettermöglichkeiten und einem Hamsterhaus. Die Einstreu besteht aus Sägemehl. Den Käfig sollte man an einem ruhigem Platz und nicht zu hell unterbringen. Käfig jede Woche säubern und Einstreu wechseln. Die Urinecke sollte man alle 2 bis 3 Tage wegen der Geruchsbelästigung säubern.
Ernährung: Käufliches Trockenfutter als Hauptnahrung enthält alle lebenswichtigen Stoffe. Zusätzlich Gemüse und Obst geben. Futterreste täglich entfernen! Futternäpfe sollten nicht umkippen können. Futter darf immer zur Verfügung stehen. Wasser ist nur dann erforderlich, wenn die Nahrung wenig Flüssigkeit enthält.
Sonstiges: Goldhamster werden bei richtiger Pflege 2 bis 4 Jahre alt. Tagsüber soll man sie nicht stören, da sie den Tag zum größten Teil verschlafen. Beschäftigt man sich aber allabendlich mit ihnen, wenn sie munter geworden sind, werden sie nach 3 bis 4 Monaten zahm, sodass sie das Futter sogar aus der Hand nehmen.

Meerschweinchen

Steckbrief

Meerschweinchen wurden schon vor mindestens 3000 Jahren in Südamerika von den Indios gezüchtet. Diese hielten Meerschweinchen als Fleischlieferanten. Im 16. Jahrhundert kamen sie erstmals nach Europa. Hier werden sie von Liebhabern gezüchtet, heutzutage aber auch als Versuchstiere in Labors gehalten. Die Stammform des Hausmeerschweinchens ist das etwas kleinere Wildmeerschweinchen, das in fast ganz Südamerika verbreitet ist. Die Wildmeerschweinchen leben dort in sogenannten Sippen von bis zu 20 Tieren. Meerschweinchen sind tagaktiv und bewohnen selbst gegrabene oder von anderen Tieren verlassene Erdhöhlen.

Anschaffung: Möglichst ein oder mehrere Jungtiere im Alter von 2 bis zu 4 Monaten. Will man bei Gemeinschaftshaltung keinen Nachwuchs, entweder nur Weibchen halten oder Männchen kastrieren lassen. Sonst sind 4 bis 5 Würfe pro Jahr zu erwarten! Mehrere Männchen vertragen sich nicht.
Haltung: In Käfig oder Plastikwanne (Größe: mind. 60 x 30 cm. Höhe mind. 25 cm, wenn der Behälter oben offen ist). Einstreu aus Sägemehl, Stroh und Heu sowie Schlafhaus, Wasser- und Futternapf.
Ernährung: Fertigfutter aus dem Zoofachgeschäft, zusätzlich Grünfutter, Gemüse und Obst (zum Beispiel Löwenzahn, Salat, Möhren, Birnen und Äpfel) und Trockenfutter (gutes Heu).
Sonstiges: Der Käfig ist alle 2 bis 3 Tage zu säubern und die Einstreu zu wechseln. Meerschweinchen brauchen ebenso wie Goldhamster eine Eingewöhnungszeit und können bei guter Pflege 2 — 4 Jahre alt werden.

Kaninchen

Steckbrief

Alle Hauskaninchen stammen von Wildkaninchen ab. Ursprünglich kommen sie aus dem Mittelmeergebiet. Für die Heimtierhaltung sind nur die kleineren Rassen geeignet, zum Beispiel die *Zwergkaninchen*.

Anschaffung: Im Alter von 8 bis 9 Wochen. Möglichst nicht als Einzeltier halten. Wenn den größten Teil des Tages niemand zu Hause ist, dann ist es besser, zwei Tiere aus demselben Wurf anzuschaffen. Will man keinen Nachwuchs, sollten es zwei weibliche Tiere sein. Mehrere Männchen zusammen vertragen sich nicht.
Haltung: Im Haus in einem großen Käfig mit täglichem Freilauf in der Wohnung oder auf dem Balkon; draußen in einem geräumigen Kaninchenhaus mit Auslauf. Als Einstreu für den Zimmerkäfig eignet sich käufliche Katzenstreu, für das Kaninchenhaus draußen Stroh und Heu. Soll das Kaninchen in der Wohnung gehalten werden, sollte zusätzlich eine Klokiste (dazu eignet sich ein käufliches Katzenklo) und evtl. eine Sandkiste zum Scharren vorhanden sein.
Ernährung: Käufliches Fertigfutter, Heu und Grünfutter sowie Wasser. Es muss genügend harte Knabbernahrung dabei sein, damit sich die Schneidezähne abnutzen. Diese wachsen nämlich ständig nach. Sind sie zu lang, kann das Tier nicht mehr fressen und verhungert. Altes Futter jeden Tag entfernen und Futternapf reinigen.
Sonstiges: Kaninchen werden bis zu 10 Jahre alt. In der Wohnung gehaltene Kaninchen lassen sich mit etwas Geduld zur Stubenreinheit erziehen, da sie immer an der gleichen Stelle ihr Geschäft verrichten.

2 Nutztiere des Menschen

1 Kühe auf der Weide

2 Der Gebrauch der Zunge beim Fressen

Das Rind – ein Wiederkäuer

Um die Mittagszeit haben sich die Kühe auf der Weide zum größten Teil niedergelegt und scheinen zu ruhen. Dabei kauen sie, ohne dass sie dabei Nahrung aufnehmen. Nur wenige Kühe stehen und grasen noch. Sie nehmen längeres Gras zu sich, indem sie ein Grasbüschel mit der Zunge umfassen, es abrupfen und unzerkaut hinunterschlucken. Kürzeres Gras wird zwischen den Schneidezähnen des Unterkiefers und einer Knorpelleiste des Oberkiefers eingeklemmt und mit einem Kopfruck abgerupft.

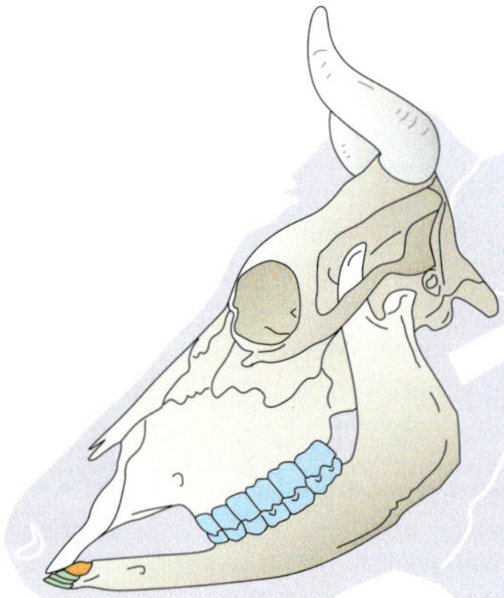

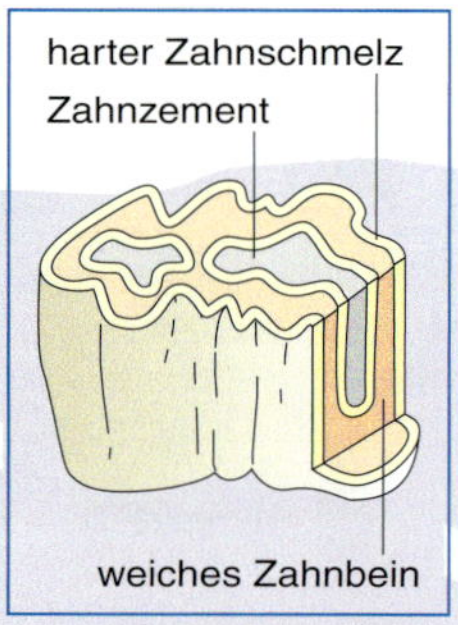

3 Backenzahn des Rindes

Ein bis zwei Stunden nach der Nahrungsaufnahme stößt das Rind auf. Dabei wird das verschluckte Gras in kleinen Ballen aus dem Magen wieder in die Mundhöhle transportiert. Dazu legt sich das Tier nieder, kaut das Gras ausgiebig durch und zerkleinert es so zu einem Brei. Dieser wird dann erneut geschluckt, bevor die nächste Portion an die Reihe kommt. Tiere, die ihre Nahrung auf diese Weise verarbeiten, nennt man *Wiederkäuer*.

Das Gebiss ist an diese Aufgabe besonders gut angepasst. In jeder Hälfte des Unterkiefers hat die Kuh drei *Schneidezähne* und einen ebenso großen *Eckzahn*. Außerdem befinden sich auf jeder Seite 6 *Backenzähne*. Im Oberkiefer fehlen Eck- und Schneidezähne. Statt dessen ist dort eine Knorpelleiste vorhanden. Wie der Unterkiefer besitzt der Oberkiefer auf jeder Seite ebenfalls 6 Backenzähne. Zwischen den Eckzähnen des Unterkiefers bzw. der Knorpelleiste des Oberkiefers und den Backenzähnen ist jeweils eine große Lücke vorhanden. Die Zahnkronen der Backenzähne tragen halbkreisförmige Erhebungen, die von dem sehr harten *Zahnschmelz* gebildet werden. Zwischen diese *Schmelzfalten* ist weicherer *Zahnzement* und *Zahnbein* eingebettet. Da beim Kauen der harten Gräser der Zahnzement stärker abgenutzt wird als Zahnschmelz und Zahnbein, bleibt die Oberfläche rau wie eine Reibe. Das harte Gras kann so leicht zerrieben werden. Ein Gebiss, das diese Art von Backenzähnen besitzt, nennt man *Pflanzenfressergebiss*.

Gras enthält wenig Nährstoffe und ist schwer verdaulich. Ein Rind muss aus diesem Grund große Mengen Grünfutter pro Tag zu sich nehmen: 50 bis 100 kg! Der Magen ist sehr groß. Er besteht aus vier Teilen, dem *Pansen*, dem *Netzmagen*, dem *Blättermagen* und dem *Labmagen*.

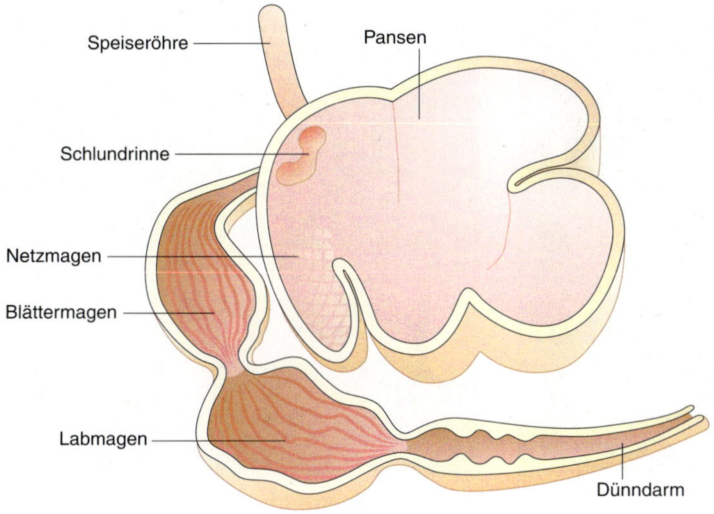

1 Magen eines Rindes

Die verschluckte Nahrung gelangt zuerst in den *Pansen*. Dieser fasst bis zu 200 Liter. Im Pansen wird das Gras eingeweicht und für die Verdauung vorbereitet. Billiarden von Bakterien und winzigen Wimpertieren leben dort und helfen bei der Verdauung. Bakterien und Wimpertiere sind winzige Organismen, die aus einer einzigen Zelle bestehen. Das eingeweichte und schon teilweise zersetzte Gras wird nach ein bis zwei Stunden im *Netzmagen* zu kleinen Portionen geformt und über die Speiseröhre wieder in die Mundhöhle transportiert. Nach dem Wiederkäuen gelangt die zerkleinerte Nahrung anschließend durch Schlucken wieder in den Pansen, wo die Kleinstorganismen ihre Zersetzungstätigkeit fortsetzen, bis das Gras zu einem feinen Brei geworden ist. Das so vorverdaute Gras gelangt nun über den *Blättermagen* in den *Labmagen*. Hier und im sich anschließenden Darm wird weiter verdaut. Über den 50 bis 60 Meter langen *Darm* werden schließlich die verdaubaren Anteile des Grases in den Körper aufgenommen.

Nach dem Wiederkäuen erheben sich die Kühe und beginnen wieder zu grasen. Ihr massiger Körper wird von stämmigen Beinen getragen, die in zwei Zehen enden. Die Rinder stehen auf den Zehenspitzen und werden deshalb *Zehenspitzengänger* genannt. Zwei weitere Zehen, die *Afterzehen*, sind stark zurückgebildet. Die Spitzen der Zehen, mit denen die Rinder auftreten, sind von schützenden *Hufen* aus Horn umgeben. Rinder gehören zu den **Huftieren**. Da die Hufe zweifach, also paarig, vorhanden sind, zählt man die Rinder zu den *Paarhufern*.

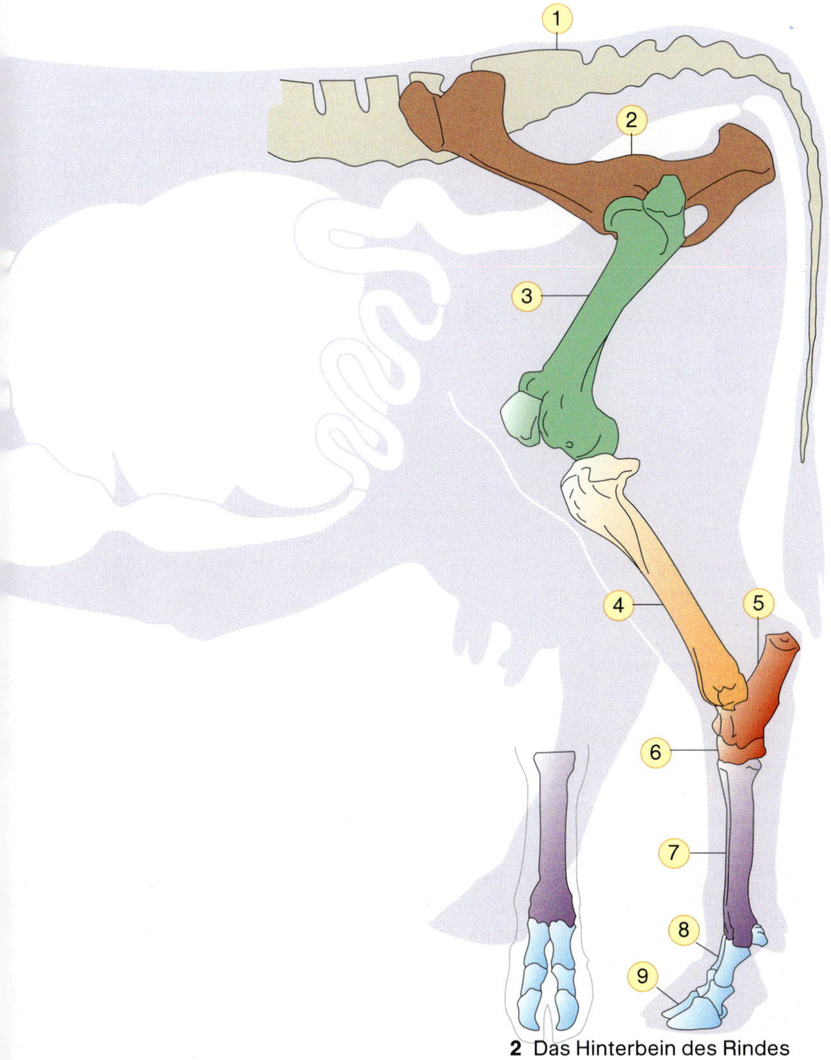

2 Das Hinterbein des Rindes

Aufgaben

① Zeichne mithilfe des Textes und der Abbildung des Rinderschädels die Zahnformel für das Rind in dein Heft.

② Vergleiche die Backenzähne des Rindes mit denen des Hundes. Erläutere die Unterschiede.

③ Übertrage die Zeichnung des Rindermagens in dein Heft und kennzeichne durch Pfeile den Weg der Nahrung (blau: vor dem Wiederkäuen, rot: nach dem Wiederkäuen).

④ Berechne das Verhältnis von Darmlänge zur Körperlänge. Die Körperlänge des Rindes beträgt ungefähr 2,5 m. Vergleiche dein Ergebnis mit dem entsprechenden Wert bei der Katze. Erläutere die Unterschiede (► S. 232/233).

⑤ Ordne den Ziffern im Schema der Abbildung 2 die richtigen Bezeichnungen zu.

1 Mastkälber in Boxen und im Laufstall

2 Kühe im Melkstand

Rinder – wichtige Nutztiere

Rinder werden meist in Ställen gehalten. Im *Maststall* sieht es für die Rinder ganz anders aus als auf der Weide. *Kälber* stehen in Boxen. Sie haben nur so viel Bewegungsfreiheit, dass sie sich niederlegen und die Futterrinne erreichen können. Auslauf bekommen sie nicht. Sie werden vor allem mit energiereichem Mastfutter gefüttert, damit sie in möglichst kurzer Zeit viel Fleisch ansetzen. Nach ungefähr 12 Wochen haben sie ihr Schlachtgewicht erreicht. Ähnlich sind die Bedingungen bei der Mast von *Bullen*, die nach ca. 18 Monaten ihr Schlachtgewicht erreicht haben.

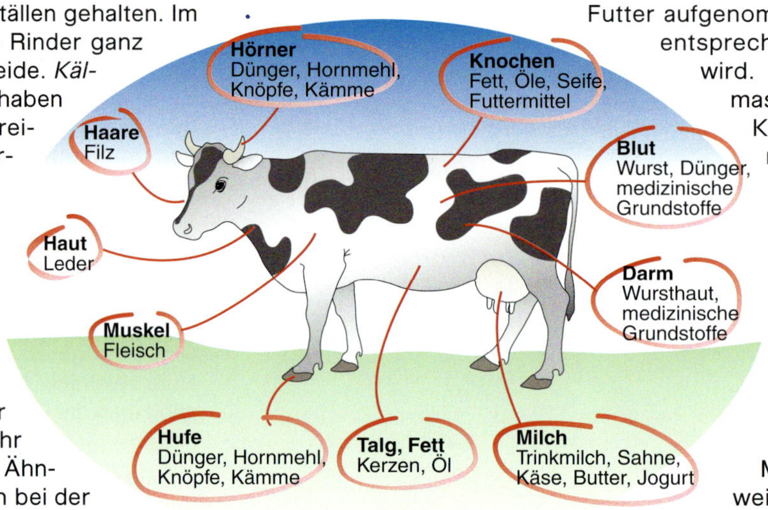

3 Nutzung des Rindes

Es gibt auch Mastställe, in denen die Tiere nicht angebunden sind. Dort haben sie etwas mehr Bewegungsfreiheit. Diese Art der *Massentierhaltung* ist in die Kritik geraten. Deshalb gibt es immer mehr Bauernhöfe, auf denen die Tiere naturnäher gehalten werden. Bei einer Haltung auf der Weide allerdings wachsen die Tiere langsamer und das Rindfleisch ist teurer.

Vom Rind wird fast alles genutzt: Milch, Fleisch, Haut usw. Besonders wichtig ist das Rind für uns als *Milchlieferant*. Die Milch, die erst nach der Geburt des ersten Kalbes gebildet wird, entsteht im *Euter* des Muttertieres, wo in Milchdrüsen ein Teil der mit dem Futter aufgenommenen Nährstoffe entsprechend umgewandelt wird. Mithilfe von Melkmaschinen werden die Kühe jeden Tag gemolken. Dabei wird die Milch aus dem Euter abgesaugt und in großen Vorratsgefäßen gesammelt, wie man es in der Abb. 2 sehen kann. Unsere Milchkühe geben zwischen 5 000 und 8 000 l Milch im Jahr. Zur weiteren Verarbeitung bringt man die Milch in Kühlwagen zur Molkerei.

Kalb
Jungtier bis zu einem Alter von einem Jahr. Danach heißen die weiblichen Jungtiere *Färsen*, bis sie das erste Kalb zur Welt bringen.

Bulle
Männliches Rind, wird auch als *Stier* bezeichnet.

Ochse
Kastriertes männliches Rind

Aufgaben

① Vergleiche die Stallhaltung von Mastrindern mit der Freilandhaltung.

② Frisch gemolkene Kuhmilch enthält je 100 Gramm 86 g Wasser, 4 g Eiweiß, 4 g Fett, 5 g Milchzucker und 1 g Mineralsalze. Ist Milch ein vollwertiges Nahrungsmittel?

③ Fertige mithilfe ausgeschnittener Abbildungen aus Zeitschriften in deinem Heft ein Bild an, das Auskunft über die Verwendung der Milch gibt.

④ Stelle zusammen, mit welchen Produkten aus dem Rind du in deiner Umgebung zu tun hast.

Abstammung und Verwandtschaft des Hausrindes

Unsere Vorfahren jagten **Auerochsen**, um sich von ihnen zu ernähren. Das zeigen *Höhlenmalereien*, die mehr als 10 000 Jahre alt sind. Auerochsen lebten in großen Gruppen, den *Herden*, zusammen. In der Herde waren sie sicherer vor Feinden. Durch ihr gutes Gehör, ihren guten Geruchssinn und die seitlich stehenden Augen konnten sie Feinde schon frühzeitig wahrnehmen. Im Schutz der Herde brachten die Kühe jedes Jahr ein Kalb zur Welt, welches ungefähr 1 Jahr lang gesäugt wurde.

Vor etwa 8000 Jahren begann die *Haustierwerdung*. Vielfach opferte man Rinder den Göttern und verzehrte dann ihr Fleisch. Später setzte man sie auch als Zugtiere ein und nutzte ihre Milch. Dazu musste man ständig Rinder halten, sie zähmen und in Gefangenschaft weiterzüchten (▶ S. 222). Für die Weiterzucht wurden Tiere mit bestimmten Eigenschaften ausgewählt. Wurde zum Beispiel mehr Wert auf eine hohe Milchproduktion gelegt, wurden nur Tiere für die Zucht genommen, die schon selber mehr Milch erzeugten als andere. Gleiches gilt für die Herauszüchtung anderer Eigenschaften. So entstanden im Laufe der Jahrhunderte viele Rinderrassen, die sich in ihren Eigenschaften immer mehr vom Auerochsen unterschieden. Heute gibt es etwa 800 Rinderrassen.

Dir wird schon aufgefallen sein, dass es schwarzweiß und braunweiß gefleckte Rinder gibt. Man nennt sie *Schwarzbunte* und *Rotbunte*. Es gibt aber auch einfarbige Rinderrassen, die durch Züchtung entstanden sind. Schwarz- und Rotbunte werden sowohl für die Milch- als auch Fleischproduktion gehalten. Man nennt solche Rassen *Zweinutzungsrassen*. Daneben gibt es Rinderrassen, die in der Hauptsache nur für einen Zweck gezüchtet wurden. Man spricht dann von *Milchrindern* oder *Fleischrindern*.

Alle in Mitteleuropa gehaltenen Rinderrassen stammen vom Auerochsen oder Ur ab, der bei uns ausgestorben ist. Das letzte Urrind wurde im Jahre 1627 in Polen erlegt. Es ist gelungen, ein dem Auerochsen äußerlich ähnlich aussehendes Rind zu züchten.

Mit unserem Hausrind sind die *Wildrinder* verwandt. Zu ihnen gehört der **Wisent**, der früher in großen Teilen Europas und Teilen Asiens zahlreich vorkam. Anfang diesen Jahrhunderts wurde der letzte frei lebende europäische Wisent erlegt. Heute gibt es wieder mehrere streng geschützte Wisentherden in Nationalparks, die aus Restbeständen stammen.

Der in Nordamerika lebende **Bison** unterscheidet sich vom Wisent durch den im Vergleich zum Wisent stärker ausgebildeten Vorderkörper und tiefer gesenkten Kopf. Auch der Bison kann heute nur in Nationalparks überleben. Bison und Wisent sind sehr nah miteinander verwandt. Werden sie zusammen gehalten, können fruchtbare Nachkommen aus ihnen entstehen.

In Afrika lebt der mächtige **Kaffernbüffel**. Wie alle Büffel, suhlt er gerne im Schlamm. Die nach einem Schlammbad am Körper haftende Kruste dient dem Schutz vor lästigen Insekten. Hilfe erhält er außerdem von kleinen Vögeln, den *Madenhackern*, die seine Haut von Insekten befreien.

1 Pferdeherde

Das Pferd – ein vielseitiges Nutztier

Schon vor ungefähr 7500 Jahren fingen im heutigen China die Menschen wilde Pferde ein, um sie als Reittiere einzusetzen. In Europa gab es erst viel später zahme Pferde. Sie wurden als Zugpferde für Kampfwagen und als Reittiere verwendet. Wild lebende Pferde gibt es beispielsweise noch in Südfrankreich in der Camargue oder im Merfelder Bruch bei Dülmen in Westfalen.

Die Pferde leben dort in einzelnen Familien, die von einem männlichen Tier, dem *Hengst,* angeführt werden. Alle Familienmitglieder kennen sich untereinander genau. Die weiblichen Tiere, die *Stuten*, können jedes Jahr ein Jungtier zur Welt bringen. Das junge *Fohlen* kann bereits 10 Minuten nach der Geburt stehen, wenn auch etwas unbeholfen. Nach etwa einer Stunde kann es schon Sprünge machen und bald mit der Familie umherziehen. Pferde sind *Nestflüchter.*

Im Verlauf der langen Zeit, in der Pferde vom Menschen genutzt wurden, sind immer wieder Hengste und Stuten mit besonders ausgeprägten Eigenschaften gezielt zur Fortpflanzung ausgewählt worden. Durch diese Züchtung sind unterschiedlichste *Pferderassen* entstanden. Man unterscheidet *Kaltblut-, Warmblut-* und *Vollblutpferde.* Diese Bezeichnungen haben nichts mit der Temperatur des Blutes zu tun, sondern beziehen sich auf Körperbau und Schnelligkeit.

Kaltblüter haben einen sehr kräftigen Körperbau und eignen sich besonders als Arbeitspferde. Trotz vieler Maschinen, die in der Landwirtschaft eingesetzt werden, verwendet man auch heute noch Kaltblüter als Zugpferde, um aus Wäldern gefällte Bäume herauszuziehen. Im Gegensatz zu den Rädern eines Traktors schädigen Pferde den Waldboden kaum bei der Arbeit.

Warmblutpferde sind schlank und kräftig gebaut. Sie werden deshalb als Reit- und Springpferde eingesetzt. Vollblüter werden seit Jahrhunderten als Rennpferde auf Schnelligkeit gezüchtet.

Wenn du Pferde beobachtest, werden dir die verschiedenen Gangarten auffallen. Man unterscheidet den *Schritt*, den *Trab* und den *Galopp.* Im Schritt kann ein schneller Spa-

Zettelkasten

Abstammung des Pferdes

Schon vor der Haustierwerdung hatte das Pferd Bedeutung für den Menschen. Das zeigen Höhlenmalereien, die von Steinzeitmenschen stammen. Aber auch Versteinerungen oder *Fossilien* zeugen von der Vergangenheit. Sie können uns Hinweise geben, wie Organismen ausgesehen haben, lange bevor es Menschen gab. Fossilien des **Urpferdchens** lassen erkennen, dass es nur so groß wie ein Fuchs war. Es lebte vor ungefähr 60 Millionen Jahren in Wäldern und war ein Laubfresser. Jüngere Versteinerungen zeigen uns, dass sich daraus im Laufe der Jahrmillionen das Wildpferd entwickelt hat, so wie wir es heute noch kennen. Es ist ein Steppenbewohner und Grasfresser und auch wesentlich größer als das Urpferdchen.

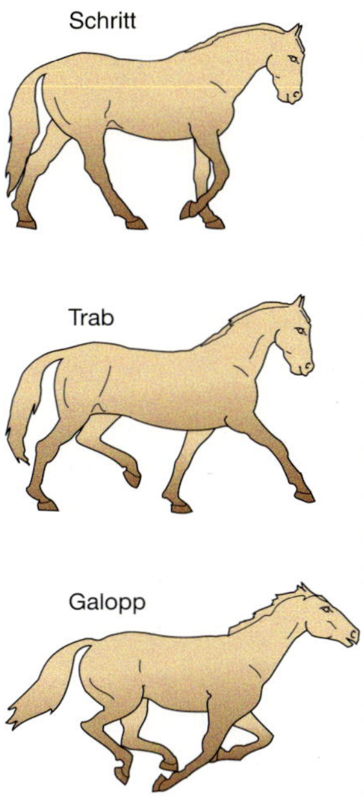

ziergänger mithalten, im Trab ein Radfahrer. Doch im Galopp erreichen Rennpferde Geschwindigkeiten bis zu 50 km pro Stunde. Der gesamte Körperbau des Pferdes, besonders aber das *Beinskelett*, ist an das schnelle Laufen angepasst.

Die Beine sind als *Laufbeine* ausgebildet. Sie sind lang und das Beinskelett besteht aus kräftigen Knochen. Auffällig ist der Fuß mit dem langen Mittelfuß- und drei Zehenknochen. Der Mittelfußknochen ist an jeder Seite von einem *Griffelbein* umgeben.

Pferde treten nur mit den Zehenspitzen auf; sie sind *Zehenspitzengänger*. Der dritte Zehenknochen ist von einem *Huf* aus Horn umgeben. Pferde besitzen an jedem Fuß nur eine Zehe. Sie sind, im Gegensatz zum Rind, *Unpaarhufer*. Der Huf schützt die Zehenspitzen beim Auftreten vor Verletzungen. Wenn Pferde häufig über harten Untergrund laufen müssen, werden die Hufe mit Hufeisen beschlagen, um sie vor übermäßiger Abnützung zu schützen. Der Hufschmied befestigt die Hufeisen mit Nägeln im Horn. Das verursacht den Tieren weder Verletzungen noch Schmerzen, weil Horn abgestorbenes Material ist.

Pferde sind *Pflanzenfresser*. Bei weidenden Pferden sieht man gut, dass sie mit den *Schneidezähnen* im Ober- und Unterkiefer und ihren Lippen das Gras abrupfen. Dieses zerkauen sie anschließend gründlich, bevor sie es verschlucken. Die Schneide- und *Backenzähne* werden beim Zerreiben des harten Grases abgenutzt (▶ S. 218/219). Beide Zahntypen besitzen lange Wurzeln und wachsen ständig nach. Doch die Abnutzung wird nicht vollständig ausgeglichen. Man kann daher am Abnutzungsgrad der Schneidezähne das Alter eines Pferdes schätzen. Aus diesem Grund schauen Pferdehändler vor dem Kauf dem Pferd ins Maul. *Eckzähne* sind nur bei Hengsten vorhanden.

Pferde besitzen nur einen kleinen, einteiligen Magen. Sie sind keine Wiederkäuer. Die Verdauung der Pflanzennahrung erfolgt im Darm, der bis zu 35 Meter lang ist. Außerdem spielt der große *Blinddarm* eine ganz wichtige Rolle bei der Verdauung. In ihm befinden sich Billiarden von Bakterien, welche bei der Aufbereitung der schwer verdaulichen Pflanzenkost mithelfen.

Aufgaben

① Vergleiche das Gebiss des Pferdes mit dem des Rindes. Nenne Unterschiede und schreibe die Zahnformel auf.

② Berechne das Verhältnis von Körperlänge (ca. 2,5 Meter) zu Darmlänge. Vergleiche mit anderen Haustieren (▶ S. 232/233).

③ Ordne den Ziffern in der Abbildung unten die richtigen Begriffe zu.

④ Rind und Pferd sind Nutztiere. Stelle für die heutige Nutzung dieser Tiere Gemeinsamkeiten und Unterschiede zusammen.

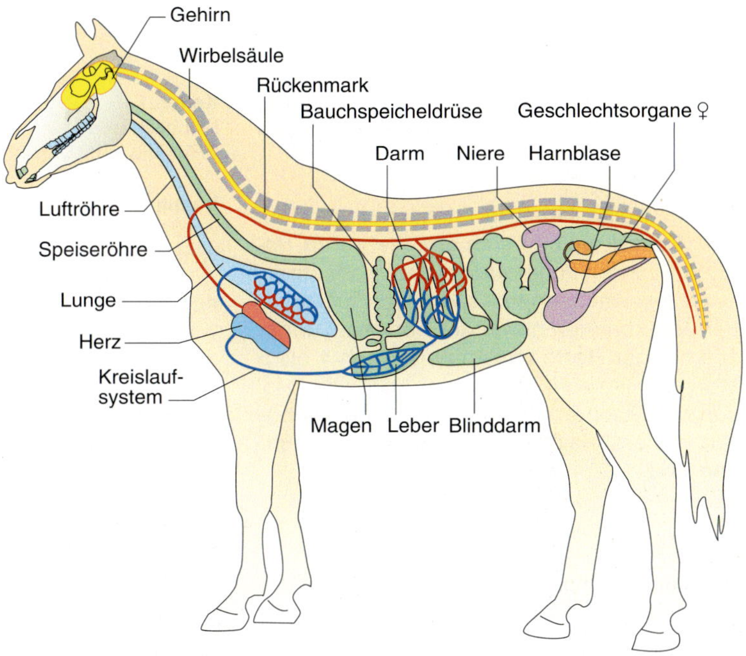

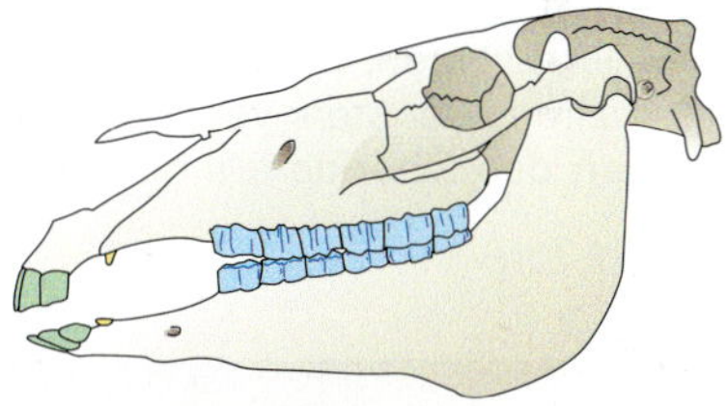

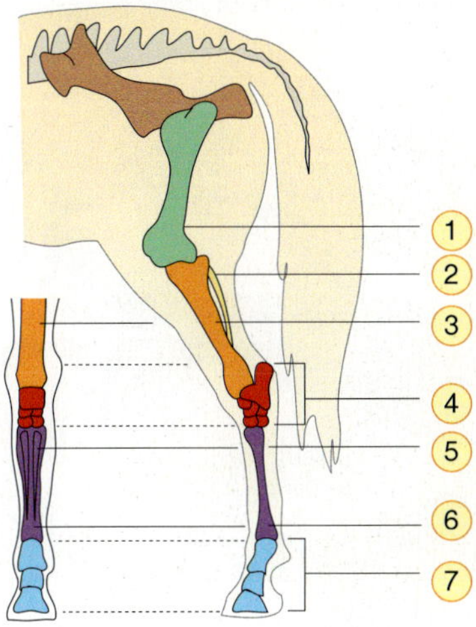

Das Wildschwein ist die Stammform des Hausschweins

Manchmal findet man im Wald Stellen, die wie umgepflügt aussehen. Die in der Nähe sichtbaren Fußabdrücke, die man auch *Fährten* nennt, weisen darauf hin, dass hier Wildschweine auf Nahrungssuche waren. Wildschweine sind **Paarhufer**, deren *Afterzehen* aber ebenfalls Abdrücke im Boden hinterlassen.

Zur *Wildschweinnahrung* gehören Bucheckern, Eicheln und andere Früchte ebenso wie Vogeleier, Würmer und sogar Aas. An diese Nahrungsvielfalt ist das Wildschwein angepasst. Es besitzt einen *Rüssel*, der in einer scheibenförmigen *Schnauze* endet. Mithilfe des Rüssels gelangt das Wildschwein auch an Nahrung, die unter der Erdoberfläche verborgen ist, wie Wurzelknollen oder Pilze. Mit dem hervorragend ausgebildeten Geruchssinn nimmt das Wildschwein die unter dem Erdboden verborgene Nahrung wahr und wühlt gezielt danach.

Der Zerkleinerung der Nahrung dient das *Allesfressergebiss*. Dieses besitzt im Ober- und Unterkiefer jeweils 6 flache Schneidezähne, 2 lange Eckzähne und 14 Backenzähne. Die vorderen Backenzähne haben scharfkantige Kronen, ähnlich denen eines Fleischfressergebisses, die hinteren Backenzähne haben stumpfhöckerige Kronen wie die eines Pflanzenfressergebisses. Das Allesfressergebiss vereinigt also Eigenschaften dieser beiden Gebisstypen. Die Eckzähne sind besonders beim *Keiler* stark verlängert, wobei diejenigen des Oberkiefers nach oben gerichtet sind. Sie sind von außen sichtbar und können als Waffen eingesetzt werden. Wildschweine sind sehr scheu und nur in der Dämmerung sowie *nachts aktiv* (▶ S. 230). Sie können in Mais-, Kartoffel- und Getreidefeldern erhebliche Schäden anrichten. Diese Felder bieten den Wildschweinen einen reichlich gedeckten Tisch und werden von ihnen gerne aufgesucht. Deshalb werden Wildschweine stark bejagt.

1 Bache mit Frischlingen

2 Keiler im Sprung

In größeren Waldgebieten, in denen sie sich tagsüber ins Dickicht zurückziehen, können sie gut überleben. Ihr sehr feines Gehör warnt sie rechtzeitig. Deshalb bekommt man Wildschweine in freier Natur nur selten zu Gesicht. Wenn man Glück hat, kann man sie beobachten, wie sie sich in einem Schlammloch suhlen. Dieser Art der *Körperpflege* gehen sie sehr ausgiebig nach. Sie hilft ihnen, das Ungeziefer zwischen den Borsten von der Haut fern zu halten.

Wildschweine leben in Familienverbänden, den *Rotten*, welche sich aus mehreren *Bachen* mit ihren *Jungtieren* zusammensetzen. Die ausgewachsenen Keiler sind Einzelgänger und kommen nur in der Fortpflanzungszeit mit der Rotte zusammen. Nach 4 bis 5 Monaten Tragzeit werden im April oder Mai von den Bachen 4 bis 12 *Frischlinge* geboren, die erst nach zwei Jahren ausgewachsen sind.

Aufgabe

① Begründe mithilfe des Textes, warum das Wildschwein bei uns noch gute Lebensmöglichkeiten hat.

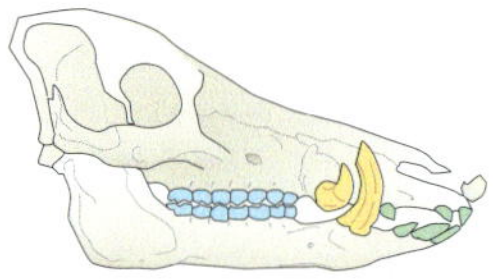

Schädel des Keilers

Keiler
Männliches Wildschwein

Bache
Weibliches Wildschwein

Frischling
Wildschweinjunges

Wildschwein

Eber
Männliches Hausschwein

Sau
Weibliches Hausschwein

Ferkel
Hausschweinjunges

1 Hausschwein mit Ferkeln

Das Hausschwein

Hausschweine sieht man nur selten im Freien, obwohl bei uns ungefähr 20 Millionen Schweine gehalten werden. Die meisten sind in großen Ställen untergebracht, in denen sie in engen Boxen, meist in Zehnergruppen, gehalten werden. In manchen Betrieben werden so insgesamt 1000 und mehr Schweine gehalten. Dadurch werden diese anfälliger gegenüber Krankheiten. Der Boden der Ställe ist mit Spalten versehen. Durch diese fallen Kot und Urin direkt in große Auffangbehälter. Als *Gülle* werden die Ausscheidungsprodukte regelmäßig auf Äcker und Weiden ausgebracht, um diese zu düngen. 5 bis 7 Monate lang werden Schweine in solchen Ställen gemästet. Dann haben sie das Schlachtgewicht von ungefähr 110 kg erreicht.

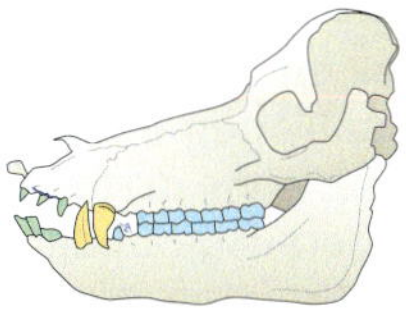

Schädel des Hausschweins

Zweimal am Tag werden die Schweine in dieser Zeit mit energiereichem Mastfutter gefüttert, welches in 15 bis 20 Minuten gefressen wird. Die engen Boxen und das Halten der Tiere bei Dämmerlicht sorgen dafür, dass die Schweine sich ruhig verhalten und dadurch kaum Energie für die Bewegung ihres Körpers verbrauchen. Infolge des Bewegungsmangels können die Tiere schon vorzeitig bei Stress, im Sommer bei Hitze oder auf dem Transport zum Schlachthof an Herzschwäche sterben.

Durch diese Art der *Massentierhaltung* liefert das Hausschwein das preisgünstigste Fleisch und ist unser wichtigster *Fleischproduzent*. Allein 55 kg Schweinefleisch verzehrt jeder Bundesbürger im Durchschnitt pro Jahr.

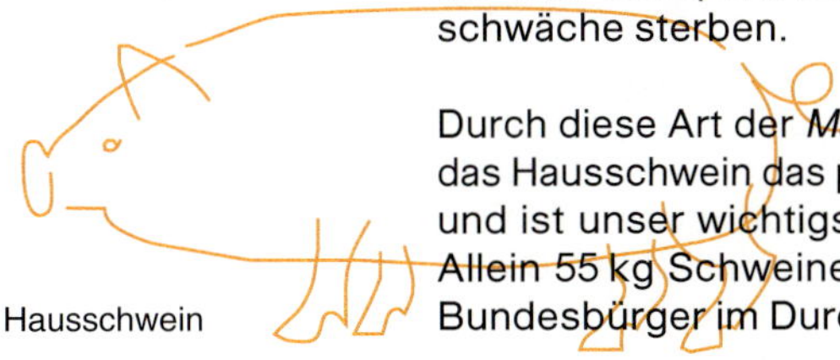

Hausschwein

Die Eigenschaften des Hausschweins haben sich durch *Züchtung* aus dem Wildschwein seit etwa 6000 Jahren immer mehr verändert. Der Körper wurde länger, die Schnauze kürzer und das Gehirn um etwa ein Drittel kleiner. Dennoch sind viele Eigenschaften des Wildschweins erhalten geblieben. So suhlen sich frei gehaltene Hausschweine genauso gerne in einer Schlammpfütze oder graben mit der Schnauze nach Nahrung wie ihre Urahnen.

Um bestimmte Eigenschaften herauszuzüchten, werden für die Zucht nur ausgewählte Tiere, die *Zuchteber* und *Zuchtsauen*, verwendet (▶ S. 222). Es gelang, Schweine mit 16 statt der normalen 12 Rippen zu züchten, das sind 8 Koteletts mehr. Außerdem setzen diese Tiere besonders viel Fleisch innerhalb kurzer Zeit an, bis zu 600 Gramm pro Tag. Eine Zuchtsau wirft zweimal im Jahr maximal 20 Ferkel pro Wurf, die dann zum größten Teil wieder in einem Maststall aufgezogen werden.

Aufgaben

① Das Verhältnis der Körper- zur Darmlänge beträgt beim Schwein etwa 1:14. Vergleiche dieses Verhältnis mit dem bei Katze und Rind. Erläutere die Unterschiede.

② Welche Ansprüche des Wildschweins an seinen Lebensraum kannst du aus dem Text der Seite 42 ableiten? Stelle diese den heute üblichen Haltungsbedingungen für das Hausschwein gegenüber. Welche Schlussfolgerungen ergeben sich daraus?

2 Moderner Schweinestall

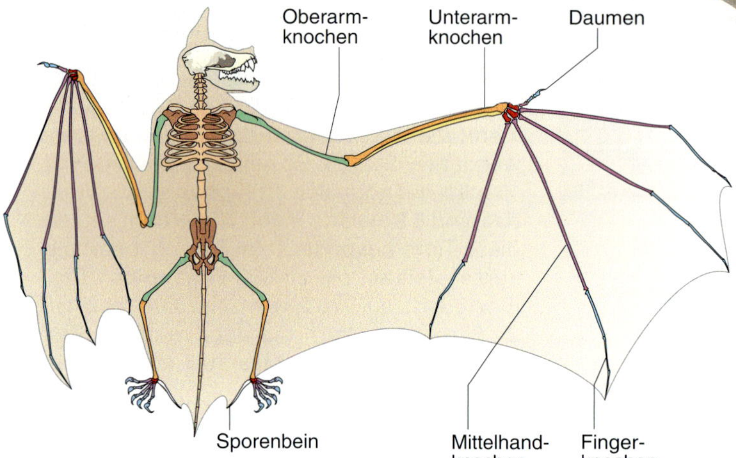

1 Skelett einer Fledermaus

2 Hufeisennase im Flug

Die Fledermaus – ein fliegendes Säugetier

Wie Schatten huschen Fledermäuse vor dem noch hellen Abendhimmel vorbei. Meist werden sie von den Menschen gar nicht wahrgenommen, da ihr schneller Flug keine Geräusche verursacht. Dennoch wirkt ihr Flug unruhig, ganz anders als bei Vögeln, mit denen sie auch sonst wenig Gemeinsamkeiten haben. Fledermäuse besitzen zum Beispiel *Haare* und keine Federn. Zu den Mäusen gehören sie allerdings auch nicht, obwohl ihr Körper dem einer Maus auf den ersten Blick ähnlich sehen mag.

Fledermäuse sind bei uns die einzigen *flugfähigen Säugetiere*. Das Fliegen ermöglichen ihre Hautflügel, die aus einer gut durchbluteten *Flughaut* bestehen. Diese ist zwischen Vorder- und Hinterbeinen sowie dem Schwanz gespannt. Die Hand- und Fingerknochen sind, mit Ausnahme des Daumens, stark verlängert. Sie dienen zusammen mit dem *Sporenbein* und den Schwanzwirbeln als Stützspangen – vergleichbar dem Gestänge eines Schirms. Der Daumen und die fünf Zehen bleiben frei. Sie dienen den Tieren zum Festhalten und Krabbeln (▶ S. 218).

Mausohr

Fledermäuse bewegen ihre Flügel sehr rasch, sie *flattern*. Das ist sehr anstrengend, deshalb sind Fledermäuse auf energiereiche Nahrung angewiesen. Sie gehen in der Dämmerung und nachts auf Insektenjagd (▶ S. 220). Zu dieser Zeit müssen sie das reichhaltige Nahrungsangebot nur mit wenigen anderen Tieren teilen. Nachtfalter und Käfer gehören zu ihren häufigsten Beutetieren.

Obwohl sie mit ihren kleinen Augen nur schlecht sehen können, umfliegen Fledermäuse geschickt Hindernisse, ohne diese zu berühren. Forscher haben herausgefunden, dass Fledermäuse ununterbrochen kurze, sehr hohe Schreie ausstoßen, die für den Menschen nicht hörbar sind. Diese *Ultraschalltöne* kommen, wenn sie auf ein Hindernis oder Beutetier treffen, von diesen als Echo zurück. Dieses Echo nehmen die Tiere mit ihren großen Ohren wahr. Fledermäuse brauchen also ihre Umgebung nicht zu sehen, sie hören sie.

Den Tag verbringen Fledermäuse in ihren Sommer- oder Tagquartieren. Der *Kleine Abendsegler* nutzt dazu Baumhöhlen, im Gegensatz zur *Kleinen Hufeisennase*, die Dachstühle und Dachböden bevorzugt. Diese werden vor allem als Kinderstube für die ein bis zwei Jungen benötigt, die ein Fledermausweibchen pro Jahr zur Welt bringt.

Den Winter verbringen Fledermäuse an frostsicheren Plätzen. Das sind für viele Arten zum Beispiel Tropfsteinhöhlen, in denen die Luft feucht ist. Einige Arten überwintern in Baumhöhlen. Die Zeit bis zum Frühjahr verbringen sie im *Winterschlaf* (▶ S. 230).

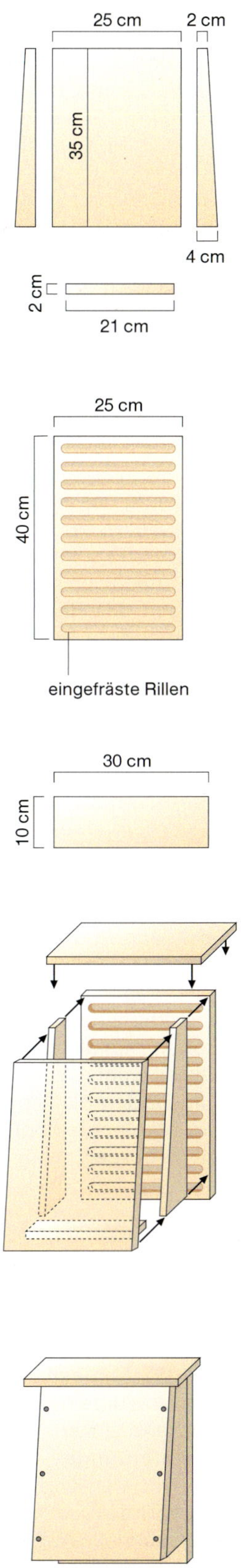

Bauanleitung für einen Fledermauskasten

Den Winterschlaf der Fledermäuse soll man nicht stören, denn die Tiere könnten dadurch sterben. Alle 22 einheimischen Fledermausarten stehen in der *roten Liste* für den Artenschutz und gelten als stark bedroht. Dafür gibt es verschiedene Gründe. Zum einen finden die Tiere vielerorts kaum noch geeignete Sommer- und Winterquartiere. Die moderne Bauweise der Häuser mit geschlossenen Dachstühlen, das Entfernen alter, hohler Bäume und das Verschließen von Höhlen sind Ursachen dafür.

Außerdem verlieren die Fledermäuse immer mehr ihre Nahrungsgrundlage. Schuld daran ist wiederum der Mensch. Durch den Einsatz von Insektengiften hat er die Zahl der Beutetiere für Fledermäuse stark verringert. Die überlebenden Beutetiere sind vergiftet und schädigen die Fledermäuse zusätzlich. Dies wird verständlich, wenn man weiß, dass eine Fledermaus im Laufe eines Jahres bis zu 80 000 Insekten fressen kann. Durch Aufhängen von speziellen Nistkästen versuchen heute Naturschützer, die bei uns heimischen Fledermausarten zu erhalten. Wie du selber einen solchen bauen kannst, zeigen die Abbildungen in der Randspalte.

Unsere einheimischen Fledermausarten ernähren sich vor allem von Insekten. Unter den tropischen Arten gibt es ganz besondere Nahrungsspezialisten. So kann das *Große Hasenmaul* mit seinen kräftigen Hinterbeinen Fische im Wasser ergreifen und fangen. Die südamerikanischen *Vampire* fügen größeren Säugetieren, zum Beispiel Pferden, Bisswunden zu und lecken dann das austretende Blut ab. Die größten Verwandten der Fledermäuse, die vor allem in Indien vorkommenden *Flughunde*, leben ausschließlich von Früchten.

Aufgaben

① Um herauszufinden, wie sich Fledermäuse orientieren, führte der italienische Naturforscher SPALLANZANI schon vor über 200 Jahren folgende Versuche durch: Er hängte Schnüre mit Glöckchen in einem völlig dunklen Raum auf. Dann ließ er einmal Fledermäuse mit verdeckten Augen, dann mit durch Wachs verstopften Ohren und auch einmal mit zugebundenem Maul in diesem Raum fliegen. Welche Ergebnisse hatten diese Versuche wohl? Begründe deine Meinung.

② Vergleiche Arm- und Beinskelett einer Fledermaus mit dem Skelett eines Hundes. Welche Unterschiede fallen dir auf?

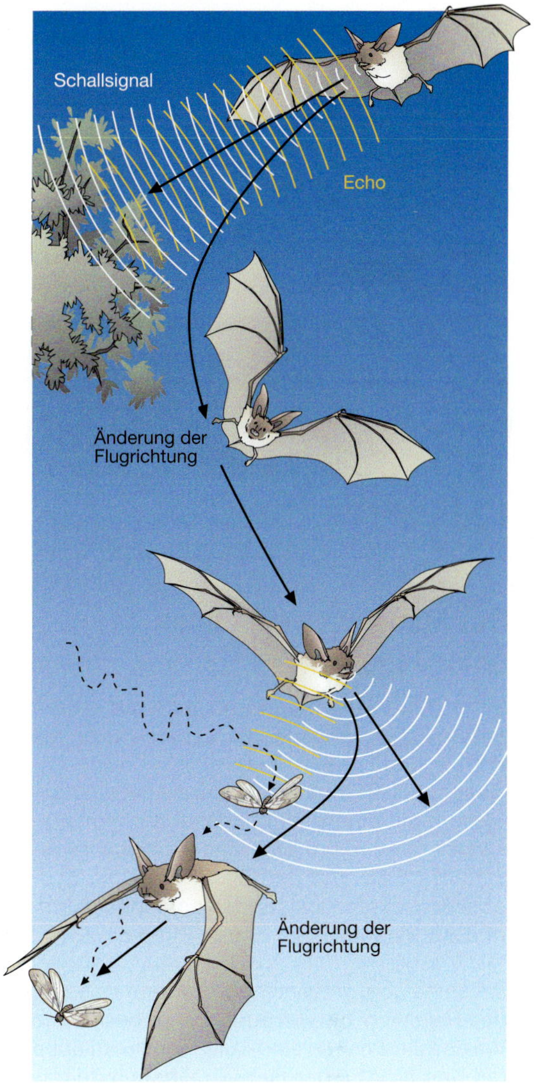

1 Ultraschallorientierung bei Fledermäusen

2 Gemeiner Vampir

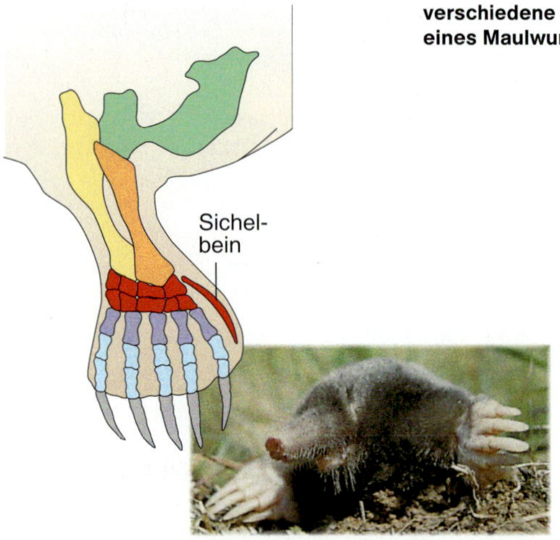

1 Schaufelhand des Maulwurfs

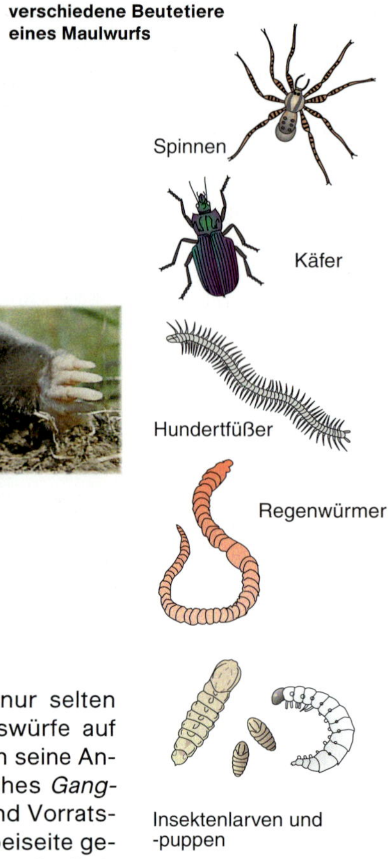

Der Maulwurf – ein Leben unter Tage

Einen Maulwurf bekommt man nur selten zu Gesicht, lediglich die Erdauswürfe auf Wiesen und Rasenflächen verraten seine Anwesenheit. Er legt ein unterirdisches *Gangsystem* mit einem Wohnkessel und Vorratskammern an. Beim Bau wird die beiseite geschaffte Erde mit dem Kopf über die Erdoberfläche gedrückt, sodass die *Maulwurfshügel* entstehen.

An seine „bergmännische" Lebensweise ist der Maulwurf hervorragend angepasst. Die Vordergliedmaßen sind kurz, die Handfläche mit den fünf Fingergliedern ist schaufelförmig. Ein weiterer Knochen, das *Sichelbein*, verbreitert die Handfläche zusätzlich. Der walzenförmige Körper und der spitz zulaufende Kopf erleichtern die Wühlarbeit. Dabei drückt der Maulwurf mit seinen Schaufelhänden die lockere Erde beiseite. Die Hinterbeinkrallen stemmt er in den Boden und verhindert so ein Zurückrutschen. Die lange *Rüsselnase* ist durch einen harten Knorpel geschützt. Das Fell besteht aus dicht stehenden, samtig weichen Haaren, die sich gleich gut in jede Richtung umlegen lassen. Es hat also keinen *Strich*. So kann sich der Maulwurf in seinem Gangsystem sowohl im Vorwärts- als auch im Rückwärtsgang bewegen, ohne dass in seinem Fell Erde haften bleibt (▶ S. 218).

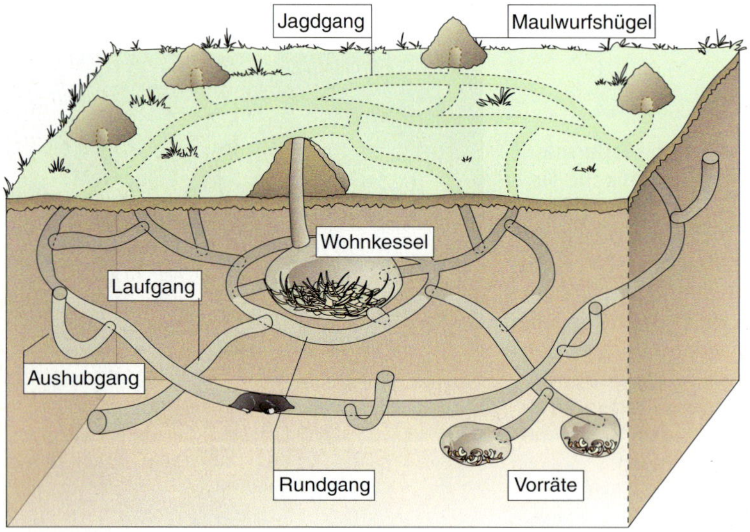

2 Gangsystem des Maulwurfs

Das Gangsystem ist gleichzeitig das *Revier* des Maulwurfs. Hier lebt er außer in der Fortpflanzungszeit als *Einzelgänger*. Da sein Nahrungsbedarf sehr groß ist, macht er alle 3 bis 4 Stunden in den Gängen des Reviers Jagd auf Regenwürmer und andere Beutetiere, wie z. B. Spinnen und Insektenlarven. Pro Tag benötigt ein Maulwurf 80 bis 100 g Nahrung. Das entspricht fast seinem eigenen Körpergewicht. Würmer, die er nicht sofort frisst, werden durch einen Biss gelähmt und in den *Vorratskammern* verstaut. Wie der Igel, besitzt der Maulwurf ein *Insektenfressergebiss*.

Um sich in seinem dunklen Lebensraum zurechtzufinden, braucht der Maulwurf einen guten *Geruchs-* und *Tastsinn*. Die Tasthaare an seiner Nase melden ihm jede leichte Erschütterung in der Nähe. Geräusche an der Erdoberfläche und im Boden nimmt er mit seinen verschließbaren Ohren wahr. Die Augen sind für das Leben im Boden nicht so wichtig. Sie sind nur etwa stecknadelkopfgroß und liegen tief im Fell verborgen.

Aufgaben

① Der Maulwurf hält keinen Winterschlaf. Weshalb kann er ohne Winterschlaf auskommen?

② Neben dem Ärger über die Maulwurfshügel befürchten viele Gartenbesitzer, Maulwürfe schadeten den Wurzeln ihrer sorgsam gepflegten Gartenpflanzen. Erläutere, ob diese Befürchtungen gerechtfertigt sind.

③ In seinem Wohn- und Jagdrevier ist der Maulwurf vor Feinden geschützt. Außerhalb seiner Gänge lauern jedoch viele Gefahren auf ihn. Versuche diese Gefahren genauer zu bestimmen.

1 Feldmaus

Die Feldmaus – ein häufiger Bewohner von Äckern und Wiesen

Die Feldmaus bewohnt offene und trockene Lebensräume wie Felder und Wiesen. Dort ernährt sie sich von Wurzeln, Halmen und Getreidekörnern. Zum Zerkleinern dieser harten, pflanzlichen Nahrung besitzt die Feldmaus ebenso wie das Eichhörnchen ein scharfes *Nagetiergebiss*.

Die Feldmäuse halten keinen Winterschlaf. Sie tragen während des Sommers zusätzlich Vorräte in ihre unterirdischen Speicher ein. Das können jeweils bis zu 1,5 kg sein. Die *Vorratskammer* besteht aus einem blind endenden Gang innerhalb des weit verzweigten Gangsystems. Die einzelnen Gänge liegen 10 bis 20 cm unter der Erdoberfläche. Der *Wohnkessel* mit mehreren Ausgängen liegt noch 20 bis 30 cm tiefer. Im Winter werden *Laufgänge* unter dem Schnee angelegt, die man nach der Schneeschmelze gut erkennen kann.

Feldmäuse haben viele Feinde, z. B. Fuchs, Bussard, Eulen und Mauswiesel. Dennoch können diese Tiere den Bestand der Feldmäuse nicht ernsthaft gefährden. Das liegt an der großen *Vermehrungsfähigkeit* der Feldmaus. Ein Weibchen kann alle 20 Tage einen Wurf mit durchschnittlich 6 Jungen zur Welt bringen. Diese sind schon nach 13 Tagen selbst wieder geschlechtsreif und können nach weiteren 20 Tagen ihre ersten Jungen gebären. Durchschnittlich werden Feldmäuse 4,5 Monate alt. Die Fortpflanzung erfolgt in unseren Breiten nur während der wärmeren Jahreszeit (▶ S. 230).

In günstigen Jahren kann es zu einer *Massenvermehrung* kommen. Diese hat für die Mäuse aber auch Nachteile. Denn irgendwann ist nicht mehr genügend Raum vorhanden. Die Nahrung wird knapp, vor allem im Herbst, wenn die Getreidefelder abgeerntet sind, die Witterung kühler wird und vermehrt Regenfälle einsetzen. Viele Mäuse sterben dann an Hunger und Krankheiten. Die wenigen, die überleben, können sich im nächsten Frühjahr wieder von neuem vermehren. Nach drei bis vier Jahren kann es wieder zu einer Massenvermehrung kommen.

In einem solchen Jahr können die Feldmäuse zu Schädlingen für die Landwirtschaft werden. Wenn eine Maus pro Monat 0,3 kg Nahrung benötigt, schlägt das nicht zu Buche. Wenn aber 1 000 Mäuse jeweils diese Menge fressen, fehlt dem Landwirt ein Teil der Ernte. *Mäuseplagen* treten allerdings nur dort auf, wo großflächige Getreidefelder ein Überangebot an Nahrung bieten. In natürlichen Lebensräumen, die abwechslungsreich gestaltet sind, treten meistens keine Massenvermehrungen auf.

Aufgaben

① Vergleiche die Lebensweise von Feldmaus und Maulwurf. Nenne Gemeinsamkeiten und Unterschiede.
② Rechne aus, wie viele Junge ein einziges Feldmausweibchen während seines Lebens theoretisch bekommen kann.
③ Informiere dich darüber, welche Arten von Mäusen bei uns vorkommen. Wodurch unterscheiden sie sich?

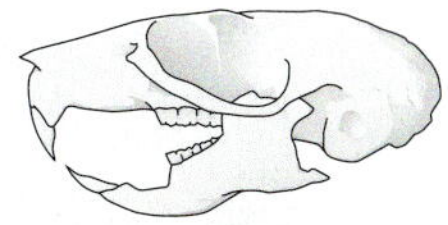

Schädel einer Wühlmaus (Nagetier)

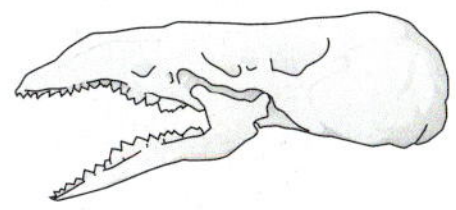

Schädel einer Spitzmaus (Insektenfresser)

Maus ist nicht gleich Maus

Feldmaus und **Waldspitzmaus** werden Mäuse genannt und sind doch nicht näher miteinander verwandt. Der Grund dafür zeigt sich im Vergleich ihrer *Gebisse*. Die Feldmaus ist ein *Nagetier* und gehört zu den *Wühlmäusen*, die Spitzmaus ist ein *Insektenfresser*.

Die Etruskerspitzmaus — das kleinste Säugetier der Welt (Gewicht 1,5 — 2 g)

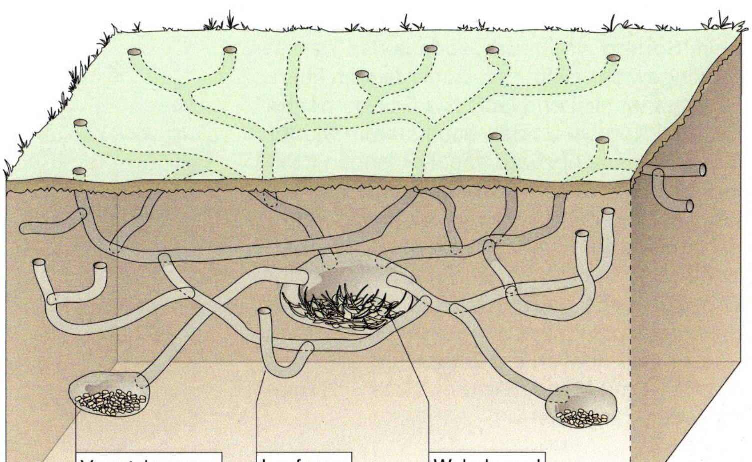

2 Gangsystem der Feldmaus

1 Eichhörnchen

Das Eichhörnchen – ein Leben auf Bäumen

Beim Spaziergang durch den Park kannst du manchmal beobachten, wie ein Eichhörnchen flink einen Baum emporläuft. Ab und zu hält es inne, spitzt die Ohren und beobachtet aufmerksam die Umgebung, bevor es den Baumstamm beim Weiterklettern spiralig umkreist. Oben angekommen, verharrt es nicht lange und springt mit einem großen Satz auf einen Ast des Nachbarbaumes. Der lange, buschige Schwanz dient beim Sprung als Steuer, sodass das Tier im Gleichgewicht bleibt und sicher landen kann. Gleich anschließend läuft das Eichhörnchen mit dem Kopf voran den Baumstamm wieder hinunter, ohne abzustürzen. Die langen Krallen der Füße haken sich dabei in der Rinde ein. Gleichzeitig verhindern *Haftballen* unter den Fußsohlen ein Abrutschen. Hoch oben in der Baumkrone bauen Eichhörnchen ihr kugelförmiges Nest, den *Kobel*. Dieser besteht aus zusammengeflochtenen Zweigen und besitzt seitlich ein Einschlupfloch. Das Innere ist mit Moos, Blättern, Gras und Haaren weich gepolstert.

Im Frühjahr bringt das Weibchen dort drei bis sechs Junge zur Welt. Es sind *Nesthocker*, die ungefähr 8 Wochen lang gesäugt werden. Droht den Jungen Gefahr, werden sie von der Mutter im Genick gepackt und eines nach dem anderen zu einem *Ausweichnest* getragen. Dabei verfallen die Jungen in *Tragstarre*, sodass die Mutter beim Klettern und Springen nicht behindert wird. Nach gut zwei Monaten sind die Jungen selbstständig und verlassen das Nest.

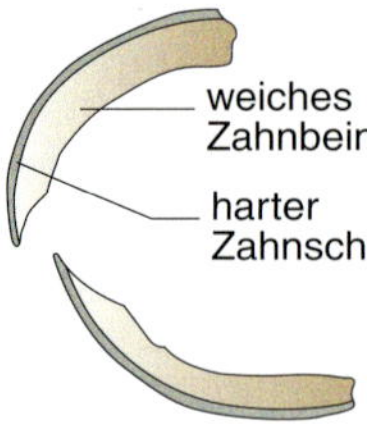

Nagezähne

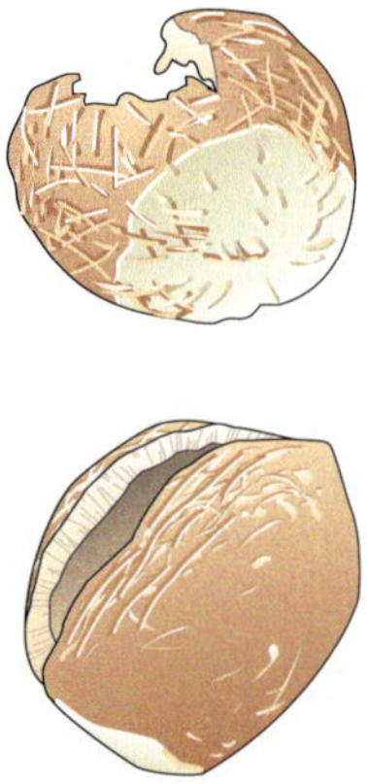

Die *Nahrung* der Eichhörnchen besteht aus Eicheln, Pilzen, Beeren und Haselnüssen. Zum Öffnen einer Nuss benutzen sie ihre meißelförmigen Schneidezähne *(Nagezähne)*. Damit nagen sie zunächst zwei Längsfurchen und sprengen anschließend die Nuss in zwei Hälften. Der frei gelegte Haselnusskern wird dann zwischen den Backenzähnen, die wie Reibeplatten wirken, zerkleinert. Nüsse knacken zu können, ist den Eichhörnchen *angeboren*. Aber nur durch Erfahrung lernen sie mit der Zeit, die Technik des Nüsseöffnens zu verbessern (▶ S. 218).

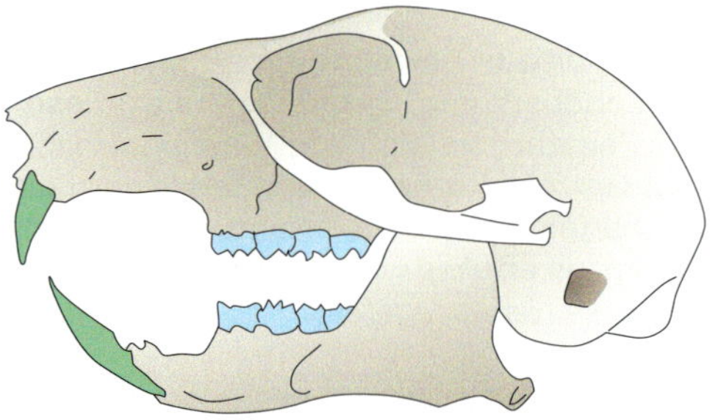

2 Schädel eines Eichhörnchens

Die Nagezähne werden bei ihrer Tätigkeit abgenutzt. Sie wachsen aber, im Gegensatz zu den Backenzähnen, nach. Weil bei ihnen der außen gelegene, härtere *Zahnschmelz* sich nicht so schnell abnutzt wie das dahinter liegende, weichere *Zahnbein*, bleiben sie auch ständig scharf.

Aufgaben

① Vergleiche die Nagespuren auf den beiden in der Mittelspalte abgebildeten Haselnussschalen.
Welche Nuss wurde von einem erfahrenen, welche von einem unerfahrenen Eichhörnchen geöffnet? Begründe deine Meinung.

② Im Herbst sammeln Eichhörnchen viele Haselnüsse und Eicheln und vergraben sie im Boden.
Erkläre, inwiefern dieses Verhalten sowohl für die Pflanzen als auch für die Eichhörnchen von Nutzen ist.

1 Schneehase im Sommer (links) und im Winter (rechts)

Der Winter – für viele Tiere ein Problem

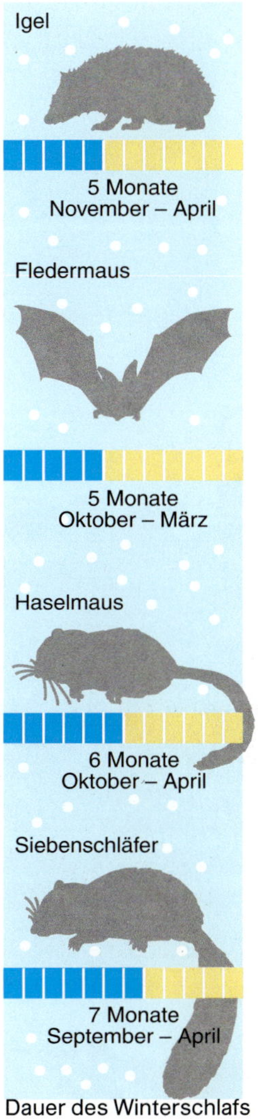

Der Winter stellt für Eichhörnchen mit Frost, Schnee und Nahrungsmangel eine schwierige Jahreszeit dar. Die Tiere legen deshalb im Herbst *Vorräte* an. An verschiedenen Stellen des Reviers vergraben sie Eicheln und Nüsse. Außerdem fressen sie in dieser Zeit mehr als sonst und legen sich so ein kleines Fettpolster zu. Davon zehren sie dann bei schlechten Umweltbedingungen. Ungünstige Zeiten im Winter verschlafen sie in ihrem Kobel. Zum Schutz gegen Abkühlung rollen sie sich kugelig zusammen. So wird der Wärmeverlust über die Oberfläche verringert und die Körpertemperatur kann leichter aufrecht erhalten werden.

Im Winter sind die Tiere zusätzlich durch ein dichteres Haarkleid geschützt. Das wird deutlich, wenn man *Sommerfell* und *Winterfell* vergleicht. Im Fell eines Säugetieres sind grundsätzlich zwei Haartypen vorhanden: die langen, gefärbten *Grannenhaare* und darunter die gekräuselten *Wollhaare*. Die Wollhaare, die direkt der Haut aufliegen, schaffen eine stehende Luftschicht. Sie *isolieren* dadurch gut gegen Kälte und verhindern eine rasche Wärmeabgabe des Körpers. Deshalb sind diese Haare im Winterfell besonders dicht und zahlreich.

Das Eichhörnchen ist in den kalten Wintermonaten zeitweise aktiv, aber manchmal ruht es auch mehrere Tage lang in seinem Kobel. Es hält *Winterruhe*. Säugetiere, die sich ebenso verhalten, nennt man *Winterruher*. Wie das Eichhörnchen, sind auch Dachs und Braunbär Winterruher. Winterruher darf man nicht mit den *Winterschläfern* verwechseln. Winterschläfer verbringen mehrere Monate in ihrem Bau oder einem frostgeschützten Versteck. Die Körpertemperatur wird dabei abgesenkt und auch Atmung und Stoffwechsel werden herabgesetzt (▶ S. 233). Die Tiere leben nur von den angefressenen Fettvorräten und verschlafen so den ganzen Winter. Sinken die Temperaturen aber weit unter den Gefrierpunkt, werden diese Tiere durch einen Weckmechanismus munter. Sie zittern sich warm und suchen ein neues Versteck. Das darf aber nicht oft passieren, denn beim Aufwachen wird viel vom Fettvorrat verbraucht und es besteht die Gefahr des Verhungerns. Beispiele für Winterschläfer unserer Heimat sind Igel, Fledermaus, Siebenschläfer und Haselmaus.

Nahrungsnot und Kälte bedrohen in unseren Breiten fast alle Wildtiere. Aber nur sehr wenige von ihnen halten Winterruhe oder Winterschlaf. Die meisten Säugetiere sind trotz ungünstiger Lebensbedingungen auch im Winter täglich auf der Suche nach Nahrung. Diese Tiere, zu denen z. B. Reh, Fuchs und Hase gehören, sind *winteraktiv*.

Aufgabe

① Äußere Zeitgeber wie die Tageslänge oder die Jahreszeit beeinflussen fast alle Tiere und Pflanzen. Ihr Verhalten und Stoffwechsel passen sich entsprechend an. Das **Basiskonzept Zeit** verdeutlicht, dass die verschiedenen Prinzipien untereinander vernetzt sind (▶ S. 230).

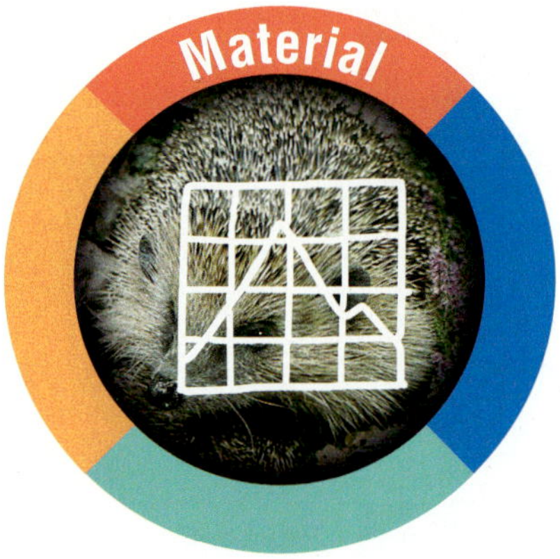

Igel überwintern

Igel leben in Gärten, Hecken, kleinen Gehölzen mit Unterwuchs und an Waldrändern. Hier bauen sie ihre gut versteckten Behausungen, die mit Laub und Gras ausgepolstert sind. Man sieht sie selten, denn sie gehen erst in der Dämmerung und nachts auf die Jagd.

Wenn im Herbst die mittlere Tagestemperatur weniger als 10 Grad Celsius beträgt, richtet sich der Igel auf den *Winterschlaf* ein. Er baut sich ein Winterquartier, das ihn vor Schnee und Eiseskälte schützt. Dazu wühlt er sich in Laubhäufen oder sehr dichtes Untergehölz ein, kugelt sich zusammen und beginnt seinen Winterschlaf.

Bei diesem Schlaf, der mehrere Monate dauert, laufen alle Stoffwechselvorgänge viel langsamer ab als im Wachzustand. Die Zahl der Atemzüge und Herzschläge je Minute ist beträchtlich vermindert und die Körpertemperatur sinkt stark ab. Im Winterschlaf braucht der Igel keine Nahrung. Er zehrt von seinem *Fettvorrat*, den er sich im Herbst angefressen hat. Im Frühjahr, wenn die Tagestemperaturen wieder ansteigen, erwacht er aus dem Winterschlaf. Er ist jetzt stark abgemagert und beginnt mit der Nahrungssuche.

Überwinterungshilfe

Nur wenn ein Igel einen genügend großen Fettvorrat hat, kann er die kalte Jahreszeit im Winterschlaf überstehen. Als Faustregel gilt, dass sein Vorrat ausreicht, wenn das Körpergewicht 500 Gramm erreicht hat oder überschreitet.

Oft erreichen mutterlose Jungtiere dieses Gewicht bis zum Beginn der Winterschlafzeit nicht. Manchmal sind Igel auch mit Würmern infiziert. Dann nimmt ihr Körpergewicht nicht mehr zu oder sogar ab, obwohl sie Nahrung zu sich nehmen. Solche untergewichtigen Igel, die Ende September noch weit unterhalb der Gewichtsgrenze von 500 Gramm liegen, sind ohne menschliche Hilfe verloren.

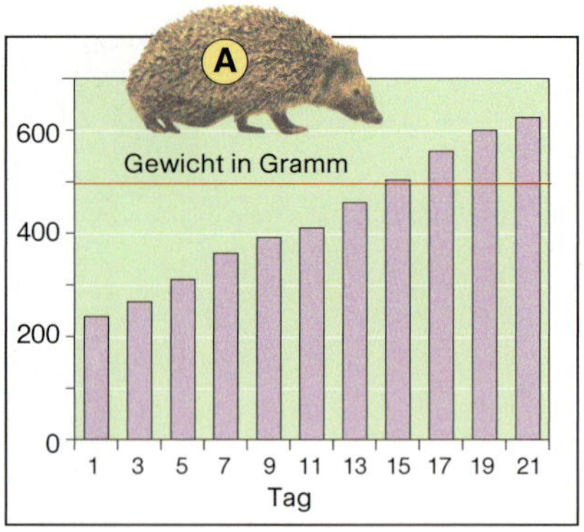

In einer Igelstation hat man bei Herbstbeginn drei untergewichtige Jungtiere (A,B und C) in die Obhut genommen, aufgezogen und nach Überschreiten der Gewichtsgrenze zur Überwinterung wieder ausgesetzt.
Während des Aufenthalts in der Igelstation wurden die Igel alle zwei Tage gewogen. Über das Körpergewicht und über die Futtergaben hat man ein genaues Protokoll geführt.

Igelfamilie

Viele Gartenbesitzer entfernen aus ihren Gärten, in denen vereinzelt Bäume und Büsche stehen, im Herbst vollständig das gefallene Laub. Dadurch wird der Rasen nicht durch faulendes Laub geschädigt. Welche Auswirkung hat dies für Igel? Was kann man tun, um den Rasen zu schützen und gleichzeitig den Igeln zu helfen?

Diese Daten sind in Diagrammen und Tabellen zusammengestellt (s. Seite 94). Die Säulendiagramme zeigen die Entwicklung des Körpergewichts von Igel A und C. Die Tabelle 1 gibt das Körpergewicht von Igel B an.

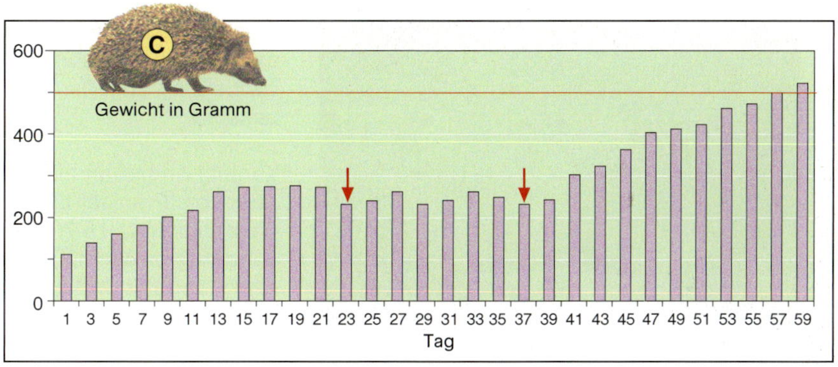

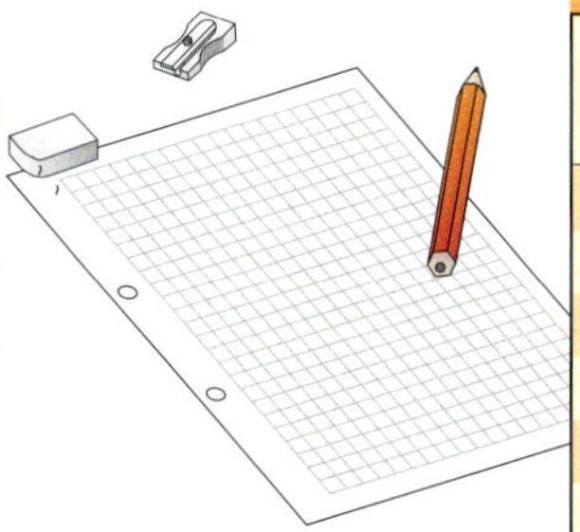

Tabelle 1

Tag	Gewicht in Gramm
1	160
3	210
5	240
7	300
9	340
11	390
13	425
15	480
17	540
19	565

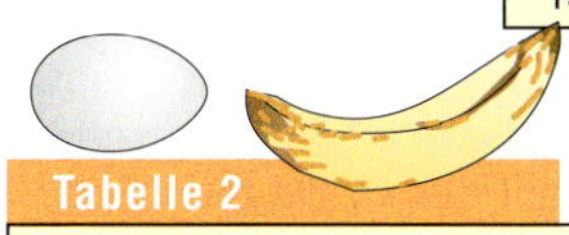

Tabelle 2

Nahrungsmittel	Verfütterte Menge	Energiegehalt kJ pro 100g
Katzenfutter	6,6 kg	650
Haferflocken	0,6 kg	1700
Karottenpüree	0,5 kg	180
Bananen	2,1 kg	400
Rührei	2,2 kg	350
Rosinen	0,3 kg	1200
Nüsse	0,5 kg	2900

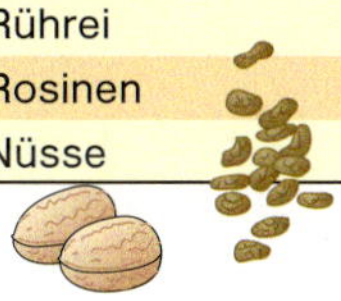

Tabelle 3

	Igel wach	Igel im Winterschlaf
Atemzüge je Minute	20	5
Herzschläge je Minute	280 – 320	18 – 22
Körpertemperatur	25 – 37 °C	sinkt bis 1,5° C

Aufgaben

① Erstelle mithilfe der Tabelle 1 ein Säulendiagramm für die Entwicklung des Gewichts des Igels B. Dabei entsprechen jeweils 100 g einer Säulenhöhe von 1 cm.

② a) Vergleiche dein Wachstumsdiagramm von Igel B mit dem von Igel A. Welche Gemeinsamkeiten und welche Unterschiede zeigt der Vergleich der Diagramme? Beschreibe.

b) Vergleiche die Diagramme von Igel A und C miteinander. Was fällt auf? Was könnte der Grund gewesen sein, dass Igel C viel länger in der Station verblieben ist als die Igel A und B? Versuche zu erklären.

③ a) Bestimme für jeden Igel, wie viel Körpergewicht er während des Aufenthalts in der Igelstation zugenommen hat.

b) Wie viel Körpergewicht haben alle drei Igel zusammen zugenommen?

④ An die Igel wurden die in Tabelle 2 angeführten Nahrungsmittel verfüttert.

a) Berechne, wie viel Kilojoule (kJ) Energie die gesamte Nahrung der Igel enthalten hat.

b) Wie viel Kilojoule waren für 1 Gramm Gewichtszunahme nötig?

⑤ Tabelle 3 gibt die Zahl der Atemzüge und der Herzschläge sowie die Körpertemperatur für wache und winterschlafende Igel an.

a) Stelle die Tabellenwerte in einem Säulendiagramm nebeneinander dar.

b) Erkläre, wie diese drei Messwerte zusammenhängen. Weshalb verringern sich beim Übergang zum Winterschlaf die Werte aller drei Merkmale?

⑥ Die Überwinterung von Igeln in der Obhut des Menschen ist umstritten. Welche Gründe könnten dagegen sprechen? Erkundige dich.

1 Wildkaninchen vor dem Bau

Wildkaninchen und Feldhase – Tiere unserer Kulturlandschaft

Wildkaninchen benötigen als Lebensraum lockere, trockene Böden, um ihre Gänge zu graben. Sie leben an Waldrändern, in Stadtparks und sogar in Gärten in unmittelbarer Nähe des Menschen. Tiere, die sich in ihrem Verhalten an die Umgebung des Menschen angepasst haben, nennt man *Kulturfolger*.

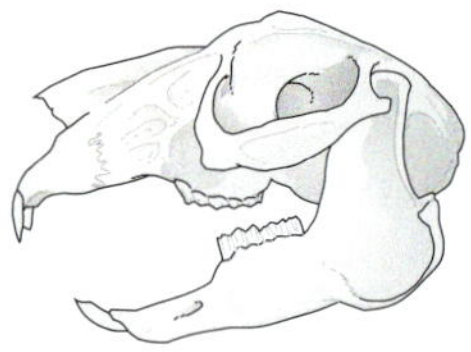

Kaninchenschädel mit Nagezahn und Stiftzahn

Wildkaninchen leben gesellig in *Kolonien*. Der unterirdische Bau mit seinem *Wohnkessel* und dem verzweigtem Gangsystem bietet Schutz vor Wind, Kälte und Regen, aber auch vor Feinden, wie Bussard, Fuchs oder Iltis. In der Dämmerung verlassen die Kaninchen den Bau, um auf Nahrungssuche zu gehen. Sie sind *Pflanzenfresser*, manchmal sehr zum Ärger der Gartenbesitzer, denn Gemüsepflanzen fressen sie gerne. Das Gebiss eignet sich auch für harte Nahrung, wie die Rinde von Jungbäumen und Sträuchern. Die scharfen *Schneidezähne* im Ober- und Unterkiefer sind lang und gebogen. Die Abnutzung durch das Nagen wird ausgeglichen, da sie ständig nachwachsen. Die *Backenzähne* sind abgeflacht und bilden eine Reibefläche.

2 Kampf zweier Feldhasen

Kaninchen haben eine hohe *Vermehrungsrate*. Vom Frühjahr bis zum Herbst bringt ein Weibchen bis zu 5 Würfe von jeweils 4 bis 12 Jungen zur Welt. Sie sind als *Nesthocker* nackt und blind. Die Augen öffnen sich am zehnten Tag. Die Jungen werden dann noch drei Wochen lang gesäugt und sind nach drei Monaten bereits geschlechtsreif.

Der *Feldhase* ist mit 60 cm Körperlänge um ein Drittel größer und mit 5 bis 6 kg Körpergewicht etwa doppelt so schwer wie ein Wildkaninchen. Es gibt sichere Kennzeichen, durch die man Kaninchen und Hasen sofort unterscheiden kann: Bei Hasen sind die Ohren länger als der Kopf und das Fell ist meist rostfarben. Bei Kaninchen sind die Ohren etwa kopfgroß und das Fell ist grau. Beide gehören zur Gruppe der **Hasentiere.** Als gemeinsames Merkmal besitzen sie ein Paar *Stiftzähne*, das sich hinter den oberen *Schneidezähnen* befindet. Das unterscheidet sie von den Nagetieren.

Der Hase meidet die direkte Nähe des Menschen. Sein Lebensraum sind Wiesen und Äcker mit Gebüschen und Hecken am Rand. Dort lebt er als *Einzelgänger*. Nur zur Paarungszeit sieht man mehrere Hasen zusammen. Sie finden sich dann an gut überschaubaren Plätzen ein, auf denen die männlichen Hasen oder *Rammler* eine Häsin umwerben. Dabei kann es zu „Handgreiflichkeiten" kommen: Die Rivalen richten sich auf den Hinterbeinen voreinander auf und trommeln mit ihren Vorderpfoten aufeinander ein, bis der Unterlegene das Feld räumt. Nach und nach finden sich dann Paare zur Fortpflanzung zusammen (▶ S. 228).

Nach einer *Tragzeit* von 42 bis 44 Tagen bringt die Häsin von März bis September 3- bis 4-mal Junge zur Welt. Jeder Wurf besteht aus 2 bis 5 Jungtieren, die in einer Bodenmulde, der *Sasse*, geboren werden. Die Jungen sind bei der Geburt vollständig behaart und haben die Augen geöffnet. Schon bald verlassen sie die Sasse. Sie sind *Nestflüchter*.

Aufgabe

① Stelle tabellarisch Gemeinsamkeiten und Unterschiede von Wildkaninchen und Feldhase zusammen.

1 Rehbock und Ricke

Reh und Rothirsch

Rehe bewohnen viele Lebensräume: vom dichten Wald bis hin zu Heckengehölzen in besiedelten Gebieten. Bei uns gibt es über 1,5 Millionen Rehe. Trotzdem sieht man sie nur selten, oft aber findet man ihre Spuren. Am Tage halten sie sich sichtgeschützt abseits der Wege auf. Hauptsächlich in der Morgen- und Abenddämmerung kommen Rehe zur Nahrungssuche aus ihrer Deckung heraus. Sie ernähren sich von Kräutern, Knospen und saftigen Pflanzenteilen. Danach verbringen sie mehrere Stunden am Tag mit dem *Wiederkäuen* der Nahrung.

Ende Juli bis Anfang August ist die Fortpflanzungszeit. Die männlichen Rehe, die *Böcke*, setzen mithilfe von Drüsen zwischen den Geweihstangen *Duftmarken* an Sträucher und Bäume zur Kennzeichnung ihres *Reviers*. Es wird gegen Rivalen verteidigt. Jedes Jahr im November wird das *Geweih* abgeworfen. Es wächst wieder nach und ist etwa im April wieder voll ausgebildet.

Die weiblichen Rehe *(Ricken)* bringen im Mai ein bis zwei Kitze zur Welt, die den größten Teil des Tages an einem geschützten Platz zurückgelassen werden. Hier liegen sie regungslos und warten, bis sie gesäugt werden. Neben Raubtieren geht auch vom Menschen Gefahr für Rehkitze aus. Streicheln Spaziergänger ein Kitz, wird der Geruch des Menschen auf das Jungtier übertragen. Die Mutter nimmt nun das Kitz mit dem fremden Geruch nicht mehr an; es verhungert. Sind im Spätsommer alle Felder abgeerntet, ziehen sich die Rehe in die Wälder zurück. Sie fressen hauptsächlich die frischen Spitzen junger Bäume. Das führt zu *Verbissschäden,* die Bäume verkrüppeln. Daher zäunt man die frischen Anpflanzungen *(Schonungen)* ein.

Von September bis Oktober kann man im Wald, lange vor Sonnenaufgang, ein lautes Röhren hören: Die *Brunftzeit* der **Rothirsche** hat begonnen. Männliche Rothirsche versuchen, ein Rudel *Hirschkühe* um sich zu sammeln und es gegen Rivalen zu verteidigen. Oft entscheidet ein Kampf, wer Besitzer des *Rudels* wird. Kann ein Rivale durch Drohungen, wie Brunftruf, Zurückwerfen des Kopfes und Aufkratzen des Bodens mit Geweih und Vorderläufen, nicht eingeschüchtert werden, kommt es zum Kampf (▶ S. 226). Da das Geweih nur zum Kräftemessen eingesetzt wird, wird meist keiner verletzt. Der Kampf bewirkt, dass nur der stärkste Hirsch, der *Platzhirsch*, die Weibchen begattet. Im Mai oder Juni werden die *Kälber* geboren.

Im Frühjahr werfen die Rothirsche das Geweih ab. Bald danach entwickelt sich das Neue. Es wird von der *Basthaut* gebildet. Man benennt Hirsche nach der Zahl der Geweihenden an beiden Stangen. So spricht man von einem *Zwölfender*, wenn jede Geweihstange sechs Enden besitzt.

Der Lebensraum der Rothirsche sind zusammenhängende große Waldgebiete. Im Gegensatz zum Reh kommt der Hirsch auch mit anspruchsloser Kost aus. In manchen Gebieten Süddeutschlands werden durch einen zu großen Hirschbestand aber auch Waldschäden verursacht. Durch Bejagung wird versucht, die Bestände zu kontrollieren.

Aufgaben

① Vergleiche Hirsch und Reh und nenne Gemeinsamkeiten und Unterschiede.

② Nenne Gründe für und gegen die Winterfütterung von Rehen und Hirschen.

2 Rothirschrudel

Verbissschäden

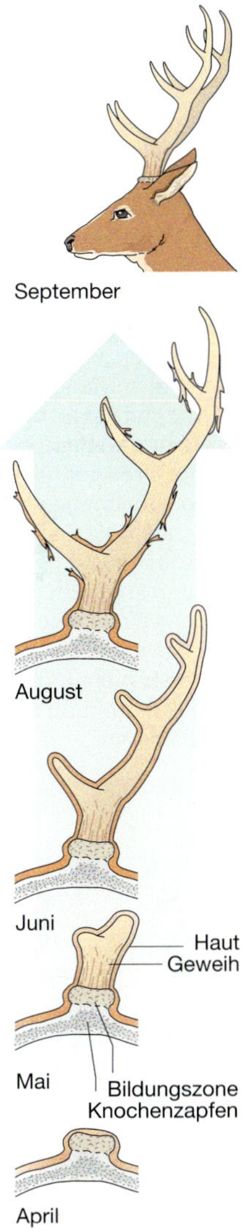

Geweihbildung beim Hirsch

Einheimische Wildtiere

Der **Rotfuchs** ist ein Einzelgänger. Er bewohnt ganz verschiedenartige Lebensräume, wie Wälder, Gebirgsschluchten oder gar Sanddünen an der Küste. Dort legt er unterirdische Bauten an. Zu seiner Nahrung zählen hauptsächlich Wühlmäuse, Ratten und Kaninchen. Er nimmt aber auch Regenwürmer auf. Er ist also kein Schädling, wie viele Menschen glauben. Ein Teil seiner Nahrung besteht sogar aus Früchten. Im Frühjahr wirft die Füchsin 4 bis 10 Jungtiere, die im darauf folgenden Herbst selbstständig werden. Da der Fuchs die *Tollwut*, eine auch für den Menschen lebensgefährliche Krankheit, übertragen kann, hat man ihn bei uns lange Zeit stark verfolgt. Trotzdem ist es nicht gelungen, den Bestand wesentlich zu reduzieren. Infolge ihres sehr anpassungsfähigen und vorsichtigen Verhaltens erkennen Füchse viele Gefahren rechtzeitig. Heute legt man *Köder* mit darin enthaltenem Impfstoff aus. Frisst nun ein Fuchs einen solchen Köder, können sich in seinem Körper keine Tollwuterreger mehr entwickeln. Man hofft, so die Ausbreitung dieser Krankheit einzudämmen.

Wanderratten sind wie Feldmäuse *Nager*. Sie sind weltweit verbreitet und besiedeln fast alle Lebensräume. Man findet sie in Ställen, auf Dachböden, in der Kanalisation und auf Müllhalden. Überall finden sie Unterschlupf und reichlich Nahrung. Sie leben in großen Familienverbänden, deren Mitglieder sich am gemeinsamen *Sippengeruch* erkennen (▶ S. 224). Vor allem in den Entwicklungsländern vernichten sie große Teile der Ernte. Man schätzt den jährlichen Schaden weltweit auf über 20 Milliarden Euro.

Die **Siebenschläfer** gehören zu den *Bilchen* oder *Schläfern*. Aufgrund ihrer nächtlichen Lebensweise bekommt man sie kaum einmal zu Gesicht (▶ S. 230). Samen und Beeren bilden den Hauptanteil der Nahrung, die sie mit ihrem Nagergebiss gut verarbeiten können. Ab Oktober halten sie einen langen *Winterschlaf*. Der Siebenschläfer ist der größte bei uns vorkommende Bilch. Er baut sein Nest in Baumhöhlen oder als Kobel im Laubdach der Bäume.

Die **Haselmaus** ist einer der kleinsten *Bilche*. Sie besitzt ein rotbraunes bis gelbbraunes Fell und lebt im dichten Unterholz, wo sie auch ihr kugeliges Nest baut. Dort bringt sie einmal im Jahr 3 bis 4 Junge zur Welt, die nach fünf bis sechs Wochen selbstständig werden. Wie der Siebenschläfer ist die Haselmaus *nachtaktiv*. Darauf weisen ihre großen, dunklen Augen hin. Tagsüber hält sie sich verborgen. Sie lebt vorwiegend von Pflanzen, manchmal auch von Insekten und deren Larven. Haselmäuse halten von Ende Oktober bis April *Winterschlaf* (▶ S. 230).

Die **Waldspitzmaus** gehört zu den *Insektenfressern*. Sie ist, von kurzen Pausen abgesehen, Tag und Nacht aktiv und meist mit der Nahrungsaufnahme beschäftigt. Käfer, Insektenlarven und Schnecken werden mittels des ausgezeichneten Geruchssinnes und Gehörs aufgestöbert und erbeutet. Pro Tag wird etwa so viel Nahrung aufgenommen, wie das eigene Körpergewicht beträgt. Spitzmäuse sind häufig Beute von Eulen (▶ S. 226). Jährlich zwei bis vier Würfe mit bis zu 7 Jungen gleichen die Verluste wieder aus. Zu den Spitzmäusen gehört auch das kleinste Säugetier der Welt, die *Etruskerspitzmaus*, mit ganzen 2 Gramm Körpergewicht.

Einige Wildtiere, die heute bei uns in Mitteleuropa vorkommen, haben ihre Heimat in fernen Ländern. Dazu gehören die **Sikahirsche**, die aus Ostasien stammen. Ihre Größe liegt zwischen der von Rothirsch und Reh, ihr Fell ist häufig gefleckt. Sie sind ebenfalls Waldbewohner, stellen aber an die Nahrung höhere Ansprüche als die Rothirsche. Man bekommt sie nur selten zu Gesicht, da sie kaum ihre Deckung im Wald verlassen. Der *pfeifende Brunftruf* verrät jedoch im Herbst ihre Anwesenheit (▶ S. 224).

Waschbären haben ihre Heimat in Nordamerika und wurden bei uns unfreiwillig eingebürgert. Vor rund 60 Jahren entwichen nämlich einige Waschbären aus einer Pelztierfarm in Hessen. Von dort breiteten sie sich aus, weil ihnen die Lebensbedingungen hier zusagten. Heute gibt es mehrere tausend Waschbären in unseren Wäldern. Sie sind vorwiegend *dämmerungsaktiv* und ernähren sich hauptsächlich von pflanzlicher Kost. Der Name beruht auf der Angewohnheit, erbeutete Nahrung vor dem Verzehren mit den Vorderpfoten in Wasser zu tauchen.

Die **Bisamratte** gehört zu den *Nagetieren* und kommt recht häufig bei uns vor. Sie wurde wegen ihres Felles zu Anfang unseres Jahrhunderts aus Nordamerika eingebürgert. Heute sind Bisamratten an fast allen Bächen, Flüssen und Seen zu finden. Dort ernähren sie sich häuptsächlich von Wasserpflanzen. *Schwimmhäute* an den Hinterfüßen machen sie zu wendigen Wassertieren (▶ S. 218). Durch ihr Unterhöhlen von Uferböschungen entsteht häufig Schaden.

Der **Biber** gehört zu den Tierarten, die bei uns ausgerottet waren. Der Grund dafür war sein außerordentlich wertvolles Fell. Dieses ist nämlich sehr dicht: Bis zu 10 000 Einzelhaare wachsen auf einem Quadratzentimeter. Der Lebensraum der Biber sind Bäche, Flüsse und Seen mit Pappeln, Weiden, Erlen und Birken, von denen sie sich ernähren. Biber leben in Familien. An den Gewässern bauen sie Staudämme aus Ästen, um den Wasserrand zu regulieren. Innerhalb des Staudammes befindet sich die *Biberburg*, die nur unter Wasser erreicht werden kann. Vor etlichen Jahren begann man mit der erfolgreichen Wiederansiedlung des Bibers.

Den **Luchs** ist die größte einheimische *Katzenart*. An den pinselförmigen Ohren ist er leicht zu erkennen. Obwohl er für den Menschen keine Gefahr darstellt, wurde er in Mitteleuropa verfolgt und ausgerottet. Im Harz wurde 1818 der letzte Luchs geschossen; einige Jahrzehnte später galt er auch im Alpengebiet als ausgestorben. Seit 1970 wird er im Nationalpark Bayerischer Wald wieder eingebürgert. Der Luchs ist ein Waldtier und jagt meist nachts als Einzelgänger. Zu seinen Beutetieren gehören vor allem Rehe, aber auch Füchse, Kaninchen und Bodenvögel.

Der früher als Fischereischädling verfolgte **Fischotter** ist in seinem Bestand stark gefährdet, da er bei uns nur noch wenige Rückzugsgebiete besitzt. Durch sein wasserabstoßendes Fell, seine Pfoten mit Schwimmhäuten und seine kleinen, eng am Körper anliegenden Ohren weist er eine gute Angepasstheit an das Leben im Wasser auf (▶ S. 220). Fischotter ernähren sich nur teilweise von Fisch, häufig aber auch von Krebsen, Schnecken und Fröschen.

1 Seehunde tauchend

2 Seehund an Land, Schema des Skeletts mit Gliedmaßen

Der Seehund – Leben im Meer und an Land

Wegen seines Vorkommens an der Nord- und Ostseeküste ist der Seehund auch bei uns eine bekannte *Robbenart*. Das riesige Verbreitungsgebiet des Seehunds umfasst die nördlichen Küsten des atlantischen und pazifischen Ozeans. Seehunde leben gesellig in Rudeln und verbringen einen großen Teil ihres Lebens im Wasser. Dort jagen sie Fische, die fast ausschließlich ihre Nahrung bilden. Zum Ausruhen begeben sie sich auf Sandbänke oder Klippen.

Dort bringen die Weibchen auch während der Ebbe von Ende Mai bis Juli die Jungen zur Welt. Diese können bereits bei der nächsten Flut den Müttern ins Wasser folgen. Während der etwa 4 Wochen langen Stillzeit wachsen die Jungen schnell. Die Muttermilch besteht fast zur Hälfte aus Fett. Manchmal findet man *Heuler*, so nennt man die von ihren Müttern verlassenen Jungtiere. Diese werden in Aufzuchtstationen gesammelt und so lange betreut, bis sie selbstständig sind. Dann können sie wieder im Meer ausgesetzt werden.

Seehunde sind durch ihren Körperbau hervorragend an ihre Lebensweise angepasst. Der *stromlinienfömige Körper* besitzt ein glattes, wasserdichtes Fell. Die Ohrmuscheln sind zurückgebildet. Das alles verringert den Wasserwiderstand (▶ S. 220). Die bis zu 5 cm dicke *Speckschicht* unter der Haut verhindert eine zu große Wärmeabgabe an die Umgebung, auch wenn sich die Seehunde sehr lange im kalten Wasser aufhalten. Die *flossenförmigen Hinterbeine* ermöglichen zusammen mit der Wirbelsäule eine schlängelnde Fortbewegung *(Beinschwimmer)*. Die kurzen Vorderbeine werden dabei zur Steuerung eingesetzt. An Land jedoch benutzen Seehunde ihre Vorderbeine zur Fortbewegung, da sie ihre Hinterbeine nicht unter den Körper stellen können. Die Folge ist die bekannte robbende Fortbewegung an Land (▶ S. 233).

Beim Abtauchen verschließen Seehunde ihre Ohr- und Nasenöffnungen, wobei sie zuvor ausatmen. Die normalen Tauchzeiten betragen etwa 5 Minuten. Unter Wasser können sich Seehunde hervorragend orientieren und ihre Beute orten. Die Augen sind so konstruiert, dass sie unter und über Wasser gut sehen. Zudem erzeugen Seehunde Klicklaute, die von der Umgebung zurückgeworfen und von ihrem ausgezeichneten Gehör ausgewertet werden. Mit ihren Tasthaaren *(Vibrissen)* nehmen Seehunde feinste Schwingungen im Wasser wahr.

Neben dem Seehund gibt es eine Reihe weiterer Robbenarten, wie zum Beispiel *Seelöwe, Seebär, See-Elefant, Seeleopard* und *Walross.*

Aufgaben

① Begründe mithilfe der Abbildung 2, weshalb die Gliedmaßen der Seehunde Beine und Arme sind und nicht Flossen.

② Fasse tabellarisch zusammen, durch welche speziellen Merkmale der Seehund an das Leben im Wasser angepasst ist.

1 Delfine in ihrem Lebensraum

2 Bartenwale bei der Nahrungsaufnahme

Bartenwal,
Schema des Skeletts
mit Gliedmaßen

Wale – vom Land unabhängige Säugetiere

Wale leben während ihres ganzen Lebens im Wasser. An Land können sie nicht überleben, da sie dort vom eigenen Körpergewicht erdrückt würden. Die Jungen von Walen werden im Wasser geboren und gesäugt. Die Zitzen der Muttertiere liegen unter einer Hautfalte verborgen. Der Körper der Wale ist vollständig an das Leben im Wasser angepasst.

Zu den bekanntesten Walen gehören die *Delfine*. Ihr haarloser Körper ist *stromlinienförmig* (▶ S. 220). In der Haut sind kleine Öltröpfchen eingelagert. Dadurch wird der *Wasserwiderstand* so stark verringert, dass Delfine bis zu 60 km/h schnell schwimmen können. Sie leben vor allem von Fischen, die sie mit ihren spitzen Zähnen gut packen können. Die dicke Speckschicht wirkt im Wasser wie ein warmer Mantel.

Zur *Orientierung* und zum *Beutefang* besitzen die Delfine neben den Augen ein *Echolotsystem* wie die Fledermäuse. Sie stoßen Ultraschallschreie aus, die von Hindernissen und Beutetieren als Echo zurückkommen. Tiefe, auch für uns hörbare Töne dienen zur Verständigung der Delfine untereinander (▶ S. 224).

Die waagrechte Schwanzflosse, die *Fluke*, dient dem Antrieb. Sie schlägt, im Gegensatz zu der Flosse der Fische, auf und ab, statt seitlich hin und her. Als Steuer nutzen Delfine vor allem die zu Flossen umgebildeten Vordergliedmaßen, die *Flipper*. Die auf dem Rücken befindliche *Finne* gibt Seitenstabilität. Hintergliedmaßen fehlen allen Walen. Im hinteren Drittel des Körpers findet man unterhalb der Wirbelsäule Knochen, das sind Reste des Beckens mit den daran befestigten Hintergliedmaßen. Delfine besitzen Lungen und sind somit Luftatmer. Die Atemluft wird durch das auf der Kopfoberseite liegende Nasenloch eingeatmet, ohne dass sie mit dem ganzen Kopf aus dem Wasser auftauchen müssen.

Die Anpassungen der Delfine sind in vergleichbarer Form bei allen Walen zu finden. Die meisten Wale gehören zu den *Zahnwalen*. Der größte von ihnen ist mit maximal 20 Metern Körperlänge der *Pottwal*, der Rekordhalter im Tief- und Langzeittauchen unter den Walen: Pottwale können über 2000 Meter tief und bis zu 90 Minuten lang tauchen, um z. B. Tintenfische aufzuspüren.

Die größten heute lebenden Säugetiere findet man aber bei den *Bartenwalen*. So wird der *Blauwal* bis zu 30 Meter lang und 120 Tonnen schwer. Bekannt sind auch die *Buckelwale* wegen ihrer Gesänge. Statt der Zähne tragen Bartenwale nach innen ausgefranste Hornplatten im Oberkiefer, die zusammen mit der riesigen Zunge als Filterapparat eingesetzt werden. Mit weit geöffnetem Maul nehmen Bartenwale Wasser und massenhaft darin enthaltene Krebse *(Krill)* oder auch Fische auf. Beim Schließen des Mauls drückt die riesige Zunge von unten gegen die Bartenreihen, sodass das Wasser nach außen abfließt und die Tiere auf der Innenseite der Barten hängenbleiben.

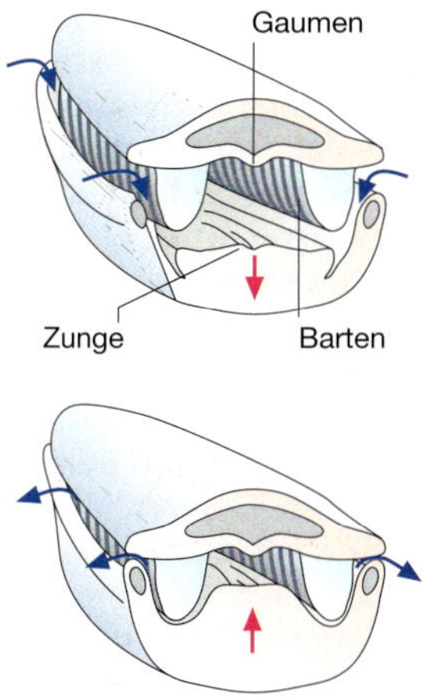

Querschnitt durch den Kopf eines Bartenwals

1 Dromedar

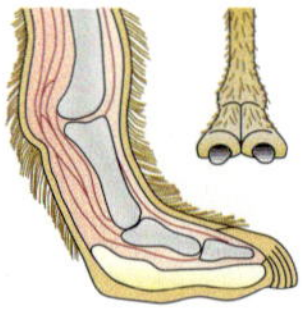

Säugetiere – angepasst an extreme Lebensräume

Warum können Dromedare im Gegensatz zu den meisten anderen Säugetieren in Gebieten gut überleben, in denen es trocken und heiß ist? Warum werden die Lebensbedingungen in der extrem kalten Arktis auf der Nordhalbkugel unserer Erde nicht zu einer Gefahr für den dort lebendenden Eisbären? Ähnliche Fragen könnte man für alle Säugetierarten stellen, die fast alle Lebensräume der Erde besiedelt haben.

Dromedare waren ursprünglich in den Wüstengebieten Nordafrikas beheimatet. An die extremen Temperaturschwankungen zwischen Tag von 50 °C und Nacht bis nahe 0 °C sind Dromedare dadurch angepasst, dass ihre Körpertemperatur im Laufe eines Tages zwischen 34 °C und 40 °C schwanken kann. Die Hitze während des Tages heizt den Körper auf, ohne dass das Dromedar schwitzt. So spart das Dromedar Wasser. Erst wenn 41 °C überschritten werden, wird Schweiß zur Kühlung gebildet. Dromedare können bis zu einem Drittel des Körpergewichts (500 kg) durch Wasserabgabe verlieren, bevor sie verdursten. Gibt es wieder Wasser, können sie innerhalb von 10 Minuten über 100 Liter davon trinken. Da in den kalten Sahara-Nächten die Körpertemperatur auf 34 °C sinken kann, benötigt das Dromedar weniger Energie, um die Körpertemperatur aufrecht zu erhalten (▶ S. 232). Die Fettreserven werden geschont. Diese befinden sich vor allem im Höcker und ermöglichen es dem Dromedar, längere Zeit ohne Nahrung auszukommen. Das dichte Fell schützt nicht nur gegen die Kälte der Nacht, sondern schirmt auch die Haut vor der Hitze des Tages ab. Vor Verbrennungen durch den heißen Wüstensand schützen die dicken Schwielen unter den Zehen, an den Knien und in der Brustgegend. Die spreizbaren Zehen, die durch eine Haut miteinander verbunden sind, ergeben eine tellergroße Fläche. Dadurch wird das Einsinken in den Wüstensand verhindert. Ihre verschließbaren Nasen- und Ohröffnungen sowie die stark bewimperten Augen schützen vor dem Sand. Diese speziellen Merkmale der *Angepasstheiten*, die den Dromedaren das Überleben in der Wüste ermöglichen, sind über Tausende Jahre hinweg allmählich entstanden. Da Angepasstheiten bei allen Lebewesen zu finden sind, spricht man vom **Prinzip** der **Angepasstheit** (▶ S. 220).

Der **Eisbär** besitzt andere Angepasstheiten als das Dromedar. Er hat ein sehr dichtes Fell und eine dicke Speckschicht, sodass er kaum Körperwärme an die kalte Umgebung abgibt. Die Haare sind so gebaut, dass sie die wenigen Wärmestrahlen einfangen und auf die dunkle Haut weiterleiten. Dunkle Haut nimmt die Wärme besser auf als helle. Der Eisbär ist ein hervorragender Schwimmer, der mühelos größere offene Wasserflächen durchqueren kann. Durch die Schwimmhäute zwischen den Zehen der großen Tatzen ist er daran angepasst. Seine Hauptnahrung sind Robben, deren fettreiches Fleisch die für das Leben in der Kälte notwendige Energie liefert. Meist lauert der Eisbär seiner Beute an den Atemlöchern auf oder pirscht sich an, wenn sie auf dem Eis schläft. Der empfindliche Geruchssinn ermöglicht ihm dabei die Orientierung. Den lichtlosen Winter überdauern Eisbären in selbst gegrabenen Schneehöhlen. Dabei zehren sie bis zum nächsten Frühjahr von ihrer Speckschicht.

2 Eisbär

Aufgabe

① Erfasse in einer Tabelle, welche Angepasstheiten Dromedar und Eisbär an die Bedingungen ihres Lebensraumes besitzen und in welcher Weise diese Angepasstheiten das Überleben sichern.

Säugetiere verschiedener Lebensräume

Kalte Zonen

Der **Eisfuchs** oder **Polarfuchs** lebt ebenfalls im Nordpolargebiet, aber in den im Sommer eisfreien Gebieten entlang der Küsten. Er ist insgesamt kleiner als unser Rotfuchs und an die Kälte durch kleinere Ohren angepasst. Er ernährt sich von Kleinsäugern, Vögeln und Aas, aber auch von Beeren. Das Sommerfell ist bräunlich, das dichte Winterfell ist weiß gefärbt. Wegen ihrer Tarnfarbe heben sich Eisfüchse im Winter und auch im Sommer kaum von ihrer Umgebung ab.

Das **Walross** gehört wie der Seehund zu den Robben. Die mächtigen Tiere werden fast 4 m lang und 850 kg schwer. Sie ernähren sich vorwiegend von Kleintieren, wie Schnecken, Muscheln und Krebsen. Mithilfe ihrer langen Eckzähne *(Hauer)* lösen sie diese vom Untergrund ab. Ihre flossenförmigen Beine benutzen sie als Antriebsorgane. Dadurch können sie sich trotz ihres Gewichtes im Wasser gut fortbewegen. Die dicke Fettschicht schützt das Walross wirkungsvoll vor Kälte. Durch diese besonderen Merkmale ist das Walross perfekt an seinen Lebensraum angepasst.

Wüsten

Der **Wüstenfuchs** oder **Fennek** ist nur 40 cm lang, hat ein dichtes Fell und einen buschigen, etwa 30 cm langen Schwanz. Auffällig sind seine großen Ohren. Der Fennek jagt nachts, wenn es nicht mehr so heiß ist. Tagsüber hält er sich in einer Erdhöhle verborgen, in der es kühler ist als an der Erdoberfläche. Sein dichtes Fell schützt vor Kälte in der Nacht und vor Wärme am Tag. Wird es ihm zu heiß, beginnt er wie ein Hund zu hecheln, um den Körper abzukühlen. Außerdem wird über seine großen, gut durchbluteten Ohren Wärme abgegeben. Da er keine Schweißdrüsen besitzt, kann er nicht

schwitzen und verbraucht so nur wenig Wasser. Die Flüssigkeit in seiner Nahrung reicht ihm völlig aus. Er braucht also gar nicht zu trinken und ist deshalb nicht auf Wasserstellen angewiesen. Zu seiner Nahrung gehören Eidechsen, Wüstenspringmäuse und andere Kleinlebewesen.

Steppen und Savannen

Steppen nennt man Landschaften mit einer niedrigen Pflanzendecke. Es gibt sie in vielen Teilen der Erde. Savannen sind Graslandschaften mit Gebüsch und vereinzelten Baumgruppen. In den Steppen und Savannen Ostafrikas leben verschiedene Huftierarten in großen Herden zusammen, da sie das vorhandene Nahrungsangebot unterschiedlich nutzen. So vermeiden sie Konkurrenz um die selbe Nahrungsquelle. Die große Zahl von Pflanzenfressern bietet vielen Fleischfressern, z. B. Geparden, reichlich Nahrung.

Löwen leben in Rudeln, die von einem oder zwei erwachsenen Männchen angeführt werden. Die übrigen Tiere sind Weibchen und Jungtiere. Die Hauptnahrung der Löwen sind Gnus und Zebras. Als Sprinter sind sie gut an die Erbeutung großer Tiere angepassst (▶ S. 226). Auf der Jagd schleicht sich z. B. eine Löwin langsam an ihre Beute heran, schnellt plötzlich aus der Deckung hervor und sprintet auf das Beutetier zu. Noch ehe dieses fliehen kann, wird es mit einem Prankenhieb niedergestreckt und getötet. Oft arbeiten mehrere Löwinnen bei der Jagd zusammen. Die Beute dient dann dem ganzen Rudel als Nahrung.

Gnus leben in den Savannen Ostafrikas meist in riesigen Herden. Sie bevorzugen kürzere und frische Grastriebe. Wenn in der Trockenzeit solche Pflanzen nur noch spärlich vorhanden oder bereits abgeweidet sind, wandern sie in andere Gebiete ab. Nach der Regenzeit im Oktober sprießen innerhalb kurzer Zeit die Gräser und Kräuter wieder und bilden erneut die Lebensgrundlage für die Gnuherden.

Große Tiere

Elefanten sind mit 5 bis 8 t Gewicht die größten Landsäugetiere.
Kennst du die Unterschiede zwischen dem Asiatischen und dem Afrikanischen Elefanten?
Lies dazu auch die Gehegebeschriftung.
Kennst du weitere große Säugetiere?

Bei einer der beiden Arten tragen nur die männlichen Elefanten Stoßzähne. Weißt du, bei welcher?

Wem gehört welches Ohr, welcher Rüssel, welches Hinterbein?

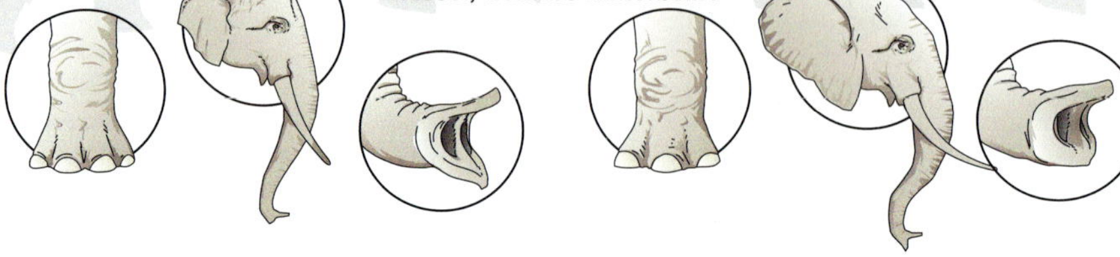

Säugetiere im Zoo

Wahrscheinlich kennst du mehr Säugetiere aus fremden Ländern als aus unserer Heimat. Ein Grund dafür könnte sein, dass einige dieser Säugetiere aufgrund ihrer Größe allein schon sehr beeindruckend sind. Bei einem Besuch im Zoo kannst du Viele aus der Nähe sehen. Versuche einmal, beim nächsten Zoobesuch bei einigen Tieren länger zu verweilen und sie genauer zu beobachten. So erfährst du wesentlich mehr über die Tiere. Du kannst zum Beispiel die Unterschiede zwischen ähnlich aussehenden Tieren herausfinden. Oder du kannst dich mit dem Familienleben, zum Beispiel von Schimpansen, beschäftigen.

Zusammenleben und Verständigung

Meist ist gut zu erkennen, wer die Gruppe anführt. Das kannst du an bestimmten Merkmalen oder Verhaltensweisen erkennen.

Besonders Schimpansen zeigen verschiedene Gesichter, mit denen sie ihre Stimmungen ausdrücken. Was könnte sich hinter dem jeweiligen Gesicht verbergen? Aber Vorsicht, der Vergleich mit dem Menschen ist manchmal irreführend!

Viele Säugetiere leben meist in festen Gruppen zusammen, in denen sich die Mitglieder genau kennen. Kannst du erkennen, wie die Tiere untereinander Kontakt aufnehmen? Finde heraus, wie viele Mitglieder die Gruppe hat und wie die Gruppe zusammengesetzt ist.

Leben auf Bäumen

Die meisten Affen verbringen den größten Teil ihres Lebens auf Bäumen. Daran sind sie durch ihren Körperbau besonders angepasst. Die kleinen Arten bewegen sich in ihrem Lebensraum in der Regel ganz anders fort als die großen Arten. Wenn du genau beobachtest, wirst du den Unterschied leicht entdecken. Hast du auch eine Erklärung dafür?

Laufen, Schwimmen, Fliegen

Im Laufe ihrer langen Entwicklung haben die Säugetiere ganz verschiedene Fortbewegungsweisen entwickelt. Die weitaus meisten Arten sind Landbewohner. Einige haben es geschafft, Wasser und Luft als Lebensraum zu erobern.

Robben gibt es in den meisten Zoos, z. B. Seelöwen, Seebären und Seehunde. Seelöwen und Seebären gehören zu den Ohrenrobben, Seehunde zu den Hundsrobben. Sie haben unterschiedliche Vorfahren. Deshalb schwimmen sie auch ganz verschieden. Weißt du, wie?

Wale, Seekühe und Robben besitzen umgewandelte Fortwegungsorgane, die es ihnen ermöglichen, ohne große Anstrengung zu schwimmen. Vergleiche.

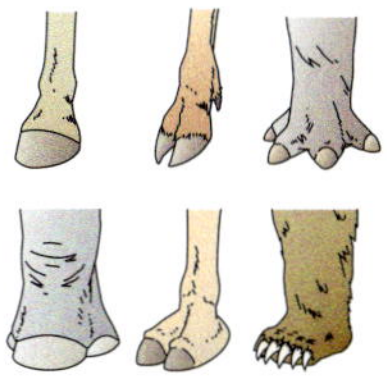

Suche verschiedene landbewohnende Säugetiere und vergleiche. Wer gehört zu den Sohlen-, Zehen- und Zehenspitzengängern?

Sieh dir die Hände und Füße verschiedener Affen genau an. Vergleiche mit deinen eigenen Händen und Füßen.

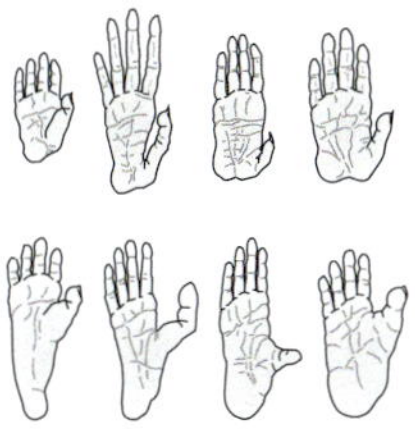

Du hast längere Beine als Arme. Vergleiche dich in diesem Merkmal mit verschiedenen Affen. Bei welchen Affenarten sind die Arme besonders lang? Wie bewegen sich diese fort? Es gibt eine Affenart, die bei der Fortbewegung eine „fünfte Hand" benutzt. Vielleicht kannst du sie finden. Welcher Körperteil wird als „fünfte Hand" benutzt?

Die meisten Menschen finden die Fellmuster der Katzen schön. Die Muster haben aber auch eine ganz bestimmte Aufgabe. Kannst du dir vorstellen, welche?

Flecken und Streifen

Viele Tiere zeigen in ihrem Fell die unterschiedlichsten Flecken- und auch Streifenmuster. Kannst du erkennen, wen du vor dir hast?

Kennst du außer den Katzen andere Säugetiere mit einem Flecken- oder Streifenmuster. Im Zoo kannst du einige finden.

4 Verwandtschaft bei Säugetieren

Wie man Säugetiere sinnvoll ordnen kann

Du hast nun viele Tiere kennen gelernt, die verschieden aussehen. Eines aber haben sie gemeinsam, es sind *Säugetiere*. Weltweit gibt es etwa 5 000 verschiedene Säugetierarten. Wie bekommt man Ordnung in diese Vielzahl, um den Überblick zu behalten? Eine sinnvolle Einteilung, ein *System*, wäre nützlich.

So könnte man beispielsweise die Säugetiere nach Lebensräumen, etwa in die Tiere des Waldes, der Wiese usw. einteilen. Hierbei ergeben sich aber Schwierigkeiten. Rehe halten sich zum Beispiel bei der Nahrungssuche auf der Wiese auf, ziehen sich dann aber wieder in den Schutz des Waldes zurück. Diese Einteilung ist also unzuverlässig.

Einfacher wird die Sache, wenn man Tiere, die sich ähnlich sehen, in einer *Gruppe* zusammenfasst. So sehen sich Löwen und Katzen ähnlicher als Löwen und Pferde. Pferde und Rinder haben mehr Gemeinsamkeiten als Schimpansen und Igel.

Auf welche Merkmale muss man dabei achten? Auf der rechten Seite sind 32 Tiere abgebildet, von denen jeweils vier zusammengehören und eine Säugetiergruppe bilden. Wenn man ein Kartenspiel mit 32 Karten daraus macht, kann man insgesamt acht Quartette bilden. *Eichhörnchen, Murmeltier, Hamster* und *Biber* sind schon zu einem Quartett angeordnet. Diese vier Tiere besitzen als gemeinsames Merkmal ein *Nagetiergebiss*. Das unterscheidet sie eindeutig von anderen Säugetieren. Alle Tiere, die ein solches Gebiss haben, werden deshalb zu einer Gruppe, nämlich der *Ordnung der Nagetiere* zusammengefasst.

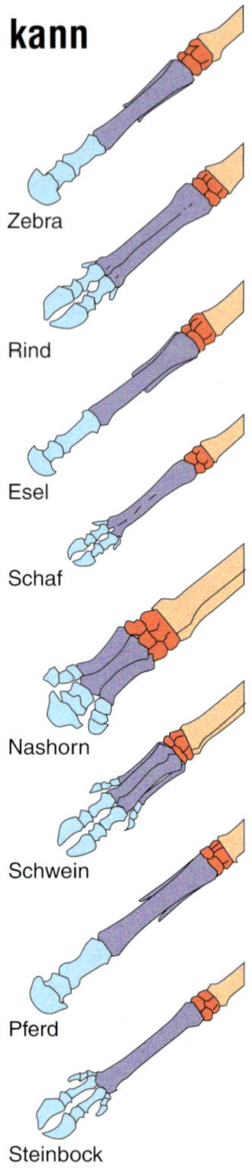

Sieben Quartette fehlen dir nun noch. Sie stellen andere Säugetierordnungen dar. Mithilfe der nachstehenden Aufgaben und dem, was du über Säugetiere in den vorhergehenden Kapiteln gelernt hast, kannst du die letzten Sieben zusammenstellen.

Aufgaben

① Unter den 32 Tieren der Abbildung gibt es noch vier, die gut nagen können. Sie haben allerdings nicht nur 4, sondern 6 Nagezähne: 4 im Ober- und 2 im Unterkiefer. Wie könnte diese Ordnung heißen?

② In der Randspalte sind 8 Fußskelette von verschiedenen Huftieren abgebildet. Wenn du genau hinsiehst, hast du zwei weitere Quartette gefunden.
Wie heißen diese Huftierordnungen?

③ Vergleiche Igel und Maulwurf in Bezug auf ihre Nahrung. Finde einen passenden Namen für diese Gruppe und vervollständige sie zum Quartett.

④ Katzen und Hunde besitzen Raubtiergebisse. Mit zwei weiteren Raubtieren ist das nächste Quartett vollständig.

⑤ Jetzt bleiben noch acht Tiere übrig. Gruppiere sie zu zwei Quartetten und gib ihnen einen sinnvollen Namen.

In einer Ordnung sind natürlich nicht nur vier Tiere wie beim Quartett zusammengefasst, sondern oft einige hundert. Zur Ordnung der Paarhufer gehören zum Beispiel Tiere mit Hörnern (Rind, Steinbock), Tiere mit Geweihen (Reh, Damhirsch) oder auch Schweine, die weder Hörner noch Geweihe besitzen. Diese Unterschiede dienen dazu, die Tiere nach ihrer Ähnlichkeit zu kleineren Gruppen, nämlich *Familien*, zusammenzufassen. Jede Familie enthält unterschiedliche *Gattungen*; jede Gattung schließlich wird in verschiedene *Arten* unterteilt. Wie das gemeint ist, zeigt die Tabelle auf dieser Seite.

Merkmale des Tieres	Bezeichnung	Weitere Beispiele
Milchdrüsen, mit denen die Jungen gesäugt werden.	**Klasse** Säugetiere	Andere *Wirbeltierklassen* sind: Fische, Lurche, Kriechtiere, Vögel.
Zehenspitzengänger mit zwei (oder vier) Hufen am Fuß.	**Ordnung** Paarhufer	Andere *Säugetierordnungen*: Nagetiere, Rüsseltiere, Raubtiere, Unpaarhufer, . . .
Am Kopf der Tiere sitzen zwei Hörner auf Knochenzapfen.	**Familie** Hornträger	Andere *Paarhuferfamilien*: Flusspferde, Schweine, Giraffen, Hirsche, . . .
Muskulöser Nacken, Wamme, das Maul ist immer feucht, . . .	**Gattung** Rinder	Andere *Hornträgergattungen*: Gämsen, Ziegen, Schafe, Antilopen, Gazellen, . . .
Wird zur Milch- und Fleischgewinnung gehalten.	**Art** Hausrind	Andere *Rinderarten*: Auerochse (ausgestorben), Yak, Gaur, . . .

1 Ordnung im System der Säugetiere

Das erste Quartett ist fertig

Ordnen mit dem Computer

Namen von Tierarten, z. B. von Säugetieren, die man nicht kennt, kann man mithilfe eines Bestimmungsbuches ermitteln. Dabei muss man an einem Tier bestimmte Merkmale untersuchen, anhand derer es einer bestimmten Säugetiergruppe zugeordnet wird.

Tiere, die eine Wirbelsäule besitzen – Wirbeltiere – werden in fünf *Klassen* unterteilt. Die Einteilung ist wie die Verzeichnisstruktur bei einem Computer. Die Tierklassen sind wiederum in verschiedene Unterverzeichnisse unterteilt. So gibt es zum Beispiel bei den Säugetieren verschiedene *Tierordnungen*. Wählt man die Ordnung der Raubtiere, findet man weitere Unterverzeichnisse, die *Tierfamilien*. So trifft man bei der Familie der Marderartigen erneut auf Unterverzeichnisse mit unterschiedlichen *Gattungen*. Zuletzt werden diese nochmals unterteilt in die einzelnen *Arten*.

Hätte man aber bei der Ordnung der Raubtiere die Familie der Hundeartigen angeschaut, so wäre man auf Gattungen wie Fuchs, Wolf, Windhund und Schakal gestoßen.

Bei der Gattung Fuchs hätte man schließlich Arten gefunden, wie zum Beispiel den Rotfuchs *(Vulpes vulpes)* oder den Tibetfuchs *(Vulpes ferrilata)*.

Das System der Wissenschaftler bei der Namensgebung wird besonders bei den lateinischen Namen der Tierarten deutlich. Der Erste benennt die *Gattung* und der Zweite die *Art*. Deshalb lässt sich schnell die Zugehörigkeit von Rotfuchs und Tibetfuchs zur gleichen Gattung erkennen. Auch deren Verwandtschaft zum Sandfuchs *(vulpes ruepelli)* kann bereits durch den Namen abgelesen werden.

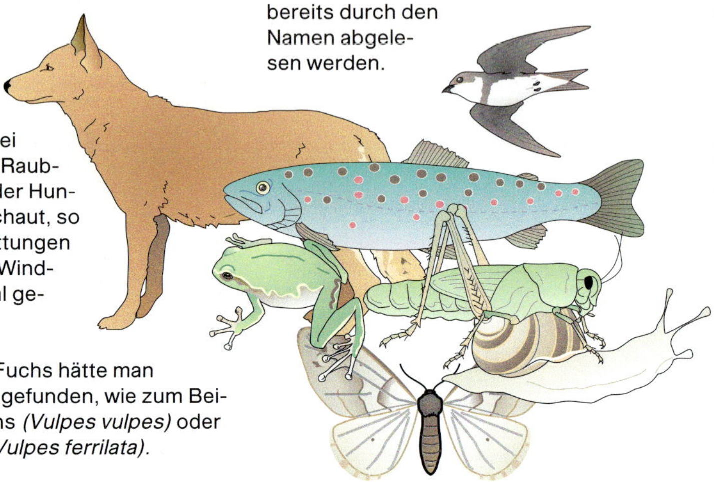

Wissenschaftliche Verzeichnisstrukturen

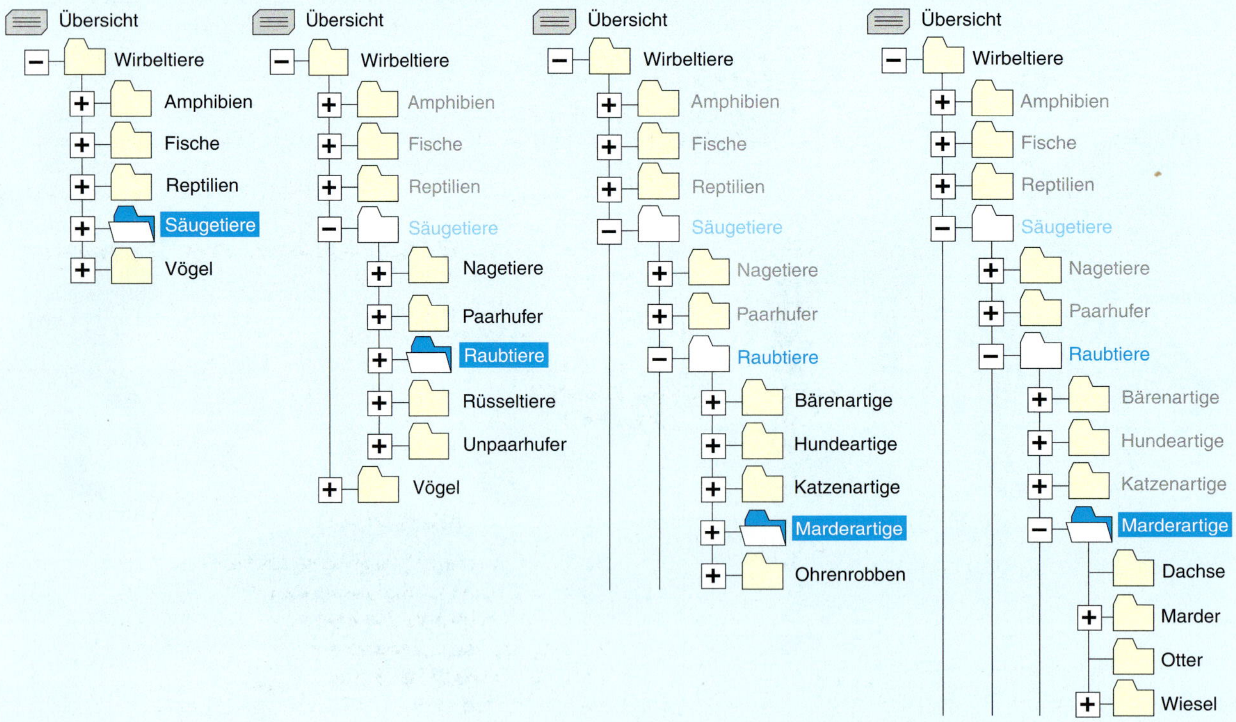

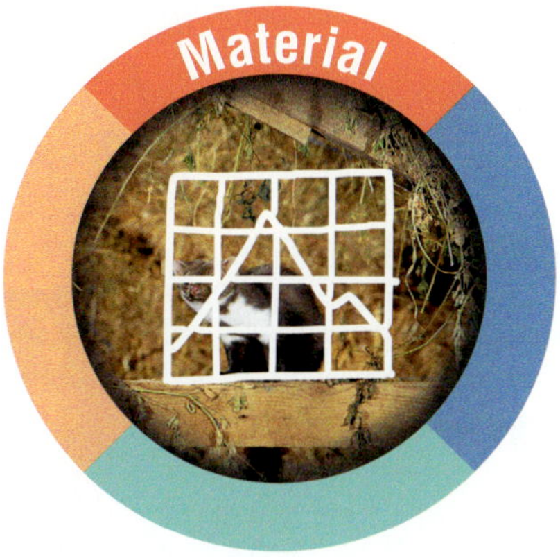

Steckbriefe der Marderartigen

Aufgaben

① Die Fotos der Steckbriefe sind vertauscht. Durch den Vergleich der Kennzeichen mit den Fotos kannst du sie richtig zuordnen.

② Erstelle anhand des Lexikons „einheimische Wildtiere" auf Seite 54 den den Steckbrief des Fischotters.

③ Zeichne das Verzeichnis der Gattung der Marderartigen (Seite 64) ab und füge die acht Marderarten ein.

Steckbrief

Baummarder *(Martes martes)*

a

Kennzeichen: Das hell- bis dunkelbraune Fell des Baummarders besitzt einen gelblichen Kehlfleck, der fast bis zu den Vorderbeinen reicht. Die relativ langen, abgerundeten Ohren weisen am Rand ebenfalls eine gelbliche Färbung auf.

Lebensweise: Wälder und größere Parkanlagen gehören zu ihren bevorzugten Lebensräumen. Er kann ausgezeichnet klettern und von Baum zu Baum springen. Er ernährt sie sich von kleineren Beutetieren, wie z. B. von Kleinsäugetieren, Vögeln oder Insekten, er frisst aber auch Obst, Beeren und Bucheckern.

Steckbrief

Dachs *(Meles meles)*

b

Kennzeichen: Er besitzt deutlich voneinander abgesetzte schwarze und weiße Streifen entlang des Kopfes. Sein Fell ist an der Oberseite meist grau bis gelbbraun.

Lebensweise: Der Dachs ist ein nacht- bzw. dämmerungsaktiver Allesfresser. Er findet im Wald Deckung und gräbt dort bis zu 80 m lange Gangsysteme.

Steckbrief

Hermelin *(Mustela erminea)*

c

Kennzeichen: Das Fell des Hermelins ist im Winter weiß, während es im Sommer an der Oberseite hellbraun und in Brust- und Bauchbereich gelbweiß ist. Die Schwanzspitze ist zu jeder Jahreszeit schwarz.

Lebensweise: Hermeline sind dämmerungs- und nachtaktive Einzelgänger. Die Nahrung besteht überwiegend aus kleinen Säugetieren.

Steckbrief

Mauswiesel *(Mustela nivalis)*

d

Kennzeichen: Das Mauswiesel hat ein braunes Fell mit weißer Unterseite. Häufig befindet sich ein brauner Fleck am Mundwinkel.

Lebensweise: Dieser flinke und äußerst erfolgreiche Mäusejäger lebt in fast allen Lebensräumen. Er ernährt sich hauptsächlich von kleinen Nagetieren.

Achtung! Abbildungen ordnen

Steckbrief

Waldiltis *(Mustela putorius)*

e

Kennzeichen: Das Fell des Iltis ist dunkelbraun und an der Unterseite fast schwärzlich. Auffallend ist sein helles Gesicht mit der dunklen Maske.

Lebensweise: Im Gegensatz zu seinem Namen meidet er größere Waldgebiete und bevorzugt Siedlungen und Gewässer. Seine Nahrung besteht aus Insekten, Würmern, Amphibien, bis hin zu Kleinsäugetieren, Aas und Früchten.

Steckbrief

Steinmarder *(Martes foina)*

f

Kennzeichen: Das Aussehen des Steinmarders gleicht dem des Baummarders. Sein Kehlfleck reicht aber bis auf die beiden Vorderpfoten hinab.

Lebensweise: Der Steinmarder bewohnt nahezu alle Lebensräume und meidet menschliche Siedlungen nicht. Er ernährt sich hauptsächlich von kleineren Nagetieren, Früchten und Beeren, die er in Bodennähe aufspürt.

Steckbrief

Nerz *(Mustela lutreola)*

g

Kennzeichen: Das weiche, glänzende Fell ist durchgängig braun gefärbt.

Lebensweise: Bei den heute hier frei lebenden Nerzen handelt es sich um „Ausreißer" aus Pelztierfarmen *(Mustela vison)*. Ihre Nahrung besteht aus kleineren Beutetieren.

Der Mensch

Der Körper des Menschen besteht aus vielen Organen mit den unterschiedlichsten Aufgaben. Doch meist bemerken wir ihre ständige Tätigkeit gar nicht.

Nur in besonderen Situationen spüren wir einzelne Organe, die besonders beansprucht werden, sehr deutlich. Zum Beispiel nehmen wir beim Dauerlauf die anstrengende Tätigkeit der Muskulatur wahr und bei jedem Auftreten die Knochen, die unseren ganzen Körper stützen. Bereits nach kurzer Laufzeit atmen wir heftig und spüren ein Pochen in Kopf und Brust. Bei starker körperlicher Belastung ist also auch die Arbeit von Lunge und Herz wahrnehmbar.

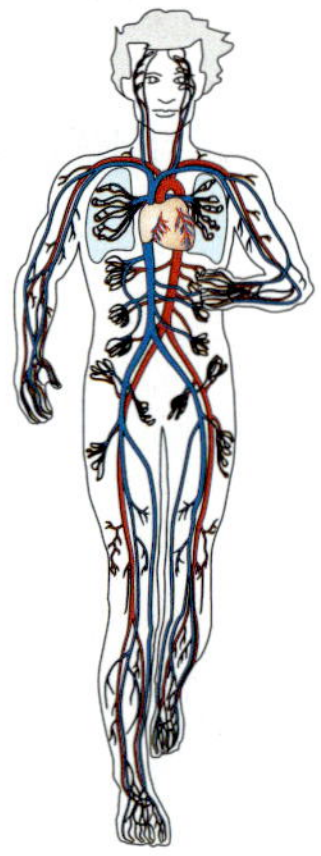

Blutkreislau
Atmung

Körperbau
Bewegung

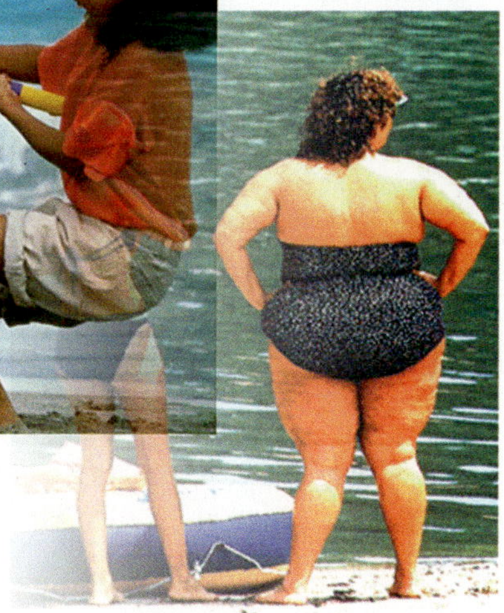

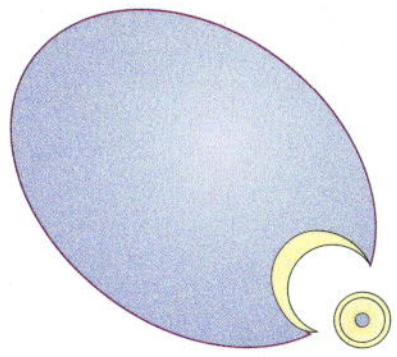

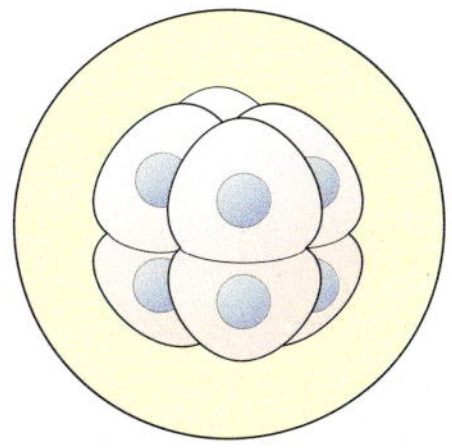

Fortpflanzung
Entwicklung

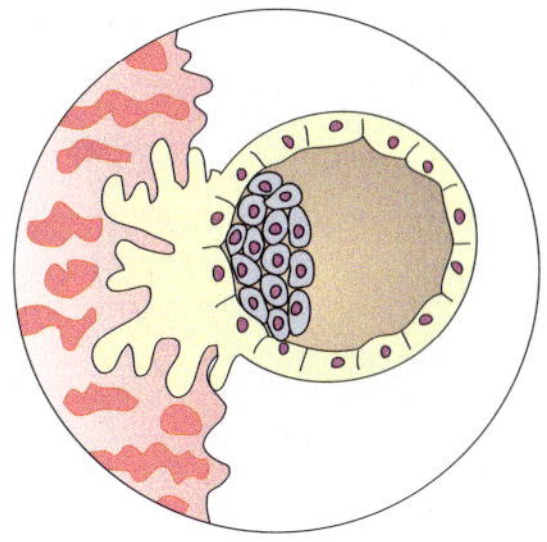

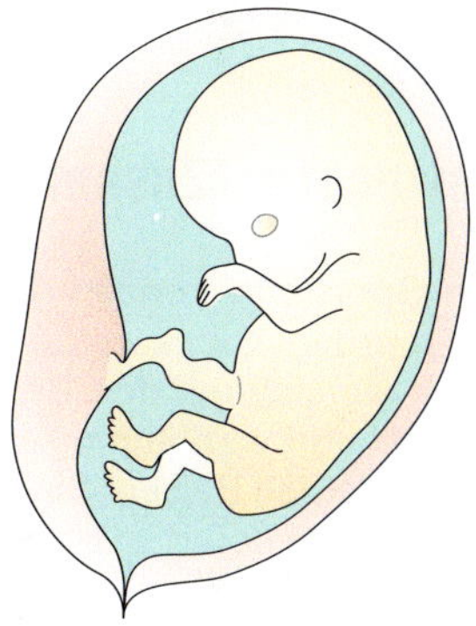

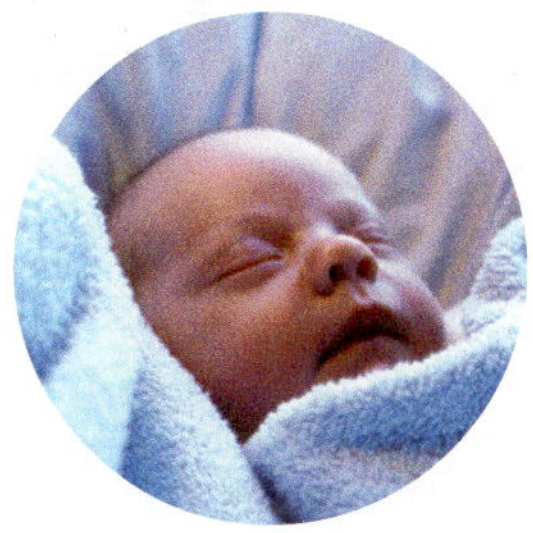

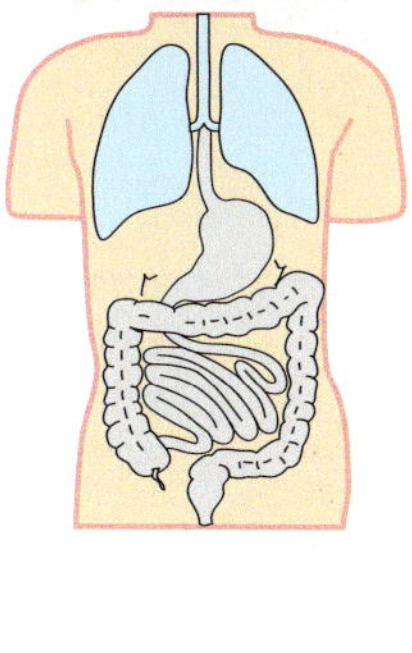

Ernährung
Verdauung

In diesem Kapitel wird der menschliche Organismus mit der Vielfalt seiner Organe dargestellt. Dabei ist es nicht nur interessant, Aufbau und Tätigkeit der Organe kennen zu lernen. Es ist auch wichtig zu wissen, welche Gefahren für die Gesundheit bestehen, wenn Organe falsch beansprucht oder sogar überlastet werden. Diese Kenntnis ermöglicht eine gesundheitserhaltende Lebensweise, zu der genügend Bewegung und ausgewogene Ernährung gehören. Dies kann vor mancher Krankheit bewahren und zugleich gibt der sinnvoll betriebene Sport viel Lebensfreude.

Bewegung – Zusammenspiel von Knochen, Muskeln und Gelenken

Die Sportlerin konzentriert sich auf ihren Weitsprung. Sie läuft an. Bei jedem Schritt stößt sie sich mit den Beinen fest vom Boden ab und wird immer schneller. Jetzt erreicht sie den Balken. Sie springt kraftvoll ab und gewinnt sofort an Höhe. Im Sprung knickt sie in der Hüfte ein, reißt die Arme vor und streckt beide Beine ganz nach vorne. Mit den Fersen landet sie in der Sprunggrube. Der Sand bremst sie völlig ab. Geschafft! Sprungweite 6,49 m.

Bei diesem Sprung waren mehrere Organsysteme des Körpers beteiligt. Zwei wollen wir hier besonders betrachten: *Muskulatur* und *Skelett*. Die Muskeln sind die Motoren der Bewegung. Man findet sie nicht nur an Armen und Beinen, sondern auch an Kopf, Schulter, Rücken, Brust, Bauch und Hüfte befindet sich Muskulatur.

Die Muskeln sind mit dem Skelett, dem Knochengerüst des Körpers, verbunden und halten es zusammen. Häufig ist die Verbindungsstelle zwischen zwei Knochen beweglich und bildet ein *Gelenk*. Weil unser Körper über viele Gelenke verfügt, sind wir vielseitig beweglich und können deshalb die unterschiedlichsten Sportarten ausführen. Die Bewegung entsteht durch das Zusammenziehen der Muskeln, die mit den Gelenkknochen verbunden sind. Durch kraftvolles Anspannen der Muskeln werden am Körper die Umrisse der aktivierten Muskeln, vor allem der Arm- und Beinmuskeln, sichtbar.

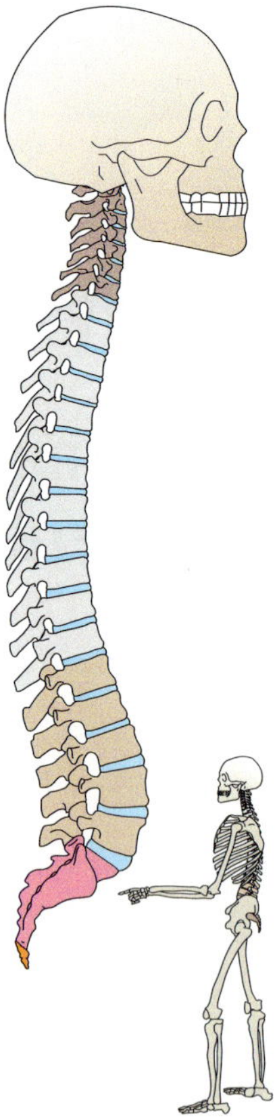

Das Skelett des Menschen

Das Skelett besteht aus 212 Knochen. Man unterscheidet zwischen platten, kurzen und langen Knochen. Die Arm- und Beinknochen sind besonders lang und besitzen im Inneren eine Höhle, in der sich Knochenmark befindet. Sie werden auch als *Röhrenknochen* bezeichnet. Durch sie werden ausgreifende *Bewegungen* möglich. Gleichzeitig tragen die Beinknochen, bei Wirbeltieren auch die Armknochen, das Körpergewicht und besitzen deshalb *Stützfunktion.* Zu den kurzen Knochen gehören z. B. die Wirbel sowie die Hand- und Fußwurzelknochen.

Die zentrale Stütze des Körpers ist aber die *Wirbelsäule.* Sie besteht aus harten und belastbaren knöchernen Wirbeln. Zwischen den Wirbeln liegen die *Bandscheiben* aus weicherem Knorpelgewebe und dämpfen Stöße. An den Brustwirbeln entspringen die bogenförmigen *Rippen.* Die meisten sind auf der Brustseite mit dem *Brustbein* verwachsen und bilden den Herz und Lunge schützenden *Brustkorb.* Das *Becken* und der *Schultergürtel* verbinden Arm- und Beinskelett mit der Wirbelsäule. Gleichzeitig stützen die verwachsenen Beckenknochen beim Menschen die inneren Organe des Bauchs, wie z. B. Darm oder Gebärmutter.

Die 25 dünnen Knochenplatten des *Schädels* sind zu einer festen Kapsel verwachsen. Sie umschließt empfindliche Organe, wie Gehirn, Auge und Innenohr, und schützt sie vor schädigenden Krafteinwirkungen. Indem du versuchst, einige der abgebildeten Knochen an dir zu ertasten, erfährst du viel über deinen Körper.

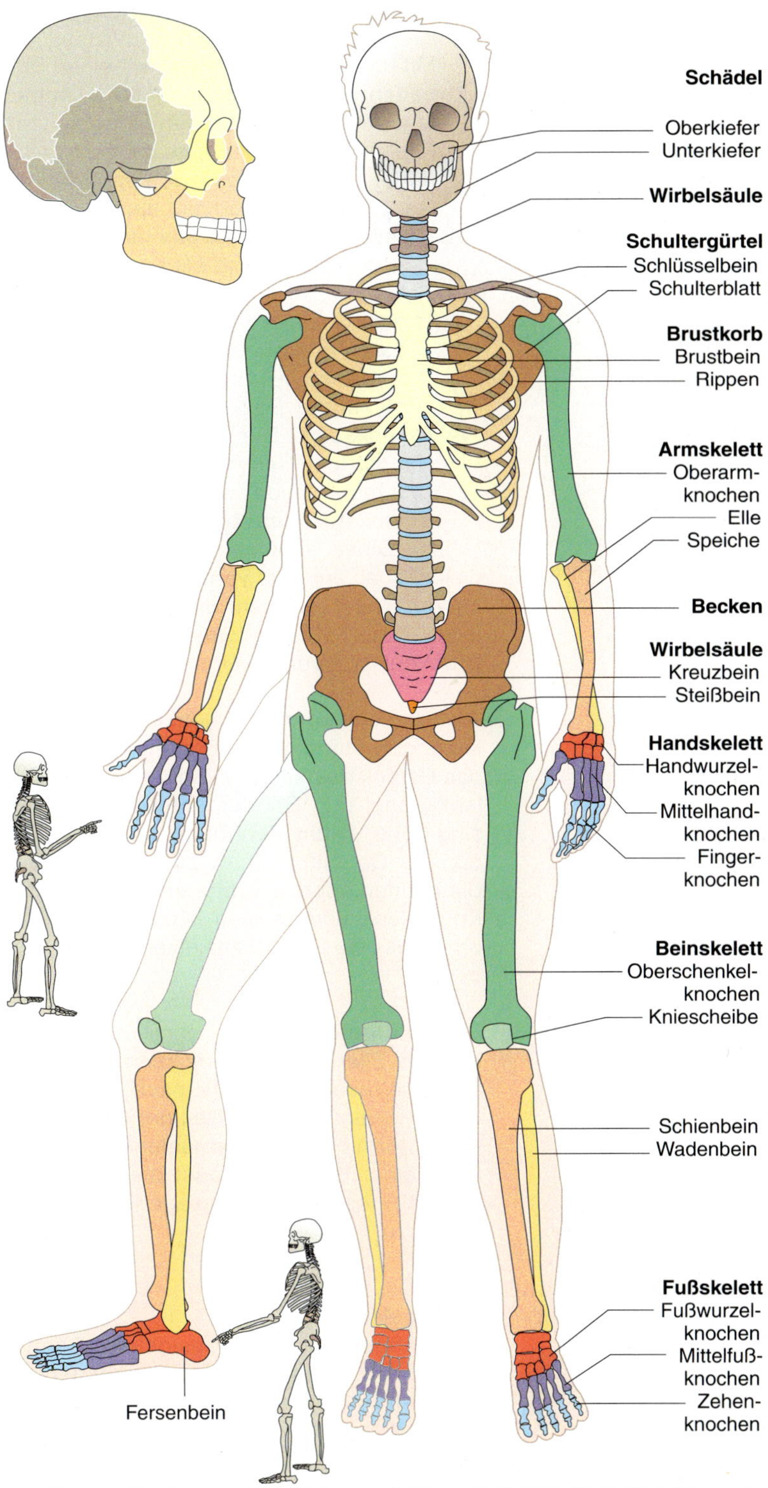

Aufgaben

① a) Betrachte die Seitenansicht der Wirbelsäule auf Seite 68. Beschreibe ihre Form.
b) Die Wirbelsäule besteht aus Wirbeln. Ertaste an dir einige Wirbel.
c) Betrachte die Wirbelsäule und vergleiche die Größe der Wirbel miteinander.
Notiere, was dir daran auffällt. Welche Bedeutung haben die Größenunterschiede?
d) Man unterscheidet zwischen Hals-, Brust- und Lendenwirbeln. Hier sind sie verschieden farbig dargestellt.
Wie viele Wirbel gibt es von jedem Typ? Fertige eine kleine Tabelle in deinem Heft und notiere dein Ergebnis. Welche weiteren Knochen gehören zur Wirbelsäule?
e) Ertaste die Knochen des Brustkorbs an dir. Betrachte die Abbildung und zähle die Rippenpaare. Vergleiche diese Zahl mit dem Ergebnis von d).

② Überlege, was sich beim Menschen innerhalb des knöchernen Brustkorbs befindet. Welche weitere wichtige Funktion, außer der Stützfunktion, erfüllt er?

③ Suche in der Abbildung den Schultergürtel. Notiere, welche Knochen zum Schultergürtel gehören. Ertaste sie.

④ a) Ertaste die Knochen eines Arms. Weißt du, wie sie heißen? Suche sie in der Abbildung und prüfe, ob du die richtigen Namen bereits wusstest.
b) Zeige deinem Nachbarn, wo in deinem Unterarm die Speiche verläuft.
c) Ertaste die Knochen einer Hand. Beginne an den Fingerspitzen. Bestimme mithilfe der Abbildung die Namen und Anzahl der Knochen. Notiere das Ergebnis in einer Tabelle.

⑤ Suche die Röhrenknochen des Skeletts.

⑥ Welcher Knochen ist der längste?

Knochen	Anzahl
Fingerknochen	?
Mittelhandknochen	?
Handwurzelknochen	?

Wirbeltyp	Anzahl
Halswirbel	?
Brustwirbel	?
Lendenwirbel	?

Gelenke machen das Skelett beweglich

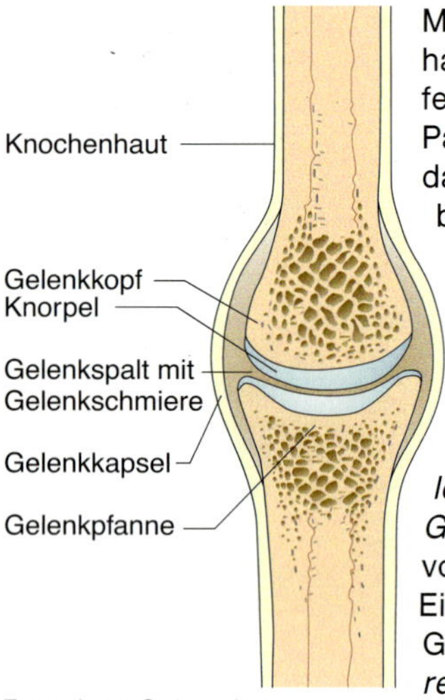

Bau eines Scharniergelenks (Schema)

Mit unserer Hand können wir einen Stift halten und schreiben, einen Hammer fest packen oder mit den Fingerspitzen Papierkügelchen formen. Jedesmal wird dabei die Hand ganz unterschiedlich bewegt. Die Hand ist ein Universalwerkzeug, weil sie aus einer Vielzahl von Knochen und *Gelenken* besteht.

Alle Gelenke zeigen einen vergleichbaren Aufbau. Ein verdickter *Gelenkkopf* sitzt in einer eingetieften *Gelenkpfanne*. Dazwischen besteht ein *Gelenkspalt*. Die Gelenkflächen sind von glattem *Gelenkknorpel* überzogen. Eine feste *Gelenkkapsel* umschließt die Gelenkstelle und bildet *Gelenkschmiere*. Diese schleimige Masse füllt den Gelenkspalt aus. Sie vermindert zusammen mit der Knorpelschicht die Reibung im Gelenk. Daher können Gelenke auch unter Druckbelastungen arbeiten.

Andererseits können Gelenke auch Zugbelastungen standhalten. Diesen Kräften, die das Gelenk auseinander ziehen, wirken Gelenkkapsel und Bänder entgegen. *Bänder* sind zähe, kaum dehnbare Verbindungen, die die Gelenkknochen zusammenhalten. Sie können enorme Kräfte ertragen. An das Kniegelenk könnte man 300 kg anhängen, ohne dass die Bänder zerreißen würden.

Die Gelenke des Körpers unterscheiden sich in der Gestalt von Gelenkkopf und Gelenkpfanne. Die Form dieser Knochen bestimmt die Bewegungsmöglichkeiten eines Gelenks. Man teilt daher die Gelenke nach ihrer Bewegungsmöglichkeit in verschiedene Typen ein. Jeder Typ ist mit einem technischen Gelenk vergleichbar (▶ S. 218). Die unten stehenden Abbildungen zeigen die drei Gelenktypen des Körpers.

Aufgaben

① Wie viele Gelenke hat ein Finger? Versuche den Gelenktyp herauszufinden.

② Betrachte die Skelettabbildung auf S. 69. Benenne Knochen, die durch Gelenke verbunden sind. Versuche auch hier den jeweiligen Gelenktyp herauszufinden.

③ Ordne den einzelnen Gelenkteilen die folgenden Aufgaben zu:
a) schützt das Gelenk
b) hält Stöße ab
c) hält Reibung gering

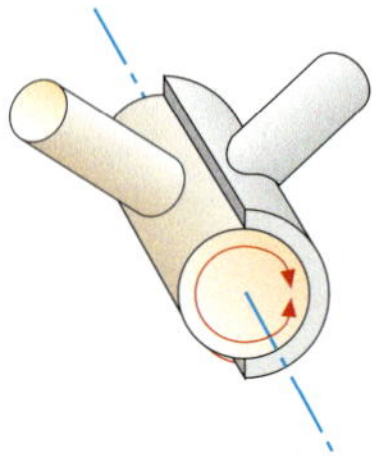

Scharniergelenk

Mit dem Ellenbogengelenk kann der Unterarm im Wesentlichen nur nach oben oder unten bewegt werden. Weil der Gelenkkopf walzenförmig ist und die Gelenkpfanne die Form einer Rinne hat, lässt dieses Gelenk wie ein Scharnier nur Bewegungen in einer Ebene zu.

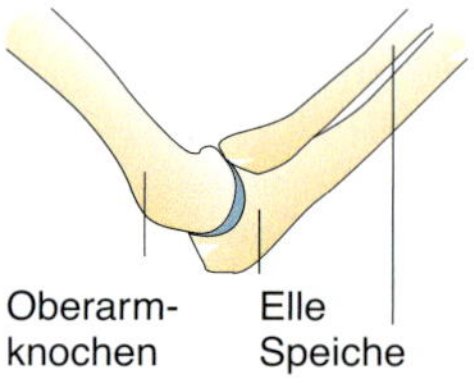

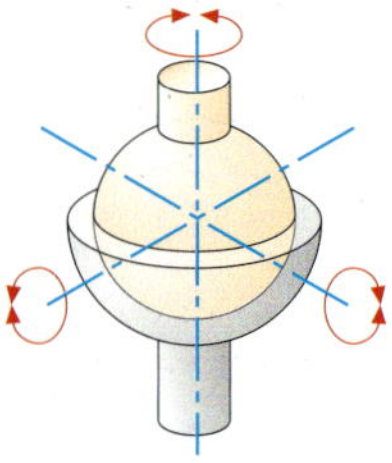

Kugelgelenk

Das Hüftgelenk ist ein Kugelgelenk. Der kugelförmige Gelenkkopf des Oberschenkelknochens und die Kugelform der Gelenkpfanne ermöglichen kreisende Bewegungen des Oberschenkels.

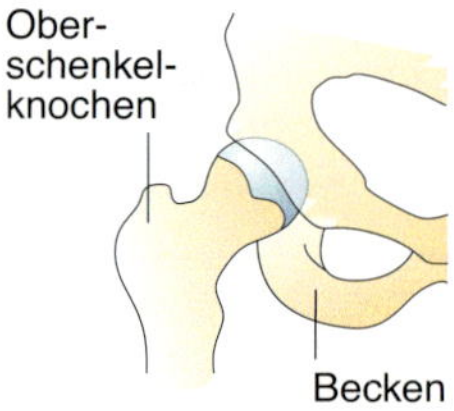

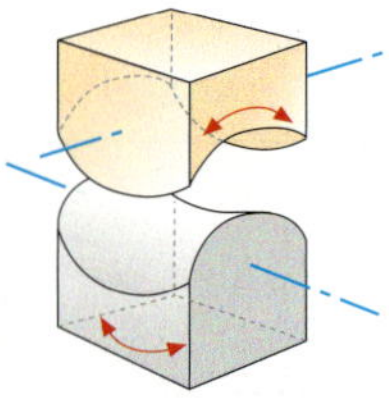

Sattelgelenk

Am Daumengrund findet man das Sattelgelenk, bei dem Kopf und Pfanne versetzt ineinander greifen. Es lässt sich mit einem Reiter im Sattel vergleichen.

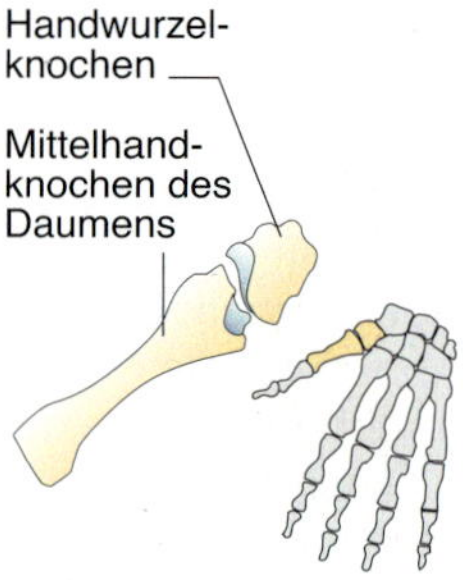

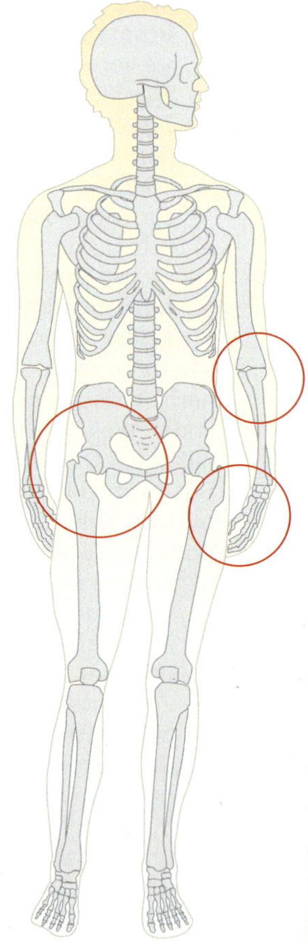

Knochen

Belastungsfähigkeit von Knochen

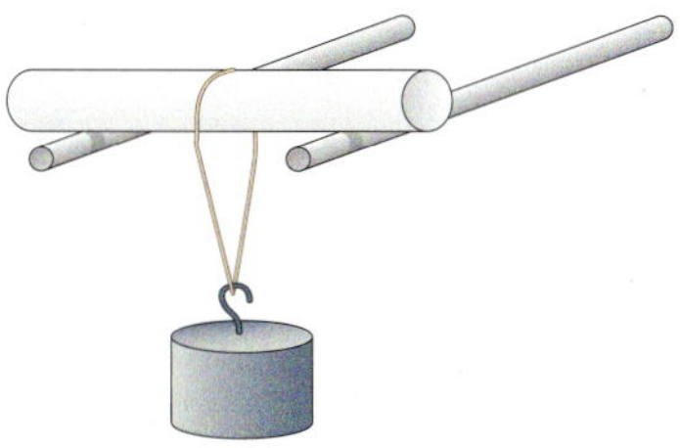

① Lege ein Stück Kreide über zwei Stativstäbe. Befestige an der Kreide eine Bindfadenschlinge. Hänge an den Bindfaden Wägestücke. Beginne mit 100 Gramm. Erhöhe nun die Belastung. Hänge dazu immer weitere 100-Gramm-Wägestücke, bis die Kreide bricht. Notiere, bei welcher Belastung der Bruch auftritt.

② Verwende nun statt der Kreide einen Hühnerknochen, der etwa gleich dick ist. Hänge Wägestücke mit der Bindfadenschlinge an den Knochen. Belaste ihn zunächst genau so stark wie die Kreide, als sie zerbrochen ist. Verdopple, verdreifache und vervierfache diese Belastung.
Beobachte dabei den Knochen. Wie verändert sich der Knochen unter Belastung? Notiere.

Knochenaufbau

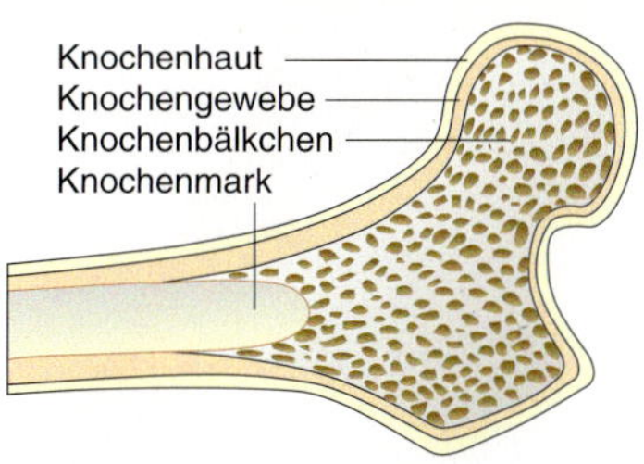

Betrachte einen längs aufgesägten Röhrenknochen, z. B. einen Oberschenkelknochen vom Schwein.

③ Fertige eine einfache Umrissskizze und trage in sie alle erkennbaren Bestandteile ein.

④ Suche im Innern des Gelenkkopfes nach den faserartigen Knochenbälkchen. Betrachte diese genauer mit einer Lupe. Welche Bedeutung haben diese Knochenbestandteile?

Baumaterial des Knochens

Wir untersuchen jetzt, welche Stoffe Knochen enthalten. Lege für jeden der zwei Versuche ein Protokoll an, von denen jedes drei Abschnitte enthält:

I. Kurze Versuchsbeschreibung
II. Beobachtungen
III. Erklärung oder Deutung der Beobachtungen.

⑤ *Versuch 1:* Der Oberschenkelknochen eines Hähnchens wird vom Lehrer über Nacht in verdünnte Salzsäure gelegt und am nächsten Tag sorgfältig mit Wasser abgespült. Beobachte und beschreibe Veränderungen im Aussehen und der Festigkeit des Knochens.

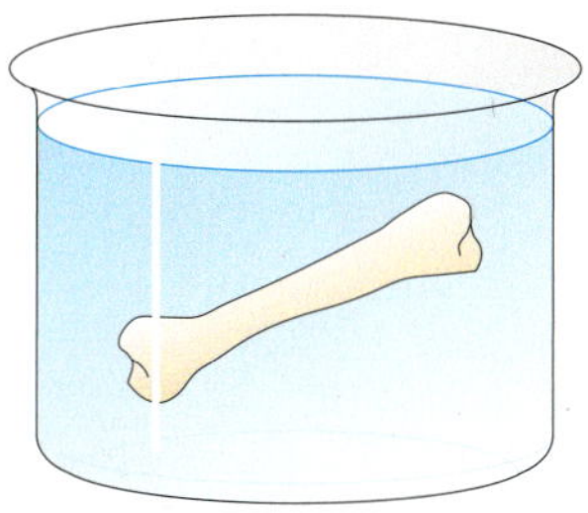

⑥ Versuche eine Deutung zu geben, was mit dem Knochen geschehen sein kann.

⑦ *Versuch 2:* Um die Veränderung des Knochens weiter erklären zu können, wird folgendes Experiment ausgeführt: Fülle in ein kleines Becherglas ein wenig 5%ige Salzsäure. Gib dazu jeweils ein Stückchen Knochen, Holz und Kalk.
Beobachte die drei Stoffe in der Salzsäure. Nimm eine Lupe zu Hilfe. Vergleiche und beschreibe deine Beobachtungen.

⑧ Welche Deutung lässt der Versuch über die Wirkung von Salzsäure auf Knochen zu?

⑨ Welche Substanz können Knochen enthalten?

⑩ Welche Aufgabe hat diese Substanz im Knochen?

Fußgewölbe

⑪ Führe den nachfolgenden Versuch mit einem dünnen Karton und verschiedenen Wägestücken durch. Notiere deine Beobachtungen.

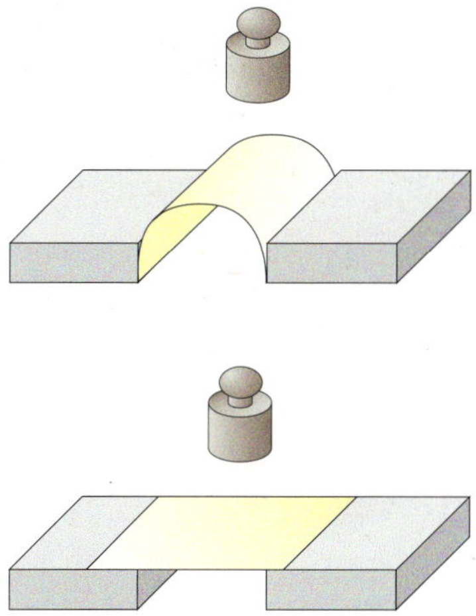

⑫ Betrachte das menschliche Fußskelett. Welche Funktion hat das Fußgewölbe ?

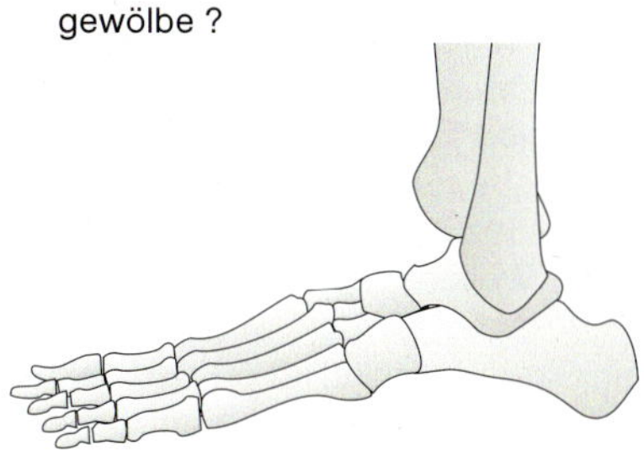

Krümmung der Wirbelsäule

⑬ Biege Drahtstücke entsprechend der Skizze zurecht. Belaste diese Wirbelsäulenmodelle mit gleichem Gewicht, indem du z.B. Wägestücke oder Glasmurmeln in Plastikbeuteln anhängst.
Beschreibe deine Beobachtungen.

⑭ Welches Modell ist am stärksten belastbar ?

⑮ Welche Modellform entpricht am ehesten der Wirbelsäule des Menschen?

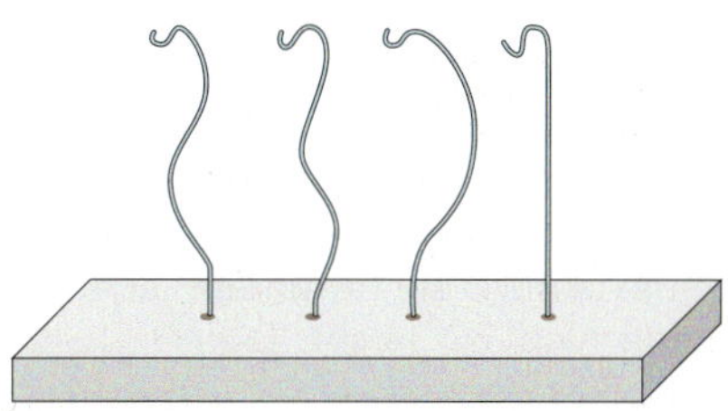

Die Muskulatur

Etwa die Hälfte der Körpermasse des Menschen macht die Muskulatur aus. Insgesamt mehr als 600 verschiedene *Muskeln* besitzt unser Körper. In der Abbildung sind nur diejenigen wiedergegeben, die direkt unter der Haut an der Körperoberfläche liegen. Beispielsweise befinden sich unter den großen Brustmuskeln viel kleinere Muskeln zwischen den Rippen.

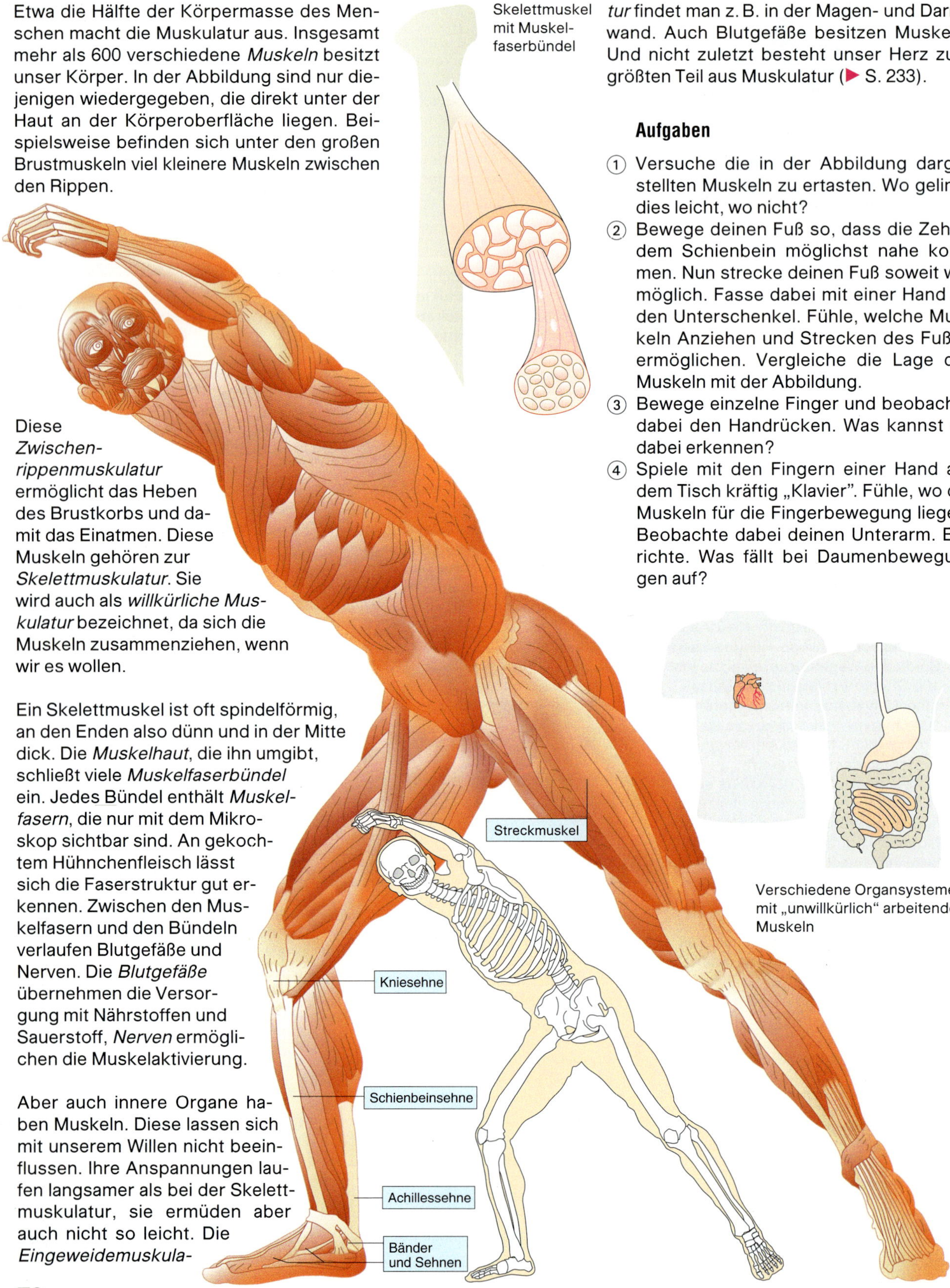

Diese *Zwischenrippenmuskulatur* ermöglicht das Heben des Brustkorbs und damit das Einatmen. Diese Muskeln gehören zur *Skelettmuskulatur*. Sie wird auch als *willkürliche Muskulatur* bezeichnet, da sich die Muskeln zusammenziehen, wenn wir es wollen.

Skelettmuskel mit Muskelfaserbündel

Ein Skelettmuskel ist oft spindelförmig, an den Enden also dünn und in der Mitte dick. Die *Muskelhaut*, die ihn umgibt, schließt viele *Muskelfaserbündel* ein. Jedes Bündel enthält *Muskelfasern*, die nur mit dem Mikroskop sichtbar sind. An gekochtem Hühnchenfleisch lässt sich die Faserstruktur gut erkennen. Zwischen den Muskelfasern und den Bündeln verlaufen Blutgefäße und Nerven. Die *Blutgefäße* übernehmen die Versorgung mit Nährstoffen und Sauerstoff, *Nerven* ermöglichen die Muskelaktivierung.

Aber auch innere Organe haben Muskeln. Diese lassen sich mit unserem Willen nicht beeinflussen. Ihre Anspannungen laufen langsamer als bei der Skelettmuskulatur, sie ermüden aber auch nicht so leicht. Die *Eingeweidemuskulatur* findet man z. B. in der Magen- und Darmwand. Auch Blutgefäße besitzen Muskeln. Und nicht zuletzt besteht unser Herz zum größten Teil aus Muskulatur (▶ S. 233).

Aufgaben

① Versuche die in der Abbildung dargestellten Muskeln zu ertasten. Wo gelingt dies leicht, wo nicht?

② Bewege deinen Fuß so, dass die Zehen dem Schienbein möglichst nahe kommen. Nun strecke deinen Fuß soweit wie möglich. Fasse dabei mit einer Hand an den Unterschenkel. Fühle, welche Muskeln Anziehen und Strecken des Fußes ermöglichen. Vergleiche die Lage der Muskeln mit der Abbildung.

③ Bewege einzelne Finger und beobachte dabei den Handrücken. Was kannst du dabei erkennen?

④ Spiele mit den Fingern einer Hand auf dem Tisch kräftig „Klavier". Fühle, wo die Muskeln für die Fingerbewegung liegen. Beobachte dabei deinen Unterarm. Berichte. Was fällt bei Daumenbewegungen auf?

Verschiedene Organsysteme mit „unwillkürlich" arbeitenden Muskeln

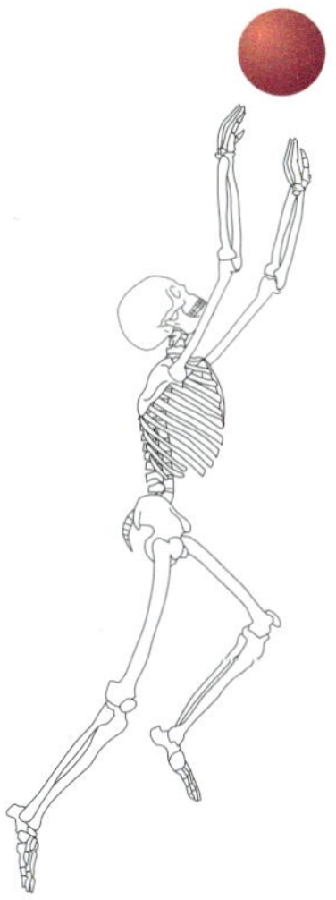

So arbeiten Muskeln

Die Basketballspielerin ist im Ballbesitz und läuft in die gegnerische Hälfte. Dazu hält sie den Ball mit beiden Händen vor die Brust und winkelt die Unterarme an, bis sie in einer guten Wurfposition ist. Plötzlich streckt sie beide Arme nach oben, wirft – und trifft in den Korb.

Die grundsätzliche Arbeitsweise der Muskulatur lässt sich bereits am Beispiel der Unterarmbewegung zeigen. Die beiden zugehörigen, spindelförmigen Muskeln befinden sich am Oberarm. Sie sind von der Muskelhaut umgeben, die an ihren Enden in zähe, kaum dehnbare *Sehnen* übergeht. Sie stellen die Verbindung zum Skelett her, denn sie sind mit den Knochen verwachsen.

Um den Unterarm wieder anzuwinkeln, wird der Beugemuskel *(Beuger)* benötigt. Er wird auch als *Bizeps* bezeichnet und befindet sich an der Vorderseite des Oberarms. Seine Sehnen sind mit dem Schulterblatt und am Unterarm mit der Speiche verwachsen. Verkürzt sich der Beuger, so wird er dicker. Dies ist an diesem Muskel besonders deutlich sichtbar. Dabei zieht der Beugemuskel über eine Sehne am Unterarm und winkelt ihn an. Die Bewegung kommt aber nur zustande, weil der zuvor verkürzte Streckmuskel jetzt erschlafft ist. Durch die Beugung des Unterarms entsteht zugleich auch ein Zug auf die Sehnen des Streckmuskels, der durch diese Kräfte wieder gedehnt wird.

Streckt die Basketballspielerin den Unterarm beim Wurf, so zieht sich dabei der Streckmuskel – auch *Strecker* genannt – zusammen. Er befindet sich auf der Hinterseite des Oberarms. Seine Sehnen sind einerseits mit dem festen Schulterblatt verwachsen, andererseits mit einem Unterarmknochen, der Elle. Wird der Muskel aktiviert, verschieben sich in den Muskelfasern viele Tausende langer Eiweißketten gegeneinander. Wie beim Seilziehen ist hierfür Energie nötig, die die notwendige Zugkraft entstehen lässt. Der Arm wird am Ellenbogengelenk gedreht und damit gestreckt. Diese Bewegung beschleunigt den Ball und gibt ihm die für den Flug nötige Energie mit. Die Zahl der Muskelfasern kann man durch Training erhöhen und so eine bessere Kraftentwicklung erreichen.

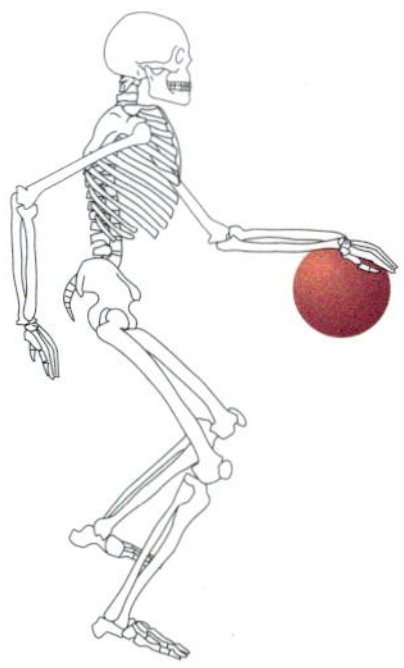

Beuger und Strecker sind Gegenspieler. Ohne dieses *Gegenspielerprinzip* wäre eine rasche Hin- und Herbewegung eines Körperteils gar nicht möglich. Ein Muskel kann sich zwar verkürzen, jedoch nicht selbst dehnen. Er wird erst dann gedehnt, wenn sich sein Gegenspieler verkürzt und dabei das Gelenk bewegt. Das ist ein **allgemeines Bewegungsprinzip** (▶ S. 233).

Aufgabe

① Setze dich auf einen Stuhl und strecke den Unterschenkel waagrecht aus. Winkle nun den Unterschenkel so weit als möglich an. Ertaste dabei am Bein die Muskeln, die diese Bewegung ermöglichen. Beschreibe daran das Gegenspielerprinzip.

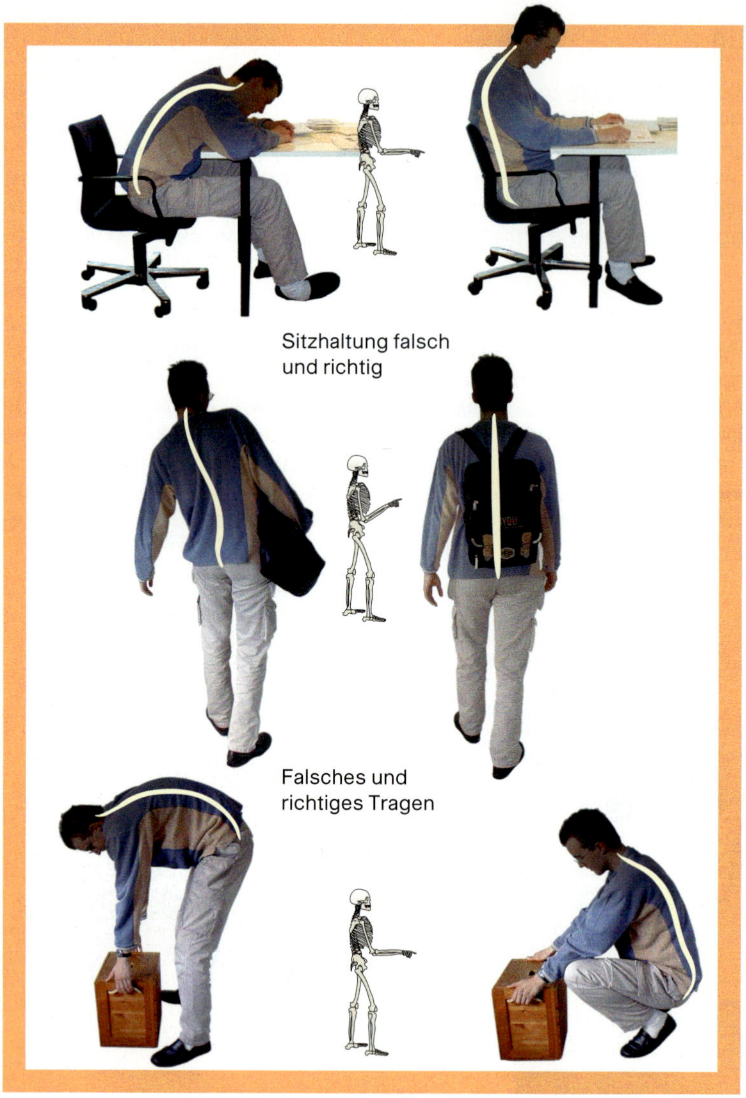

1 Falsche und richtige Belastung des Rückens

Haltungsschäden vermeiden

Der aufrechte Gang ist eine Besonderheit des Menschen, an die Skelett und Muskulatur gut angepasst sind. So verkraftet unser Körper alltägliche Anforderungen, wie Stehen, Laufen, Sitzen, Tragen von Lasten usw.

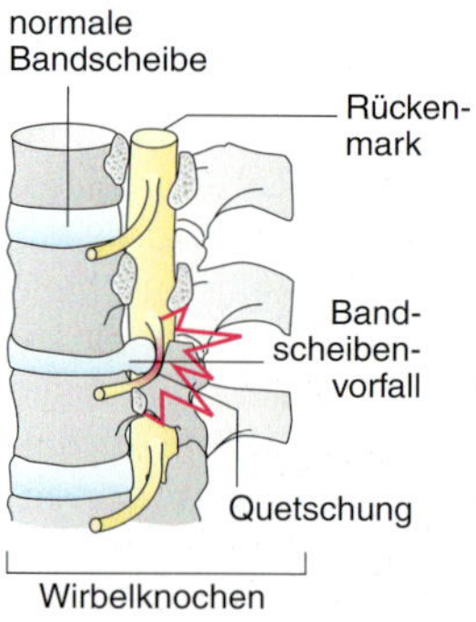

Schüler müssen im Unterricht viele Stunden sitzend verbringen. Dabei wird sehr oft eine falsche Haltung eingenommen. Der Rücken wird stark nach vorn gekrümmt und die Wirbelsäule aus ihrer natürlichen Form gebracht. Eine schwach ausgebildete oder ermüdete Muskulatur verstärkt diese Fehlhaltung noch. Wenn außerdem die Arbeitstische zu niedrig sind, wird der Rücken regelrecht in eine falsche Sitzhaltung gezwungen. Über Jahre hinweg kann dadurch ein *Rundrücken* entstehen. Ein Haltungsschaden ist entstanden.

Ebenso ungünstig kann sich für Kinder und Jugendliche falsches Tragen von Lasten oder das Tragen zu schwerer Lasten auswirken. *Haltungsfehler* können verstärkt werden. Wenn zum Beispiel die schwere Schultasche nicht auf dem Rücken, sondern ständig in der Hand getragen wird, verbiegt sich die Wirbelsäule seitlich zu stark. Ein *Schiefrücken* kann die Folge sein.

Bei jungen Menschen wachsen die Knochen noch. Deshalb kann sich bei ihnen die Wirbelsäule durch länger andauernde Haltungsfehler besonders leicht verformen. Diese Verformungen sind nach abgeschlossenem Wachstum nicht mehr vollständig zu beseitigen. Es kommt zu dauerhaften Haltungsschäden, die häufig mit Schmerzen und anderen Beschwerden verbunden sind.

Um Schäden an der Wirbelsäule, die meist erst später auftreten, vorzubeugen, sollten Bauch- und Rückenmuskulatur gut ausgebildet sein. Das fördert eine aufrechte Sitzhaltung. Zudem sollte man sich angewöhnen, schwere Gegenstände aus der Hocke anzuheben, nicht aus gebückter Haltung. Denn bereits beim Bücken oder bei ständiger nicht aufrechter Sitzhaltung werden die Wirbel gekippt und gegen die Bandscheiben auf der Bauchseite gequetscht. Bei zu starker oder dauerhafter Belastung dieser Art kann es irgendwann zum schmerzhaften *Bandscheibenvorfall* kommen. Die Bandscheibe wird dabei so stark gequetscht, dass sie auf einen Nervenstrang drückt.

Auch die *Füße* des Menschen können von Haltungsschäden betroffen sein. Sie tragen das gesamte Körpergewicht und werden durch Stehen, Gehen, Laufen und Springen besonders belastet. Die Fußknochen bilden ein Gewölbe, das durch Muskeln und kräftige Bänder gefestigt wird. Unpassende, vor allem zu kleine oder zu enge Schuhe, Übergewicht oder häufiges, langes Stehen können die natürliche Fußform verändern. Häufigeres Barfuß-Laufen trainiert die Fußmuskulatur und beugt ebenso wie geeignetes Schuhwerk späteren Fußschäden vor.

Aufgabe

① Wie kannst du die Belastung der Wirbelsäule, die durch langes Sitzen in der Schule entsteht, möglichst gering halten?

Sport: Wichtig – aber richtig!

Viele Jungen und Mädchen treiben Sport. Das macht einerseits Spaß und ist andererseits wichtig für den Körper. Regelmäßige und ausdauernde Bewegung steigert nicht nur die sportliche Leistungsfähigkeit und das Wohlbefinden. Auch die Körperhaltung wird verbessert, wenn beim Sport die Rückenmuskulatur gestärkt wird. In jedem Fall führt regelmäßiger Sport – richtig betrieben – zur Lebensfreude und zur Leistungssteigerung von Herz, Kreislauf und Atmung.

Vorbereitung und Aufwärmtraining

Bevor man seinem Körper sportliche Höchstleistungen abverlangen kann, muss er vorbereitet sein. Plötzliche, starke Belastung ohne geeignete Vorbereitung führt häufig zu Verletzungen.

Die Art der Vorbereitung ist etwas davon abhängig, welche Sportart man betreibt. Wichtig ist, dass auch bei der Vorbereitung die Belastung sanft einsetzt. Beispielsweise beginnt man vor einem Leichtathletikwettkampf das *Aufwärmtraining* mit einer leichten Laufübung. Danach wird die Beweglichkeit verbessert, indem man auf der Stelle läuft und dabei die Knie so weit als möglich anhebt. Dann folgt das Dehnen. Durch Dehnübungen werden Bänder und Muskeln gestreckt und gelockert. Um gesundheitliche Schäden zu vermeiden, darf dabei die Belastung nur langsam und nicht etwa ruckartig einsetzen. Sobald man Schmerz verspürt, muss die Belastung vermindert werden. Danach können einige kurze Sprints eingelegt werden, sodass nach etwa 10 – 15 Minuten der Körper auf den Wettkampf vorbereitet ist.

Aufwärmtraining ist beim Wintersport besonders wichtig. Insbesondere beim Skifahren oder Snowboarden sollte man nach jeder Liftfahrt, bei der die ruhende Muskulatur auskühlt, eine kurze Aufwärmphase mit Schneetreten und Bewegung der Arme einplanen.

Sport im Verein

Wer regelmäßig Sport betreibt und sich gerne in Gesellschaft befindet, der ist im Sportverein gut aufgehoben. Wer ehrgeizig und talentiert ist, kann unter fachkundiger Anleitung trainieren. Mit Betreuung lassen sich gute Leistungen erzielen und zugleich körperliche Schäden durch Fehlbelastungen vermeiden, weil erfahrene Trainer zum richtigen Trainieren anleiten.

Risiko ...

„No risk, no fun"! Das kann man hin und wieder hören und unser Skater auf dem Bild macht es uns vor. Sieht er nicht echt cool aus, wenn er so ohne Helm, ohne Handgelenk- und Ellenbogenschützer und nur mit einem T-Shirt und Sporthose bekleidet springt? Möchten wir nicht alle auch so toll und unverletzlich sein, wie es dieser Skater zu sein scheint?

Solches Verhalten kann Spaß machen, birgt aber ein untragbares Risiko. Selbst wenn die Übung hundertmal gelingt, kann sie doch das nächste Mal schiefgehen. Eine kleine Unachtsamkeit, einsetzende Ermüdung, eine Störung des Gleichgewichts und es gibt eine Bruchlandung. Das läuft meist glimpflich ab – aber nur, wenn man die passende Schutzausrüstung trägt, so wie der Skater auf dem zweiten Bild. Ansonsten kann ein Sturz zu schweren Schädel- oder Gelenkverletzungen führen. Manche Verletzungen heilen nicht völlig aus und verursachen lebenslang Beschwerden. Es kann sogar sein, dass man infolge Verletzung keinen Sport mehr betreiben kann.

Deshalb sind bei vielen Sportarten, bei denen man sich mit einem Sportgerät sehr schnell bewegen kann, zwei Dinge besonders wichtig:
- Schutzbekleidung tragen (Helm!)
- Eigenes Können nicht überschätzen. Vor dem Erreichen der Geschwindigkeit ans Anhalten denken.

Man merkt bald, es geht auch so: *„No risk, but fun"!*

Sport und Naturschutz

Wer hat sie nicht schon gesehen? Skifahrer auf fast schneefreier Piste, Mountainbiker weit abseits der Wege im Wald, Surfer im Bereich der Schilfzone von Seen? Sport in freier Natur macht Spaß und darf Spaß machen. Aber dabei darf die Natur nicht mehr als nötig in Anspruch genommen werden. Deshalb sollte man Sport nur auf den ausgewiesenen Wegen betreiben. Abseits werden häufig Tiere aufgescheucht, bei der Jungenaufzucht gestört oder auch seltene und geschützte Pflanzen zerstört.

Wocheneinkauf einer Familie aus Mali
Frühstück: Hirsebrei mit etwas Tamarindensaft oder Reisbrei mit Sauermilch.
mittags: Eintopf aus Tomaten, Zwiebeln und Öl, manchmal Trockenfisch mit Reis.
abends: Hirse- und Reisfladen mit einer Okrasuppe.

Wocheneinkauf einer kalifornischen Familie
Der größte Teil der eingekauften Lebensmittel ist fabrikmäßig verpackt. Eingekauft wird meist in riesigen Supermärkten. Manchmal kommt zum Wocheneinkauf noch Fastfood dazu, z.B. ein Hamburger.

Wocheneinkauf einer türkischen Familie
Zu Mittag gibt es oft Linsen- oder Tomatensuppe, oft mit besonders zubereitetem Hackfleisch. Am Abend wird gern Hammelfleisch mit Zwiebeln und Kartoffeln gegessen.

Die Vielfalt der Lebensmittel

In Afrika, Asien und Südamerika werden andere Nutzpflanzen angebaut als in Europa. Dort wachsen Reis, Hirse und Sojabohnen. Sie dienen in diesen Erdteilen als Grundnahrungsmittel für die Bevölkerung. Die Unterschiede zu uns werden besonders deutlich, wenn man den Wocheneinkauf für eine Familie aus jeweils verschiedenen Ländern vergleicht. In den Ländern Mitteleuropas bilden Teigwaren oder Kartoffeln einen wesentlichen Bestandteil der täglichen Nahrung. Sie gehören zu unseren Grundnahrungsmitteln.

Unsere Nahrung setzt sich aus pflanzlichen und tierischen Produkten zusammen. Zu den *pflanzlichen Produkten* gehören Gemüse, Salat und Obst. Aber auch Brot und andere Teigwaren gehören dazu, da sie aus Weizen- oder Roggenmehl hergestellt werden. *Tierische Produkte* sind Fleisch, Fisch, Eier und Milch. Durch Weiterverarbeitung dieser Lebensmittel entstehen unter anderem Wurst, Quark, Sahne, Butter und Käse.

Aufgabe

① Schreibe für deine Familie die Art und Menge der Lebensmittel auf, die in einer Woche eingekauft werden. Vergiss dabei nicht die Getränke und die Nahrung, die sofort nach dem Kauf außerhalb verzehrt werden. Fertige nach dem Vorbild der Fotos eine Collage an.

Bestandteile der Nahrung

Große Pause! Einige Schüler haben ein Pausenbrot mit Käse oder Wurst, andere einen Apfel oder eine Orange, manche einen Schokoriegel. Im Laufe eines Tages essen wir viele verschiedene Lebensmittel. Wie fit wir uns fühlen, hängt auch mit der Menge und der Zusammensetzung der Nahrung zusammen.

Obwohl es eine Unmenge verschiedener Lebensmittel gibt, haben alle etwas gemeinsam: Sie bestehen im Wesentlichen aus den selben Bestandteilen, nämlich aus Eiweißen, Fetten und Zucker und Stärke in unterschiedlichen Anteilen (s. Abb. 1).

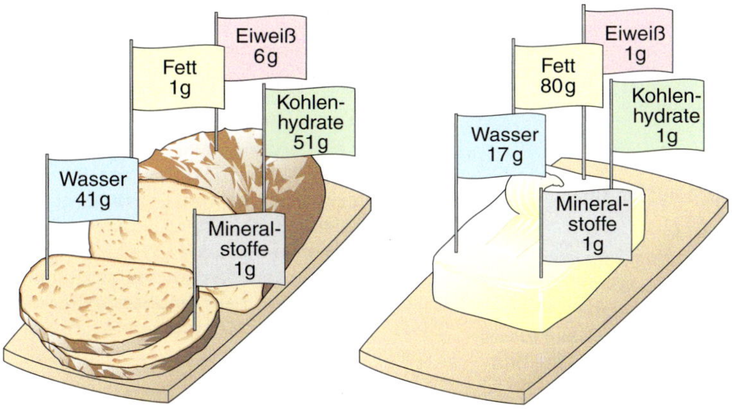

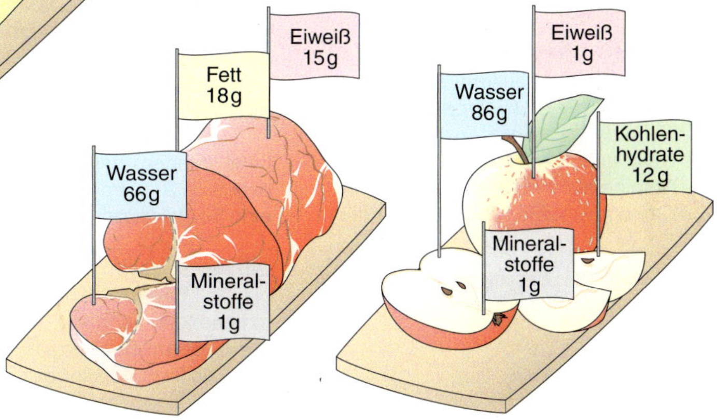

1 Bestandteile einiger Lebensmittel (pro 100 g)

- Zucker und Stärke gehören zur Gruppe der **Kohlenhydrate.** Zucker ist z. B. im Honig und in Früchten enthalten, Stärke ist der Hauptbestandteil von Kartoffeln, Mehl und Produkten daraus, wie z. B. Brot oder Nudeln.
- **Eiweiße** findet man besonders viel in Fleisch, Fisch, Hühnerei und in Milchprodukten, aber auch in Erbsen und im Mais.
- **Fette** sind zum Beispiel in Sahne, Butter, Käse, Wurst und Speck, aber auch in pflanzlichen Produkten, wie Oliven oder Erdnüssen, enthalten. Aus Letzteren gewinnt man die Pflanzenöle.

Eiweiße, Fette und Kohlenhydrate fasst man unter dem Sammelbegriff **Nährstoffe** zusammen. Neben diesen lebenswichtigen Nährstoffen muss unsere Nahrung aber noch weitere, für unsere Gesunderhaltung unbedingt erforderliche Stoffe enthalten, wie zum Beispiel die *Vitamine* und die *Mineralstoffe.*

Wie viel Eiweiß braucht man pro Tag pro Kilogramm Körpergewicht?
Säuglinge: 3,3 g
Kinder, 12 Jahre: 1,8 g
Erwachsene: 1,0 g

Mit der Nahrung und den damit aufgenommenen Nährstoffen kann unser Körper aber zunächst nichts anfangen, sie müssen weiter „verarbeitet" werden. Diese Verarbeitungsvorgänge bezeichnet man als *Stoffwechsel.*

Um uns zu bewegen, um unsere Körpertemperatur aufrecht zu erhalten, um unser Gehirn benutzen zu können, aber auch während des Schlafens brauchen wir Energie. Die Energie ist also notwendig, um unseren Körper in „Betrieb" zu halten. Die dazu im Körper stattfindenden Vorgänge nennt man **Betriebsstoffwechsel**. Hauptenergieträger sind die Fette und Kohlenhydrate.

Nährstoffe sind aber auch notwendig zum Aufbau unseres Körpers. Das kannst du dir klar machen, wenn du vergleichst, wie klein du nach der Geburt warst und wie groß du heute bist, also wie viel du gewachsen bist.

Aber auch Erwachsene brauchen ständig Nährstoffe für den Aufbau von körpereigenen Stoffen, z. B. für das Wachsen der Haare oder der Fingernägel. Diese Vorgänge bezeichnet man als Baustoffwechsel. Für den **Baustoffwechsel** sind Eiweiße besonders wichtig.

Aufgabe

① Ermittle für verschiedene Lebensmittel anhand der Angaben auf den Verpackungen den Gehalt an Nährstoffen und sonstigen Inhaltsstoffen. Löse dazu von den Verpackungen die Aufkleber ab oder schneide die Informationen über die Inhaltsstoffe aus. Stelle dein Untersuchungsergebnis übersichtlich in einer Tabelle dar.

Einfache Nährstoffnachweise

Die folgenden Versuche kannst du selbst ausführen. Beachte folgende Regeln:

1. Trage beim Experimentieren eine Schutzbrille und beachte die eventuell hinter den Chemikalien in Klammern angegebenen Gefahrstoffsymbole (C, Xi, Xn)
2. Arbeite nie mit Hast.
3. Unterlasse während der Versuche jegliche Spielereien mit deinen Mitschülern.
4. Stelle die Chemikalien und den Brenner nie an den Rand des Arbeitstisches.
5. Sei besonders vorsichtig bei der Arbeit mit offener Flamme.
6. Beachte die Hinweise zur Entsorgung der gebrauchten Chemikalien. Nicht in den Abfluss gießen!
7. Reinige nicht mehr gebrauchte Geräte und Gefäße sobald wie möglich.

Nachweis von Kohlenhydraten

A. Stärke

Nachweismethode:
Eine Spatelspitze löslicher Stärke wird in ein Reagenzglas gebracht, das 3 cm hoch mit etwa 50 °C warmem Wasser gefüllt ist. Durch kräftiges Schütteln des Reagenzglases wird die Stärke im Wasser gelöst. Gib nun einen Tropfen der gelbbraunen Iod-Kaliumiodid-Lösung zu. Beobachte die sich einstellende Verfärbung der Lösung. Sie ist der Nachweis für Stärke. Notiere hierzu einen Merksatz in dein Heft.

Lebensmitteluntersuchung:
Tropfe jetzt ein wenig Iod-Kaliumiodid-Lösung auf die folgenden Nahrungsmittel: Kartoffel-, Apfel- und Bananenscheiben, Weißbrot, trockene Nudeln, gekochten Reis, zerriebenen Kopfsalat, Käse.

Erstelle eine Tabelle nach folgendem Muster:

Lebensmittel	Stärkenachweis
Stärke	+
Kartoffel	

Trage in die rechte Spalte ein +- oder ein −-Zeichen ein, je nachdem, ob Stärke nachweisbar war oder nicht.

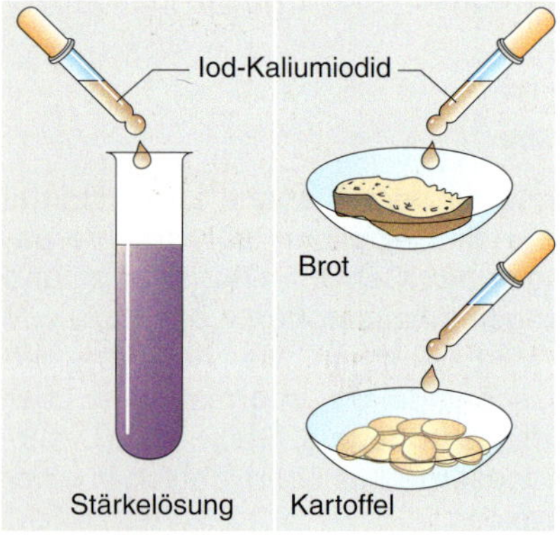

B. Fehling-Probe auf Zucker

Nachweismethode:
Fülle ein Reagenzglas 3 cm hoch mit blauer fehlingscher Lösung I. Gib nun gleich viel von der farblosen fehlingschen Lösung II [C] dazu. Das Flüssigkeitsgemisch im Reagenzglas nimmt jetzt eine tiefblaue Farbe an.

Löse in einem weiteren Reagenzglas, in dem sich 2 cm hoch Wasser befindet, eine Spatelspitze Traubenzucker.

Gib hierzu etwa 1 cm hoch von der tiefblauen Lösung. Stelle das Reagenzglas mit dem Gemisch aus den drei Lösungen in ein 250-ml-Becherglas, das mit etwa 70 °C heißem Wasser gefüllt ist.

Nach etwa 3 bis 5 Minuten kann im Reagenzglas eine Veränderung beobachtet werden. Diese Veränderung zeigt an, dass Traubenzucker enthalten ist.

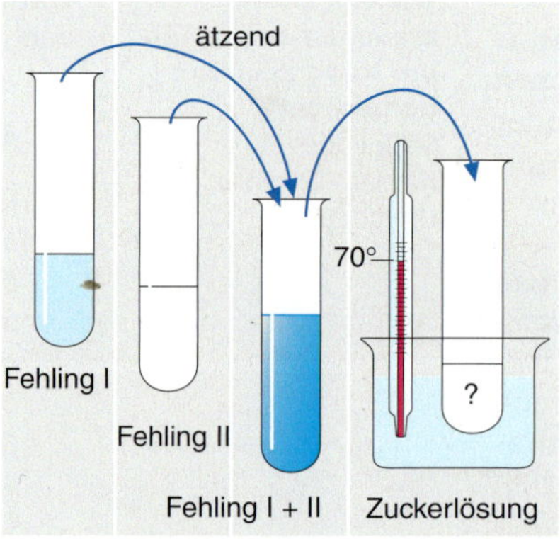

In gleicher Weise reagieren einige andere Zucker, wie zum Beispiel Malzzucker und Fruchtzucker.
Notiere in deinem Heft zur Veränderung der Farbe einen Merksatz.

Lebensmitteluntersuchung:
Untersuche jetzt mit einem Gemisch der beiden fehlingschen Lösungen in derselben Weise folgende Lebensmittel und Getränke:
Farblose Limonade, Mineralwasser, Honig, Haushaltszucker, Obst- und Gemüsesäfte, Milch, Olivenöl.

Bei welchen Lebensmitteln und Getränken ist die Fehlingprobe positiv?

Erstelle hierzu eine entsprechende Tabelle (vergleiche Stärkenachweis).

Verwendung von Teststäbchen

Manche Testmethoden ergeben nicht immer ein ganz eindeutiges Ergebnis. So ergibt Traubenzucker mit der Fehling-Probe zwar ein positives Ergebnis, aber es reagieren auch andere Zucker, z. B. Malzzucker, in der selben Weise. In solchen Fällen kann man gut Teststäbchen einsetzen, die nur auf **Traubenzucker** ansprechen. Solche Teststäbchen gibt es auch für **Eiweiß**.

Bringe dazu etwas von der zu untersuchenden Lebensmittelprobe in ein Reagenzglas, gib etwas destilliertes Wasser hinzu und schüttle gut um. Halte nun kurz das Teststäbchen hinein und vergleiche mit der Farbskala auf der Packung. Stelle deine Versuchsergebnisse übersichtlich in einer Tabelle dar.

Nachweis von Fetten

Nachweismethode:
Bringe einen Tropfen Wasser und einen Tropfen Salatöl nebeneinander auf ein Blatt Pergamentpapier. Halte das Papier gegen das Licht, sobald das Wasser verdunstet ist.

Beschreibe das Versuchsergebnis und notiere, wie man Fett nachweisen kann.

Lebensmitteluntersuchung:
Drücke, reibe oder tropfe folgende Nahrungsmittel auf ein Blatt Pergamentpapier: Vollmilch, Wurst, Käse, Schokolade, Brot, Kuchen, Äpfel, Nüsse.

Betrachte das Papier genau und notiere, welche Nahrungsmittel viel, wenig oder fast kein Fett enthalten.

Energie macht's möglich

Radrennfahrer müssen kraftvoll und schnell in die Pedale treten. An Versorgungsstationen erhalten sie immer wieder Flüssigkeit und Nahrung. Fette und Kohlenhydrate liefern ihnen als *Betriebsstoffe* die Energie, die sie für ihre Muskelarbeit brauchen. Da bei allen Organismen Nahrungsaufnahme, Energiegewinnung und Bewegung eng verknüpft sind, gibt es das **Basiskonzept Stoffwechsel** und **Bewegung** (▶ S. 232/233).

Unser Körper ist ständig auf die Zufuhr von Energie durch Nahrungsmittel angewiesen. *Hunger* ist ein Zeichen des Körpers, dass er Nahrung und damit auch Energie benötigt. Unser Körper setzt aber auch Energie um, wenn wir nichts tun, sogar im Schlaf. Diejenige Energiemenge, die der Körper bei völliger Ruhe benötigt, heißt *Grundumsatz*. Er beträgt bei einem Erwachsenen etwa 6000 bis 7000 Kilojoule pro Tag.

Grundumsatz
vom Körper benötigte Energiemenge bei völliger Ruhe

Kilojoule
Abkürzung **kJ**
Maßeinheit für Energiemengen

100 kJ ist die Energie, die ein Kran benötigt, um einen 50 kg schweren Gegenstand 20 m hoch zu heben.

Der *Energiebedarf* steigt, je mehr Arbeit unser Körper verrichtet. Wenn wir Sport treiben oder körperlich arbeiten, müssen die Muskeln mehr Kraft entwickeln. Sie benötigen daher mehr Energie, als wenn wir still sitzen.

Nimmt man aber über längere Zeit mehr Betriebsstoffe auf als man benötigt, wird man dick. Oft überschätzt man den Energiebedarf. Auch beim Sport oder anderen körperlichen Anstrengungen wird nicht so viel Energie umgesetzt, wie man sich vorstellt: Du musst z. B. 40 Minuten aktiv Tennis spielen, um dir eine kleine Portion Pommes Frites mit Mayonnaise wieder abzuarbeiten.

Energiegehalt der Nährstoffe pro 100 g
Fett: ca. 3800 kJ
Kohlenhydrate: ca. 1650 kJ
Eiweiß: ca. 1700 kJ

Der *Energiegehalt* der Nahrungsmittel ist sehr unterschiedlich. Dieser hängt einerseits vom Wassergehalt, andererseits von den enthaltenen Nährstoffen ab. Der energiereichste Nährstoff ist Fett. 100 g Fett enthalten ca. 3800 kJ Energie (s. Randspalte).

Nahrungsmittel	kJ
Champignon	92
Äpfel	243
Milch (pro Liter)	267
Jogurt	297
Kartoffeln	318
Bananen	356
Forelle	423
Brathuhn	578
Hühnerei	678
Roggenbrot	1126
weiße Bohnen	1415
Kotelett	1427
Brötchen	1620
Milchschokolade	2176
Erdnüsse	2436

Energiegehalt von Nahrungsmitteln (kJ pro 100g)

Aufgaben

① Vergleiche die Werte in Abbildung 2 und erkläre, von welchen Nahrungsmittel man wenig essen sollte, wenn man sich nicht sehr viel bewegt.

② Vergleiche die Werte für die verschiedenen Sportarten. Wie lange muss man Rad fahren, um die Energiemenge von 100g Milchschokolade abzuarbeiten. Vergleiche diese Zeit mit dem Beispiel eines ruhenden Menschen.

1 Umwandlung der Energie im Körper

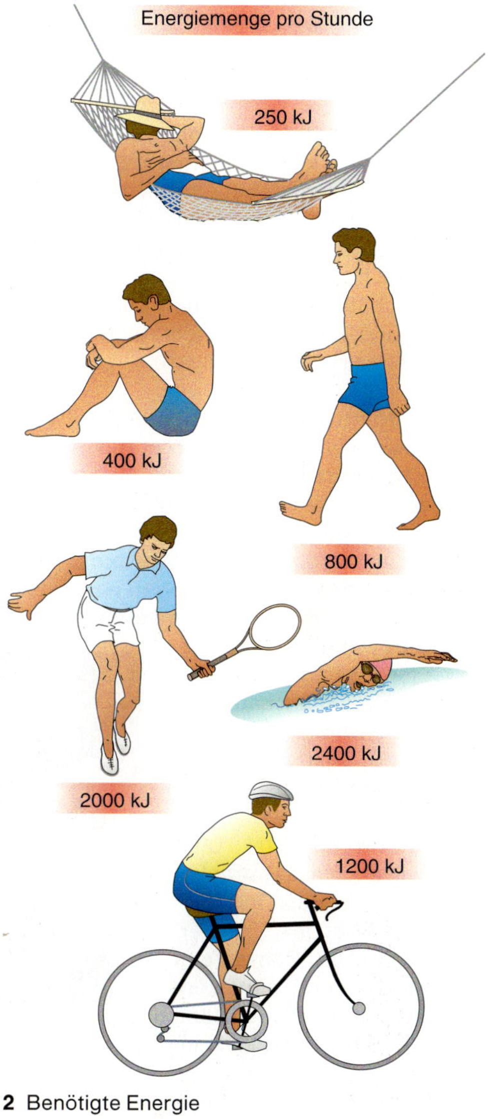

2 Benötigte Energie

Nährstoffe allein genügen nicht

Eine Ernährung nur mit Kohlenhydraten, Fetten und Eiweißen reicht nicht aus. Man kann zwar seinen Energiebedarf damit hinreichend decken, bestimmte Stoffwechselvorgänge laufen aber nur dann richtig ab, wenn unsere Nahrung ausreichend *Vitamine* und *Mineralstoffe* enthält.

Man kennt 13 verschiedene **Vitamine**, die alle lebensnotwendig sind, aber nur in sehr geringen Mengen benötigt werden. Die meisten Vitamine sind in Obst und Gemüse enthalten, jedoch auch in Fleisch und Fisch. Sie sorgen dafür, dass wir gesund und leistungsfähig bleiben.

Auch **Mineralstoffe** benötigen wir nur in sehr kleinen Mengen. Eisen z. B. nehmen wir mit Obst, Vollkornbrot oder Fleisch auf, das Calcium mit Milchprodukten. Calcium benötigen wir für den Knochenaufbau, besonders während des Wachstums. Eisen ist wichtig für die Blutbildung. Eisenmangel führt zu Müdigkeit und Konzentrationsstörungen.

Unsere Nahrung sollte neben den verwertbaren Anteilen auch solche enthalten, die wir nicht verdauen und somit für unseren Stoffwechsel auch nicht nutzen können. Das scheint auf den ersten Blick unsinnig zu sein, aber solche **Ballaststoffe** in der Nahrung füllen den Darm und regen ihn zu Bewegungen an. Auf diese Weise sorgen sie für einen zügigen Transport der Nahrung und eine regelmäßige Darmentleerung. Ballaststoffe sind in Vollkornprodukten, Obst und Gemüse enthalten.

Alle Nahrungsmittel und natürlich auch alle Getränke enthalten **Wasser**. Der Körper gibt täglich fast 2,5 Liter Wasser durch Schwitzen, die Atmung und den Urin ab. Dieses muss vor allem durch Trinken und durch in der Nahrung enthaltenes Wasser ersetzt werden. Bei einem 100-m-Lauf verliert man zum Beispiel die Menge Wasser, die eine normale Kaffeetasse füllt; im Verlauf eines Fußballspiels sogar die Menge von 5 bis 20 Tassen. Je mehr man körperlich arbeitet oder je wärmer es ist, umso mehr muss man trinken. Trinkt man zu wenig, lässt die Leistungsfähigkeit schnell nach.

Der in der Mitte dargestellte Ernährungskreis gibt eine Übersicht über die einzelnen Nahrungsmittelgruppen und die hauptsächlich in ihnen vorhandenen Stoffe. Er ist deshalb eine gute Hilfe zur Zusammenstellung einer ausgewogenen Ernährung. Der größte Anteil sollte aus Kohlenhydraten bestehen, Eiweiße und vor allem Fette sollten nur in kleineren Mengen enthalten sein.

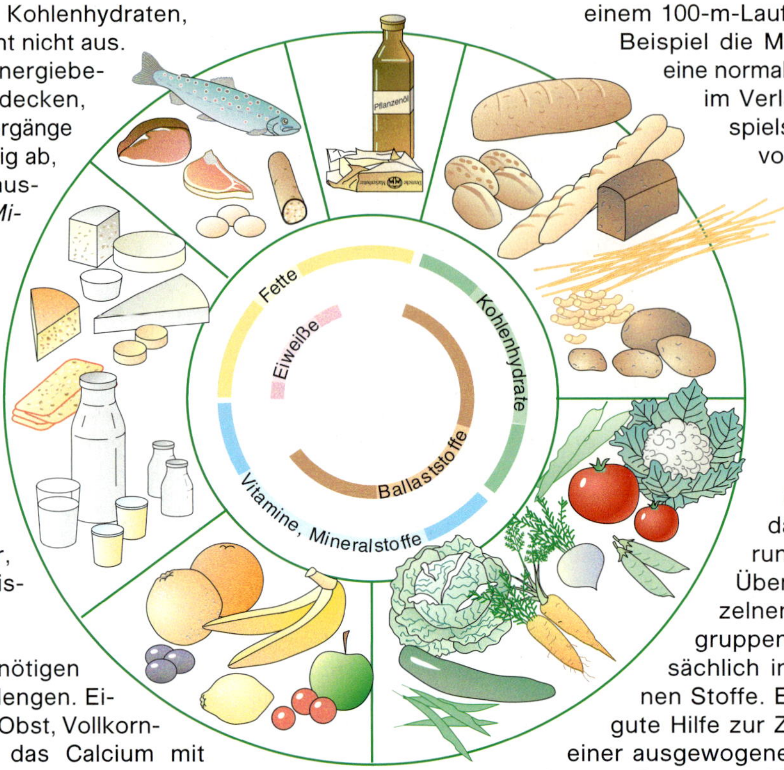

1 Ernährungskreis

Täglicher Mineralstoffbedarf
Calcium: 1 g
Eisen: 0,015 g

Täglicher Vitaminbedarf
Vitamin A: 0,0013 g
Vitamin C: 0,075 g
Vitamin D: 0,00001 g

Aufgabe

① Notiere einen Tag lang, was du isst. Unterstreiche die pflanzlichen Nahrungsmittel grün, die tierischen rot und mit rot und grün, wenn beide enthalten sind.

2 Vitaminreiches Frühstück

3 Ballaststoffreiche Nahrungsmittel

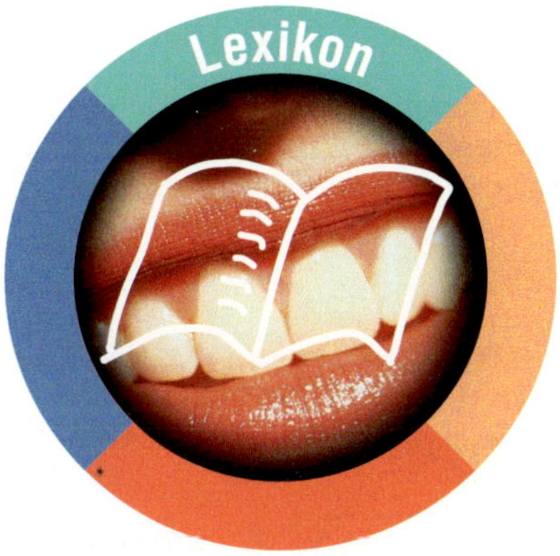

Vitamine

Vitamine sind bei ausgewogener Ernährung meist in genügender Menge in den Nahrungsmitteln vorhanden, die wir täglich zu uns nehmen. Bei starken körperlichen Belastungen, zum Beispiel bei intensivem Sport, kommt es allerdings zu einem erhöhten Vitaminbedarf. Dann ist es unter Umständen sinnvoll, in Form von Brausetabletten zusätzlich Vitamine und Mineralstoffe aufzunehmen. Hoch dosierte, teure Vitaminpräparate sind dagegen überflüssig.

Vitamin A

Vitamin A ist für den Aufbau des Sehfarbstoffes im Auge unbedingt notwendig. Es ist in vielen Nahrungsmitteln als *Provitamin* vorhanden, zum Beispiel in Möhren, Leber, Eigelb, Butter, Spinat und Milch. Aus dem Provitamin entsteht im Körper das eigentliche Vitamin. Vitaminmangel ist normalerweise ausgeschlossen, kann jedoch bei Fehlernährung, wie sehr einseitiger Ernährung und bei übertriebenem Fasten, auftreten. Fehlt dem Körper Vitamin A, kommt es zur Nachtblindheit. Die Mindestmenge pro Tag liegt etwa bei einem Milligramm.

B-Vitamine

Man unterscheidet zwischen verschiedenen B-Vitaminen, zum Beispiel B1 und B12. Ihnen ist gemeinsam, dass sie für den Energie- und Baustoffwechsel erforderlich sind. Vitamin B12 ist zum Beispiel an der Bildung der roten Blutzellen beteiligt. In größeren Mengen sind die B-Vitamine in Vollkornprodukten, Fleisch, Leber, Hühnerei, Milch, Nüssen und Hefe enthalten.

Vitamin C

Das bekannteste Vitamin ist sicher das Vitamin C, das wir in etwas größerer Menge benötigen, nämlich ca. 75 Milligramm pro Tag. Dieses Vitamin ist vor allem in Gemüse und Obst, aber auch in Kartoffeln vorhanden. Besonders reich an Vitamin C sind Zitrusfrüchte,

zum Beispiel Apfelsinen, aber auch Kiwis. Vitamin C unterstützt viele Stoffwechselvorgänge und erleichtert die Aufnahme von Eisen, das für die Blutbildung benötigt wird. Der Körper ist insgesamt leistungsfähiger und besser geschützt gegen Infektionen. Bei der Zubereitung von Speisen sollte man berücksichtigen, dass Vitamin C relativ schnell durch Hitze zerstört wird.

Vitamin D

Dieses Vitamin ist erforderlich für die Knochenbildung, da es in den Stoffwechsel von Calcium und Phosphat, zweier wichtiger Mineralstoffe für den Knochenaufbau, eingreift. Vitamin D ist zum Beispiel in Hering, in Fischleber (Lebertran), Kuhmilch, Eigelb und Butter enthalten. Ist der Körper hinreichend der Sonne und damit dem UV-Licht ausgesetzt, produziert er aber auch selbst Vitamin D. Ausgewogene Ernährung und ausreichender Aufenthalt im Freien sorgen also für eine hinreichende Vitamin D-Versorgung.

Vitamin E

Das lichtempfindliche Vitamin E wird von unserem Körper zum Beispiel für den Fettstoffwechsel benötigt. Es schützt lebenswichtige Stoffe in den Zellen vor Zerstörung, zum Beispiel durch Sauerstoff. Butter, Margarine, Ei, Leber, Getreidekeimlinge und Pflanzenöle enthalten dieses Vitamin in größeren Mengen.

Fehlernährung und Vitaminmangel

Vitaminmangelkrankheiten waren bei uns früher ein Problem. In Ländern, in denen die Menschen an Unterernährung bzw. Fehlernährung leiden, gibt es sie heute noch.

Wenn infolge unzureichender Aufnahme bzw. Bildung von Vitamin D die Knochen nicht genügend Calcium und Phosphat einlagern können, werden sie nicht hart genug. Unter der Belastung durch das Körpergewicht verbiegen sie dann allmählich. Skelettschäden durch gebogene Oberschenkelknochen und eine Trichterbrust sind die Folgen. Man spricht dann von *Rachitis*.

Unter den Seefahrern zur Zeit des CHRISTOPH COLUMBUS war der *Skorbut* gefürchtet. Diese Krankheit begann mit Zahnfleischbluten und Zahnausfall, dann traten innere Blutungen auf und der geschwächte Körper konnte Infektionskrankheiten nicht mehr widerstehen. Die Seeleute litten unter extremem Mangel an Vitamin C, weil sie auf ihrer monatelangen Fahrt weder Obst noch Gemüse zur Verfügung hatten. Erst als man herausfand, dass der Verzehr von Sauerkraut, das in Gefäßen lange haltbar ist, den Skorbut verhinderte, hatte dieser Schrecken der Seefahrer ein Ende.

In den armen Ländern ist *Beriberi*, das durch Mangel an Vitamin B1 verursacht wird, heute noch ein Problem. Beriberi äußert sich zum Beispiel durch Krämpfe und Lähmungen, da das Nervensystem durch den Mangel an Vitamin B1 geschädigt wird.

Zähne und Gebiss

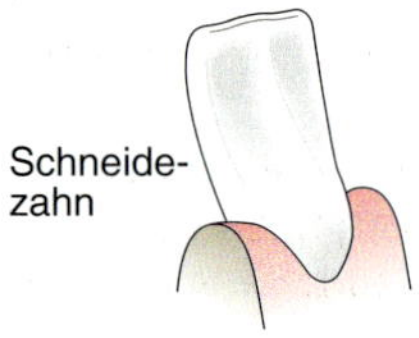

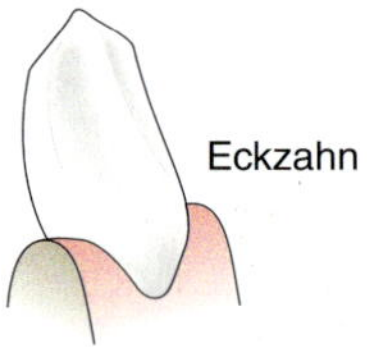

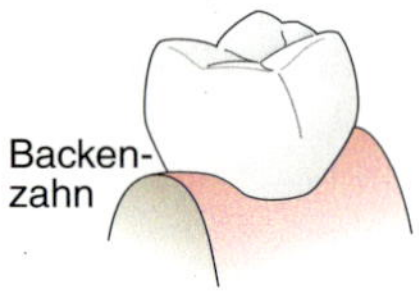

Es ist uns selbstverständlich, in ein Stück Brot zu beißen und zu kauen. Das ist aber nicht immer so im Leben: Zum Zeitpunkt der Geburt hat der Mensch noch keine Zähne.

Säuglinge bekommen ihre ersten Zähne im Alter von 5 bis 9 Monaten. Zwei Jahre später sind meist alle 20 *Milchzähne* vorhanden. In Ober- und Unterkiefer befinden sich dann jeweils 4 *Schneidezähne*, 2 *Eckzähne* und 4 höckerige *Backenzähne*.

Zwischen dem 6. und 12. Lebensjahr wird das Milchgebiss durch die bleibenden Zähne ersetzt. Nach dem Zahnwechsel enthält das vollständige Gebiss 32 Zähne. Die hintersten Backenzähne sind die *Weisheitszähne*, die häufig erst nach dem 20. Lebensjahr zum Vorschein kommen. Bei manchen Menschen kommen sie allerdings gar nicht heraus.

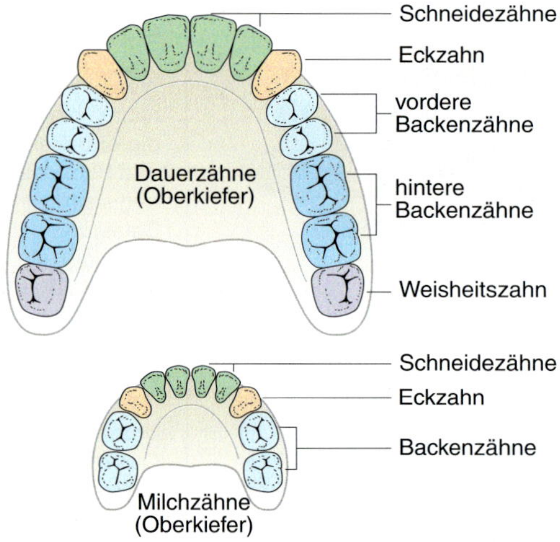

1 Gebiss eines Kindes und eines Erwachsenen

Alle Zähne zeigen einen gleichartigen Aufbau aus drei Abschnitten: Zahnkrone, Zahnhals und Zahnwurzel. Wenn wir unser Gebiss im Spiegel betrachten, sehen wir die *Zahnkronen*. Sie sind von einer porzellanartigen Schicht, dem sehr harten *Zahnschmelz*, umgeben. Darunter liegt das knochenähnliche *Zahnbein*. Im Wurzelbereich wird das Zahnbein von einer dünnen, harten Schicht geschützt, dem *Zahnzemen*t. In der *Zahnhöhle* befinden sich Blutgefäße und Nerven. Diese verlaufen durch feine Öffnungen in der *Zahnwurzel* in die Zahnhöhle. Die Blutgefäße versorgen den Zahn mit Nährstoffen, die Nerven machen ihn empfindlich. Bei Beschädigungen des Zahns werden die Nerven gereizt. Dies verursacht Zahnschmerzen.

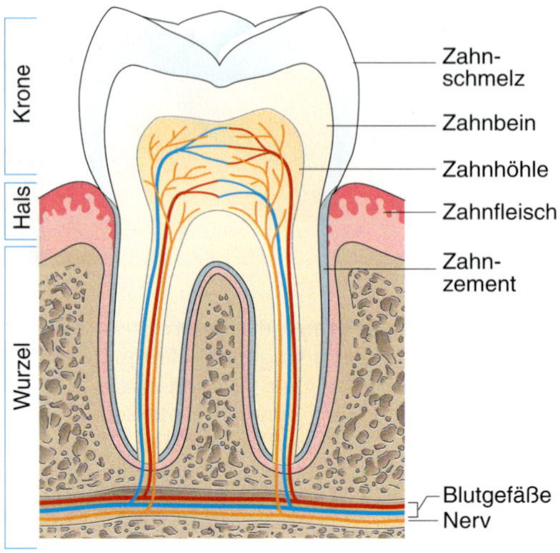

2 Backenzahn im Längsschnitt (Schema)

Die Zähne in unserem Gebiss haben verschiedene Aufgaben, was man an ihrer unterschiedlichen Form erkennen kann. Mit den *Schneidezähnen* beißen wir mundgerechte Bissen ab. Dabei schneiden die Zähne im Ober- und Unterkiefer wie die Blätter einer Schere aneinander entlang. Bei besonders harten oder zähen Speisen nehmen wir die *Eckzähne* zu Hilfe. Zwischen den *Backenzähnen* wird der Bissen dann zerrieben. Dabei arbeiten die übereinander liegenden Backenzähne mit ihren breiten, flachen Kronen und den stumpfen Höckern wie zwei Mühlsteine gegeneinander

Nur gepflegte Zähne bleiben gesund

Karies (Zahnfäule) bedroht die Zähne. Ursache für Karies ist die Zerstörung des Zahnschmelzes. Dieser ist zwar hart, wird aber durch Säuren zerstört, die von Bakterien in der Mundhöhle ausgeschieden werden. Durch die Löcher im Zahnschmelz gelangt die Säure auf das weiche Zahnbein. Bildet sich auch im Zahnbein ein Loch, gibt es Zahnschmerzen.

Aber auch durch starke Temperaturgegensätze, vor allem wenn kalt auf heiß folgt, gefährdet man die Zähne. Gefährlich ist es auch, wenn du dein Gebiss als Nussknacker missbrauchst. Dadurch können feine Risse entstehen, sodass Säuren und Bakterien

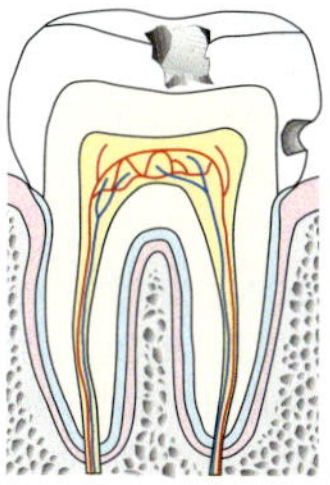

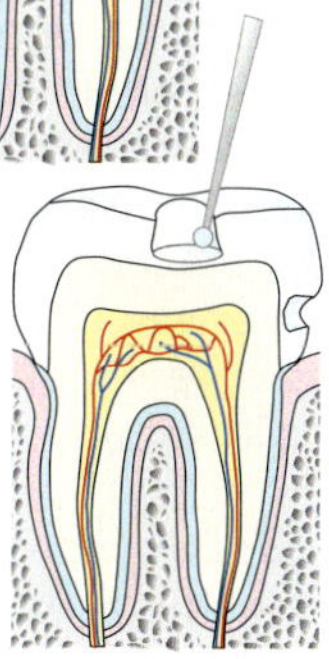

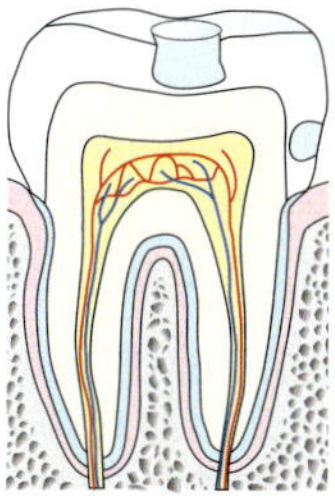

tief in den Zahn eindringen können. Kariesbakterien vermehren sich besonders gut auf Speiseresten zwischen den Zähnen und im *Zahnbelag*, der sich aus Zucker und Speiseresten auf den Zähnen bildet. Deshalb solltest du nach Mahlzeiten deine Zähne immer gründlich putzen. So kannst du dich am besten vor Karies, Zahnfleisch- und Zahnbettentzündung *(Paradontitis)* schützen.

Beim Zähneputzen ist es wichtig, die Speisereste zwischen den Zähnen gründlich zu entfernen. Das gilt vor allem vor dem Schlafengehen. Man sollte dabei die Zahnbürste vom Zahnfleisch zur Krone hin bewegen. Achte darauf, nicht nur die vorderen Zähne, sondern auch die Backenzähne gründlich zu säubern. Die Zahnbürste nicht zu sehr gegen Zahnfleisch und Zahnschmelz drücken! Mit Zahnseide lassen sich auch die Zahnzwischenräume säubern, die mit der Zahnbürste nicht erreicht werden.

Mindestens 2-mal im Jahr sollte der Zahnarzt die Zähne kontrollieren. Er kann dann rechtzeitig auf Zahnpflegemängel hinweisen und Karies behandeln, indem er die Löcher ausbohrt und mit Füllmaterial *(Plombe)* schließt (siehe Randspalte).

Aufgaben

① Halte einen Spiegel vor den geöffneten Mund. Suche und beschreibe die verschiedenen Zahntypen.

② Überprüfe anhand der Abbildung, ob du deine Zähne richtig pflegst. Stelle Regeln für die Zahnpflege auf und begründe sie.

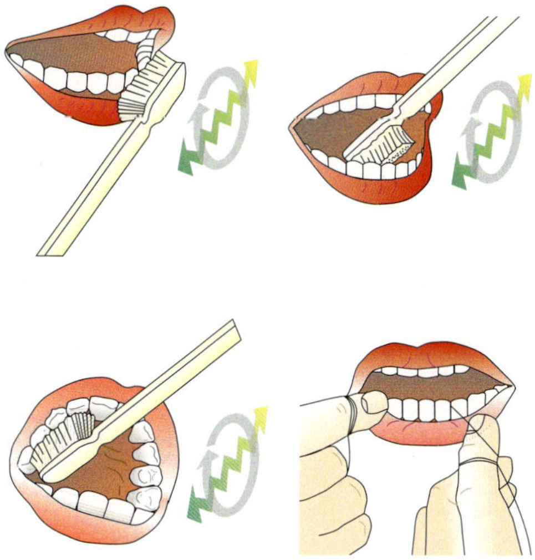

1 So werden die Zähne richtig geputzt

Zettelkasten

Zahnklammern und Piercing

Damit neben Karies auch *Zahnfehlstellungen* rechtzeitig erkannt werden, sollte der Zahnarzt von klein auf besucht werden. Zahnfehlstellungen sehen nicht nur nicht schön aus, sie können zum Beispiel zu einer Beeinträchtigung der Lautbildung beim Sprechen führen. Der günstigste Zeitraum für eine kieferorthopädische Behandlung liegt zwischen dem 10. und 12. Lebensjahr.

Bei einer *kieferorthopädischen Korrektur* löst der Zahnarzt mithilfe von Klammern absichtliche Zahnbewegungen aus. Die Klammern können falsch stehende Zähne in die richtige Position ziehen. Bei der *festen Klammer* werden Metall- oder Keramikplättchen auf die Zähne geklebt und daran Gummis oder Drähte befestigt. *Lose Klammern* bestehen aus Kunststoff, Draht oder Metallfedern. Sie werden vom Zahnarzt in das Gebiss eingepasst.

Je nach Art der Zahnfehlstellung dauern die durch Klammern ausgelösten Zahnbewegungen zwischen einer Woche und zwei Jahren. Haben sich die Zähne durch die Klammern in die richtige Position bewegt, müssen sie dort mithilfe einer *Festigungsklammer* fixiert werden. Diese Behandlung beansprucht mindestens so viel Zeit wie die Zahnbewegung selbst.

Während Zahnklammern medizinisch notwendig sind, ist das Piercing vor allem eine Modeerscheinung, es ist bei den meisten Jugendlichen Ausdruck ihres Lebensgefühls. Aber Vorsicht: *Piercings* im Bereich der Lippe oder gar der Zunge schädigen oft das Gebiss und können die Selbstreinigung der Zunge beeinträchtigen. Die Metallteile auf der Zunge schlagen beim Sprechen oder Essen gegen den Zahnschmelz und beschädigen ihn. Dadurch kann zusätzlich Karies entstehen. Metallteile an der Lippe verleiten zum Spielen mit der Zunge. Durch den veränderten Muskelzug werden die Zähne auf Dauer bewegt und der Kiefer kann sich verformen.

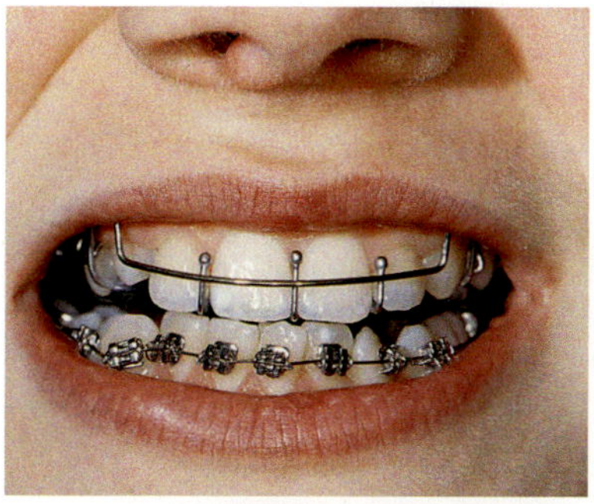

Der Weg der Nahrung durch unseren Körper

Der Biss von deinem Käse- oder Wurstbrötchen ist die erste Station des Nahrungsbissens auf dem Weg vom Mund durch den Körper. Auf diesem Weg, der *Verdauung,* wird die Nahrung durch Verdauungsvorgänge in so winzige Teilchen zerlegt, dass sie im Darm in das Blut aufgenommen werden können.

Bereits im Mund wird der Nahrungsbissen durch das Kauen in kleinere Stückchen zerkleinert und mit *Speichel* gemischt. Speichel macht die Nahrung gleitfähiger für den Transport durch die Speiseröhre.

Der Nahrungsbissen wird von der Zunge gegen den Gaumen gedrückt und dann geschluckt. In der *Speiseröhre* fällt die Nahrung aber nicht einfach nach unten. Das kannst du überprüfen, wenn du einen Handstand machst und dabei einen Bissen „heraufschluckst“. Die Speiseröhre besitzt eine muskulöse Wand, die sich von oben nach unten wellenförmig zusammenzieht. Durch diese Bewegung wird der Bissen zum *Magen* transportiert (► S. 232).

Im Magen beginnt die Verdauung der Eiweiße. Die Magenwand bewegt sich und durchmischt dadurch den Nahrungsbrei mit Magensaft, der während der Verdauung ständig von der Magenschleimhaut abgegeben wird.

Der Magensaft enthält unter anderem Salzsäure. Diese tötet die meisten Bakterien, die mit der Nahrung aufgenommen werden.

Der Nahrungsbrei bleibt unterschiedlich lange im Magen: das Pausenbrot für ungefähr zwei Stunden, fettige Bratkartoffeln ca. vier Stunden. Den Magenausgang nennt man *Pförtner.* Durch ihn wird der Speisebrei portionsweise in den Anfangsteil des *Dünndarms* abgegeben. Er ist etwas länger als zwölf nebeneinander gelegte Finger und heißt deshalb *Zwölffingerdarm.*

Von Dünndarmwand und *Bauchspeicheldrüse* werden Verdauungssäfte in den Speisebrei abgesondert und aus der *Gallenblase* die *Gallenflüssigkeit*, die bei der Fettverdauung hilft. Der Dünndarm ist etwa 4 Meter lang. Hier wird die Verdauung aller Nährstoffe abgeschlossen und die Verdauungsprodukte werden ins Blut aufgenommen.

Zwischen Dünndarm und Dickdarm befindet sich der *Blinddarm* mit dem Wurmfortsatz. Der Blinddarm ist kein Verdauungsorgan, sondern dient der Abwehr von Krankheitserregern.

Die unverdaulichen Nahrungsreste gelangen in den *Dickdarm.* Dort werden ihnen Mineralstoffe und täglich mehrere Liter Wasser entzogen. Es bleibt der eingedickte *Kot* übrig. Dieser wird zum *Enddarm* transportiert und durch den *After* ausgeschieden.

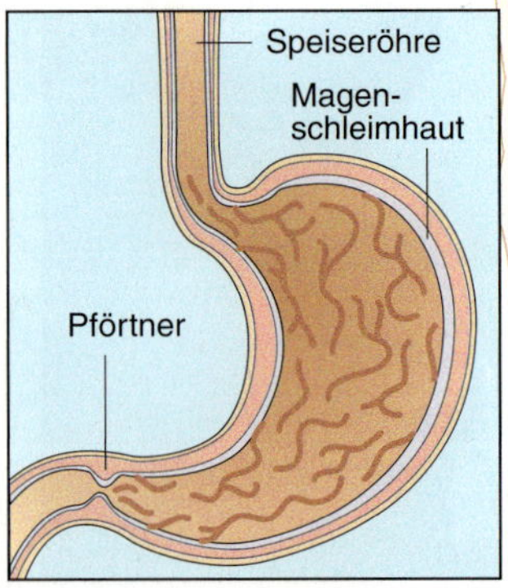

1 Schnitt durch den Magen

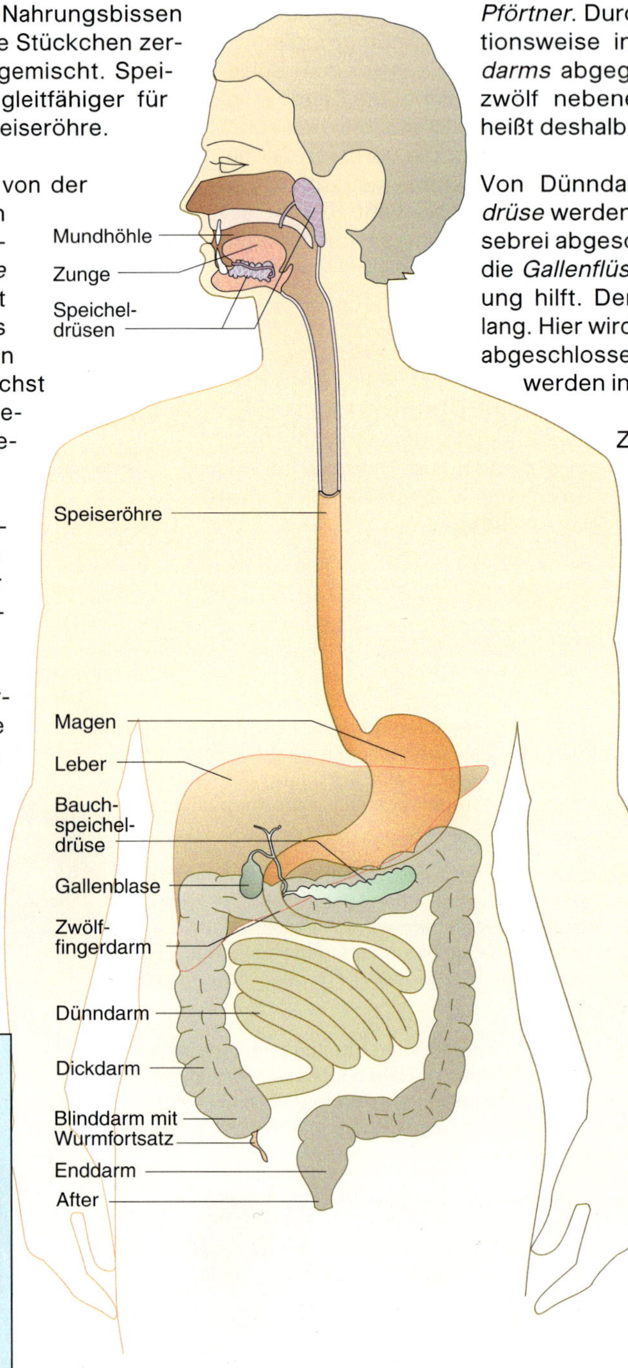

2 Der Weg der Nahrung

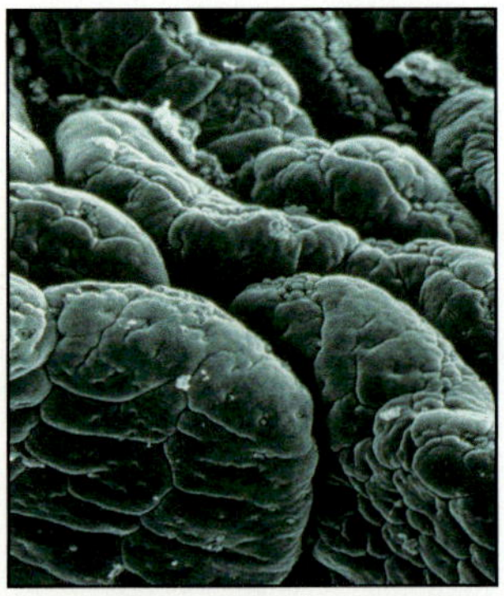

3 Dünndarmzotten

Was geschieht bei der Verdauung?

Damit die Nahrungsbestandteile, d. h. die Nährstoffe, vom Dünndarm aufgenommen und in alle Bereiche des Körpers befördert werden können, müssen sie in kleinste Bausteine zerlegt werden. Die Nährstoffbausteine — die so klein sind, dass wir sie weder mit bloßem Auge noch mit dem Mikroskop sehen können — sind anfangs zu langen Ketten miteinander verknüpft. Mit speziellen Geräten und in vielen Experimenten haben Wissenschaftler die Vorgänge bei der Verdauung erforscht.

Am Beispiel der *Stärke*, einer Kette aus Zuckerbausteinen, soll das Prinzip der Verdauungsvorgänge nun aufgezeigt werden:

Im Mund werden die langen Stärkeketten durch die Verdauungssäfte des Speichels in kürzere *Zuckerketten* aufgespalten. Mit dem Nahrungsbrei gelangen diese in den Dünndarm, wo sie dann in die einzelnen *Zuckerbausteine* zerlegt werden. Die kleinen Zuckerbausteine schwimmen nun im Nahrungsbrei innerhalb des Dünndarms.

Die Innenwand des Dünndarms besitzt viele Falten, die mit winzigen *Darmzotten* besetzt sind. Die große Anzahl von Faltungen, Einstülpungen und Zotten erhöht die Aufnahmefläche. Das ist ein weiteres Beispiel zum **Prinzip** der **Oberflächenvergrößerung** (▶ S. 232). Jede Darmzotte wird von feinsten Blutgefäßen, den *Kapillaren,* durchzogen. Die Zuckerbausteine sind so klein, dass sie durch die dünnen Wände der Darmzotten in die feinen Blutgefäße gelangen können. Mit dem Blut wird der Zucker zur Energieversorgung zu allen Organen und den Muskeln in unserem Körper transportiert.

Aufgaben

① Man kann die Verdauungsvorgänge anhand eines Modells gut verstehen: Eine lange Spielperlenkette soll die Stärke sein, die Perlen die Traubenzuckerteilchen. Wir bohren in den Deckel eines Schuhkartons Löcher in der Größe der Spielperlen. Zuerst wird die ganze Kette, anschließend werden die einzelnen Bausteine in den durchlöcherten Deckel gelegt und dieser hin und herbewegt.
Vergleiche den Modellversuch mit den Vorgängen bei der Verdauung.

② Die Oberfläche aller Darmzotten beträgt ca. 300 m^2. Zeichne auf dem Schulhof mit Kreide ein Quadrat mit dieser Fläche.

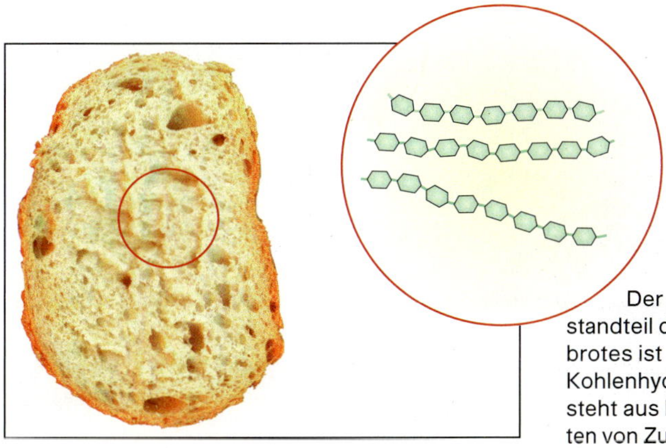

Der Hauptbestandteil des Weißbrotes ist *Stärke*, ein Kohlenhydrat. Sie besteht aus langen Ketten von Zuckerteilchen.

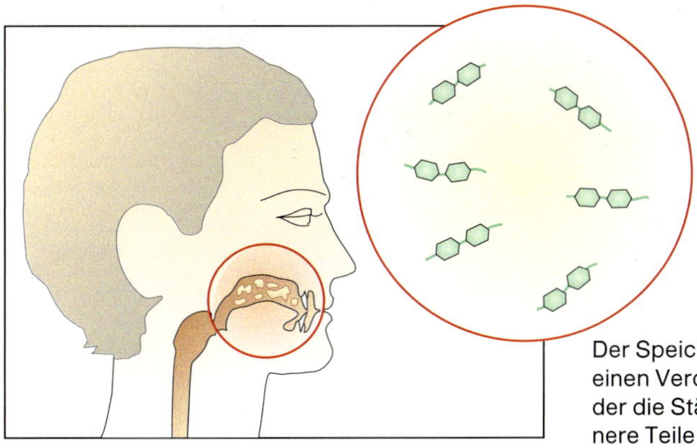

Der Speichel enthält einen Verdauungssaft, der die Stärke in kleinere Teile zerlegt.

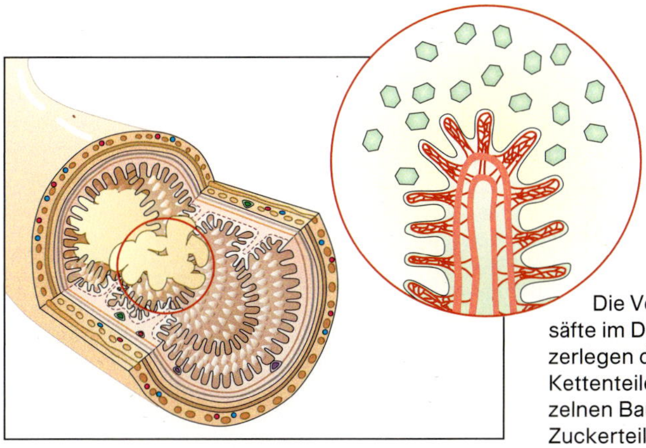

Die Verdauungssäfte im Dünndarm zerlegen die kurzen Kettenteile in die einzelnen Bausteine, die Zuckerteilchen.

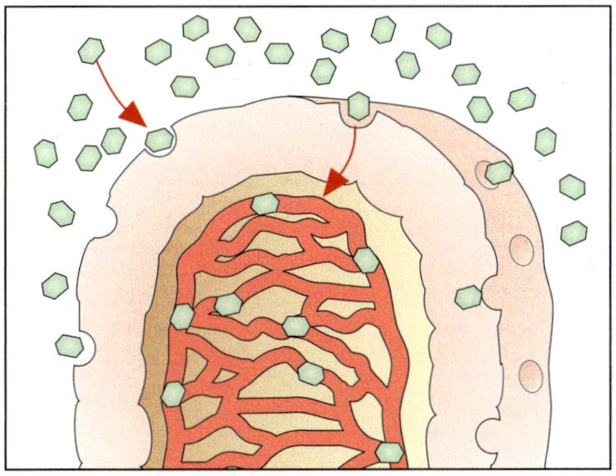

Die Zuckerteilchen werden in die Blutgefäße aufgenommen.

Gesunde Ernährung

Diäten

In Zeitschriften und Büchern findet man eine Fülle von Ernährungsvorschlägen zum Schlankwerden.
Welche gesundheitlichen Probleme können sich aus Diäten ergeben??

Diät 1

ZUTATEN
(ca. 1000 Kalorien)

125 g Beefsteak, 50 g Magerquark, 1 EL Parmesankäse, 3 TL Öl, 1 Scheibe Vollkornbrot, 170 g gekochter Rundkorn-Naturreis, (60 g Rohgewicht), 1 TL Sesamsamen, 1 TL Kürbiskerne, Gemüsebrühe (Instant), 1 kleine Banane, 125 g Weintrauben, 150 g grüne Bohnen, 5 kleine Tomaten, 1 kleine Zwiebel, Koriander, glatte Petersilie, Schnittlauch, Thymian, Pfeffer, Piment, Rosenpaprika, Salz, Zitrone

500 KALORIEN zusätzlich:
3 Scheiben Rindfleischsülze (60 g), 2 TL Öl, 30 g Rundkorn-Naturreis, 1 Birne, 175 g Weintrauben

Donnerstag

FRÜHSTÜCK
Kräuterquark mit Parmesan
Eine Scheibe Vollkornbrot mit dem restlichen Quark (etwa 50 g) bestreichen. Eine Tomate aufschneiden, auf das Brot legen und mit einem Esslöffel Parmesankäse, frischen Kräutern und Pfeffer bestreuen.

EXTRA
Sesambanane
Bananenscheiben mit Zitronensaft beträufeln und einen Teelöffel Sesamsamen darüberstreuen.

WARME MAHLZEIT
Hackfleischröllchen mit Reis
125 g Beefsteakhack mit je einer Messerspitze Piment, Rosenpaprika, Salz, einem Teelöffel Zitronensaft, gehackter Petersilie und einer halben geriebenen Zwiebel verkneten. Kleine längliche Röllchen formen und in der Grill- oder Eisenpfanne ohne Fett braten. 300 Gramm geputzte Bohnen in Salzwasser zehn Minuten garen und abgießen – die Hälfte ist für morgen. Die restliche Zwiebel würfeln, eine Tomate vierteln. Zwiebelwürfel in drei Esslöffel Gemüsebrühe aufkochen, die Hälfte vom vorgekochten Reis (von gestern, etwa 30 g Rohgewicht), dann die Tomatenwürfel und zum Schluss die gekochten Bohnen dazurühren. Zwei Teelöffel Öl zufügen. Über alles frischen Thymian streuen.

EXTRA
125 Gramm Weintrauben

IMBISS
Tomaten-Reis-Salat
Drei Tomaten kleinschneiden und zusammen mit dem restlichen gekochten Reis (30 g Rohgewicht), einem Teelöffel Öl, Zitronensaft, Salz, Pfeffer, Schnittlauch und frischem Koriander mischen und ziehen lassen. Einen Teelöffel Kürbiskerne darüberstreuen.

TIPP FÜR 1500 KALORIEN:
Mittags gibt es die doppelte Portion Reis (zwei Esslöffel Reis zusätzlich aufsetzen). Dem Tomatensalat mit drei Scheiben gewürfelter Sülze mischen, das zusätzliche Öl darüberträufeln. Zwischendurch können Sie das Obst essen.

Kartoffeldiät

Fragen Sie Dr. X

Du kennst aus Zeitschriften die Ratgeber, die zu allen Problemen des Lebens eine Antwort wissen.

Lieber Dr. X,

ich will das schlankeste und schönste Mädchen unserer Schule werden. Seit Wochen mache ich eine Schlankheitskur und bin auch schon ganz dünn. Leider wackeln seit letzter Woche alle meine Zähne.
Können Sie mir helfen?
Was soll ich tun?

Mit freundlichen Grüßen

Martina

Liebe Martina,

vielen Dank für deinen Brief.
. . .

Mit freundlichen Grüßen
Dr. X

Wie könnte ein Antwortbrief lauten?

Ihr könnt euch in Gruppen weitere Fragen an Dr. X ausdenken. Andere Gruppen müssen dann versuchen, einen Antwortbrief zu schreiben.

Krankenkassen, Apotheken oder euer Hausarzt informieren über Wege zu einer gesunden Ernährung. Auch dein Biobuch kann dir weiterhelfen.

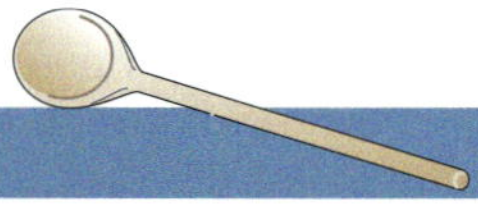

Rezepte

Habt ihr Durst oder Hunger bekommen? Hier sind zwei Rezeptvorschläge für gesunde Fitness-Drinks und Müsli-Riegel. In Zeitschriften oder Kochbüchern findet ihr noch mehr.

Solche Getränke, Müsli-Riegel oder andere gesunde Nahrungsmittel kann man auch für ein gemeinsames Klassenfrühstück, Schulfeste oder für einen Pausenverkauf einplanen.

Fitness-Drink
Zutaten für zwei Personen:
Saft von 2 Orangen
1 kleine Banane
4 Esslöffel ungesüßter Sanddornsaft
300 g Buttermilch
zwei Teelöffel Honig

Den Saft, die grob zerdrückte Banane und die anderen Zutaten werden im Mixer oder mit dem Pürierstab verquirlt.
Fertig ist der Mix!

Man kann den Energiegehalt von Lebensmitteln gut vergleichen, wenn man ausrechnet, wie viele Zuckerwürfel man stattdessen essen müsste.

Produkt	Würfelzucker (ca. 3g)
Tüte Gummibärchen (100g)	19 Stück
Tüte Lakritze (75 g)	15 Stück
Päckchen Kaugummi	9 Stück
Tafel Vollmilchschokolade (100 g)	19 Stück
Milchschnitte	3 Stück
Müsli-Riegel	8 Stück
Glas Nussnugatcreme	79 Stück
Dose Limonade (0,3 l)	13 Stück
Dose Cola (0,3 l)	12 Stück
Orangennektar (0,3 l)	18 Stück
Orangensaft (0,3 l)	1 Stück

Checkliste für Joule-Detektive

Joule-Detektive

Ihr kennt alle die Geschichten, bei denen Detektive geheimnisvolle Fälle lösen müssen. Auch in unseren Nahrungsmitteln stecken viele Geheimnisse:

- Wie viel Zucker ist in unseren Lebensmitteln?
- Wie viel versteckte Fette essen wir?
- Wieso sind manche Leute dick und andere nicht?

Ihr könnt als Joule-Detektive einmal genau den Dingen auf die Spur gehen. Das ist sicher nicht so gefährlich wie bei richtigen Detektiven, aber erfordert auch eine „feine Nase“.

Fremde Länder – fremdes Essen

Mexiko

Spanien

Wer genießt nicht die Abwechslung, die exotische Gerichte bieten?

Italien

Vergleicht die verschiedenen Gerichte und ermittelt die Zutaten!

Frankreich

Griechenland

Thailand

Aus den Küchen fremder Länder kennen wir die verschiedensten Nahrungsmittel, Zubereitungsweisen und Gewürze. Aber kennen wir die Küche wirklich? Oder sind die Speisen beim „Chinesen“ oder „Griechen“ an unsere Gewohnheiten angepasst? Bestimmt kannst du viel über die einheimische Küche in fremden Ländern von deinen Mitschülern erfahren.

Müsli-Riegel „Natura“

(für ca. 20 Riegel)

50 g Haselnüsse, 50 g Kürbiskerne,
100 g Feigen, 50 g Trockenpflaumen,
2 Äpfel, 50 g Sonnenblumenkerne,
150 g Weizenvollkornmehl, 150 g Haferflocken,
250 ml Wasser, 5 Esslöffel Sonnenblumenöl,
100 g Rosinen, 1/2 Teelöffel Salz, 2 Esslöffel Honig, 1 Teelöffel Zimt.

Trockenpflaumen, Feigen, Kürbiskerne und Haselnüsse grob hacken. Die Äpfel raspeln.

Mehl und Haferflocken in eine Schüssel geben. Wasser, Öl und die anderen grob gehackten Zutaten untermischen. Mit Salz, Honig und Zimt schmeckt ihr das Gemisch ab und verknetet es zu einem Teig. Legt ein Backblech mit Backpapier aus und streicht den Teig gleichmäßig darauf aus. Im vorgeheizten Backofen wird bei 180 °C der Teig 30 Minuten gebacken. Den warmen Teig schneidet ihr in Portionen und lasst ihn auskühlen.

Atmung ist lebensnotwendig – der Weg der Atemluft

Ein Sporttaucher beobachtet am Meeresgrund Fische. Damit er längere Zeit unten bleiben kann, führt er Atemluft in einer Pressluftflasche mit sich. Beim Ausatmen steigen jedes Mal Luftblasen im Wasser empor. Ohne Luftvorrat in der Pressluftflasche müsste der Taucher nach 1 bis 2 Minuten an die Oberfläche zurückkehren und atmen. Unterbleibt die Atmung für mehr als 3 bis 4 Minuten, tritt Bewusstlosigkeit ein.

Die Luft in der Pressluftflasche ist - wie die „normale" Luft - ein Gemisch aus verschiedenen farblosen *Gasen:* Ein Fünftel davon ist *Sauerstoff*, vier Fünftel sind *Stickstoff*. Außerdem enthält Luft noch andere Gase in geringen Mengen, darunter auch das *Kohlenstoffdioxid*.

Über die Nase oder den Mund gelangt die Luft in unsere Lunge. In der *Nase* wird sie bereits an der Nasenschleimhaut in der *Nasenhöhle* erwärmt (Abb. 1). Die Nasenschleimhaut feuchtet die eingeatmete Luft auch an. In der Schleimhaut befinden sich Zellen mit kleinen Härchen. Diese bewegen sich ständig hin und her, fangen Staubteilchen aus der Atemluft ab und transportieren sie in den vorderen Bereich der Nase.

Von der Nasenhöhle strömt die Luft über den *Rachenraum* in die Luftröhre, die vor der Speiseröhre liegt. Wenn wir Nahrung oder Flüssigkeit schlucken, wird die Luftröhre durch einen Deckel, den *Kehlkopfdeckel*, verschlossen. Dadurch wird verhindert, dass Fremdkörper in sie eindringen und so die Atmung behindern.

Die *Luftröhre* ist ein 10 bis 12 cm langer Schlauch. Sie ist durch elastische Knorpelspangen verstärkt und bleibt so immer geöffnet. Die Innenseite der Luftröhre ist mit *Flimmerhärchen* besetzt. Diese transportieren Fremdkörper, Staubteilchen oder Krankheitserreger ständig nach oben in den Rachenraum, wo sie durch Abhusten entfernt werden.

Die Luftröhre gabelt sich in zwei Äste, die *Bronchien*, die zu den beiden Lungenflügeln führen. Dort verzweigen sich die Bronchien wie die Äste eines Baumes immer weiter und enden in der Lunge in zahlreichen *Lungenbläschen*, die traubenförmig beieinander sitzen und von feinsten Äderchen umsponnen sind. Der Durchmesser eines Lungenbläschens beträgt 0,2 mm. In beiden Lungenflügeln zusammen gibt es beim Menschen ungefähr 500 Millionen Lungenbläschen (► S. 232).

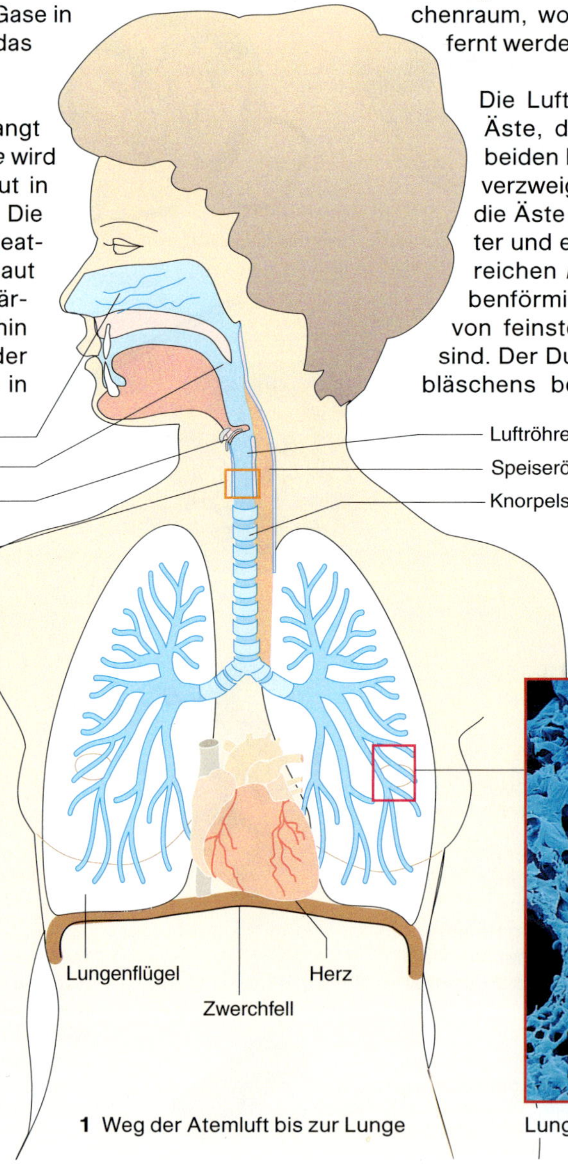

Flimmerhärchen in der Luftröhre

1 Weg der Atemluft bis zur Lunge

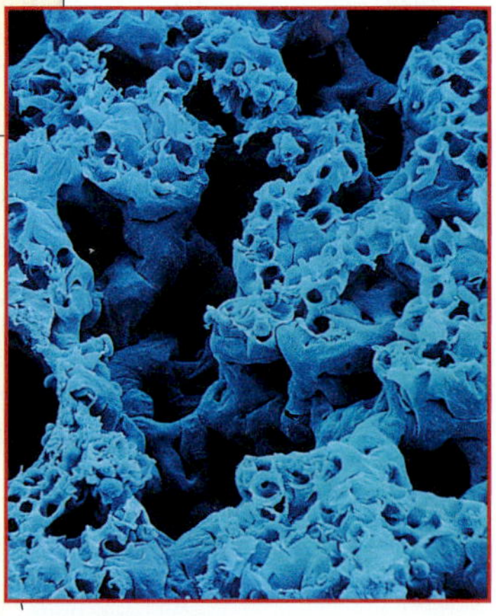

Lungenbläschen

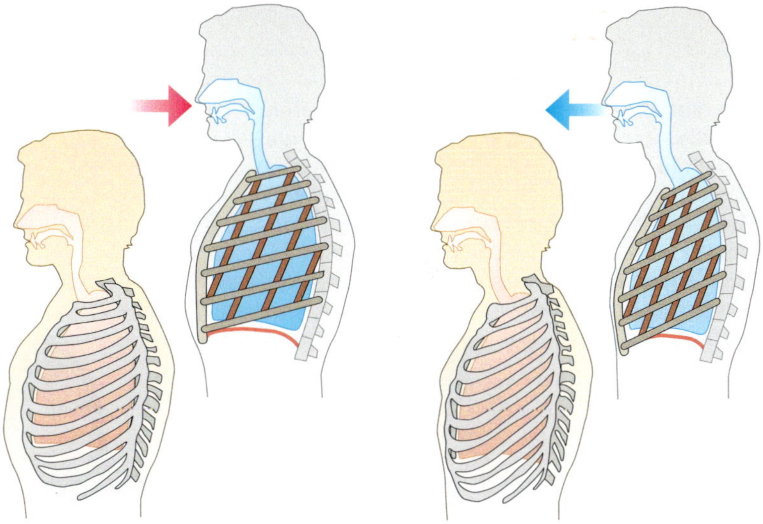

1 Brustatmung

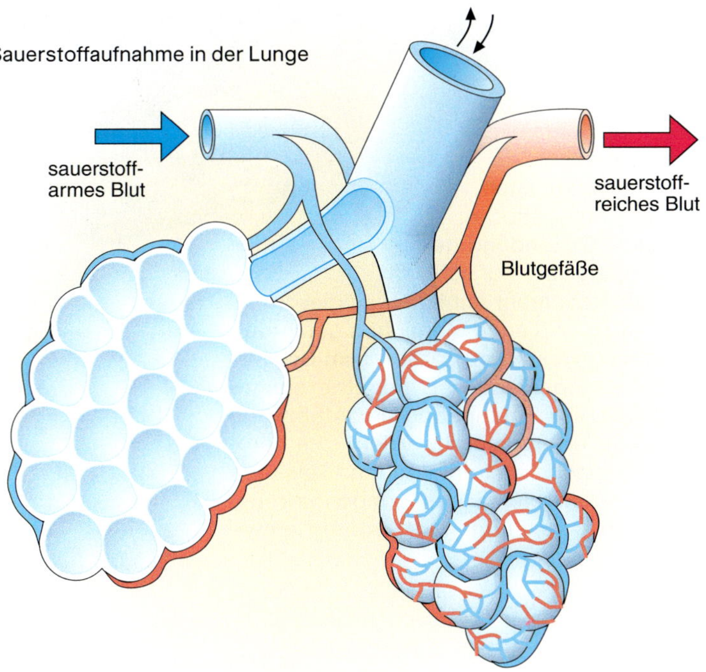

2 Sauerstoffaufnahme in der Lunge

Vorgänge bei der Atmung

Unser Atemorgan *Lunge* ist ein weiches Gewebe, vergleichbar mit einem Schwamm. Sie besteht allerdings nicht aus Muskeln und wird auch nicht von „eigenen“ Muskeln bewegt. Trotzdem wird die Lunge größer und wieder kleiner. Das kommt daher, dass wir beim Einatmen nicht die Lungen direkt, sondern die Muskeln des Brustkorbes und des Zwerchfells bewegen. Das *Zwerchfell* ist eine Muskelschicht, die Bauch- und Brustraum voneinander trennt.

Nach körperlicher Arbeit, z. B. nach dem Sport, heben und senken wir die Rippen und damit den Brustkorb besonders stark. Diese Form der Atmung nennt man *Brustatmung*. Bei dieser Brustatmung werden die Rippen von der Zwischenrippenmuskulatur angehoben (Abb. 1). Der Brustkorb wird größer, es entsteht ein Unterdruck und die Lunge wird gedehnt. Über die Luftröhre und die Bronchien strömt Luft in die Lunge. Wir atmen ein. Beim Ausatmen senken sich die Rippen, der Brustkorb wird kleiner. Die Lunge wird zusammengedrückt. Luft strömt aus der Lunge in die Bronchien und in die Luftröhre. Wir atmen aus.

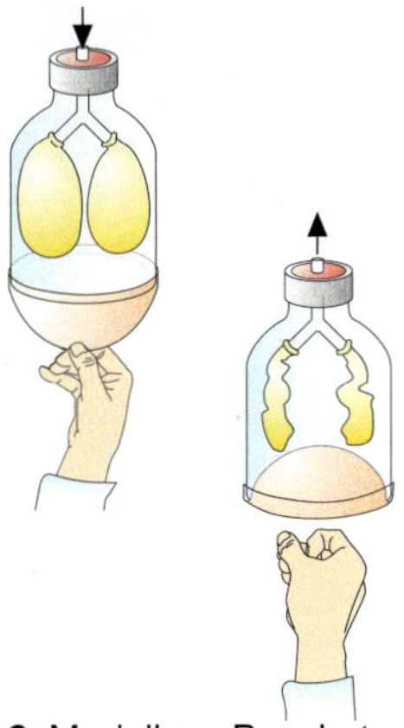

3 Modell zur Bauchatmung

Wenn wir sitzen oder liegen, bewegen wir den Brustkorb kaum, sondern atmen verstärkt durch die Bewegung des Zwerchfells. Dieser Atmungsvorgang wird *Bauch-* oder *Zwerchfellatmung* genannt. Die Bauch- oder Zwerchfellatmung lässt sich mithilfe eines Modellversuchs veranschaulichen, wie es in der Mittelspalte unten dargestellt ist: Die Gummihaut an der Unterseite der Glasglocke stellt das Zwerchfell dar, die Glasglocke den Brustkorb und die Luftballons die Lungenflügel. Zieht man nun an der Gummihaut, so entspricht das dem Anspannen des Zwerchfells, Luft strömt ein. Das Loslassen der Gummihaut, was dem Entspannen des Zwerchfells entspricht, führt zum Ausströmen der Luft.

Bei beiden Atmungsformen unterscheiden sich nach dem Einatmen und dem Ausatmen die Anteile der enthaltenen Luftgase. Die eingeatmete Luft enthält mehr Sauerstoff als die ausgeatmete. Die ausgeatmete Luft dagegen enthält mehr Kohlenstoffdioxid als die eingeatmete (▶ S. 232). Der für alle Lebensvorgänge im Körper notwendige Sauerstoff gelangt in die Lungenbläschen, wird dort vom Blut aufgenommen und zu den Verbrauchsorten, den Organen und Muskeln, transportiert. Bei deren Tätigkeit entsteht Kohlenstoffdioxid. Dieses wird über das Blut zur Lunge transportiert, hier abgegeben und ausgeatmet.

Aufgaben

① Beschreibe die Vorgänge in den Lungenbläschen anhand der nebenstehenden Abbildung.

② Erkläre, weshalb man durch die Nase und nicht durch den Mund einatmen sollte.

③ Zeichne auf Pergamentpapier die Umrisse des Brustkorbes nach dem Ausatmen aus Abbildung 1 und lege diese auf die Abbildung des Brustkorbes nach dem Einatmen. Vergleiche!

Gefahren für die Atemorgane

Trotz des Wissens über die möglichen Folgen des Rauchens und aller Warnungen davor, stellt das Rauchen bei uns nach wie vor die stärkste Gefährdung für die Atemorgane dar. Viele Erwachsene greifen zur Zigarette, aber in den letzten Jahren leider auch immer häufiger Kinder und Jugendliche. Dabei spielen meistens Bedürfnisse wie erwachsen sein wollen oder auch der Wunsch, dazu zu gehören, die entscheidende Rolle. So geraten viele junge Menschen in die ungewollte Abhängigkeit von der Zigarette. Dabei ist es mit Sicherheit viel eher ein Zeichen von Stärke und Reife, sich ohne den Griff zum Glimmstängel in der Gruppe zu behaupten und „nein“ sagen zu können, denn selbstbewusst kann man auch ohne sein.

Der Zigarettenrauch enthält starke Gifte und schädigt die Flimmerhärchen der Bronchien. so stark, dass sie sich langsamer oder auch gar nicht mehr bewegen. Dadurch werden die Schmutz- und Staubteilchen sowie der Schleim in den Bronchien nicht mehr hinreichend nach außen transportiert und abgehustet. Teer und andere Bestandteile des Rauches können sich in der Lunge ablagern. Nach jahrelangem Rauchen entsteht dadurch die von den Ablagerungen dunkel gefärbte Raucherlunge. Die Sauerstoffaufnahme und Kohlenstoffdioxidabgabe sind behindert. Ein starker Raucher gerät deshalb schnell aus der Puste. Raucht man ein Leben lang, steigt die Gefahr enorm, an Lungenkrebs zu erkranken. 90 % aller Lungenkrebstoten sind Raucher.

Es gibt aber auch ganz natürliche Gefahren für die Atemorgane, wie etwa Bakterien, die über die Atemluft in die Lunge gelangen und sich dort kräftig vermehren. Die Bronchien bilden in einem solchen Fall vermehrt Schleim und können sich entzünden, wodurch dann die Atmung erschwert wird.

Im gesunden Körper funktioniert das körpereigene Abwehrsystem meistens sehr gut, sodass Erreger schnell erkannt und vernichtet werden. Bei Personen mit geschwächter Abwehr, wozu auch die Raucher gehören, heilt eine Entzündung der Atemorgane aber nur schlecht oder gar nicht mehr richtig ab. In gleicher Weise sind auch Menschen gefährdet, die ständig verstärkt Abgasen zum Beispiel von Autos oder aus der Industrie ausgesetzt sind. Die Entzündung der Atemwege kann zum Dauerzustand werden, eine *chronische Bronchitis* ist entstanden. Gelangen die Bakterien bis in das Lungengewebe, kann sich eine *Lungenentzündung* entwi-

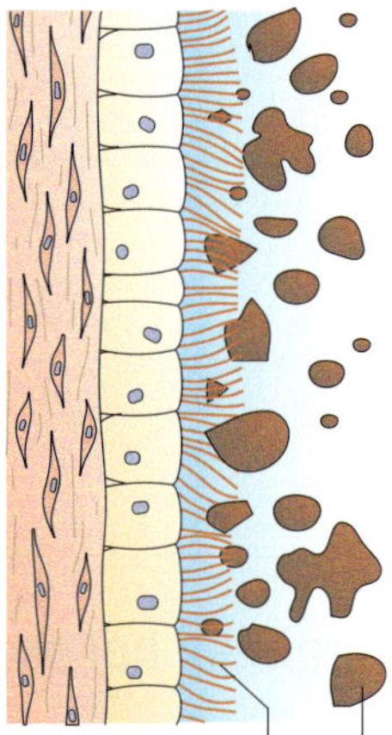

Bronchien mit Flimmerhärchen und Schmutzpartikeln

Zettelkasten

Asthma

Unter *Asthma* versteht man das zeitweise Auftreten von Atemnot. Das kann bis zu Erstickungsanfällen führen. Ursache dafür ist eine starke Verengung der Bronchien durch einen Krampf der Bronchialmuskulatur oder durch übermäßig starke Schleimbildung. Von Asthma können Menschen betroffen sein, die in der Vergangenheit, vor allem im Jugendalter, häufig von Atemwegsentzündungen betroffen waren. Es gibt aber auch Menschen, die aufgrund einer Allergie zu Asthmaanfällen neigen. Das kann zum Beispiel eine Allergie gegen bestimmte Pollen oder gegen Katzenhaare sein.

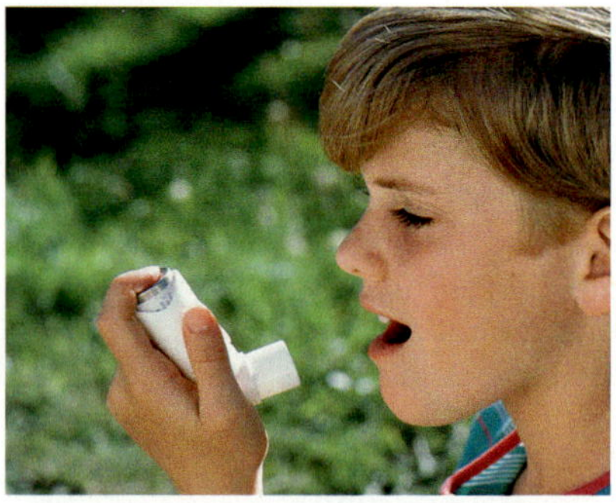

Asthmakranke können Anfällen vorbeugen, indem sie die auslösenden Ursachen meiden, eine Antiallergiebehandlung durchführen lassen oder *Asthmasprays* benutzen, deren Inhaltsstoffe die Bronchialmuskulatur entspannen, sodass sich die Bronchien wieder weiten. Durch starke Asthmaanfälle bedrohte Menschen haben meist ein wirksames Asthmaspray für den Notfall bei sich.

Atmung

Messung der Atemlufttemperatur

① Stelle mit einem Thermometer die Temperatur der Luft im Biologiesaal fest. Notiere den Messwert.

② Halte beide Hände so vor die Nase, dass sie einen Hohlraum bilden. Atme dann eine Minute lang durch den Mund ein und durch die Nase aus. Ein Mitschüler hält das Thermometer in den Hohlraum. Nach ungefähr einer Minute wird die Temperatur abgelesen und der Messwert notiert.

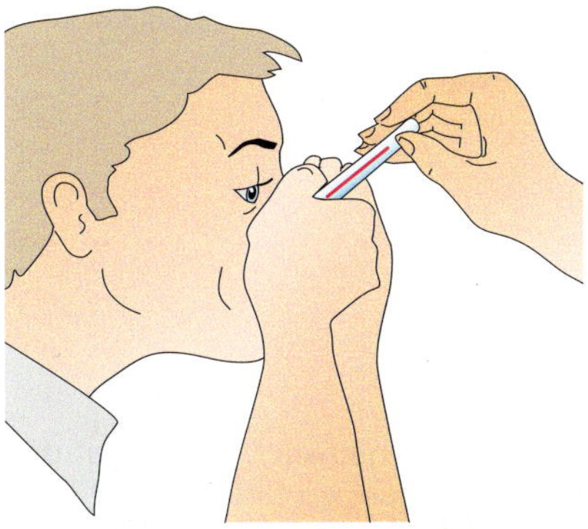

③ Vergleiche die beiden Messwerte miteinander und erkläre das Ergebnis.

Untersuchung der eingeatmeten und ausgeatmeten Luft

④ Fülle zwei Gaswaschflaschen 3 – 4 cm hoch mit Kalkwasser. Verbinde diese miteinander, wie in der nachfolgenden Abbildung dargestellt.

⑤ Atme über das Mundstück langsam ein und aus.

⑥ Vergleiche die Inhalte der beiden Flaschen miteinander und notiere deine Beobachtungen.

⑦ Lasse Kohlenstoffdioxid aus einem Luftballon durch ein Glasröhrchen in ein halb mit Kalkwasser gefülltes Becherglas strömen.

⑧ Notiere deine Beobachtungen und erkläre, was dieser Versuch über unsere Atemluft aussagt.

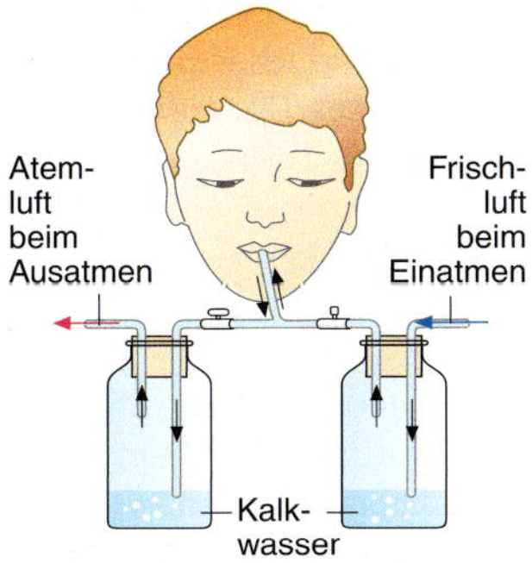

Messung des Atemvolumens

⑨ An einer Glasglocke (Volumen mindestens 5 Liter) werden mit folgender Methode Volumenmarkierungen angebracht: In die große Öffnung werden 500 ml Wasser eingefüllt und der Wasserstand am Glas markiert. Wiederhole den Vorgang so oft, bis 5 Liter eingefüllt und entsprechende Markierungen angebracht sind. Stelle die Glocke auf drei Klötzchen in eine wassergefüllte Wanne. Verschließe die obere Öffnung mit einem Hahn. Fülle die Glocke vollständig mit Wasser. Sauge dazu die Luft durch die obere Öffnung ab.

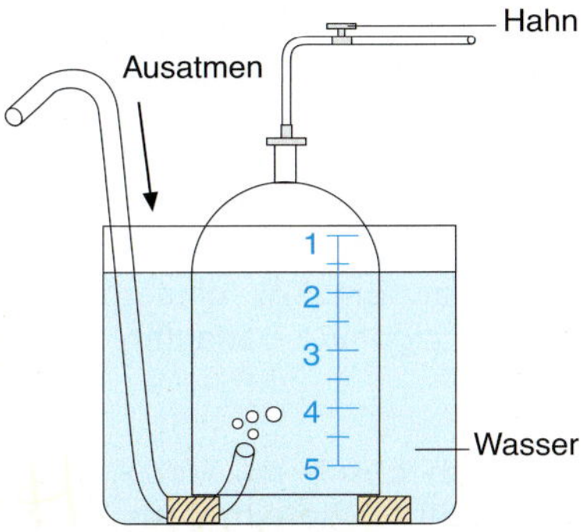

⑩ Atme tief ein und blase mithilfe eines gekrümmten Glasrohres deine gesamte Atemluft in die Glocke. Lies an den Markierungen ab, wie viel Luft du aus deinen Lungen in die Glocke ausgeatmet hast.

⑪ Miss mit einem Meterband deinen Brustumfang nach dem Einatmen und nach dem Ausatmen. Vergleiche die beiden Messwerte. Warum sind sie unterschiedlich?

⑫ Wiederhole den Versuch bei fünf Mitschülern und trage die Ergebnisse in eine Tabelle ein. Vergleiche.

⑬ In welchem Zusammenhang stehen die Umfangsänderungen am Brustkorb und das Atemvolumen? Formuliere und notiere dazu einen Ergebnissatz.

Atmung und körperliche Arbeit

⑭ Sitze entspannt auf deinem Stuhl und zähle die Anzahl deiner Atemzüge in einer Minute. Notiere den Wert. Mache 15 Kniebeugen und ermittle wieder die Anzahl deiner Atemzüge in einer Minute. Was fällt beim Vergleich der beiden Werte auf?

⑮ Vergleiche deine Werte mit denen deiner Mitschüler. Welche Unterschiede ergeben sich?

Untersuchung von Zigarettenrauch

⑯ Eine Zigarette wird in ein 3 cm langes Schlauchstück gesteckt. Ein 5 cm langes Glasrohr wird mit Kochsalz gefüllt, an den Enden mit Watte verstopft und in das Schlauchstück geschoben. Das andere Ende des Glasrohrs ist mit einer Saugpumpe verbunden. Die Zigarette wird angezündet und der Rauch durch das Glasrohr gesaugt. Betrachte das Salz und notiere deine Beobachtungen. Welcher Stoff im Zigarettenrauch kann die Veränderungen hervorgerufen haben?

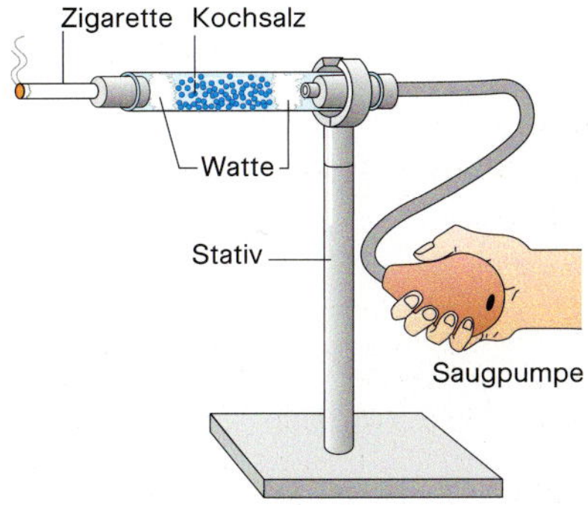

⑰ Nimm das Glasrohr aus der Versuchsanordnung, entferne die Wattepfropfen mit einer Pinzette (nicht in die Hand nehmen). Fülle etwas Wasser in ein 200-ml-Becherglas und schütte das Salz aus dem Glasröhrchen hinein. Rieche an der Wasseroberfläche und beschreibe den Geruch.

Das Herz – Arbeit ohne Pause

Nach einem Dauerlauf geht der Atem schneller und man spürt ein regelmäßiges Klopfen im Körper. Es ist der *Herzschlag*, der bei körperlicher Betätigung immer besonders kräftig wird. Im Ruhezustand spüren wir ihn meist nicht, es sei denn, man legt den Zeigefinger der einen Hand auf die Unterseite des Handgelenks am anderen Arm. Der Herzschlag ist jetzt am fühlbaren Klopfen, dem *Puls*, zu bemerken. Ein Arzt kann den Herzschlag auch mit dem *Stethoskop* an der Brust des Patienten abhören.

Das Herz ist etwa faustgroß und befindet sich in der linken Hälfte der Brust. Es ist ein *Hohlmuskel*, der sich regelmäßig zusammenzieht (▶ S. 233). Dabei wird Blut in den Körper und über besondere Blutgefäße in die Herzmuskulatur gepumpt. Ein Teil dieser Blutbahnen, die *Herzkranzgefäße*, verlaufen an der Herzoberfläche.

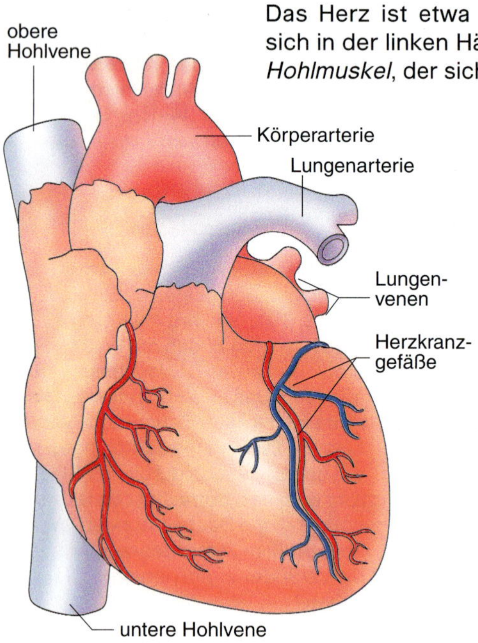

1 Bau des Herzens

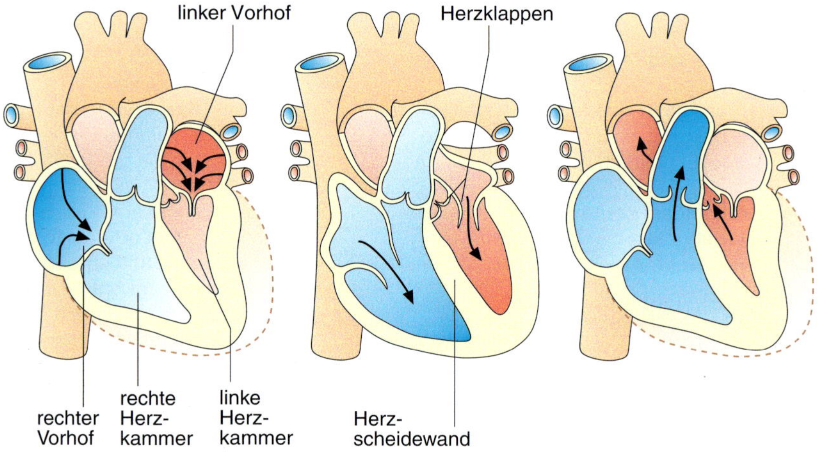

2 Funktion des Herzens

Das Herz wird im Innern durch die *Herzscheidewand* in zwei Hälften geteilt. Jede Hälfte besteht aus einem *Vorhof* und einer *Herzkammer*, die durch *Herzklappen* voneinander getrennt sind. Die Herzklappen wirken wie Ventile. Sie lassen Blut nur vom Vorhof zur Herzkammer fließen. Bei Umkehr der Strömungsrichtung werden sie aneinander gepresst und verschließen die Öffnung. Dort, wo das Blut aus den Herzkammern wieder austritt, befinden sich ebenfalls Klappen. Sie verhindern das Zurückfließen von Blut in das Herz.

Der Pumpvorgang des Herzens besteht aus zwei Arbeitstakten:

1. Der Herzmuskel erschlafft. In die Vorhöfe fließt Blut. Diese ziehen sich nun zusammen und pressen durch die geöffneten Herzklappen das Blut in beide Herzkammern. Die Herzkammern werden dabei gedehnt und nehmen Blut auf.
2. Die Herzkammern ziehen sich zusammen. Blut wird aus den beiden kleiner werdenden Herzkammern in große Blutgefäße gepresst. Die Herzklappen zwischen den Vorhöfen und den Herzkammern sind geschlossen. Diese verhindern, dass Blut in die Vorhöfe zurückströmt.

Ohne körperliche Anstrengung schlägt das Herz eines Erwachsenen jede Minute etwa 70-mal. Dabei werden ca. sechs Liter Blut pro Minute in den Körper gepumpt. Das Herz arbeitet unaufhörlich während des gesamten Lebens. Bei Herzstillstand tritt nach wenigen Minuten der Tod ein.

Das Blut kommt auf seinem Weg durch den Körper stets wieder ins Herz zurück. Es liegt ein *geschlossener Blutkreislauf* vor. Die Blutgefäße, die das Blut zu den Körperorganen führen, sind die *Arterien*. Als *Venen* bezeichnet man diejenigen Blutgefäße, in denen das Blut zum Herzen zurückfließt.

Aufgabe

① Beschreibe den Weg des Blutes (Abb. 2).

Zusammensetzung des Blutes

Die Zusammensetzung des Blutes lässt sich durch einen Versuch zeigen. Frisches Blut von einem Schlachttier wird durch Zusatz eines Salzes gerinnungsunfähig gemacht. Wenn man es stehen lässt, verändert es sich nach einiger Zeit. Es bildet sich ein dunkler Bodensatz, über dem eine helle, leicht trübe Flüssigkeit steht. Mikroskopiert man eine Probe des Bodensatzes, so findet man drei verschiedene Bestandteile: *rote Blutzellen*, die den roten Blutfarbstoff enthalten und die Farbe des Blutes bestimmen, *weiße Blutzellen* und *Blutplättchen*. Die helle darüber stehende Flüssigkeit, die etwa die Hälfte der Blutmenge ausmacht, ist das *Blutplasma*. Es besteht vorwiegend aus Wasser, in dem verschiedene Stoffe gelöst sind.

von körpereigenen Stoffen entstehen, in gelöster Form im Blutplasma zu den Ausscheidungsorganen, den *Nieren*, befördert.

Die weißen Blutzellen gehören zum *Abwehrsystem* des Körpers und haben die Aufgabe, eingedrungene Krankheitserreger zu vernichten. Sie können ihre Form stark verändern und sogar durch die Wände der Kapillargefäße hindurch den Blutkreislauf verlassen. Trifft eine weiße Blutzelle auf einen Krankheitserreger, so stülpt sie sich über den Fremdling, schließt ihn ein und „frisst" ihn regelrecht auf.

Bei einer Verletzung von Blutgefäßen werden die Blutplättchen benötigt. An der Wunde

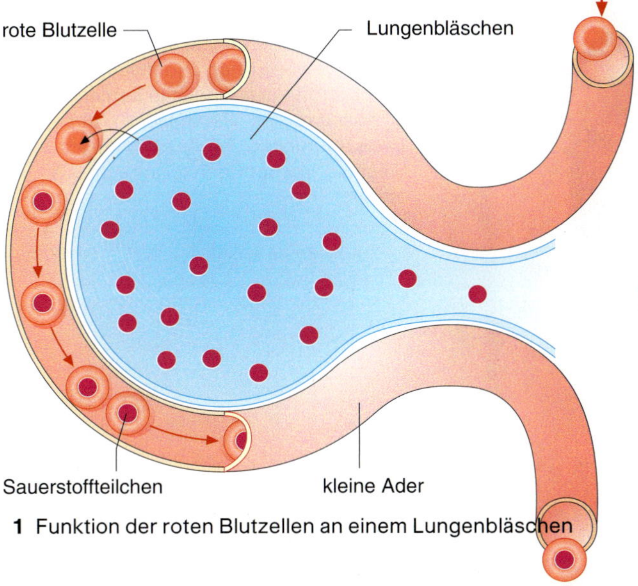

1 Funktion der roten Blutzellen an einem Lungenbläschen

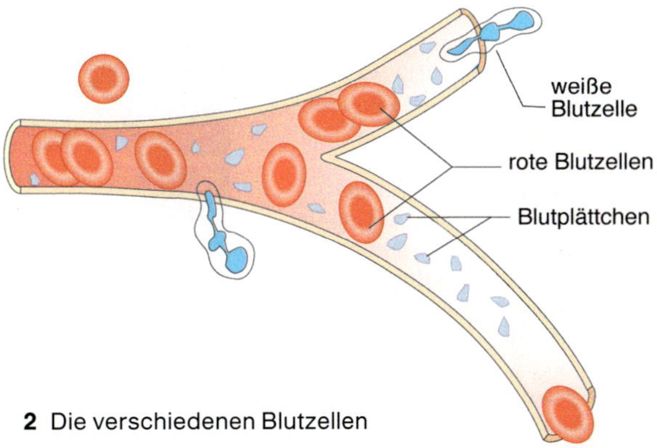

2 Die verschiedenen Blutzellen

Das Blut erfüllt wichtige *Transportaufgaben* im Körper: Die roten Blutzellen transportieren den lebensnotwendigen Sauerstoff von den Lungen in alle Organe und Muskeln unseres Körpers, die ständig Sauerstoff verbrauchen. Das dabei gebildete Kohlenstoffdioxid wird im Gegenzug vom Blut zur Lunge transportiert.

Die kleinsten Bestandteile der Nährstoffe sowie Mineralsalze und Vitamine, die durch die Darmwand in den Blutkreislauf gelangen, sind im Blutplasma gelöst. Mit dem Blutstrom gelangen sie in alle Bereiche des Körpers und stehen den Körperzellen als Energieträger oder Baustoffe zur Verfügung. Außerdem werden verschiedene Abfallprodukte, die bei der Verwertung von Stoffen aus der Nahrung und bei der Herstellung

zerfallen sie und bewirken damit, dass austretendes Blut *gerinnen* kann. Dadurch wird die Wunde verschlossen und die Blutung kommt zum Stillstand.

Zugleich mit dem Stofftransport ist das Blut auch an der *Einstellung der richtigen Körpertemperatur* beteiligt. Bei der Verarbeitung von Stoffen entsteht in den Körperzellen Wärme, die an das Blut abgegeben wird. Mit dem Blutstrom wird die Wärme im Körper verteilt. Überschüssige Wärme wird über die Haut an die Luft abgegeben.

Aufgabe

① Beschreibe anhand von Abbildung 2 die Form der verschiedenen Blutzellen und erkläre deren Aufgaben.

Methoden – Tabellen und Diagramme auswerten – aber wie?

Biologie ist eine experimentelle Wissenschaft; das bedeutet, dass bestimmte Fragen an die Natur durch Beobachtung und Versuche geklärt werden. Ob ein Vogel beispielsweise fliegen kann, lässt sich im Experiment leicht erkennen. Meist gehen die Fragestellungen jedoch deutlich weiter: Wie weit fliegt ein Vogel an einem Tag? Wie viel Sauerstoff verbraucht ein Mensch in einer Stunde? Wie schnell wächst ein Kind heran? Um solche Fragen zu klären, muss der Biologe zählen und messen. Die Zahlen und Daten, die man so erhält, wertet der Biologe aus. Er macht seine Aufzeichnungen übersichtlich und kann so das Problem lösen.

Erfasst man mehrere Werte, so ist es sinnvoll, sie in einer **Tabelle** zu notieren. Es wurden beispielsweise die Körpergröße eines Kindes im Abstand von jeweils sechs Monaten über mehrere Jahre gemessen und notiert.

In der linken Spalte stehen die Messzeitpunkte (Altersstufen), an denen die Werte erfasst wurden, in der rechten Spalte die jeweilige Größe in Zentimetern. So stellt man die Messdaten übersichtlich dar. Es könnten sich aber noch weitere Fragen ergeben:
- Verändert sich die Größe des Kindes oder bleibt sie in einem Zeitraum gleich?
- Welche Größe hatte das Kind an seinem 12. Geburtstag?
- Wie groß ist der halbjährliche Größenzuwachs?

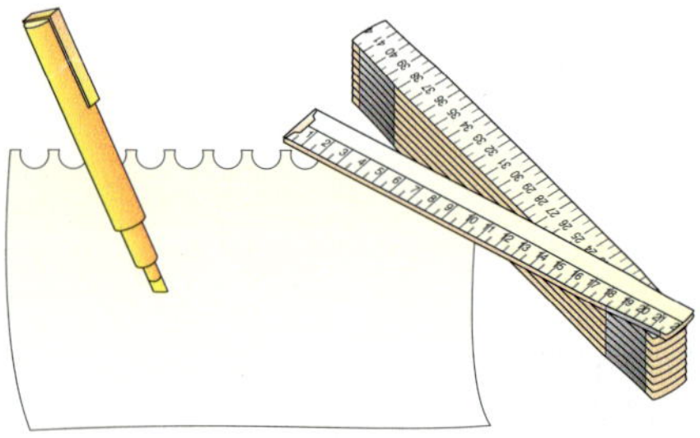

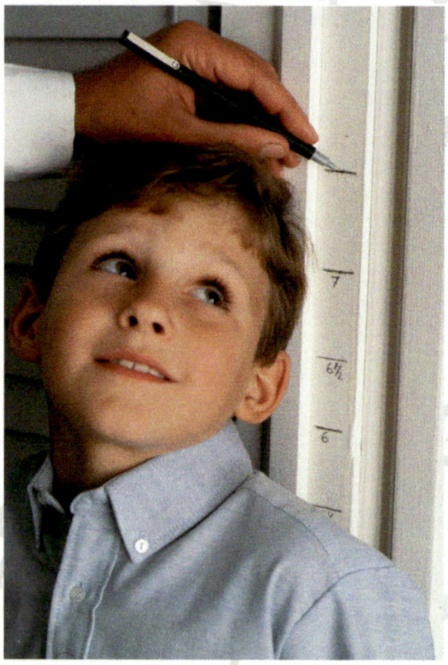

Alter des Kindes	Körpergröße in cm
8	131
8½	132
9	133
9½	134
10	135
10½	140
11	145

Wesentlich schneller lassen sich diese Fragestellungen überblicken, wenn man eine solche Tabelle zu einem **Diagramm** umarbeitet. In ihm können die Wertepaare, der Messzeitpunkt und die Körpergröße, *grafisch* dargestellt werden. Diese Form ist sehr anschaulich und lässt einen schnellen Überblick über den erfassten Zusammenhang zu.

Solche Diagramme haben zwei Achsen, auf denen jeweils die gemessenen Werte aufgetragen werden. In unseren Beispielen wurde nach oben *(Hochachse)* die Körpergröße des Kindes in Zentimeter und nach rechts *(Rechtsachse)* der Messzeitpunkt (Alter des Kindes am Messtag) aufgetragen (Diagramme A und B).

Diagramm A

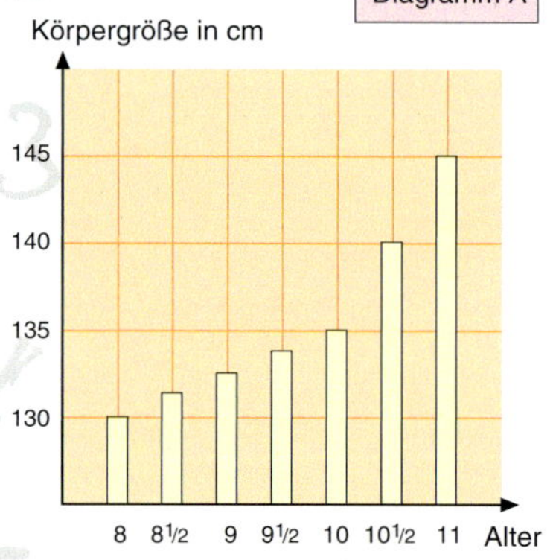

Diagramm B

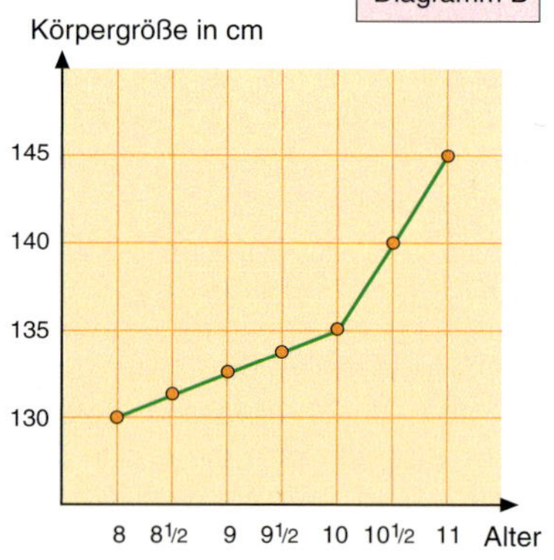

Diagramm A stellt ein so genanntes *Säulendiagramm* dar. Die Höhe einer einzelnen Säule zeigt die Größe des Kindes zum jeweiligen Messzeitpunkt. Sie ist links an der Hochachse abzulesen.

In Diagramm B ist die Größenzunahme als *Kurve* gezeichnet. Zu den Messzeitpunkten wird auf Höhe der jeweiligen Größe ein Punkt gezeichnet. Die Verbindung aller Messpunkte durch eine Linie ergibt dann die Kurve.

Meist sind Daten in der Biologie in einem Diagramm dargestellt und der Betrachter muss sich seine eigenen Gedanken machen, um es zu *analysieren.* Das bedeutet, er muss es auswerten und beschreiben. Wie geht man eine solche Aufgabe an?

So könnte deine Analyse des Diagramms aussehen

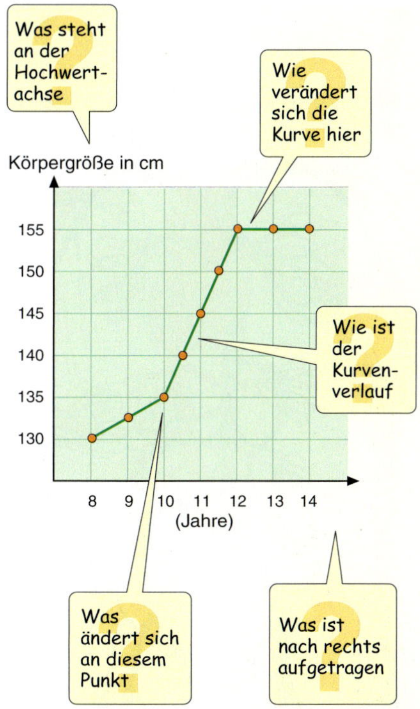

Dieses Diagramm zeigt die Veränderung der Körpergröße eines Kindes im Laufe von 6 Jahren. Dazu wurde alle sechs Monate die Größe bestimmt.

Man erkennt, dass das Kind von Beginn der Messung bis zum 10. Lebensjahr langsam und stetig wächst und zwar in einem halben Jahr um jeweils 1 cm. Am 10. Geburtstag ist das Kind 135 cm groß. Von da an erfährt das Kind einen Wachstumsschub und wächst bis zu seinem 12. Lebensjahr halbjährlich um 5 cm. Mit 12 Jahren hat es dann eine Körpergröße von 155 cm. Auf diesem Wert bleibt die Größe des Kindes dann bis zum Ende des Messzeitraums stehen, d. h. bis zum Alter von 14 legt der Körper des Kindes eine Wachstumspause ein.

Nach dieser Analyse des Diagramms kann man nun nach Gründen für diesen Kurvenverlauf suchen.

Zettel 1

86, 78, 83, 83, 85, 79, 79, 68, 86, 91, 88, 92, 84, 82, 76, 78, 84, 89, 77, 90, 81, 78, 87, 85, 83, 70, 72, 84, 80, 79.

Zettel 2

169, 174, 197, 193, 180, 186, 160, 170, 176, 174, 192, 190, 168, 192, 184, 186, 177, 182, 172, 189, 177, 178, 174, 183, 187, 192, 160, 166, 185, 188.

Zettel 3

129, 114, 137, 133, 120, 126, 110, 118, 116, 114, 132, 130, 152, 132, 124, 126, 117, 122, 100, 98. 117, 112, 114, 123, 127, 132, 140, 136, 125, 128.

Daten können auch aus unübersichtlichen Zahlenreihen bestehen, die zuerst in ein Diagramm umgewandelt werden müssen. Beispiel: Alle Schülerinnen und Schüler der Klasse messen ihren Puls am Unterarm nach längerem ruhigen Sitzen (Zettel 1), nach 5-minütigem Laufen auf der Stelle (Zettel 2) und 4 Minuten nach dem Lauf (Zettel 3).

Wie entsteht daraus ein Diagramm?

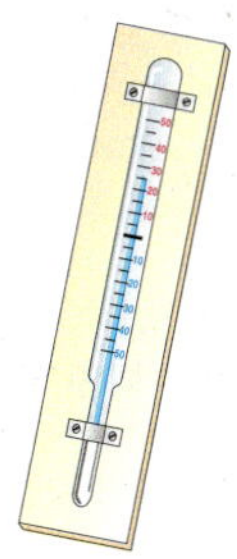

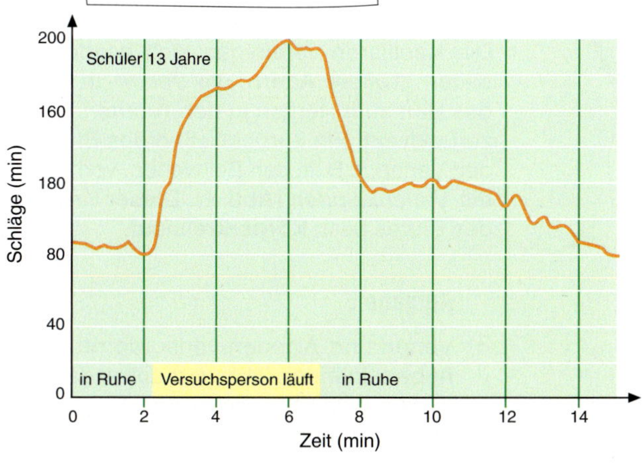

Aufgaben

① Miss mit einem Thermometer an einem Tag zu jeder vollen Stunde von morgens bis abends die Temperatur im Freien. Trage diese Werte in eine Tabelle ein. Fertige dann daraus ein Diagramm an, das den Temperaturverlauf an diesem Tag zeigt. Beschreibe diesen Verlauf mit Worten!

② Wie könnte man die Ergebnisse der Pulsmessung übersichtlich darstellen? Was sagen sie aus?

③ Verwendet man ein Gerät, das ständig die Herzfrequenz aufzeichnet, so kann man von einer Person zahlreiche Messwerte bekommen (Abb. links). Erkläre das Diagramm.

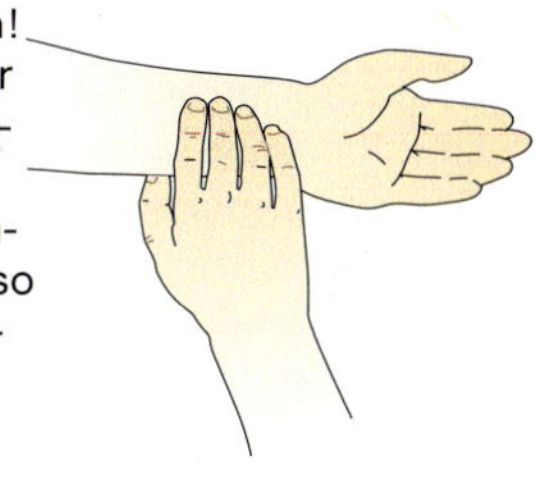

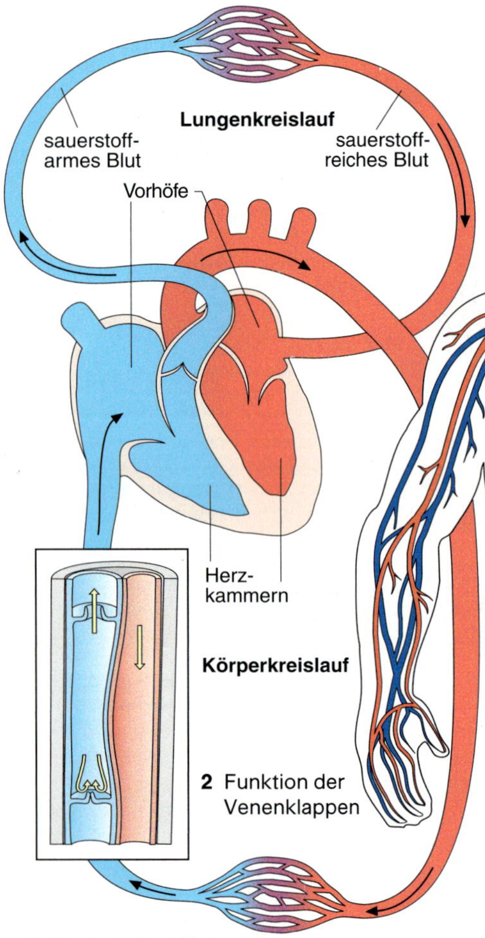

2 Funktion der Venenklappen

1 Blutkreislauf (Schema)

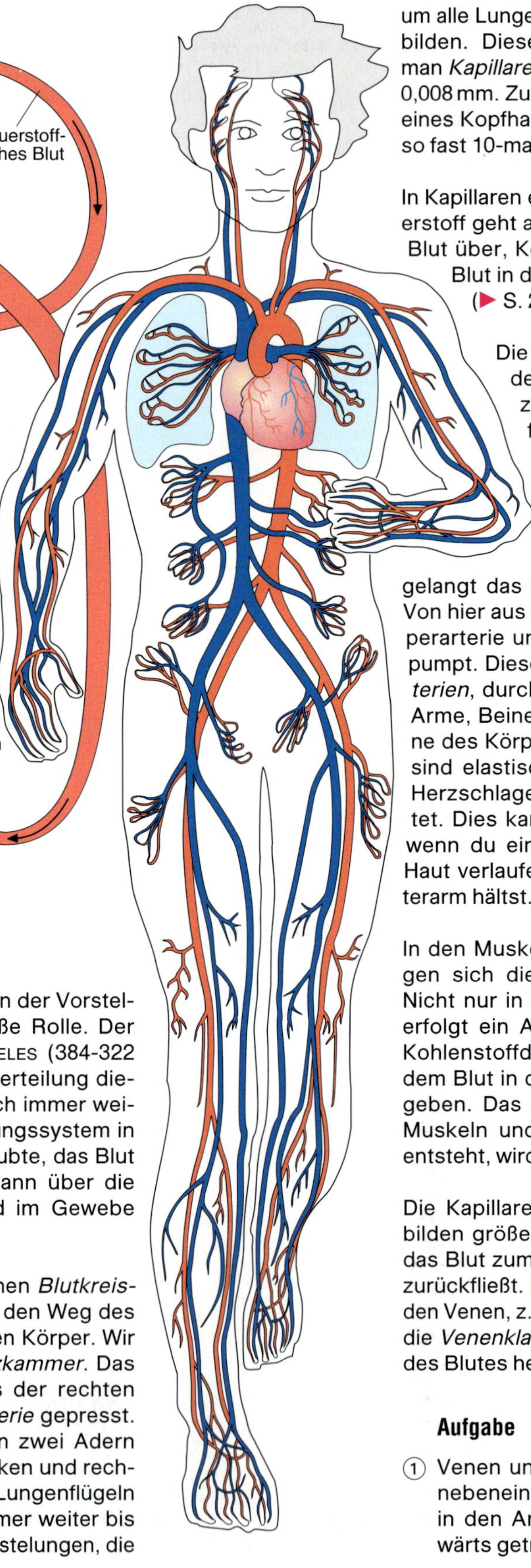

Der Blutkreislauf

Schon immer spielte das Blut in der Vorstellung der Menschen eine große Rolle. Der griechische Gelehrte ARISTOTELES (384-322 v. Chr.) z. B. stellte sich die Verteilung dieses „Körpersaftes" wie ein sich immer weiter verzweigendes Bewässerungssystem in einer Gartenanlage vor. Er glaubte, das Blut würde im Herzen gebildet, dann über die Adern im Körper verteilt und im Gewebe und den Organen versickern.

Heute wissen wir, dass wir einen *Blutkreislauf* haben. Wir verfolgen jetzt den Weg des Blutes durch den menschlichen Körper. Wir beginnen in der *rechten Herzkammer*. Das sauerstoffarme Blut wird aus der rechten Herzkammer in die *Lungenarterie* gepresst. Die Lungenarterie teilt sich in zwei Adern auf, durch die das Blut zum linken und rechten Lungenflügel fließt. In den Lungenflügeln verzweigen sich die Adern immer weiter bis zu sehr vielen ganz feinen Verästelungen, die um alle Lungenbläschen ein dichtes Geflecht bilden. Diese kleinsten Blutgefäße nennt man *Kapillaren*. Ihr Durchmesser beträgt nur 0,008 mm. Zum Vergleich: Der Durchmesser eines Kopfhaares beträgt 0,07 mm, es ist also fast 10-mal so dick.

In Kapillaren erfolgt der *Gasaustausch*: Sauerstoff geht aus den Lungenbläschen in das Blut über, Kohlenstoffdioxid wird aus dem Blut in die Lungenbläschen abgegeben (▶ S. 232).

Die Kapillaren vereinigen sich wieder zu größeren Blutgefäßen, bis zur *Lungenvene*. Durch diese fließt das sauerstoffreiche Blut in den *linken Herzvorhof*. Diesen Kreislauf des Blutes nennt man **Lungenkreislauf**.

Aus dem linken Herzvorhof gelangt das Blut in die *linke Herzkammer*. Von hier aus wird das Blut in die größte Körperarterie unseres Körpers, die *Aorta*, gepumpt. Diese verzweigt sich in kleinere *Arterien*, durch die das Blut in den Kopf, die Arme, Beine und die verschiedenen Organe des Körpers fließt (s. Abb). Die Arterien sind elastisch. Durch die Druckwelle des Herzschlages werden die Arterien geweitet. Dies kannst du als Pulsschlag fühlen, wenn du einen Finger auf eine unter der Haut verlaufende Arterie am Hals oder Unterarm hältst.

In den Muskeln und den Organen verzweigen sich die Adern zu feinen Kapillaren. Nicht nur in der Lunge, sondern auch hier erfolgt ein Austausch von Sauerstoff und Kohlenstoffdioxid: Der Sauerstoff wird aus dem Blut in die Muskeln und Organe abgegeben. Das Kohlenstoffdioxid, das in den Muskeln und Organen beim Stoffwechsel entsteht, wird in die Kapillaren abgegeben.

Die Kapillaren vereinigen sich wieder und bilden größere Adern, die *Venen*, in denen das Blut zum Herzen in den *rechten Vorhof* zurückfließt. Ein Zurückfließen des Blutes in den Venen, z. B. in den Beinvenen, verhindern die *Venenklappen* (Abb. 2). Dieser Kreislauf des Blutes heißt **Körperkreislauf**.

Aufgabe

① Venen und Arterien verlaufen oft direkt nebeneinander. Wie wird dabei das Blut in den Arterien, wie in den Venen vorwärts getrieben (Abb. 2)?

Aufgaben

1
Pause aus dem Buch die Vorlage von roten Blutzellen, von Sauerstoff- und Kohlenstoffdioxid-Teilchen ab und schneide sie sauber aus. Male die roten Blutzellen rot, die Sauerstoff-Teilchen rot und die Kohlenstoffdioxid-Teilchen blau aus. Man kann auch kleine farbige Knöpfe verwenden.

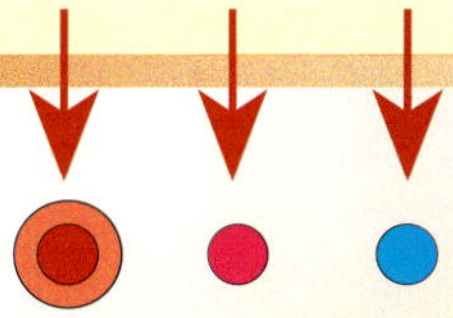

2
Lege die Sauerstoff-Teilchen in die Lunge und die roten Blutzellen auf die Kapillaren in der Lunge. Spiele nun den Sauerstofftransport im Blutkreislauf nach. Transportiere anschließend das Kohlenstoffdioxid.

3
Erkläre, wo du die Kohlenstoffdioxid-Teilchen am Anfang hinlegen musst.

4
Beschreibe anschließend den Weg einer roten Blutzelle beim Sauerstoff- und Kohlenstoffdioxidtransport. Beginne in der Lunge. Notiere.

5
Wenn die Reihenfolge beim Sauerstoff- und Kohlenstoffdioxidtransport richtig ist, ergeben die einzelnen Buchstaben ein Lösungswort.

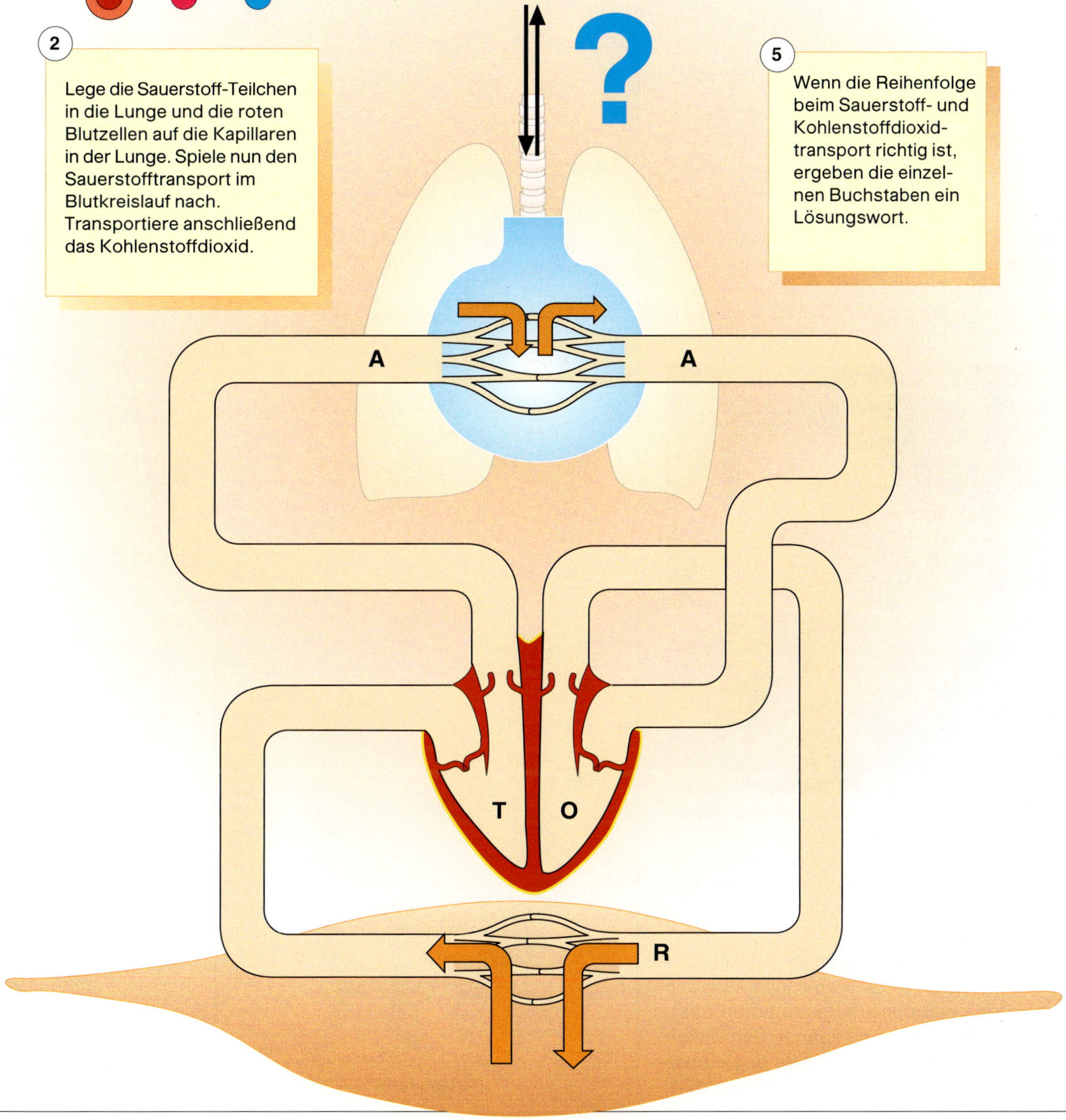

Zusammenwirken der Organe

Du hast jetzt viel über Ernährung und Verdauung, über Blutkreislauf und Atmung gelernt. Die Bedeutung dieser Vorgänge kannst du aber erst dann richtig verstehen, wenn du weißt, wie die einzelnen Organe in deinem Körper sinnvoll zusammen arbeiten.

In einer anstrengenden Sportstunde bemerkst du, dass du schneller atmest und dass dein Herz schneller schlägt. Dir wird wärmer und du beginnst zu schwitzen. Hinterher hast du meistens auch ordentlich Appetit. All diese Vorgänge hängen miteinander zusammen.

In jeder Minute atmen wir etwa sechzehn Mal. Bei jedem Atemzug gelangt frische Luft in unsere Lungenbläschen. Hier wird der lebenswichtige Sauerstoff ins Blut aufgenommen und durch den Blutkreislauf zu allen Körperorganen transportiert.

Mehrmals am Tag müssen wir essen und trinken. Die Nahrung wird bei der Verdauung in ihre Grundbausteine zerlegt. Diese gelangen durch die Darmwand ebenfalls ins Blut.

Essen und Trinken

Unverdauliche Nahrungsreste bleiben im Darm. Sie werden im Enddarm gesammelt und als Kot abgegeben.

In einer Sportstunde benötigst du viel Energie. Diese ist z. B. in den Kohlenhydraten, die du bei der Verdauung aufgenommen hast, enthalten. Diese Energie kann in den Zellen deiner Muskeln aber nur mithilfe des eingeatmeten Sauerstoffs freigesetzt werden. Erst dadurch kannst dich bewegen.

Die Zusammenarbeit mehrerer Organe mit ihren verschiedenen Aufgaben bildet ein biologisches System.

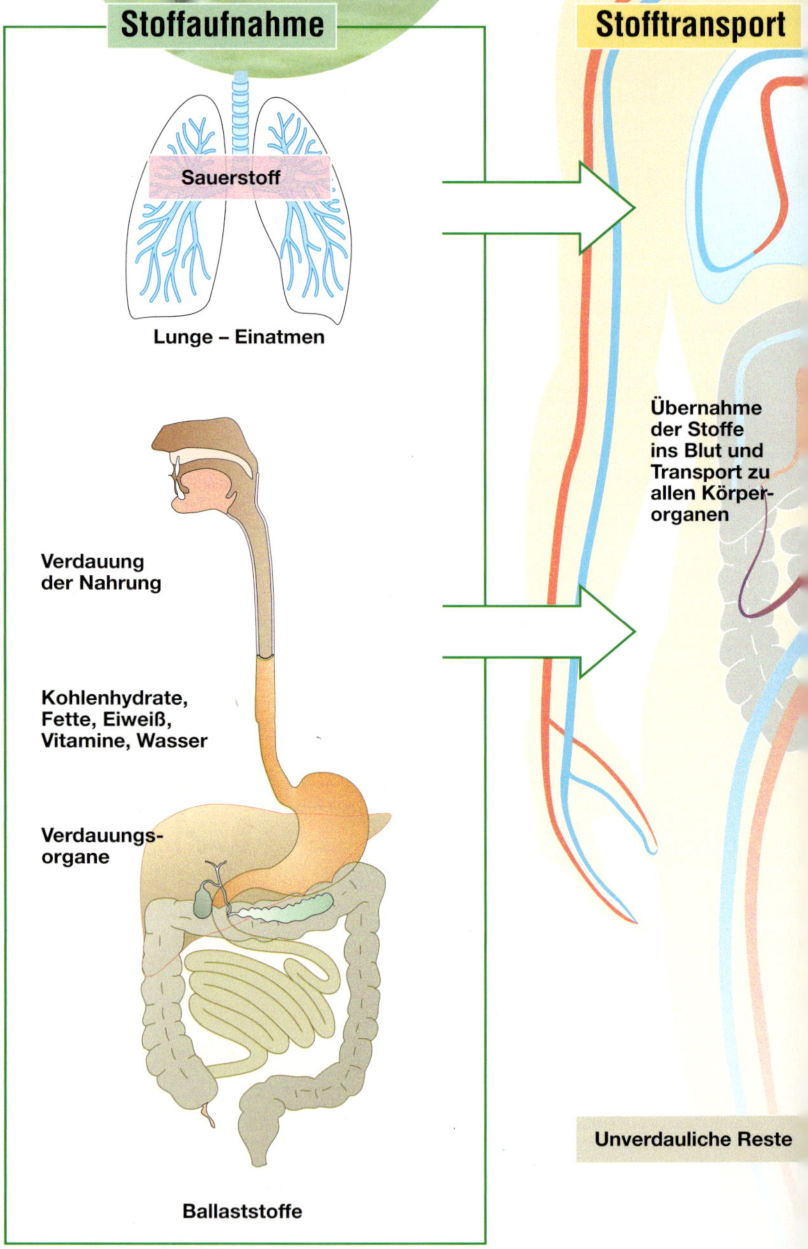

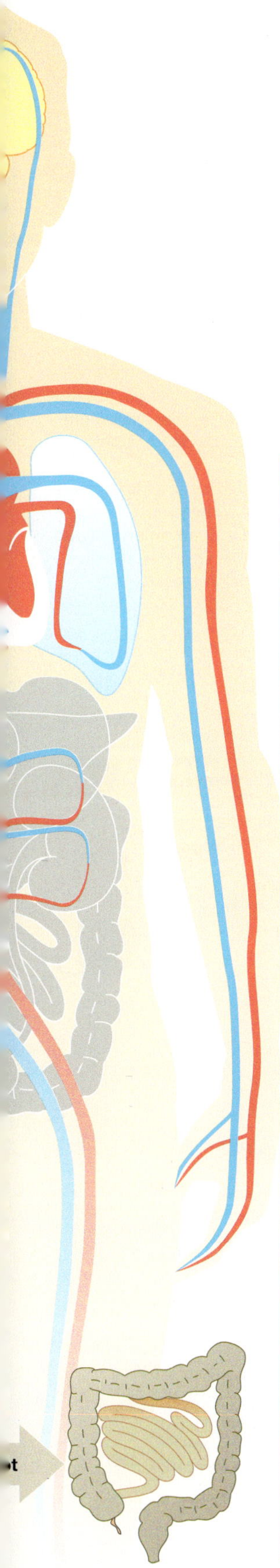

Die entstehenden Abfallstoffe werden mit dem Blut abtransportiert und ausgeschieden. Es sind in diesem Fall Kohlenstoffdioxid und Wasser.

Aufgaben

① Beschreibe anhand der Abbildung, welche Organe Kohlenstoffdioxid bzw. Wasser ausscheiden.

② Die mit der Nahrung aufgenommenen Eiweiße dienen vor allen dem Baustoffwechsel. Als Abfallprodukt wird Harnstoff ausgeschieden. Beschreibe die Zusammenarbeit der Organe für dieses Beispiel.

③ Hauche mehrmals aus kurzem Abstand gegen die trockene Wandtafel. Was beobachtest du? Erkläre!

④ Halte die flache Hand eine Zeit lang vor die trockene Tafel, ohne sie zu berühren. Was kannst du mit diesem Versuch nachweisen?

⑤ Pro Tag gibt der Mensch etwa einen Liter Harn ab. Um den Wasserverlust auszugleichen soll man aber, je nach Temperatur, zwei bis drei Liter trinken. Warum ist das nötig?

Stoffumwandlung

Verwendung der Stoffe zum Aufbau und Erhalt des Körpers

Energiegewinnung für Bewegung und alle Lebenstätigkeiten z.B. in Leber, Herz und Muskulatur

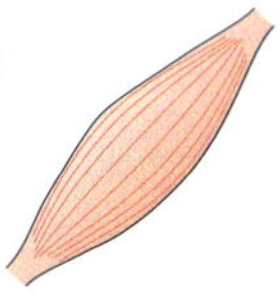

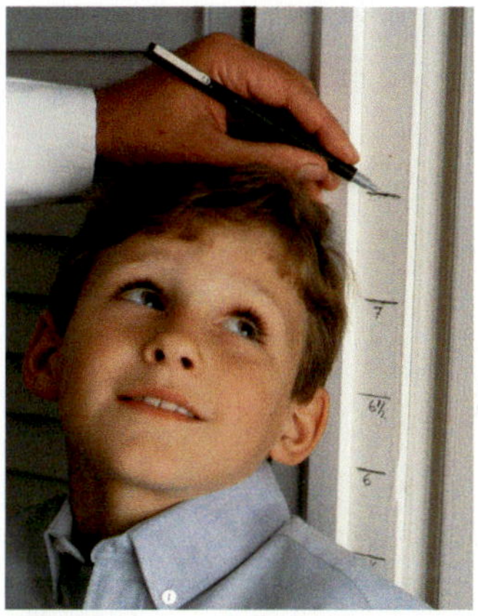

Wachstum des Körpers

Wärmebildung

Erneuerung der Organe z.B. von Haut, Haaren …

Stoffabgabe

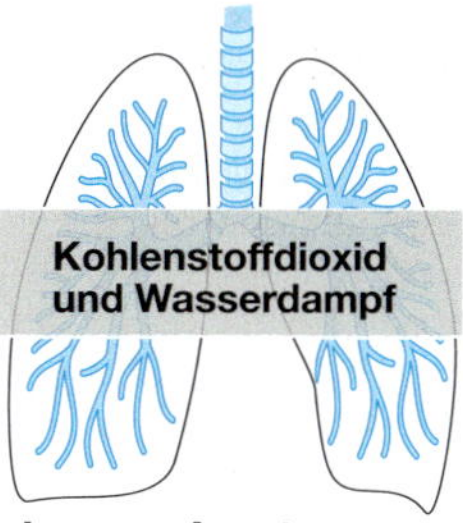

Lunge – Ausatmen

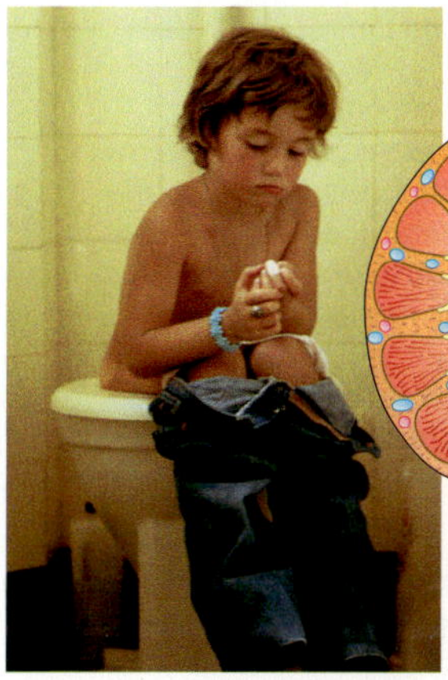

Niere

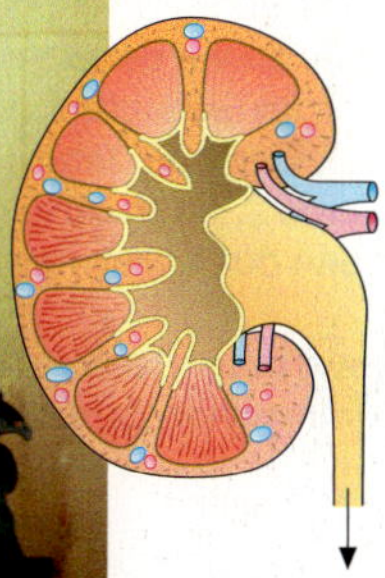

Wasser, Salze und Harnstoff im Harn

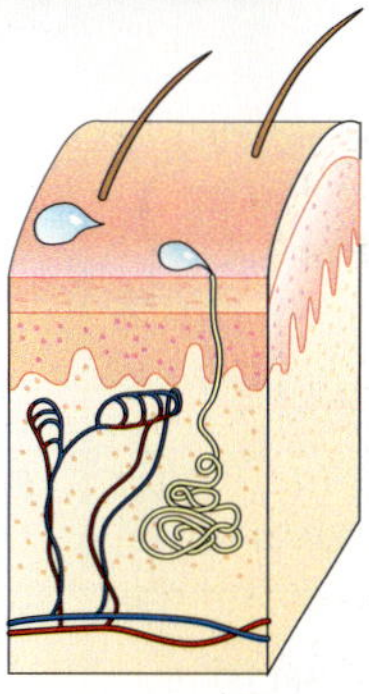

Wasser über die Haut als Schweiß

Lernen kann man lernen

Du hast sicher schon bemerkt, dass du dir die verschiedenen Inhalte, die du lernen möchtest, nur unterschiedlich gut merken kannst. Dafür gibt es Ursachen. Man hat festgestellt, dass manche Menschen sich Dinge gut einprägen, wenn sie davon hören. Andere lernen gut, wenn sie lesen oder sich die gleichen Inhalte bildlich vorstellen. Mit dieser Doppelseite kannst du herausfinden, wie du am besten lernst. Außerdem erfährst du Tipps für erfolgreiches Lernen.

Teste deinen Lerntyp

Lass dir von deinem Lehrer eine Kopie des *Lerntypentests*, der unten auf der Seite abgedruckt ist, geben. Schätze, wie viel du auf den verschiedenen Lernwegen im Gedächtnis behältst. Notiere eine 1, wenn du denkst, dass du dir wenig, eine 2, wenn du dir einiges oder eine 3, wenn du dir viel merken kannst.

Auswertung: Rechne die Summen der eingetragenen Zahlen für deinen Lerntyp aus.

Hast du bei einem Lerntyp 9 Punkte oder mehr erreicht, liegt hier ein von dir bevorzugter Lerntyp vor.

Lerntyp	Punkte
Lerntyp Sehen Lernsituationen (2,5,7,9)	?
Lerntyp Hören Lernsituationen (1,8,10,12)	?
Lerntyp Handeln Lernsituationen (3,4,6,11)	?

Aktiviere deine Lernwege!

Hier findest du Vorschläge, wie du deinen Lerntyp fördern und die anderen Lernwege stärker nutzen kannst.

Lerntyp Hören
- Lerne einen kurzen Text oder Merkvers auswendig und trage ihn laut vor.
- Nimm schwierige Fachbegriffe und ihre Erklärung auf Kassette auf. Spiele sie dir mehrfach vor, bis du sie sicher behalten hast.
- Lass dir Bilder und Grafiken von anderen erklären.
- ....

Lerntyp Sehen:
- Wird im Text z. B. beschrieben, wie ein Hausschwein im Stall gehalten wird, so lass sofort ein Bild vor deinem „inneren Auge“ entstehen.
- Fertige in Gedanken zu einem Text ein Film-Drehbuch an.
- Schreibe im Unterricht Stichworte mit. Fertige einfache Skizzen über Sachverhalte des Unterrichts an und verankere sie so in deinem Gedächtnis.
- ....

Aufgaben

① Vergleiche, wie in deiner Klasse die drei Lerntypen Sehen, Hören und Handeln verteilt sind.

② Was bedeutet der folgende Lerntipp: „Setze beim Lernen den Lernweg ein, auf dem du am schnellsten lernst; er entspricht vermutlich deinem Lerntyp. Versuche auch, die anderen beiden Lernwege gezielt stärker zu nutzen, um sie zu trainieren.“

③ Überlege weitere Vorschläge, mit denen du die drei Lernwege gezielt einsetzen kannst, wenn du Vokabeln lernst.

④ Erstelle ein Lernplakat zu den drei Lerntypen und Lernwegen.

⑤ Suche dir aus der Zusammenstellung zwei Lerntechniken heraus, die du diese Woche ausprobierst.

Lerntyp Handeln
- Schreibe aus einem Text die Schlüsselwörter auf ein Blatt heraus.
- Schreibe auf Karteikarten wichtige Fachbegriffe und auf der Rückseite die Erklärung dazu.
- Fertige dir einen Spickzettel z. B. über den Magnetismus an.
- Bau dir das Modell einer Zelle.
- ....

Lerntypentest

1. Der Lehrer erklärt, wie Wolken entstehen.
2. Ich schaue mir Fotos in meinem Biologiebuch an.
3. Ich zeichne und beschrifte ein Schema zum Aufbau des menschlichen Ohres.
4. Ich schreibe Fachbegriffe auf eine kleine Karteikarte und die Erklärung auf die Rückseite.
5. Wir sehen im Unterricht einen Film über die Fortbewegungsweisen der Pferde.
6. Ich erstelle in einem Versuch einen Fingerabdruck.
7. Ich lese im Biologiebuch einen Text durch.
8. Ich höre im Radio einen Bericht über gesunde Ernährung.
9. Gelerntes fällt mir wieder ein, wenn ich mir die Heftseite mit meinen Notizen bildlich vorstelle.
10. Ich höre mit einem Kassettenrekorder die Laute von Vogelstimmen.
11. Ich sammle Blätter von Bäumen, presse sie und beschrifte das Blatt Papier, auf das ich ein Blatt klebe, mit dem Namen des Baumens.
12. Ich halte einen Vortrag über das Thermometer.

Wenn du dir einen Lernstoff nur sehr schwer vorstellen kannst, so verwende *Eselsbrücken* als **Gedächtnisstütze**. Beispiel: Die Abkürzung HAS erinnert an die Abfolge der Ohrknöchelchen Hammer, Amboss und Steigbügel.

Manchmal dient auch eine gereimte Gedächtnisstütze als Merkhilfe:

„Welpen sind Hundekinder,
Kälber sind neugeborene Rinder,
und die Kleinen von den Pferden
nennt man Fohlen hier auf Erden.“

Du kannst deine Gedanken auch in einer Gedankenlandkarte, einer **Mind-Map**, ordnen. Die Mind-Map oben soll den Aufbau dieser Doppelseite wiedergeben.

Aufgaben

⑥ Bilde eigene Abkürzungen als Merkhilfen.
⑦ Kennst du weitere Beispiele für Gedächtnisstützen? Berichte.
⑧ Erstelle eine Mind-Map zum Kapitel „Säugetiere“.
⑨ Erstelle einen Zeitplan für die nächste Woche.
⑩ Triff mit dir selbst eine Vereinbarung, wie du einen besseren Lernerfolg erreichen möchtest. Lege genaue Erfolgskriterien für deine Fortschritte fest.

Tipps für erfolgreiches Lernen

Lasse dich beim Lernen nicht ablenken, weder von Musik noch von Anrufen oder Besuchern. Je konzentrierter du bei der Arbeit bleibst, umso schneller bist du fertig.

Plane Pausen ein!

Montag
14:30 Hausaufgaben (dazwischen Pausen)
15:30 mit Bello raus gehen
16:00 Üben für die Mathearbeit
17:00 Schwimmen mit Ellen
18:30 Abendessen
danach: Zimmer aufräumen

Dienstag
14:00 Hausaufgaben (mit Pausen!)
15:30 Tischtennis-Training
16:30 Bücherei: Rückgabe
17:00 Vokabeln wiederholen
18:00 Abendessen
19:00 Tobias anrufen

Erstelle einen Zeitplan
Oft gibt es Tage, an denen man viele verschiedene Dinge erledigen will oder muss: Hausaufgaben, Training oder anderes. Dann ist es wichtig, dass man seinen Tagesablauf gut plant, um erfolgreich zu lernen. Ein paar Tipps können dir dabei helfen.

— Beginne deine Hausaufgaben früh am Nachmittag, dann hast du später mehr Zeit für Sport oder Hobby.

— Erstelle einen Zeitplan. Plane dabei Pausen ein. Ein Beispiel findest du auf dieser Seite.

— Überlege: Welche Aufgaben musst du schon bis zum nächsten Tag fertig haben? Beginne damit.

Sorge beim Lernen zwischendurch für frische Luft: Öffne das Fenster!

Schau dir den Lernstoff regelmäßig wieder an, am besten nach einem Tag, nach einer Woche und nach einem Monat. Drei bis vier Wiederholungen reichen, um einmal Gelerntes zu speichern und nicht mehr zu vergessen.

Rauchen – kein Thema?

Jeder weiß, dass Rauchen die Lunge und den Kreislauf schädigt. Praktisch alle Raucher haben Angst vor Krebs. Aber warum gibt es trotzdem viele Raucher? Warum fangen Menschen an zu rauchen? Warum hören sie nicht auf, wenn sie an die Gefahren denken?

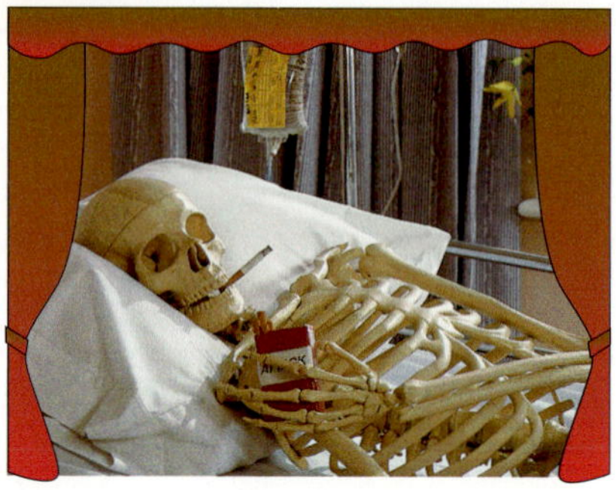

Es gehört Mut dazu, „Nein“ zu sagen, wenn man im Freundeskreis Zigaretten angeboten bekommt

Hierzu kann man viel in Szene setzen.

Ich bleibe fit!

Wer möchte nicht fit sein? Man muss gar nicht genau wissen, was man mit dem Wort meint, um zu fühlen, dass fit sein Spaß macht. Doch fit sein oder bleiben ergibt sich nicht von selbst.

90 % aller in Deutschland an Lungenkrebs erkrankten Personen sind Raucher.

Sport und Spiel

Vielen macht es Spaß, eine Sportart im Verein zu trainieren. Es ist ein gutes Gefühl, immer besser zu werden, seinen Körper mal so richtig zu spüren und mit anderen etwas gemeinsam zu machen.

Aber auch schwimmen gehen mit Freunden, Pausenspiele in der Schule oder Federballspielen auf dem Rasen bringen den Kreislauf so richtig auf Trab. Stellt einmal zusammen, welche sportlichen Aktivitäten in eurer Klasse vorkommen.

Radfahren fordert nicht nur die Muskeln der Beine. Der ganze Körper ist beteiligt. Geschicklichkeit und Konzentration ist gefragt.

Ein Pausenspiel

Auf dem Schulhof zeichnet man ein Quadrat von 5 mal 5 Metern. Mit farbiger Kreide zeichnet ihr Kreise (so groß wie ein Fuß) in verschiedenen Farben in dieses Quadrat.

Die Mitspieler stellen sich um das Quadrat herum. Wenn das Spiel beginnt, müssen alle Mitspieler auf die gegenüber liegende Seite. Sie dürfen jedoch nur auf den blauen Kreisen gehen. Schwieriger wird es, wenn man dieses Spiel im Rückwärtsgang spielt.

Alles Stress

Stillsitzen, lernen, Angst vor schlechten Noten, Aufgaben, die man nicht sofort versteht. Da gerät man leicht in Stress.

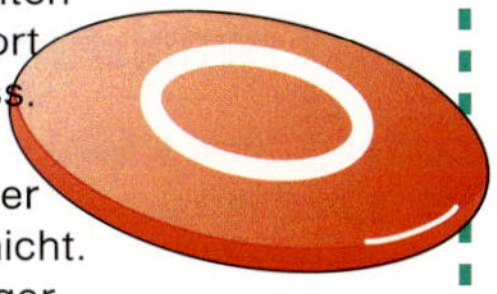

Wenn man hin und wieder etwas unter „Druck“ gerät, so schadet das uns nicht. Im Gegenteil: Wir sind leistungsfähiger als sonst, sogar, wenn der Stress etwas zu lange anhält.

Doch wenn es zu viel wird, dann geschieht das Gegenteil: Wir fühlen uns überfordert. Angst blockiert unser Denken. Der Körper kann mit Krankheit reagieren.

Jeder kann nach Wegen suchen, zu viel Stress zu vermeiden.

Tipps zur Fitness

viel Bewegung an der frischen Luft

gesunde Ernährung

Dies schwächt die Abwehrkräfte:

Solche Tipps sollte jeder kennen! Wie könnte man das erreichen? Lasst euch etwas einfallen!

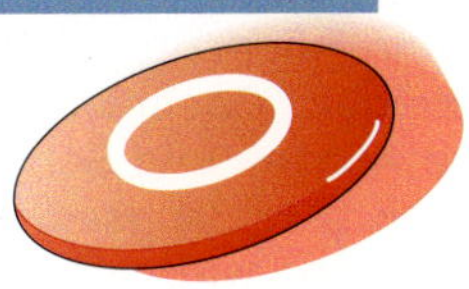

Beruhigungsmittel können dir nicht die Angst vor einer Arbeit nehmen. Rechtzeitiges Lernen hilft da sicher besser

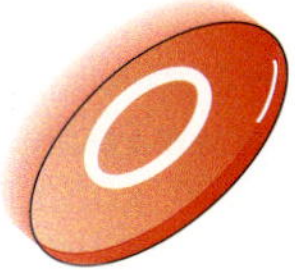

Die besten Marathonläufer schaffen die 42,195 km in ungefähr 2 Stunden 10 Minuten.

Nicht übertreiben!

Bevor man Höchstleistungen von seinem Körper fordern kann, muss er gründlich trainiert werden.

Ein Trainingsprogramm kann helfen, durch langsame Steigerung der Anforderungen schneller, kräftiger und ausdauernder zu werden.

Sport und Spaß gehören oft zusammen

Pubertät – Reifezeit vom Kind zum Erwachsenen

Hast du schon bemerkt, dass sich mit der Zeit dein Körper verändert ? Im Alter von 10 bis 13 Jahren beginnt ein Vorgang, bei dem sich bei Mädchen und Jungen neue Merkmale ausbilden und andere sich verändern. Dies ist ein Zeichen für den Beginn der *Pubertät.*

Sie wird oft von einem Wachstumsschub und lästigen Hautveränderungen begleitet. Durch die geänderte Drüsentätigkeit können schneller Hautunreinheiten und Pickel entstehen. Bei beiden Geschlechtern entwickelt sich die Achsel- und Schambehaarung. Bei Jungen setzt langsam der Bartwuchs ein, die Stimme wird tiefer, es bildet sich eine kräftige Muskulatur aus. Die Schultern verbreitern sich. Die Hüften bleiben dagegen vergleichsweise schmal. Bei Mädchen bilden sich in der Pubertät die Brüste, die Schultern bleiben schmal und das Becken wird breiter.

In der Pubertät entstehen die Merkmale, an denen wir Frauen und Männer sofort unterscheiden können. Man bezeichnet diese Unterscheidungsmerkmale als *sekundäre Geschlechtsmerkmale.*

Bei Kleinkindern kann es recht schwer zu entscheiden sein, ob es ein Junge oder ein Mädchen ist – es sei denn, sie sind ohne Bekleidung. Dann fallen die unterschiedlichen Geschlechtsorgane auf. Die äußerlich sichtbaren Geschlechtsorgane sind bereits bei der Geburt vorhanden. Man nennt sie daher auch die *primären Geschlechtsmerkmale*. Während der Pubertät entwickeln sich die Geschlechtsorgane weiter; sie werden größer und erlangen ihre Funktionsfähigkeit. Männer können dann Kinder zeugen, Frauen können Kinder gebären.

Die Pubertät der Mädchen beginnt durchschnittlich mit 11 Jahren, bei den Jungen etwa 2 Jahre später. Sie ist erst mit 17 bis 19 Jahren abgeschlossen. Beginn und Dauer der Pubertät können von Mensch zu Mensch sehr unterschiedlich sein. Es ist auch normal, wenn die Pubertät mit 10 Jahren beginnt oder erst mit 21 Jahren endet.

In der Reifezeit verändern Jugendliche ihr Verhalten. Viele wollen anders sein als ihre Eltern. Jugendliche entwickeln in dieser Zeit viele eigene Ideen und Vorstellungen, die sie durchsetzen möchten. Außerdem will

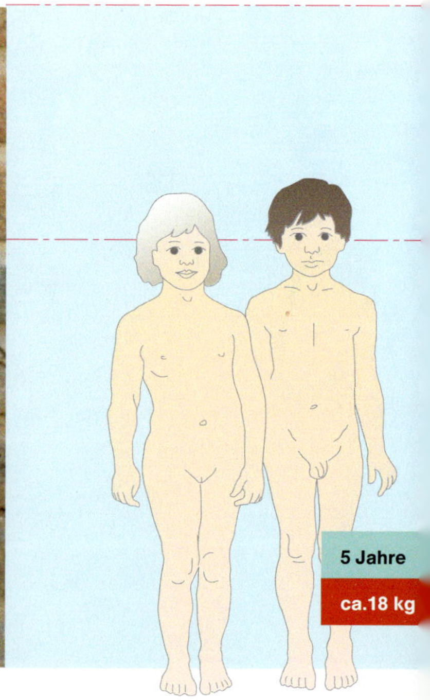

man alles einmal besser machen. So kann es immer wieder zu Konflikten und Streitigkeiten zwischen Jugendlichen und ihren Eltern kommen. Gelegentlich nennt man diese Zeit auch *Flegeljahre,* weil das Verhalten häufig wechselhaft und unwirsch ist. Diese Zeit ist für alle Beteiligten nicht einfach und muss durchlebt werden. Konflikte lassen sich leichter bewältigen, wenn jeder bereit ist, die Meinung und Ansicht des Anderen in einem gewissen Maß zu respektieren. Oft ist das Verhalten, das zu Konflikten führt, auch ein Ausdruck von Unsicherheit, wenn man in eine neue Rolle hineinwächst. Das ist normal und gehört zum Sich-selbst-Finden und zum Erwachsenwerden dazu.

Für die persönliche Reifung ist es wichtig, dass sich Jugendliche mit Gleichaltrigen zusammenfinden. Zunächst entstehen Gruppen, die nur aus Mädchen oder Jungen bestehen. Neue Interessen werden geweckt, z. B. für Musik, Kleidung, Fahrzeuge, Computer usw. Dabei entwickeln die Jugendlichen ihre eigene Welt und verbringen oft viel Zeit mit dem Neuen. In der Schule lassen dann oft die Leistungen nach.

Nach und nach zeigen Jungen und Mädchen Interesse füreinander. Anfangs ist das Verhalten gegenüber dem anderen Geschlecht meist recht unsicher. Man muss erst lernen, mit den sich bildenden Gefühlen umzugehen und die Reaktionen des anderen kennen zu lernen. Die Jugendlichen suchen in dieser Zeit Zuneigung und Zärtlichkeit und wollen geliebt werden. Sie sind aber häufig noch nicht in der Lage, dies auszudrücken. Weil sie oft nicht verstanden werden, bleiben sie allein mit ihren Gefühlen und Problemen und es kommt zu launischen oder aggressiven Stimmungen. Dies sind Stationen der seelischen Reifung, die sich nicht umgehen lassen und einen Teil der Entwicklung darstellen. Im Laufe der Zeit entsteht aber ein natürliches Verhältnis zum anderen Geschlecht. Zwischen Jungen und Mädchen entwickeln sich Freundschaften, die aber auch wieder gelöst werden können, wenn man sich nicht mehr so gut versteht.

Aufgaben

① Erkläre mit eigenen Worten die Entwicklung vom Jungen zum Mann und vom Mädchen zur Frau. Welche Veränderungen sind bei Jungen und Mädchen gleich, wo gibt es Unterschiede.

② Beim Stimmbruch verändert sich die Stimme der Jungen von der hohen, kindlichen zur tiefen, männlichen. Welche sichtbare Veränderung ist die Ursache?

③ In der 6. Klasse sind viele Mädchen größer als die Jungen. Anders in der 9. Klasse. Da sind die Unterschiede meist gering. Findest du eine Erklärung dafür?

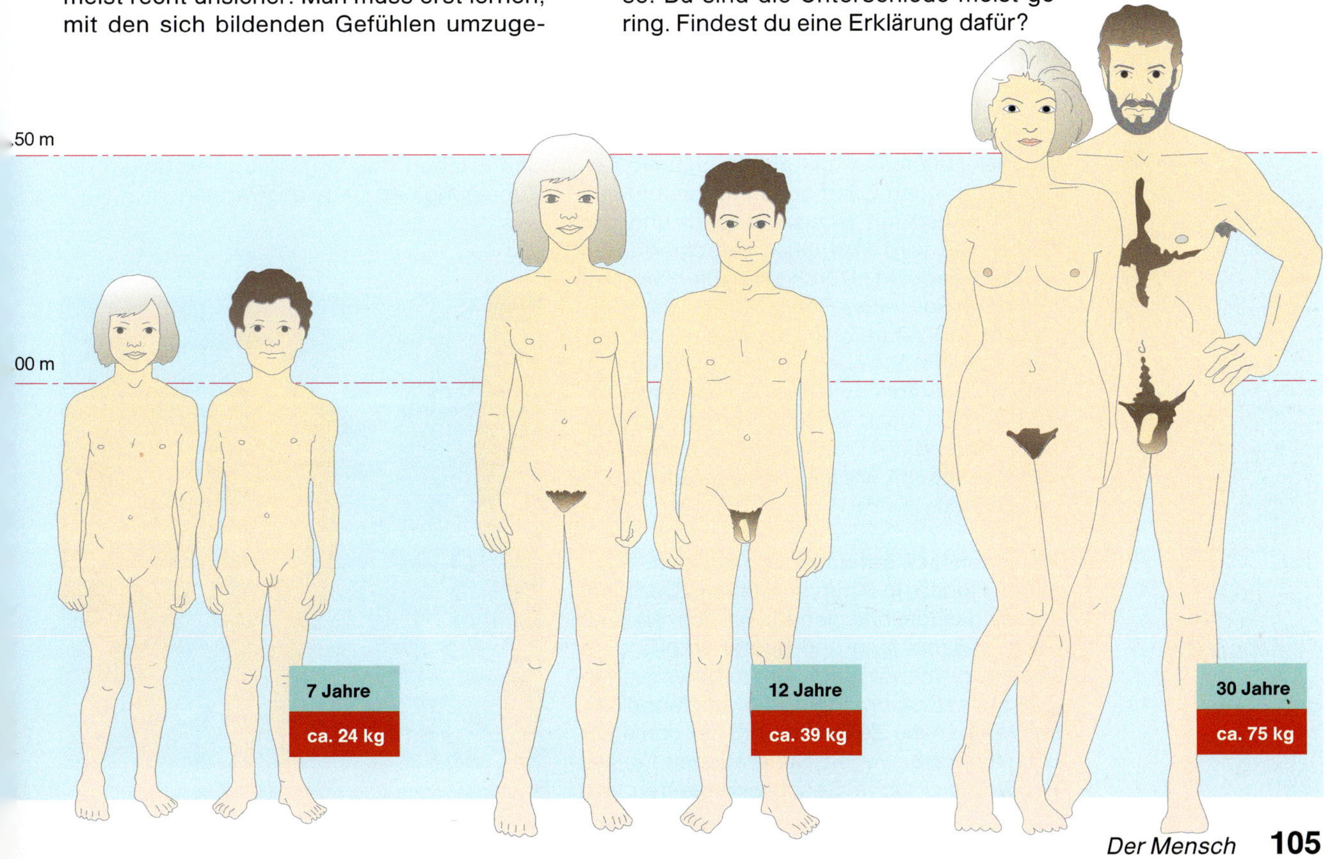

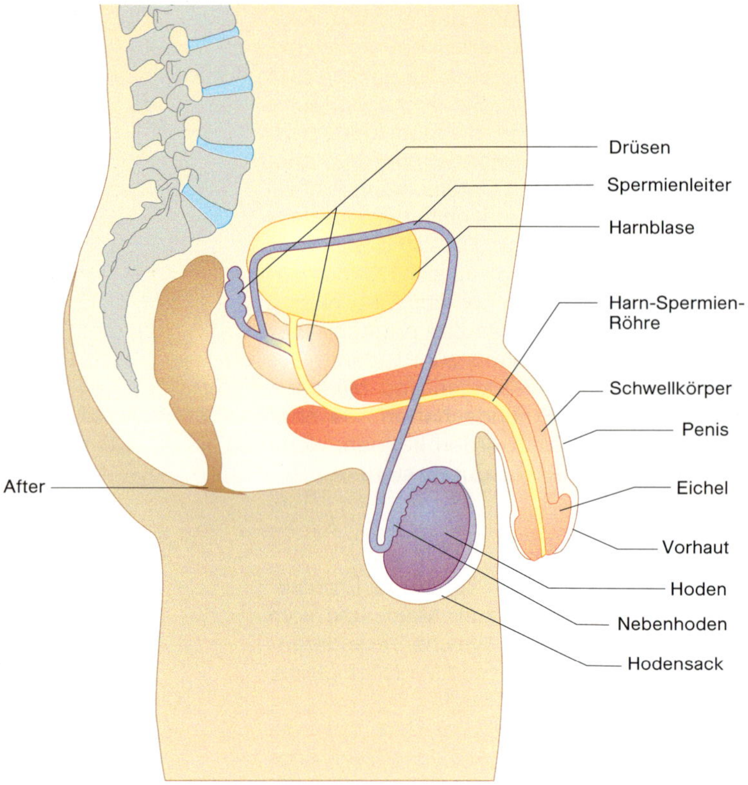

1 Die Geschlechtsorgane des Mannes

Die Geschlechtsorgane des Mannes

Die äußerlich sichtbaren Teile der männlichen Geschlechtsorgane sind der *Penis* und der *Hodensack* mit den beiden *Hoden*. Der Penis, auch Glied genannt, besteht aus einem *Schaft* mit *Schwellkörpern* und der *Eichel*. Sie wird von einer verschiebbaren *Vorhaut* bedeckt. Durch das Glied verläuft die *Harn-Spermien-Röhre*. Unter der Vorhaut liegen zahlreiche Talgdrüsen, die fettende Stoffe abgeben. Deshalb sollte das Glied in die tägliche Körperpflege einbezogen werden. Dazu wird die Vorhaut zurückgezogen und die Eichel und der übrige Teil des Gliedes mit warmem Wasser und Seife gewaschen.

Im Hodensack befinden sich die zwei eiförmigen Hoden. In ihnen entstehen *Spermien*. Das sind die *männlichen Keimzellen*. Sie sind etwa 0,06 mm lang und bestehen aus dem *Kopfstück* mit *Zellkern*, einem beweglichen Zwischenstück und dem *Schwanzfaden*. Mit ihm können die Zellen hin und her schlagen und sich fortbewegen. Sie erreichen für ihre Größe beachtliche Geschwindigkeiten; sie können sich bis zu 2,6 mm je Sekunde vorwärts bewegen. Die Spermienbildung beginnt in der Pubertät. In den Hoden des Mannes entstehen während des gesamten Lebens ständig Keimzellen. Es sind mehrere Millionen täglich, die in den beiden *Nebenhoden* gespeichert werden.

Von den Nebenhoden führt je ein *Spermienleiter* zur Harn-Spermien-Röhre. Zwei besondere *Drüsen* geben Flüssigkeiten ab, die man zusammen mit den Keimzellen als *Spermienflüssigkeit* oder *Sperma* bezeichnet. Bei Versteifung des Glieds kann ein *Spermienerguss* erfolgen. Dabei wird das Sperma ausgeschleudert.

Der erste Spermienerguss findet in der Pubertät manchmal unbewusst im Schlaf statt *(Pollution)*. Das ist ein völlig normaler Vorgang, der zeigt, dass der Junge geschlechtsreif geworden ist. Die Spermienabgabe kann vom Jungen durch Reizung des Penis auch selbst herbeigeführt werden. Dies nennt man *Selbstbefriedigung*.

Wenn die Schwellkörper im Penis mit Blut gefüllt sind, ist dieser ganz steif. Dann kann der Mann mit dem Penis in die Scheide der Frau eindringen und dort das Sperma ausstoßen. Scheide und Penis sind so beschaffen, dass sie genau zueinander passen. Beim Eindringen in die Scheide entsteht ein angenehmes Gefühl bei Mann und Frau. Den Höhepunkt dieser gefühlsmäßigen Erregung während des Geschlechtsverkehrs nennt man *Orgasmus*. Die Vereinigung und das Erleben des Orgasmus verstärken die Zuneigung und Liebe der Partner.

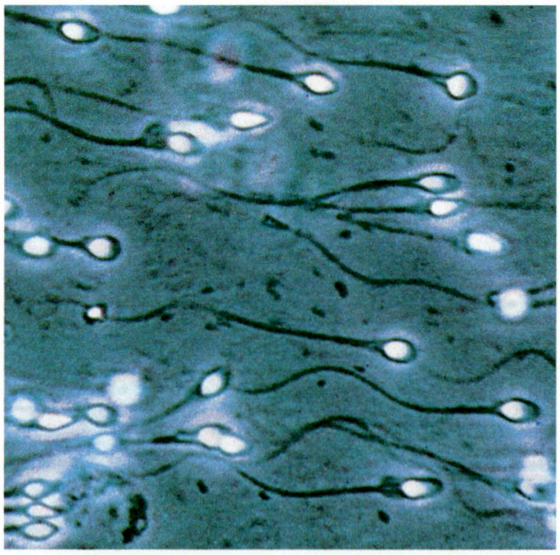

2 Menschliche Spermien (1000 x vergr.)

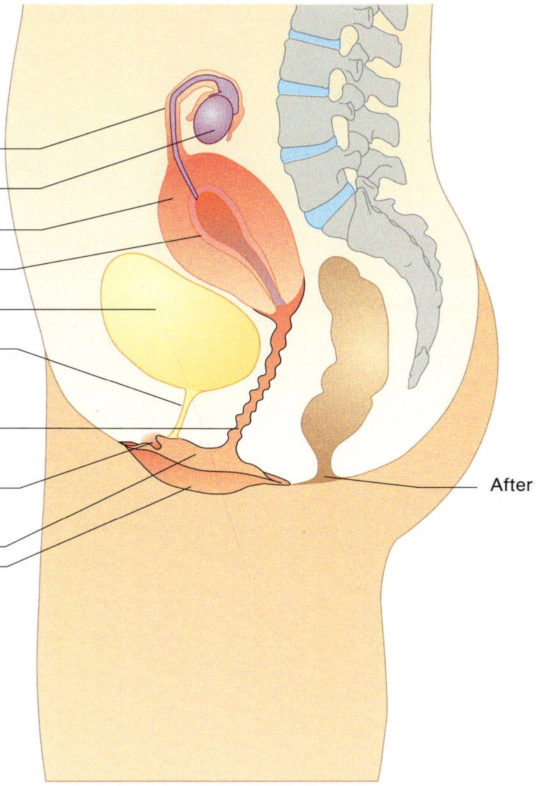

1 Die Geschlechtsorgane der Frau

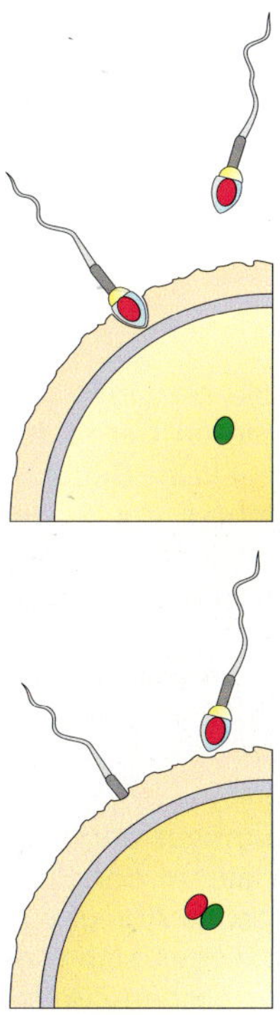

Die Geschlechtsorgane der Frau

Von den primären Geschlechtsorganen einer Frau sind nur die *Schamlippen* äußerlich sichtbar. Diese großen, paarigen Hautfalten umschließen die Scheide, die Harnröhrenöffnung und den *Kitzler*. Kitzler und Schamlippen reagieren empfindlich auf Berührungsreize, sodass sich Mädchen durch Streicheln selbst befriedigen können. Zwischen den Schamlippen führt die Scheide nach innen zur *Gebärmutter*. Die jeweils paarigen *Eileiter* und *Eierstöcke* schließen sich dann an. Die Gebärmutter ist ein faustgroßer Hohlmuskel, der so dehnbar ist, dass sich in ihm ein Kind bis zur Geburt entwickeln kann. Vor den Eierstöcken erweitert sich jeder Eileiter zum *Eitrichter*.

In den Eierstöcken liegen die *Eizellen*, die *weiblichen Keimzellen*. Schon von Geburt eines Mädchens an sind hier etwa 400 000 Eizellen vorhanden, von denen nur 400 — 500 im Laufe des Lebens heranreifen können.

Eine Eizelle ist mit einem Durchmesser von 0,2 mm wesentlich größer als ein Spermium. Sie enthält Nährstoffe, darunter viel Dotter. Im Gegensatz zu einem Spermium kann sich eine Eizelle nicht selbst fortbewegen. Durch die Bewegung feinster Härchen an der Innenwand des Eileiters wird sie in Richtung Gebärmutter transportiert. Wenn die Eizelle auf ein Spermium trifft, wird sie befruchtet. Das Spermium dringt dabei in die Eizelle ein und die Zellkerne der beiden Keimzellen verschmelzen miteinander. Dabei entsteht ein *Keim*, der in die Schleimhaut der Gebärmutter einwachsen kann. Aus der *befruchteten Eizelle* entsteht dann während der etwa 9-monatigen Schwangerschaft ein Kind (▶ S. 228/229).

Beim Mädchen kann der Scheidenausgang von einem dünnen Häutchen (*Jungfernhäutchen*) fast vollständig verschlossen sein. Die inneren Teile der Scheide werden so vor dem Eindringen von Schmutzstoffen und Krankheitserregern besser geschützt.

Daneben gibt es noch andere Schutzeinrichtungen für die weiblichen Geschlechtsorgane. Die Scheidenwände sind sehr elastisch und ziehen sich zusammen, sodass sie aufeinander liegen. Sie sind mit einer *Schleimhaut* versehen, die eingedrungene Bakterien abtöten kann. Zusätzlich sitzt vor der Gebärmutter noch ein *Schleimpfropfen*. Er verhindert das Vordringen vieler Krankheitserreger, kann aber von den beweglichen Spermien durchdrungen werden. Durch die Absonderungen der Schleimdrüsen ist auch bei der Frau eine gründliche Reinigung der äußeren Geschlechtsorgane erforderlich. Häufiger Wechsel der Unterwäsche sollte ebenfalls selbstverständlich sein.

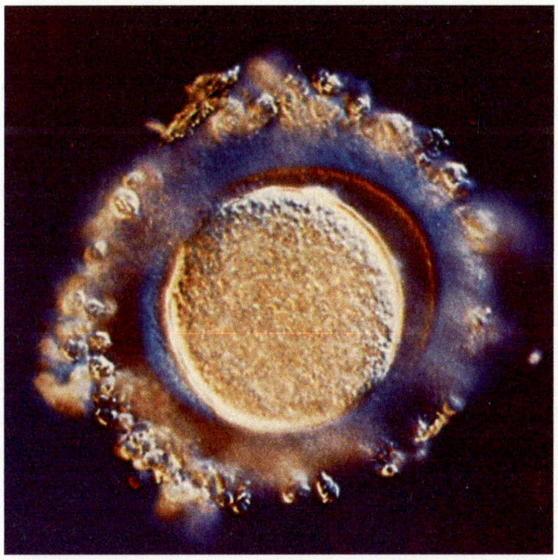

2 Menschliche Eizelle im Eileiter (270 x vergr.)

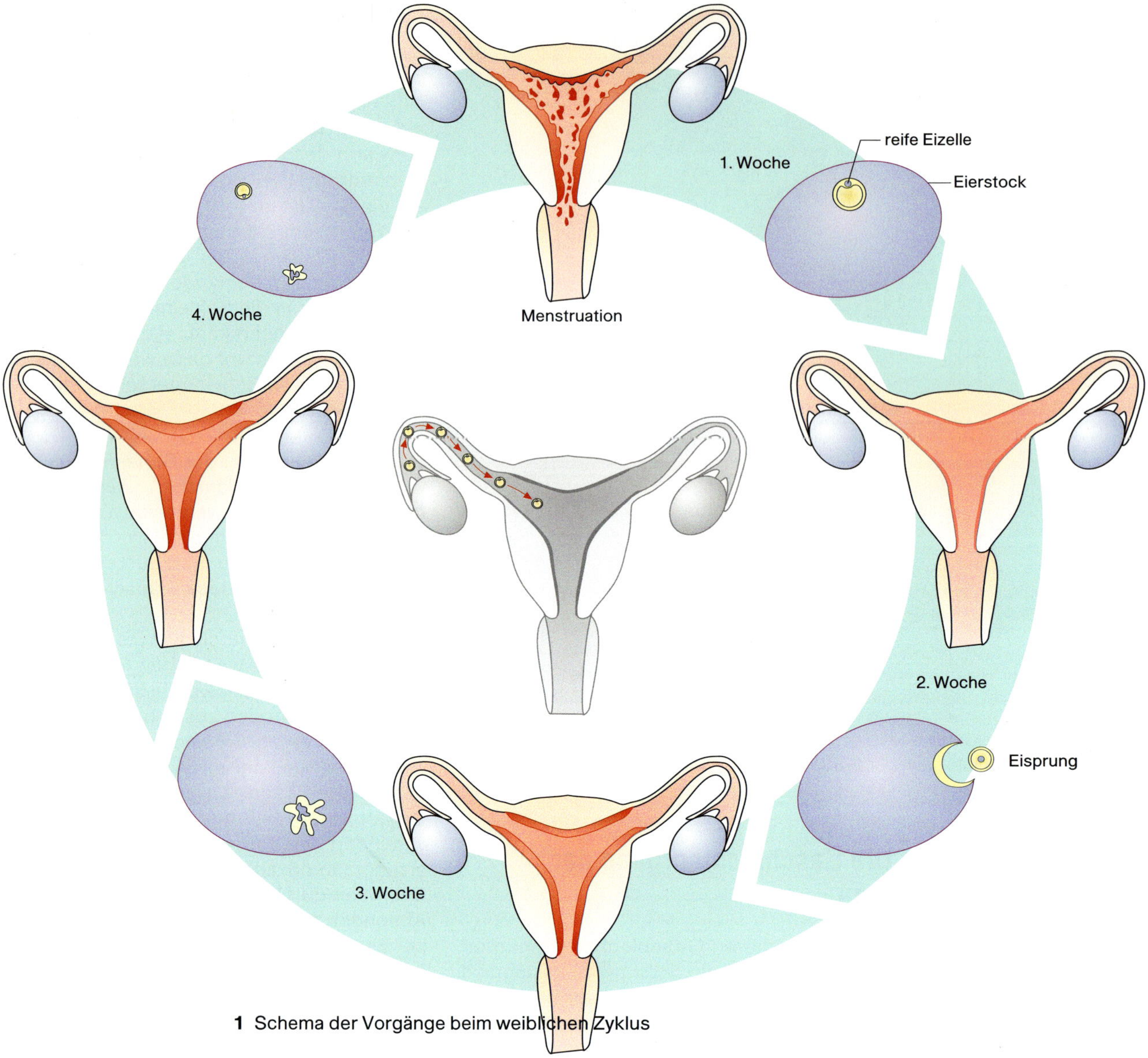

1 Schema der Vorgänge beim weiblichen Zyklus

Der weibliche Zyklus

Zwischen dem 11. und 14. Lebensjahr bekommen Mädchen meist ihre erste *Regelblutung*. Sie dauert vier bis sechs Tage und wiederholt sich später regelmäßig. Mit dem Auftreten dieser monatlichen Blutung, auch *Menstruation* oder *Periode* genannt, ist das Mädchen geschlechtsreif geworden.

Alle vier Wochen reift nun abwechselnd in einem der beiden Eierstöcke in einem *Eibläschen* eine Eizelle heran. Die Eireifung dauert 14 Tage. Dann platzt das Eibläschen auf, und die Eizelle wird freigesetzt. Diesen Vorgang nennt man *Eisprung*. Die Eizelle gelangt in den Eileiter, in dem es Flimmerhärchen zur Gebärmutter transportieren.

Während der Eireifung ist die *Gebärmutterschleimhaut* gewachsen. Sie ist bereit zur Aufnahme eines Keims. Erfolgt keine Befruchtung, löst sich die Schleimhaut etwa zwei Wochen später wieder ab. Das Ablösen der Schleimhaut hat Blutungen zur Folge. Blut und Schleimhautreste werden durch die Scheide abgegeben. Die Blutmenge ist gering, es sind etwa 50 — 150 ml Blut in vier bis sechs Tagen.

Schon während die Schleimhaut abgelöst wird, reift ein neues Ei in einem der Eierstöcke heran, sodass der ganze Ablauf von neuem beginnt. Man nennt diesen sich wiederholenden Kreislauf den weiblichen *Zyklus*.

Menstruation und Hygiene

Zu Beginn der Pubertät ist der Zyklus meist unregelmäßig und es gibt auch unterschiedliche Zykluslängen. Deshalb ist es zu empfehlen, einen *Menstruationskalender* zu führen. Man kennzeichnet zumindest den ersten Tag der Blutung. So kann normalerweise leicht der Zeitpunkt der nächsten Regelblutung vorausberechnet werden. Vom ersten Tag einer Blutung bis zum Tag vor der nächsten Blutung dauert es durchschnittlich 28 Tage. Vor allem in jungen Jahren können die Menstruationsblutungen mit Schmerzen und Unwohlsein verbunden sein. Bei starken Schmerzen ist es empfehlenswert, einen Arzt um Rat zu fragen.

Ein Kind entsteht

Lieben sich ein Mann und eine Frau, so tauschen sie Zärtlichkeiten untereinander aus. Es kann zu einer körperlichen Vereinigung von Mann und Frau *(Beischlaf, Koitus)* kommen. Beim Geschlechtsverkehr gelangen viele Millionen Spermien in die Scheide. Nun schwimmen sie zur Eizelle.

Die Lebensdauer einer Eizelle beträgt nach dem Eisprung etwa 12 Stunden. Nur in diesem Zeitraum kann sie befruchtet werden. Die Spermien schwimmen mithilfe ihres Schwanzfadens zum Ei. Nur das erste Spermium, das ankommt, kann in die Eizelle eindringen und mit ihr verschmelzen *(Befruchtung)*. Dann umgibt sich die Eizelle mit einer Hülle, die die Befruchtung durch weitere Spermien verhindert.

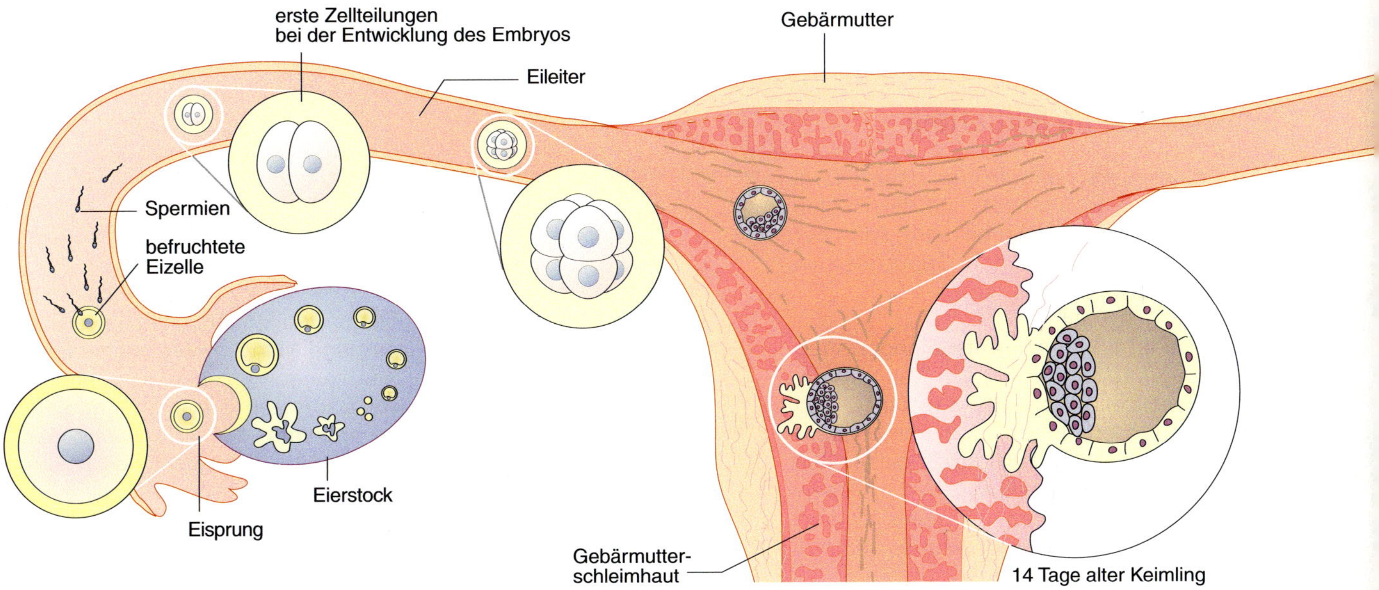

1 Befruchtung einer Eizelle und Einnistung des Keimes

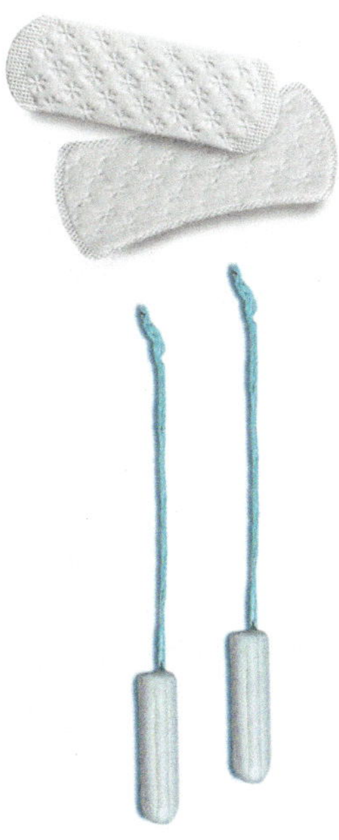

Die Gebärmutter ist in der Zeit zwischen den Monatsblutungen durch einen Schleimpfropf vor eindringenden Krankheitserregern geschützt. Während der Menstruation ist dieser Schutz nicht vorhanden. In dieser Zeit muss deshalb besonders auf gründliche *Hygiene* geachtet werden, da Blut und Schleimhautreste ein guter Nährboden für Krankheitserreger sind.

Ausfließendes Blut kann mit saugfähigen *Binden* oder *Tampons,* die regelmäßig gewechselt werden, aufgefangen werden. Die Binden werden in die Unterwäsche eingelegt, die Tampons in die Scheide eingeführt.

Während der Menstruation kann zur Reinigung der äußeren Geschlechtsorgane ohne Bedenken geduscht werden.

Im Eileiter teilt sich die befruchtete Eizelle mehrmals. Nach fünf Tagen kommt ein vielzelliger *Keim* in der Gebärmutter an und nistet sich in der Schleimhaut ein. Sie übernimmt die Versorgung des Keims. Nun ist die Frau schwanger. Während der Schwangerschaft entwickelt sich das Kind in der Gebärmutter, die Schleimhaut wird nicht abgestoßen; die Regelblutung bleibt aus.

In den *Wechseljahren*, ab etwa 45 Jahren, verlaufen Eireifung und Blutungen immer unregelmäßiger. Nach einigen Jahren bleiben sie schließlich aus. Die Frau kann nun keine Kinder mehr bekommen.

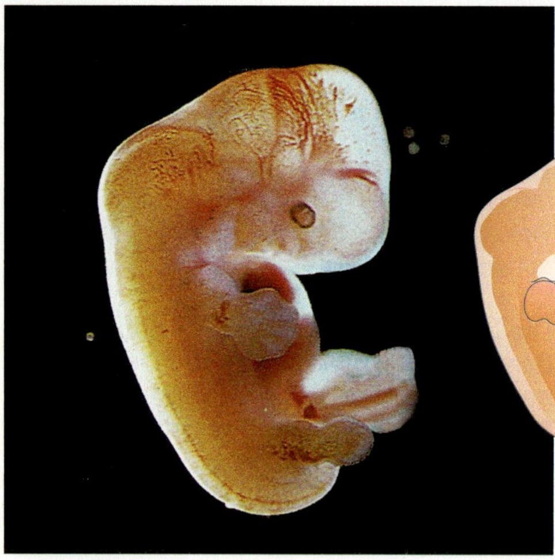

1 Embryo

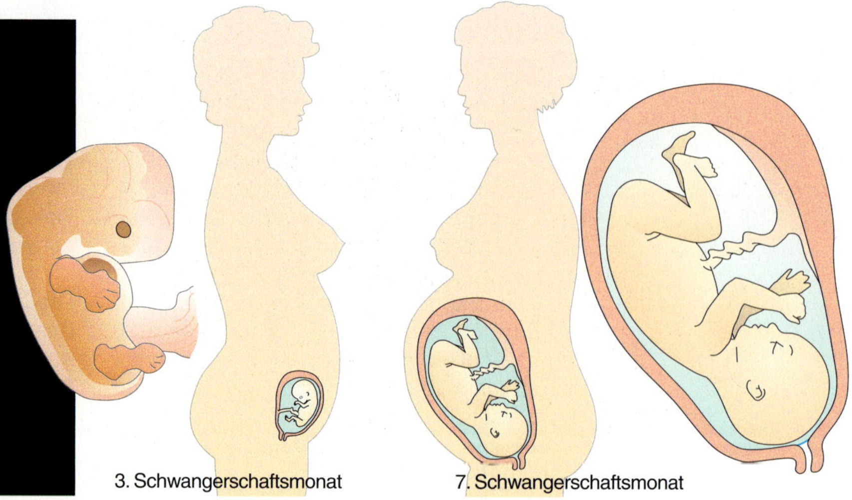

2 Entwicklung vom Embryo zum Fetus

Entwicklung im Mutterleib

Die *Schwangerschaft* der Frau dauert etwa 40 Wochen, also 9 Monate. Ist der Beginn der letzten Menstruation bekannt, kann der Arzt den voraussichtlichen Geburtstermin berechnen.

Der Keim lebt auf seinem tagelangen Weg durch den Eileiter nur von den Nährstoffen, die in der Eizelle gespeichert waren. Durch Zellteilungen entstehen zwar immer mehr Zellen, aber der Keim wächst in dieser Zeit nicht. Erst mit der Einnistung in der Gebärmutterschleimhaut beginnt seine Versorgung durch den Körper der Mutter und nun auch das Wachstum.

Teile des Keimes, die *Keimzotten*, dringen in die Schleimhaut der Gebärmutter ein und verwachsen mit ihr zum Mutterkuchen *(Plazenta)*. Der Keim wird jetzt *Embryo* genannt. Über eine Verwachsungsstelle, die sich später zur Nabelschnur entwickelt, ist er mit der Plazenta verbunden. Alle Nährstoffe und den Sauerstoff erhält der Embryo vom mütterlichen Blut. Dorthin gibt er auch Abfallstoffe und Kohlenstoffdioxid wieder ab. Dieser Stoffaustausch zwischen dem Blutkreislauf des Kindes und der Mutter findet in der Plazenta statt. Hier sind kindliches und mütterliches Blut nur durch eine dünne, durchlässige Haut voneinander getrennt.

Der Embryo wächst schnell heran. Er liegt geschützt in einer *Fruchtblase*, die mit *Fruchtwasser* gefüllt ist. Schon im ersten Monat bildet sich der Kopfbereich mit den Anlagen des Nervensystems aus, dann folgen Lunge, Herz und Gliedmaßen. Am Ende des zweiten Monats sind auch Leber, Nieren und Gehirn entwickelt. Der Embryo ist jetzt etwa 4 cm lang und 1 g schwer.

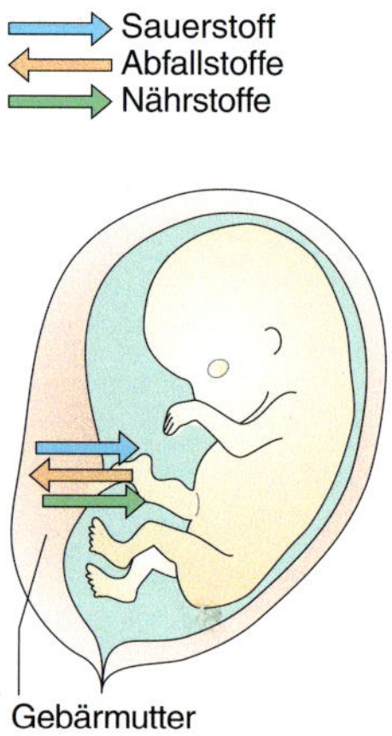

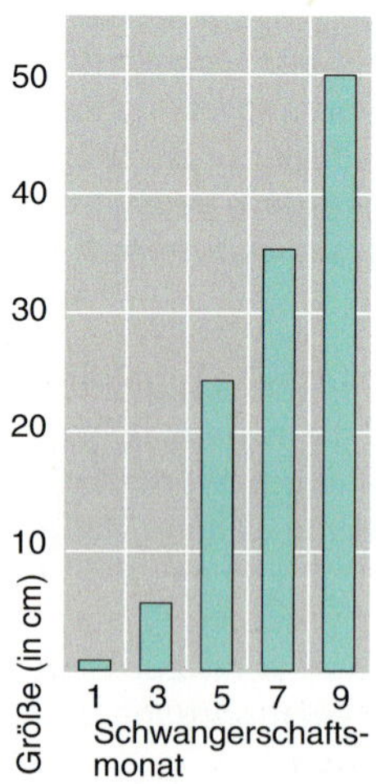

Im Laufe des dritten Monats werden Augen, Ohren, Nase und Mund weiter ausgebildet und die Geschlechtsorgane werden erkennbar. Bereits zu diesem Zeitpunkt sind also alle Organe angelegt, die ein erwachsener Mensch auch besitzt. Jetzt lässt sich erkennen, ob es ein Mädchen oder ein Junge ist. In der Folgezeit entwickeln die Organe ihre Funktionsfähigkeit. Ab dem dritten Monat, wenn das Kind sehr rasch wächst, nennt man es *Fetus*. Nach fünf Monaten ist der Fetus etwa 25 cm lang und 500 g schwer. Er kann nun auch Geräusche wahrnehmen.

Obwohl im Fetus schon alle Organe vorhanden sind, ist er noch nicht selbstständig lebensfähig. Erst mit sieben Monaten sind die Organe so leistungsfähig, dass ein *Frühchen* auch außerhalb des Mutterleibs überleben könnte. Im Normalfall ist die Entwicklung nach neun Monaten abgeschlossen. Der Fetus ist dann etwa 50 cm groß und wiegt 2500 bis 5000 g.

Aufgaben

① Fülle einen Plastikbeutel mit Wasser, gib ein rohes Ei hinzu und gib dem Beutel einen Stoß. Beobachte und beschreibe die Bedeutung der Fruchtblase.

② Beschreibe, wie Keim, Embryo und Fetus ernährt werden.

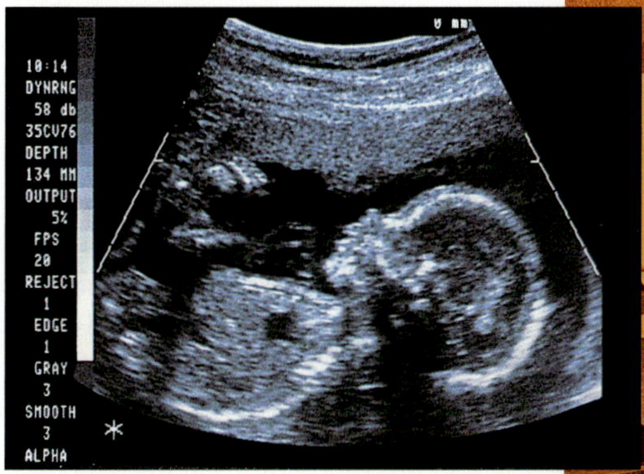

1 Ultraschallbild

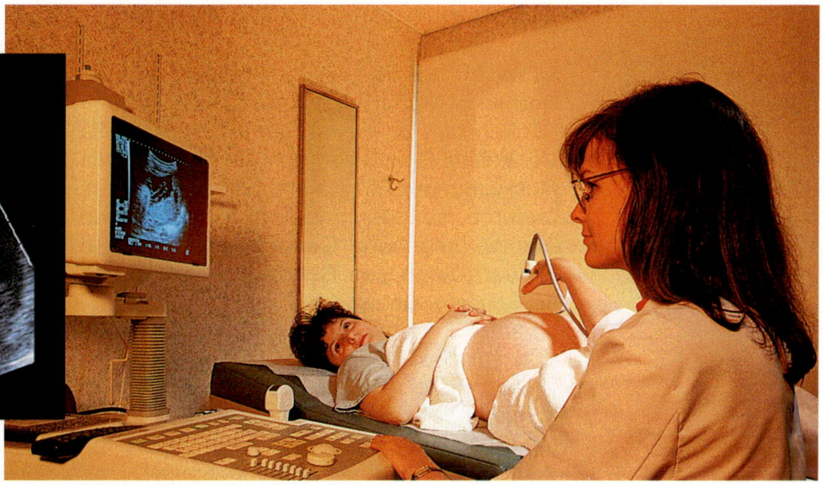

2 Vorsorgeuntersuchung

Schwangerschaft bedeutet Verantwortung für das Kind

Die *Schwangerschaft* bringt für die Frau körperliche und seelische Veränderungen. Um mögliche Probleme während der Schwangerschaft rechtzeitig zu erkennen, geht sie regelmäßig zu *Vorsorgeuntersuchungen*. Mit Ultraschalluntersuchungen kann man das Kind und seine Entwicklung beobachten.

Schwangere Frauen sollten ihre Lebensweise verantwortungsbewusst gestalten, damit sie ihr Kind nicht gefährden. Das heißt nicht rauchen, keinen Alkohol trinken und keine Drogen nehmen. Dies alles kann für den Embryo eine starke Gefährdung darstellen. Auch Medikamente dürfen nur nach ärztlicher Absprache eingenommen werden. Bei einer Rötelnerkrankung der Mutter kann der Embryo schwer geschädigt werden. Daher sollten sich alle Mädchen vor der Pubertät gegen Röteln impfen lassen.

Mit dem wachsenden Fetus wird auch die Gebärmutter immer größer. Der Leibesumfang der werdenden Mutter nimmt zu. In den letzten Monaten vor der Geburt fallen ihr ansonsten leichte Tätigkeiten immer schwerer und sie bedarf der besonderen Rücksichtnahme.

Manchmal stellt sich im Verlauf der Schwangerschaft heraus, dass zwei Kinder heranwachsen. Meist sind es *zweieiige Zwillinge*. Sie entstehen, wenn ausnahmsweise zwei Eizellen zugleich ausreifen und befruchtet werden. Sehr selten treten *eineiige Zwillinge* auf. Sie stammen von einer Eizelle, die sich nach der Befruchtung vollständig teilt. Eineiige Zwillinge sehen sich deshalb sehr ähnlich und haben immer dasselbe Geschlecht. Zweieiige Zwillinge sind einander in demselben Maße ähnlich wie andere Geschwister auch.

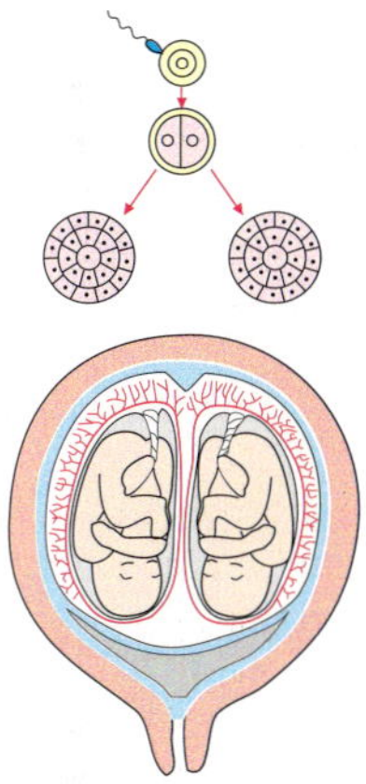

eineiige Zwillinge

Zettelkasten

Verhütung – erst recht beim ersten Mal!

Kinder bedürfen der Pflege, der liebevollen Zuwendung und der Erziehung. Das gehört zu den zeitaufwendigen Pflichten von Eltern. Auch benötigt eine Familie mehr Wohnraum als ein kinderloses Paar. Kann oder will ein Paar die Verantwortung für ein Kind nicht übernehmen, so sollten die Partner Methoden zur *Empfängnisverhütung* anwenden.

Die Verschmelzung von Eizelle und Spermium zu verhindern, ist das Ziel einiger Methoden. Dazu kann der Mann ein *Kondom* über sein versteiftes Glied ziehen. Dieser Gummiüberzug fängt beim Geschlechtsverkehr Spermien auf und verhindert, dass sie in den Körper der Frau eindringen. Ein Kondom vermindert zugleich das Risiko der Übertragung von Geschlechtskrankheiten oder des AIDS-Erregers.

Frauen können eine ungewollte Schwangerschaft z. B. mit der *Antibabypille* verhindern. Der Frauenarzt berät die Frau und verschreibt die Pille. Bei regelmäßiger Einnahme verhindert sie den Eisprung.

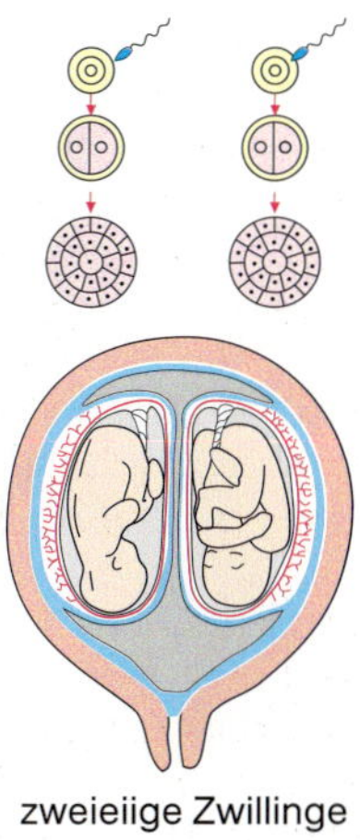

zweieiige Zwillinge

Die Geburt

Schon einige Tage vor der Geburt spürt die werdende Mutter ein verstärktes Ziehen im Rücken und im Bauchraum. Das sind die *Vorwehen*. Sie rühren daher, dass sich die Muskulatur der Gebärmutter zusammenzieht. Dadurch wird der enge, vom knöchernen Becken umgebene *Geburtskanal* geweitet. Er führt durch den Gebärmuttermund und die Scheide nach außen.

Kurz vor der Geburt setzen die eigentlichen *Wehen* ein; in regelmäßigen, zunächst etwa 10-minütigen Abständen, wird das Kind von der Muskulatur der Gebärmutter kräftig mit dem Kopf in Richtung Scheidenausgang gedrückt. Dabei öffnet sich der Gebärmuttermund und die Fruchtblase, die das Kind während der Schwangerschaft geschützt hat, platzt auf. Das Fruchtwasser läuft aus. Die Wehen werden dann noch stärker und häufiger. Die Mutter hilft in der anschließenden *Austreibungsphase* mit, indem sie die Bauchmuskulatur anspannt. So wird das Kind mit dem Kopf voran aus dem Körper gepresst. Der Vater kann bei der Geburt anwesend sein und die werdende Mutter unterstützen.

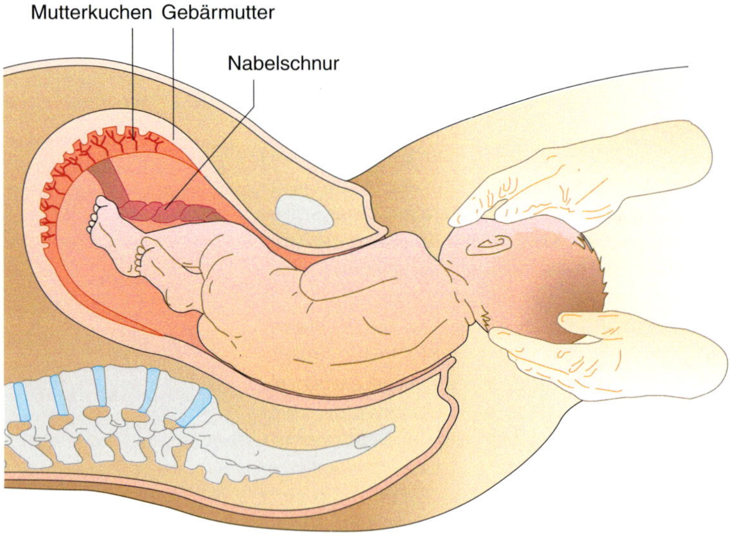

1 Kind mit Oberkörper im Geburtskanal

2 Mutter mit Neugeborenem

Arzt und Hebamme helfen mit, bis das Kind geboren ist. Es hängt nur noch an der Nabelschnur, durch die nun aber kein Blut mehr fließt. Die Sauerstoffversorgung durch die Mutter hört auf. Das Neugeborene macht seinen ersten Atemzug, oftmals ausgelöst von einem Klaps auf den Po, und schreit.

Das Abtrennen der Nabelschnur bereitet keine Schmerzen. Sie wird an zwei Stellen abgebunden und dazwischen durchschnitten. Die eigentliche *Entbindung* findet statt. Die Plazenta wird bald darauf als *Nachgeburt* abgestoßen.

Das Kind wird gewaschen und dann der Mutter in die Arme gelegt. Das Neugeborene kann sofort Suchbewegungen nach der Mutterbrust ausführen. Sobald die Lippen die Brustwarzen berühren, beginnt es zu saugen. Die *Brustdrüsen* der Mutter sind schon während der Schwangerschaft angeschwollen und beginnen bald nach der Geburt Milch zu bilden. Die *Muttermilch* ist für das Kind zunächst die einzige Nahrung.

Der Körperkontakt zur Mutter ist wichtig. Das Kind spürt die Körperwärme und nimmt den Herzschlag der Mutter und die vertraute Stimme wahr. Es fühlt sich geborgen. Auch für die Mutter ist dieser Kontakt wichtig, denn auf diese Weise entwickelt sich eine enge Beziehung zum Kind.

Heute werden die meisten Entbindungen in Krankenhäusern vorgenommen. Der Arzt kann dann bei eventuell auftretenden Schwierigkeiten schnell helfen. Wenn beispielsweise der Geburtskanal zu eng ist oder das Kind quer liegt, muss durch *Kaiserschnitt* entbunden werden. Dazu öffnet man die Bauchdecke und die Gebärmutter und holt das Kind mit der Fruchtblase und der Plazenta aus dem Mutterleib. Für die Mutter kann in einem solchen Fall im Krankenhaus am besten gesorgt werden.

Die Entwicklung des Kindes

Ein Säugling kann saugen, lächeln, sich anklammern und schreien. Er ist jedoch noch völlig hilflos und unselbstständig und bedarf der ständigen Pflege und Betreuung. Vater und Mutter baden und wickeln ihn. Entweder stillt die Mutter das Kind oder die Eltern geben ihm die Flasche. Während des Stillens hält der Säugling mit der Mutter einen innigen Körperkontakt. Er hört ihren Herzschlag. Das beruhigt ihn und gibt ihm Sicherheit. Wenn das Kind wach ist, sprechen oder spielen die Eltern mit ihm.

Die innige Gemeinschaft zwischen dem Säugling und den Eltern, den *Bezugspersonen*, führt zu einer festen *Eltern-Kind-Beziehung*. Sie ist die Voraussetzung für eine gesunde körperliche und geistige Entwicklung. Bei Kindern, die in Heimen oder Familien mit zu wenig Zuwendung aufwachsen, verläuft die Entwicklung langsamer, auch wenn sie ansonsten gut versorgt werden.

Ein gesunder Säugling hat nach dem ersten Jahr sein Gewicht verdreifacht. Nach zwei bis drei Monaten greift der Säugling nach Gegenständen. Mit 6 bis 7 Monaten beginnt er zu krabbeln und seine Umgebung zu erkunden. Mit dem Lallen der ersten Laute im Alter von etwa 3 Monaten setzt die Entwicklung der Sprache ein.

Mit sechs bis neun Monaten können Kinder gezielt nach Gegenständen greifen. Neugierig wird alles, was zu greifen ist, untersucht, oft indem die Gegenstände in den Mund genommen werden. Manche Kinder beginnen in dieser Zeit zu *fremdeln*, d. h. sie unterscheiden genau zwischen den festen Bezugspersonen und anderen Menschen.

Das Kind lernt in den ersten Jahren sehr viel. Dabei sind die positive Zuwendung und die Anregungen der Eltern wichtig für eine gesunde Entwicklung.

Aufgabe

① Bei einer Gruppe Findelkinder, die in Heimen aufwuchsen und wenig Kontakt zu Erwachsenen oder anderen Kindern hatten und deren Betreuer oft wechselten, wurde Folgendes festgestellt: Im Alter von vier Jahren konnten sechs nicht laufen, sechs nicht sprechen, zwölf nicht allein mit dem Löffel essen. Kläre anhand der Abbildung, wie groß der Entwicklungsrückstand dieser Kinder war.

1 Eltern-Kind-Beziehung

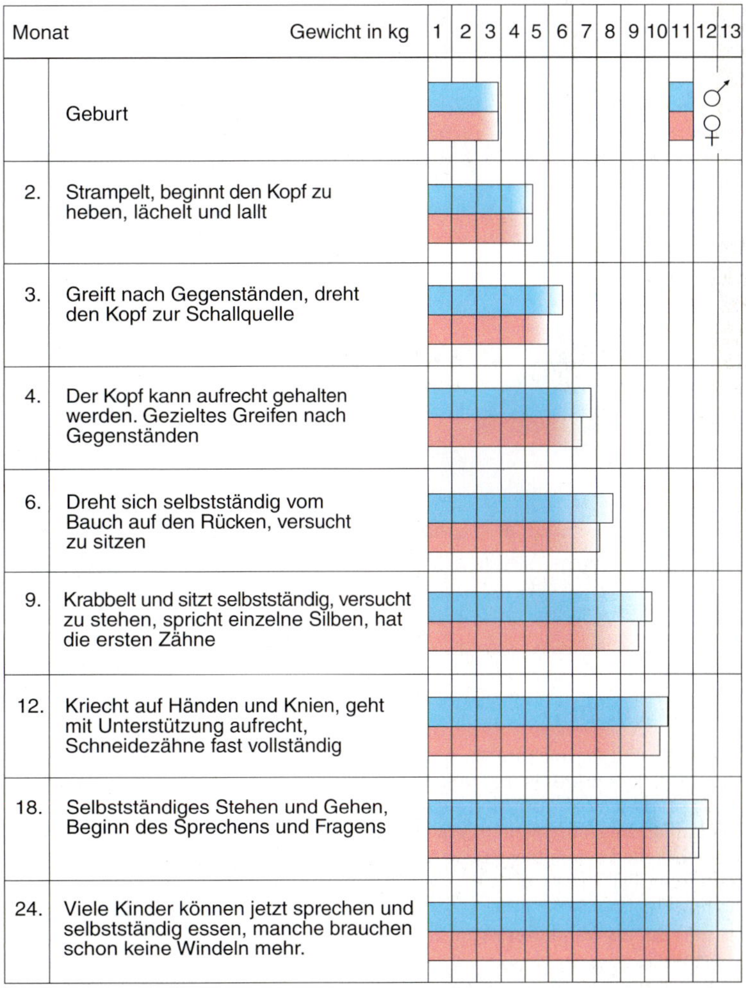

2 Entwicklung von Säugling und Kleinkind

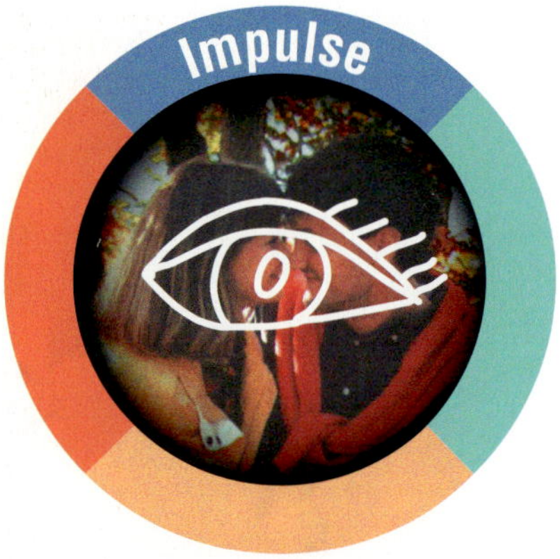

Kindheit

Mit zunehmendem Alter entwickeln sich die körperlichen Fähigkeiten. Während kleinere Kinder noch gerne im Sandkasten spielen, haben Größere andere Interessen. Dabei spielt der Sport oft eine wichtige Rolle, aber auch das Spiel mit Puppen oder die Pflege eines Heimtieres. Wie sind die Interessen in eurer Klasse verteilt? Wer ist im Verein oder in anderen Gruppen?

Lebensabschnitte

Das Leben des Menschen hat viele Abschnitte. Jeder ist irgendwie anders. Das liegt sicher daran, dass wir mit fortschreitendem Alter mehr wissen und können. Daher empfinden wir auch immer wieder anders. Im Laufe des Lebens ändern sich auch die Aufgaben, die man zu erledigen hat. Das hast du sicher auch schon erfahren. Und auch die Lieblingsbeschäftigung unterliegt immer wieder einem Wandel.

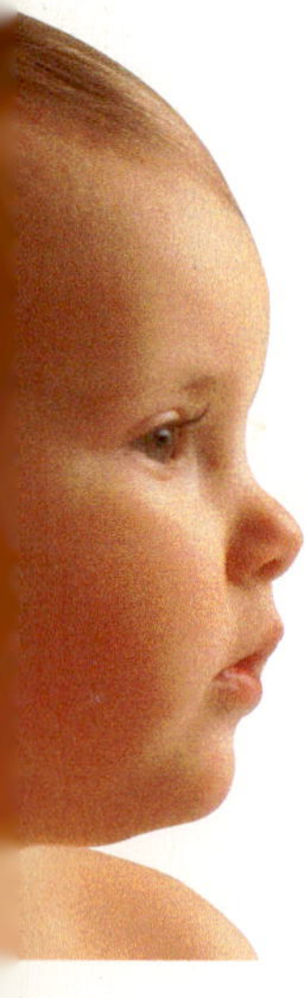

Der Säugling

Da ist es, das Neugeborene. Anfangs hat es nicht viel Bedürfnisse: Trinken, Schlafen und die Zuwendung der Eltern stellen es zufrieden. Doch mit dem Wachstum erwacht bald sein Interesse an seiner Umgebung.

Weißt du, ab wann dieses Interesse beginnt?
Frage deine Eltern, welche Beobachtungen sie mit dir gemacht haben.

Pubertät

„Das ist wohl das Letzte — zuerst Forderungen stellen, dann frech werden und wenn ich dann etwas sage, auch noch beleidigt sein!" Christofs Vater ist außer sich. „Nun entschuldige dich bei deinem Vater, Christof!" bittet ihn seine Mutter. „Jetzt mache ich überhaupt nichts mehr. Ihr seid so gemein!" schreit Christof, verschwindet in seinem Zimmer und knallt die Tür hinter sich zu.

Wie alt mag Christof sein? Was könnte vorgefallen sein? Kannst du dazu eine passende Geschichte erfinden?

Wie findest du Christofs Verhalten? Jugendliche bilden oft sogenannte *Cliquen*. Was versteht man darunter? Wie unterscheiden sie sich von den Gruppen in der Grundschule?

„Liebe Miriam. Du bist das schönste Mädchen in der Klasse. Möchtest du mit mir heute Nachmittag ins Kino gehen?"

„Lieber Sven. Ich liebe dich! Ohne dich bin ich so allein. Bitte komm zu mir."

„Lieber Uwe. Der Gisela hast du auch geschrieben, dass du sie liebst. Bringe mir heute nachmittag deine neue CD mit, dann glaube ich dir, dass du mich liebst."

„Lieber Sascha. ich möchte dich richtig kennen lernen. Ich denke immer an dich. Ruf mich bitte an. Bald!"

„Hallo Susanne! Du gefällst mir sehr. Willst du mit mir gehen? Ja oder nein."
( ) Ja
( ) Nein

Wie findest du die Briefchen? Sind sie alle freundlich und angenehm, wirken sie aufdringlich oder gar unsympathisch? Wie würdest du dich verhalten, wenn du das erste Briefchen bekommen hättest?

Freundschaft

Wenn sich ein Pärchen nach und nach kennen lernt, so entsteht eine Freundschaft, in der man auch Zärtlichkeiten austauscht. Freundschaften können sich auch wieder lösen. Was kann dazu führen?

Partnerschaft

Bei Jugendlichen entwickelt sich die Persönlichkeit rasch und die Interessen sind wechselnd. Mit zunehmendem Alter entwickeln sich aber Vorlieben und die Interessen festigen sich.

Entschließen sich zwei reife Partner für immer eine Verbindung einzugehen, so heiraten sie. Welchen Eindruck macht das Paar auf dem Bild? Wie alt sind die beiden etwa?

Das Alter

Auch für ältere Menschen gehören zum gemeinsamen Zusammensein Zärtlichkeiten und körperlicher Kontakt.

Betrachte das Paar.
Woran kannst du erkennen, dass es ältere Menschen sind? Was sagt dir das Bild? Beschreibe, in welcher Situation die beiden Menschen sein könnten.

Familie

Ein neuer Lebensabschnitt beginnt, wenn ein Paar Kinder bekommt und eine Familie entsteht. Das war schon immer so. Allerdings ist das Leben in einer Familie heute anders als vor etwa 100 Jahren. Hier ist ein Wandel eingetreten.
Wie hat sich die Zusammensetzung der Familien verändert?
Welche Veränderungen sind dadurch für die Kinder eingetreten?
Wieso haben sich die Familien verändert?
Wo ist es heute noch so, wie es früher bei uns war?

Häufig ist zu beobachten, dass sich Paare nach einigen Jahren wieder voneinander trennen. Welche Ursachen könnte das haben?

1 Von den Katzen lernen

Sexueller Missbrauch

In Zeitschriften oder Tageszeitungen tauchen immer wieder Meldungen auf, die sexuellen Missbrauch zum Thema haben. Betroffen sind meist Kinder, die von älteren Jugendlichen oder Erwachsenen zu sexuellen Handlungen gezwungen wurden. In den meisten Fällen betrifft es Mädchen, die von Männern aus dem näheren Bekanntenkreis oder der Nachbarschaft belästigt oder missbraucht werden. Manchmal findet man in den Tageszeitungen auch Meldungen über Männer, die sich in Parks oder auf Spielplätzen den Kindern nackt gezeigt haben. Immer wieder haben auch Fremde Kinder zum Mitkommen überredet, etwa mit dem Hinweis, ihnen etwas Besonderes zeigen zu wollen oder ein tolles Geschenk für sie zu haben.

Mit verlockenden Belohnungen oder einschüchternden Drohungen erzwingen die Täter in allen Fällen Berührungen und Handlungen am Körper, an den Brüsten oder an den Geschlechtsorganen, die das Kind nicht will, die es erschrecken, abstoßen oder ihm weh tun. Meist haben die Kinder Angst, mit jemandem über diese Situation zu reden, sodass sich der Missbrauch wiederholen kann, ohne dass der Täter von einem Erwachsenen daran gehindert oder bestraft wird.

Wie neuere Untersuchungen zeigen, kann auch über das Internet Gefahr drohen. Chaträume eröffnen eine scheinbar anonyme Welt, in der sich Kinder und Jugendliche „frei“ äußern können, ohne dass sofort lästige Kommentare der Erwachsenen kommen. Die lockere Sprache ermöglicht ein schnelles Vertrautsein und verschleiert leicht die sexuellen Gewaltfantasien der Täter. Nicht selten gelingt es auch den „Chatfreunden“, ihren möglichen Opfern die Telefon- oder Handynummer zu entlocken, ein Foto zu fordern oder sie zu einem Treffen zu überreden oder zu zwingen.

Damit dir so etwas nicht passiert, solltest du im Internet keine persönlichen Daten veröffentlichen. Gib niemals deinen wirklichen Namen, deine Adresse oder Telefonnummer weiter. Verabrede dich nicht mit einem Mann oder einer Frau, die du nicht kennst. Sende nie ein Foto von dir. Mit jedem Bildbearbeitungsprogramm kann der Täter es in eine Aufnahme verwandeln, die es nie gab und die du nicht willst.

Auch ohne Internet: Lass dich nicht „anquatschen“ und geh nie mit Fremden mit. Sei misstrauisch gegenüber verlockenden Angeboten und beuge dich nicht bei Drohungen oder Erpressungen. Sprich mit deinen Eltern oder anderen Vertrauten darüber, wenn du Angst hast. Sage „Nein“, sobald du dich belästigt fühlst. Auch wenn du dich einmal nicht an Absprachen mit deinen Eltern gehalten hast: Du trägst keine Schuld daran, dass du sexuell belästigt wirst.

Rat und Hilfe geben auch Organisationen wie der *Kinderschutzbund* oder der *Kindernotdienst.* Adressen oder Telefonnummern findest du im Telefonbuch.

Kinderschutzbund
www.kinderschutzbund.de

Schüler fragen – Experten antworten

Nicht immer kann man alle Information zu einem speziellen Thema oder für eine Präsentation durch eine Suche im Internet oder in Büchern finden: Dann sollte man einen *Experten,* also einen Spezialisten des Fachgebietes, befragen. Sie verfügen über einen großen Erfahrungsschatz und kennen die neuesten Forschungsergebnisse. Eine solche Befragung bezeichnet man auch als *Interview* (verabredete Zusammenkunft).

Wie bereitet man ein Interview vor?

Ganz ohne Vorwissen hat es aber wenig Sinn, einen Experten zu befragen. Verschafft euch zum Thema zunächst einen Überblick anhand eures Biologiebuches, eines Lexikons oder mit Internetartikeln.

Viele Begriffe und Zusammenhänge werden verständlich erklärt unter http://de.wikipedia.org/wiki/Hauptseite

Sammelt dann alle Fragen, die euch einfallen, ordnet sie nach Themenschwerpunkten und schreibt sie auf. Überlegt, wie ihr die Befragung durchführen wollt und verteilt die Aufgaben. Einer aus der Gruppe stellt die Fragen, ein anderer schreibt die Antworten auf. Bei längeren Gesprächen könnt ihr euren Gesprächspartner fragen, ob ihr die Antworten aufzeichnen dürft. Die Aufnahmen können dann in Ruhe ausgewertet werden. Vielleicht braucht ihr auch jemanden aus eurer Gruppe, der gut fotografieren kann.

Wie findet man einen Experten?

Fragt zunächst Eltern oder Bekannte, ob sie jemanden kennen, der eure Fragen beantworten kann. Nicht nur Ärzte sind Experten für alle Fragen zur Gesundheit des Menschen. Auch Rettungsdienste, Krankenkassen oder Beratungsstellen können euch weiterhelfen.

Wie führt man ein Interview durch?

Ihr solltet eure Fragen vor dem Gespräch genau aufschreiben. Sind es nur wenige Fragen, die ihr für das Interview ausgearbeitet habt, reicht es, die Information per Telefon einzuholen. Soll sich die ganze Klasse an der Befragung beteiligen, ist es sinnvoll, den Experten in die Schule einzuladen. Schreibt dazu einen höflichen Brief. Bei der Veranstaltung in der Schule übernimmt einer von euch die *Moderation,* das heißt, er oder sie leitet das Gespräch oder die Diskussion.

Das Interview am Arbeitsplatz

Ihr könnt den Experten auch bitten, ihn an seinem Arbeitsplatz besuchen zu dürfen. Geht dazu in kleinen Gruppen und benutzt Fotoapparat und Diktiergerät, wenn es erlaubt ist. Macht euch Notizen und lasst euch Material mitgeben. Damit erinnert ihr euch besser an Einzelheiten und könnt vielleicht auch ein unterstützendes Plakat für eure Präsentation in der Klasse gestalten.

„Fachchinesisch"

Manchmal sprechen Experten mit vielen Fremdworten in einer komplizierten Fachsprache. Wenn ihr etwas nicht versteht, fragt sofort nach. Bittet euren Gesprächspartner, euch den Sachverhalt noch einmal mit einfachen Worten, eventuell auch an einem Beispiel zu erklären.

Adressen zu Fragen der Gesundheit und Schwangerschaft:

Bundeszentrale für gesundheitliche Aufklärung: www.bzga.de
Apotheken: www.aponet.de
Ärzte: www.arzt.de
Kinderschutzbund: www.kinderschutzbund.de
Kindernotdienst: www.kindernotdienst.de
Pro familia: www.profamilia.de
Kirchliche Beratungsstellen über: www.caritas.de

Fragen an Frau Dr. Burkert

Blütenpflanzen

Bau und Leistung

Blütenaufbau
Blütenfunktion

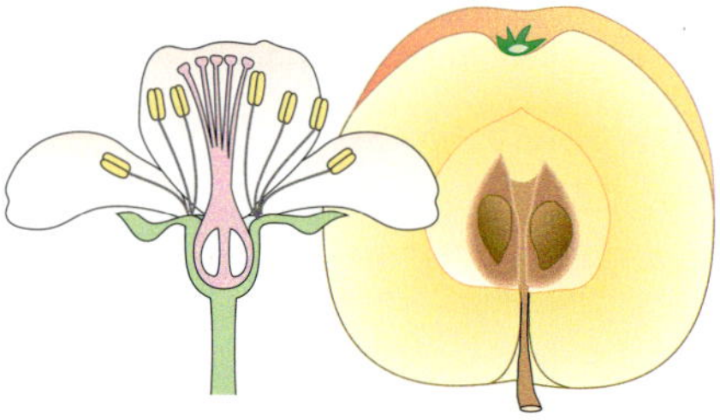

Wildpflanzen
Nutzpflanzen

„Pflanzen sind langweilig!" Ähnliche Bemerkungen kann man häufig hören, wenn es darum geht, Pflanzenkunde in der Schule zu beginnen. Das mag zwar bei oberflächlicher Betrachtung so erscheinen, denn Pflanzen sind unbeweglich und werden von manchen Menschen deshalb noch nicht einmal für Lebewesen gehalten. Doch der Schein trügt. Obwohl Pflanzen nur aus wenigen Grundorganen bestehen, zeigen sie doch eine große Vielfalt in der Ausgestaltung von Sprossachse, Blatt und Wurzel. Diese Organe ermöglichen es den Pflanzen, sich zu ernähren, zu wachsen und sich fortzupflanzen. Weißt du, wie das alles geschieht?

Blatt

Aufbau einer Blütenpflanze

Blüte

Die Blüte besteht aus vier grünen, waagerecht abstehenden Kelchblättern, vier gelben Kronblättern, zwei kurzen und vier langen Staubblättern sowie dem Stempel mit den Fruchtblättern. Aus der Blüte entwickelt sich die Frucht, eine Schote, die die Samen der Pflanze enthält.

Sprossachse

Der grüne, krautige Stängel, auch Sprossachse genannt, kann etwa 50 cm lang werden. Er ist rundlich, borstig behaart und bei kräftigen Pflanzen stark verzweigt. Der Stängel trägt die Blüten und Blätter.

Laubblatt

Die länglichen Laubblätter sitzen unregelmäßig am Stängel. Sie sind tief eingebuchtet; der Blattrand ist gezähnt. Die Blattadern verlaufen wie die Fäden eines Netzes. Das Blatt heißt deshalb netzadrig. Die unteren Blätter besitzen nur einen kurzen Blattstiel.

Wurzel

Die Wurzel ist gelblich bis braun gefärbt, niemals grün. Von der dicken Hauptwurzel zweigen viele dünnere Seitenwurzeln ab.

1 Steckbrief des Ackersenfs

Der Ackersenf – Steckbrief einer Blütenpflanze

Im Unterricht der Grundschule hast du sicherlich schon einige *Blütenpflanzen* und ihren Aufbau kennen gelernt. Am Beispiel des Ackersenfs kannst du nun wiederholen, was du noch weißt.

Blühenden *Ackersenf* kannst du von Mai bis September auf Schuttplätzen, Äckern und an Wegrändern finden. An seinen gelben Blüten ist er leicht zu erkennen. Grabe eine gut entwickelte Pflanze aus und spüle das Erdreich ab. Stelle sie in ein wassergefülltes Glas und notiere alle Einzelheiten, die dir auffallen. So erhältst du den Steckbrief des Ackersenfs, wie er oben abgedruckt ist.

Beim Vergleich des Ackersenfs mit anderen Pflanzen kann man bei allen Blütenpflanzen die typischen Organe wiedererkennen, die trotz großer Vielfalt in der Gestalt jeweils den gleichen Grundbauplan aufweisen und den gleichen Grundfunktionen dienen und somit das Leben der Pflanze als Organismus ermöglichen (▶ S. 222/223).

1 Löwenzahn mit Hauptwurzelsystem

2 Wurzelsystem sprossbürtig

Bau und Funktion der Wurzel

Bei der Keimung des Samens entwickelt sich zuerst eine *Keimwurzel*. Sie wächst langsam und dringt dabei senkrecht in den Boden ein. Aus der Keimwurzel entwickelt sich bei vielen Blütenpflanzen eine Hauptwurzel mit zahlreichen Seitenwurzeln, das *Hauptwurzelsystem*. Bei anderen, wie z. B. bei allen Gräsern, stirbt die Keimwurzel ab. Dafür entwickeln sich aus unteren Sprossteilen neue Wurzeln, die *sprossbürtigen Wurzeln* (Nebenwurzeln). Man spricht von einem *sprossbürtigen Wurzelsystem*.

Die Wurzeln wachsen an den Enden ständig weiter und schieben sich dadurch zwischen die Bodenteilchen. Dabei schützen lockere Zellschichten die zarte Wurzelspitze wie eine Haube. Die inneren Schichten der *Wurzelhaube* werden stets neu gebildet, während die äußeren absterben und eine Gleitschicht bilden, die das Eindringen in den Boden erleichtert.

In der Zone hinter der Wurzelspitze wachsen immer wieder neue *Wurzelhaare*. Sie bilden eine große Oberfläche (▶ S. 232), über die Wasser und Mineralstoffe aufgenommen werden. Von der Wurzel werden Wasser und Mineralstoffe in die anderen Organe der Pflanze weitergeleitet.

Die Wurzeln verankern die Pflanze im Boden. Bei vielen Blütenpflanzen wachsen die Wurzeln sehr tief in die Erde hinein. Solche *Tiefwurzler* sind zum Beispiel Eichen, Kiefern und Sonnenblumen. Die Flachwurzler bilden ihre Wurzelsysteme überwiegend in den oberen Bodenschichten aus. Zu diesen Pflanzen gehören neben Pappeln und Fichten auch Mais und Gräser.

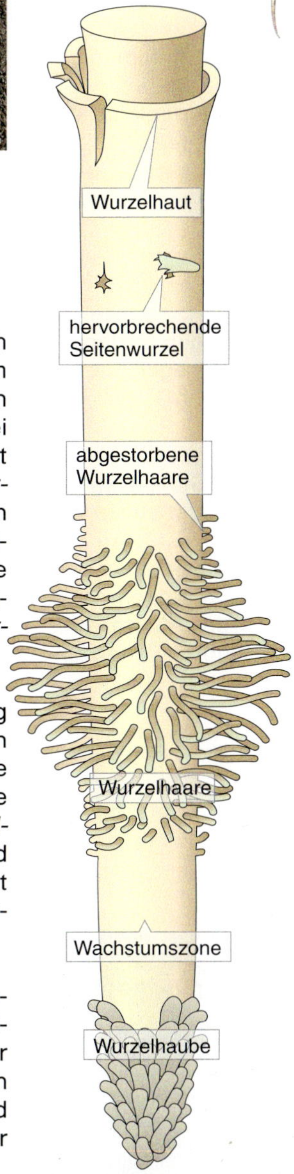

Wurzel

Die Ausbildung der Wurzelsysteme ist abhängig von den Bodenverhältnissen. So können Tiefwurzler auch auf trockenen Böden gut gedeihen, da sie Wasser und Mineralstoffe in einer Tiefe von bis zu 30 Metern erreichen können.

Wie gut die Wurzeln eine Pflanze im Boden verankert kann festgestellt werden, wenn man eine Löwenzahnpflanze aus dem Boden ziehen will. Oft bleibt bei diesem Versuch ein großer Teil der Wurzel in der Erde. Einige Wochen später ergrünt an der selben Stelle eine neue Löwenzahnpflanze, denn mithilfe der in der verdickten Hauptwurzel gespeicherten Stoffe konnte sich ein neuer Spross entwickeln.

Solche *Speicherwurzeln* sind auch von der Möhre, der Zuckerrübe, dem Rettich und dem Radieschen bekannt (▶ S. 232). Mithilfe der darin gespeicherten Stoffe können die Pflanzen ungünstige Lebensbedingungen überdauern (▶ S. 230).

Aufgaben

① Begründe, weshalb eine Pflanze ohne Wurzel nur wenige Tage leben kann.

② Fichte und Pappeln werden durch Sturm leicht entwurzelt. Dagegen wird bei Kiefern oft der Stamm geknickt. Erkläre diesen Umstand.

Iris

Kohlrabi

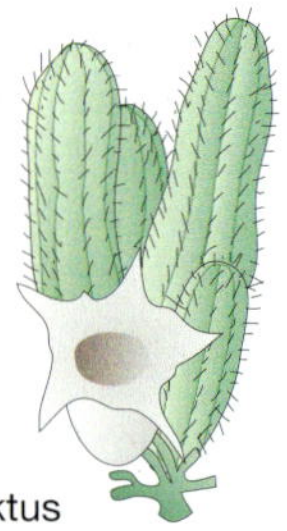

Kaktus

Bau und Funktion der Sprossachse

Die Sprossachse ist ein sehr vielgestaltiges Pflanzenorgan. Je nach Pflanzenart heißt sie auch *Stängel, Halm* oder *Stamm*. Bei einem *Kraut* wird der Spross nicht holzig, er bleibt — wie dieser Name schon sagt — krautig. Sträucher und Bäume dagegen bilden festes Holz aus. Es sind *Holzgewächse*. Sie unterscheiden sich aber in ihrer Wuchsform.

Manche Bäume werden sehr groß und alt. Der Mammutbaum kann 120 m hoch und bis zu 3000 Jahre alt werden. Der Stammdurchmesser beträgt dann etwa 8 Meter. Wenn man viermal um den Baum herumläuft entspricht das einem Hundertmeterlauf. Noch älter, nämlich mehr als 4500 Jahre alt, wird die Borstenkiefer.

Nicht immer muss eine krautige Pflanze klein und eine Holzpflanze groß sein. Es gibt Weidensträucher in den Alpen, die sich nur ein bis zwei Zentimeter über den Boden erheben; die Bananenpflanze dagegen, die unverholzt ist, wird bis zu 5 m hoch.

Sprossachsen sind in Knoten und Zwischenknotenstücke eingeteilt. Die Stellen, an denen die Blätter sitzen sind meist etwas verdickt. Sie werden *Knoten* genannt. An den Knoten entwickeln sich unmittelbar über dem Blattansatz die Knospen der Seitentriebe. Die Abschnitte zwischen den Knoten, die *Zwischenknotenstücke*, sind glatt und unverzweigt.

Trotz unterschiedlichster Formen erfüllen die Sprossachsen stets die gleichen Funktionen (▶ S. 218/219). Sie bringen Laubblätter und Blüten in eine günstige Position. Laubblätter kommen ins Licht und Blüten können vom Wind oder von bestäubenden Insekten leicht erreicht werden.

In der Sprossachse werden außerdem Stoffe geleitet. Die für diese Transporte notwendigen Strukturen sind zu Leitbündeln zusammengefasst und durchziehen die gesamte Sprossachse. Wasser und darin gelöste Mineralstoffe werden von der Wurzel in die Laubblätter, Blüten und Früchte transportiert. Die in den Laubblättern gebildeten Nährstoffe gelangen in andere Pflanzenteile.

Die Sprossachsen der Blütenpflanzen können in Anpassung an spezielle Umweltbedingungen sehr unterschiedliche Gestalt aufweisen. Einige Sprossachsen speichern Nährstoffe. Bis auf wenige Ausnahmen, wie Kohlrabi und Zuckerrohr, wachsen die Sprossachsen solcher Pflanzen im Erdboden. Andere Pflanzen können auf extrem trockenen Standorten existieren, da sie in ihren dicken und fleischigen Sprossachsen viel Wasser speichern.

Aufgabe

① Zeichne die Sprossachse einer krautigen Pflanze und den Zweig eines Holzgewächses. Beschrifte Knoten und Zwischenknotenstücke.

1 Wuchsformen von Baum, Strauch und Kraut im Vergleich

1 Buchenblatt

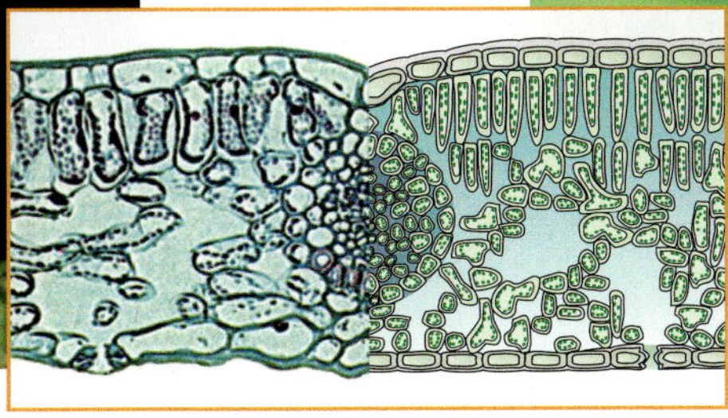

2 Blattquerschnitt

3 Kannenpflanze

Bau und Funktion des Laubblattes

Das dritte Grundorgan, das alle Blütenpflanzen besitzen, ist das *Laubblatt*. Es besteht in der Regel aus drei Teilen: der *Blattspreite* mit dem Blattrand, dem *Blattstiel* und aus dem meist sehr unscheinbaren *Blattgrund*.

Blattranke der Erbse

Die Blattspreite wird von den Blattadern durchzogen, die die Fortsetzung der Leitbündel für den Stofftransport aus der Sprossachse sind. Sie kann so typisch geformt sein, dass es möglich ist, die Pflanzenart daran zu erkennen. Auch die Ausbildung des Blattrandes und die Stellung der Laubblätter an der Sprossachse sind Merkmale, an denen man die Blütenpflanzen unterscheiden und bestimmen kann.

Laubblätter verdunsten Wasser über ihre gesamte Oberfläche und über winzige, regulierbare Öffnungen, die *Spaltöffnungen*, die mit bloßem Auge nicht zu erkennen sind. Gleichzeitig sind die Laubblätter die wichtigsten Organe für die Ernährung der Pflanze. Über die Laubblätter nehmen die Pflanzen Kohlenstoffdioxid aus der Luft auf. Unter dem Einfluss des Lichts werden mithilfe des grünen Blattfarbstoffes *Chlorophyll* aus Wasser, Kohlenstoffdioxid und Nährsalzen die Nährstoffe der Pflanze und Sauerstoff gebildet. Die Nährstoffe, zu denen *Zucker*, *Stärke, Fette* und *Eiweiße* gehören, benötigt die Pflanze für ihr eigenes Wachstum und ihre Entwicklung. Den an die Luft abgegebenen Sauerstoff brauchen alle Lebewesen zur Atmung (▶ S. 232).

Laubblätter können aber auch noch andere, ganz spezielle Aufgaben übernehmen. Dann ist ihr Aussehen manchmal sehr eigenartig. Solche Veränderungen werden als *Blattmetamorphosen* bezeichnet. Eine Erbsenpflanze kann sich zum Beispiel mit ihren Blattranken beim Klettern festklammern. Auch die Dornen an einem Kaktus sind abgewandelte Blätter. Sie dienen den Wüstenpflanzen als Schutz vor Fressfeinden und Verdunstung.

Die *Kannenpflanze* gehört zu den *Fleisch fressenden Pflanzen*. Ihre Blätter besitzen einen seltsamen Bau. Bei ihnen ist der Blattgrund sehr groß und sieht aus wie eine Blattspreite. Am gebogenen Blattstiel sitzt dann die eigentliche Blattspreite, die man allerdings gar nicht als solche erkennt. Sie ist zu einer kannenförmigen Röhre umgebildet. Darin befindet sich eine Flüssigkeit, durch die Insekten verdaut werden, die in die Kanne hineingefallen sind. Durch diese spezielle Ernährungsweise können Kannenpflanzen auf Böden wachsen, denen bestimmte Mineralstoffe fehlen.

Aufgaben

① Zeichne von drei verschiedenen Pflanzenarten die Laubblätter. Beschrifte und vergleiche den Grundaufbau.

② Zimmerpflanzen, die längere Zeit im Dunklen stehen, verlieren ihre grüne Farbe und gehen schließlich ein. Erkläre diese Erscheinung.

③ Manche Zimmerpflanzen haben sehr dicke Blätter. Untersuche ein solches Blatt.

Bau und Aufgabe der Pflanzenorgane

Gelöste Mineralsalze

Material: Objektträger, Gänseblümchenpflanzen, zwei Bechergläser 250 ml, Karton, Schere, Filzstift
Reagenz: destilliertes Wasser, Flüssigdünger

① Bringe einen Tropfen destilliertes Wasser, Leitungswasser und Flüssigdünger auf eine saubere Glasplatte. Lasse das Wasser verdunsten und beschreibe deine Beobachtungen.

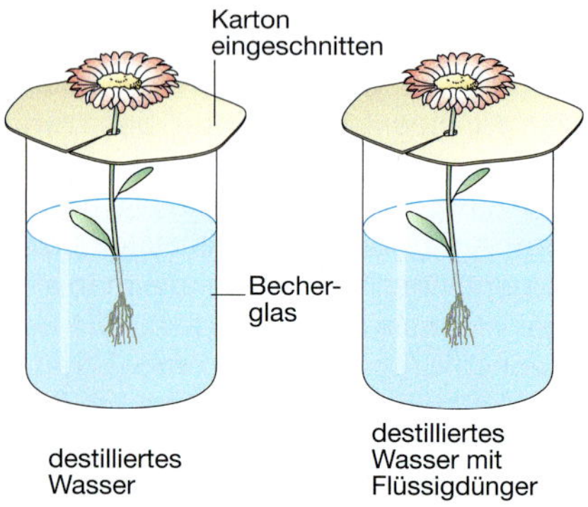

② Grabe im Garten zwei Pflanzen des Gänseblümchens mit ihrer Wurzel aus. Säubere die Wurzel mit Leitungswasser. Fülle beide Bechergläser mit jeweils 100 ml destilliertem Wasser. Versetze ein Becherglas entsprechend der Vorschrift mit Flüssigdünger. Gib jeweils eine Pflanze in ein Becherglas. Befestige sie mit dem eingeschnittenen Karton so, dass nur die Wurzeln in die Flüssigkeit eintauchen. Ersetze das verdunstete Wasser mit destilliertem Wasser. Beobachte das Wachstum über einen längeren Zeitraum. Protokolliere deine Beobachtungen.

Die Wurzel

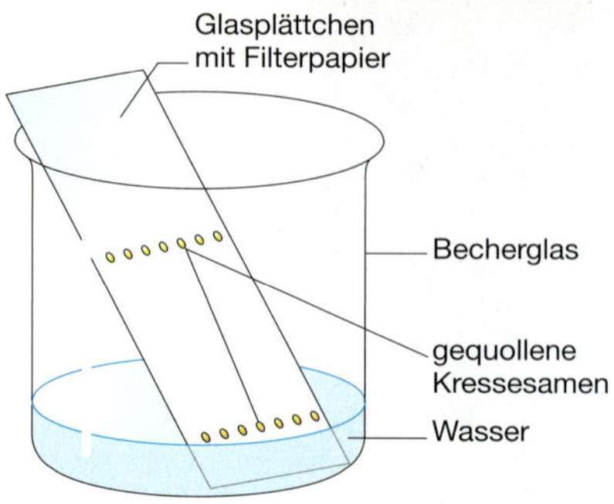

Material: Kressesamen, Becherglas, Löschpapier oder Filterpapier, Glasplättchen, Pinzette, Lupe, Gummiringe

③ Lasse in dem mit Wasser gefüllten Becherglas die Kressesamen etwa 15 bis 30 Minuten quellen. Schneide aus dem Löschpapier ein Papierstück aus, das doppelt so groß wie das Glasplättchen ist. Schlage das Papier um das Glasplättchen herum und befestige es mit den Gummiringen. Übertrage mit der Pinzette die gequollenen und durch eine Schleimhülle gut haftenden Kressesamen in zwei Reihen auf das Papier. Stelle das Glasplättchen in das Becherglas. Fülle dann das Becherglas bis zur unteren Reihe der Kressesamen mit Wasser. Fülle ab und zu etwas Leitungswasser nach. Betrachte nach etwa 5 Tagen mit der Lupe. Erkläre die Unterschiede zwischen der oberen und der unteren Reihe der Kressesamen.

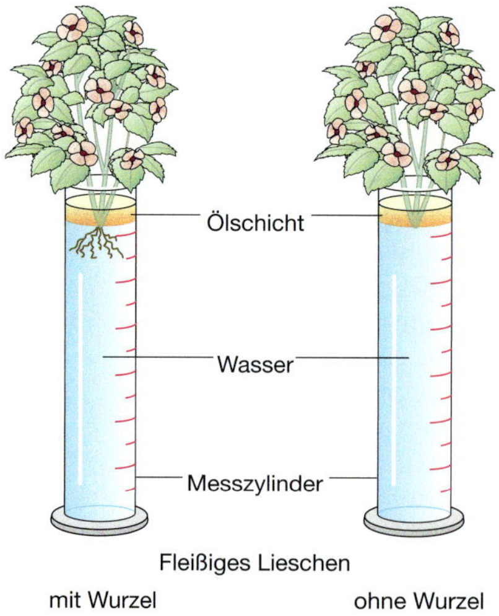

Material: Fleißiges Lieschen, 250-ml-Messzylinder, Filzstift, Messer, Schlauchstück, Glasrohr, Vaseline, Stativ
Reagenz: Salatöl

④ Besorge dir zwei gleich große Pflanzen vom Fleißigen Lieschen. Schneide bei einer Pflanze die Wurzel ab. Fülle die zwei Messzylinder mit genau der gleichen Menge Wasser. Stelle in jedes Gefäß eine Pflanze. Gieße jeweils etwas Salatöl auf die Wasseroberfläche, damit kein Wasser verdunsten kann. Markiere den Wasserstand mit einem Filzstift.

Wie verändert sich in den folgenden Tagen der Wasserstand? Erkläre deine Beobachtungen.

⑤ Ein Fleißiges Lieschen wird etwa 3 cm über dem Boden ganz abgeschnitten. Ziehe eine mit Vaseline eingefettete Schlauchtülle über den Wurzelstumpf. Von oben wird ein Glasrohr eingeschoben. Miss die Höhe der Wassersäule im Steigrohr jeden Tag zur gleichen Zeit. Protokolliere die Messwerte und erkläre sie.

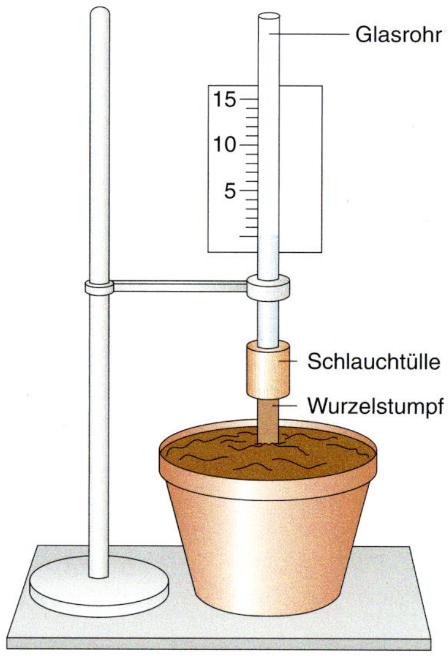

Material: Karotten, Petrischale
Reagenz: Iod-Kaliumiodid-Lösung

⑥ Schneide eine Karotte längs durch und schneide eine dünne Scheibe ab.
a) Von außen nach innen lassen sich Abschlussgewebe, Wurzelrinde und Zentralzylinder unterscheiden. Zeichne einen Querschnitt und beschrifte.
b) Lege die Karottenscheibe in die Petrischale und tropfe auf den gesamten Querschnitt Iod-Kaliumiodid-Lösung auf. Welcher Stoff lässt sich nachweisen? Erkläre, wo sich das Speichergewebe befindet.

Die Sprossachse

Material: Zweige von Buntnessel, Fleißigem Lieschen oder Laubbaum, z. B. Weide, hell blühende Pflanze, Lupe
Reagenz: mit Tinte gefärbtes Wasser oder Wasser mit 2%iger Eosin-Lösung. Löse dazu 2 g Eosin in 100 ml Alkohol.

⑦ Stelle den Zweig der Pflanzen für 24 Stunden in das mit Tinte oder Eosin gefärbte Wasser. Schneide den Zweig anschließend quer durch.
   a) Betrachte den Zweig mit der Lupe. Beschreibe die Anordnung der Leitbündel und zeichne, was du erkennst.
   b) Beschreibe und erkläre das Ergebnis.

⑧ Stelle einen frisch geschnittenen Stängel einer der hell blühenden Pflanzen (Wiesenschaumkraut, Gänseblümchen, Alpenveilchen, Fleißiges Lieschen) in Wasser, das du zuvor mit Tinte gefärbt hast. Statt Tinte kannst du auch Eosin-Lösung verwenden. Beschreibe am darauf folgenden Tag deine Beobachtungen.

Wasserbewegung im Stängel

Material: Zweige bzw. Stängel von Eibe und Kirschlorbeer

Reagenz: 2%ige Eosinlösung:
Löse dazu 2 g Eosin in 100 ml Alkohol

⑨ Baue entsprechend der neben stehenden Abbildung die Versuchsanordnung nach.
   a) Miss mithilfe dieses Potetometers die Verdunstung *(Transpiration)* eines Kirschlorbeer- und Eibenzweiges. Die Zweige sollten gleiche Blattflächen haben.
   b) Begründe, warum die Wasserverdunstung am Blatt einen Sog und damit einen Waserstrom in Richtung Blatt hervorruft.

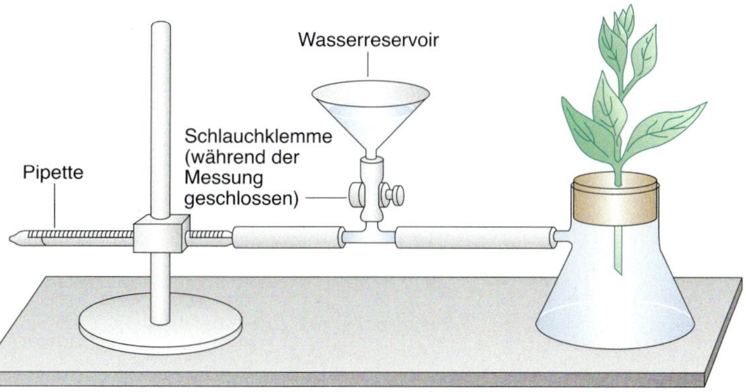

Verdunstung über das Blatt

Material: Plastiktüte, z. B. Gefrierbeutel, Gummiring, Birkenzweig, Wasser, Erlenmeyerkolben, durchbohrter Gummistopfen, Messzylinder

⑩ Stülpe den Plastikbeutel über den Birkenzweig. Verschließe ihn anschließend dicht mit dem Gummi und stelle den Zweig in den mit Wasser gefüllten Erlenmeyerkolben. Bestimme am nächsten Tag die Wassermenge im Beutel, indem du sie in einen Messzylinder gießt. Erkäre deine Beobachtungen.

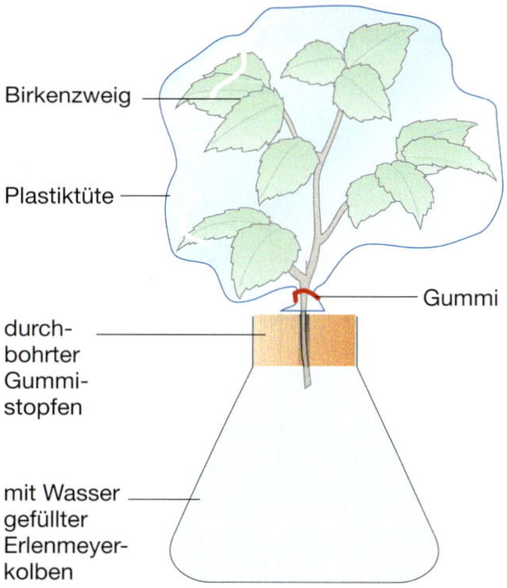

Material: drei etwa gleich große Seitensprosse des Fleißigen Lieschens, vier 450-ml-Messzylinder, Filzstift
Reagenz: Salatöl

⑪ Stelle je einen Zweig des Fleißigen Lieschens in drei der Messzylinder und fülle bis zur 50 ml-Marke auf. Gieße etwas Salatöl auf die Wasseroberfläche. Verfahre ebenso mit dem vierten Messzylinder *(Kontrollversuch!)*. Entferne nun vom zweiten Zweig die Hälfte der Blätter und vom dritten Zweig alle Blätter.

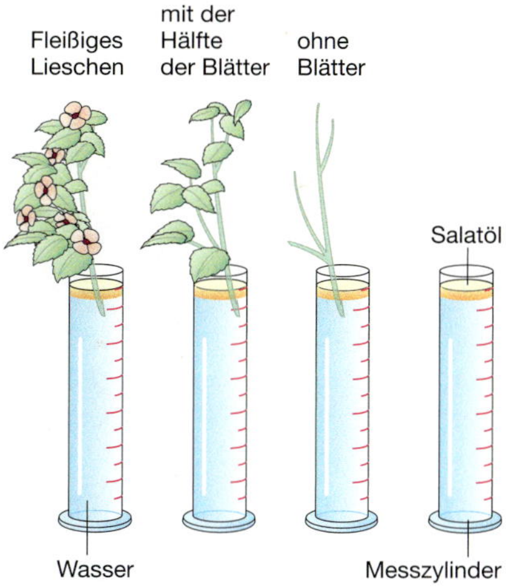

Beobachte die Veränderungen des Wasserstandes im Verlauf eines Tages, indem du jede Stunde den Wasserstand mit dem Filzschreiber markierst. Fasse die Ergebnisse in einer Tabelle zusammen.

⑫ Erstelle auf Grundlage der Tabelle ein Diagramm und begründe das Ergebnis.

Bau eines Laubblattes

Material:
Blätter von Flieder, Holunder, Eiche

Reagenz:
2%ige Kochsalzlösung (2 g Kochsalz in 100 ml Wasser)

⑬ Stelle einen dünnen Blattschnitt von dem Flieder her. Lege diesen auf einen Objektträger, auf den du vorher einen Tropfen 2%iger Kochsalzlösung aufgetropft hast. Mikroskopiere bei mittlerer Vergrößerung und zeichne diesen Blattquerschnitt. Beschrifte die Zeichnung und vergleiche mit der Abbildung auf Seite 123.

⑭ Vergleiche den Blattaufbau des Flieders, Holunders und der Eiche miteinander. Gibt es Unterschiede?

Blütenaufbau und Blütenfunktion

1 Sonnenblumenfeld

2 Tulpenbeet

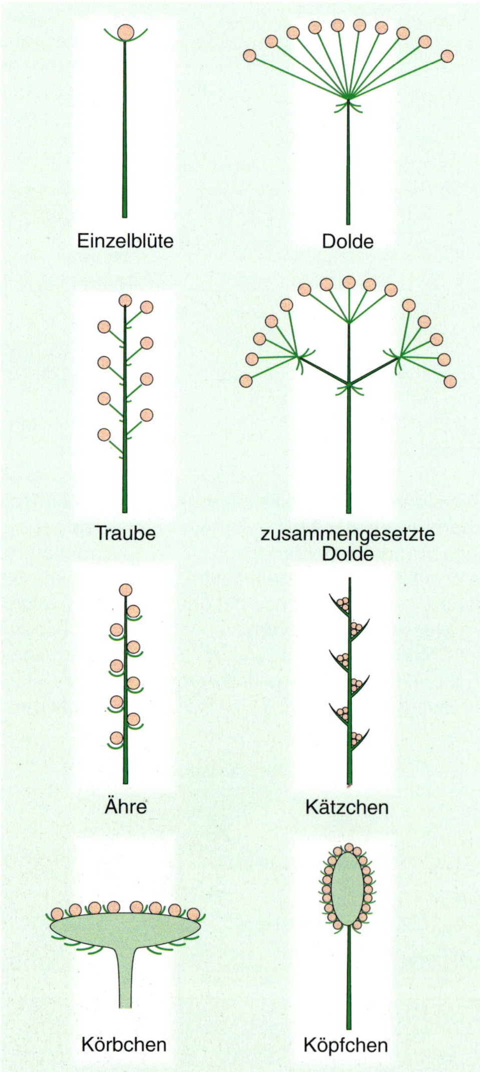

3 Blütenstände

Die Blüte

Die Blüte ist oft das auffälligste Organ einer Pflanze. Dabei ist zu unterscheiden, ob es sich um eine *Einzelblüte* oder einen *Blütenstand* handelt.

Häufig zieht ein beeindruckender Blütenstand die Aufmerksamkeit des Betrachters auf sich. Dann stehen mehrere, manchmal hunderte von Einzelblüten am oberen Ende der Sprossachse oder an den Seitentrieben in unterschiedlicher Anordnung. Bei der Sonnenblume fallen zum Beispiel die großen Blütenstände auf, während uns die Tulpen im Frühjahr mit ihren farbigen Einzelblüten erfreuen.

Auffällige Blüten locken die bestäubenden Insekten an. Bestäubung und Befruchtung ermöglichen die *geschlechtliche Fortpflanzung*. Die Bildung der Samen ist nur durch die Blüten möglich, sie sind also die Fortpflanzungsorgane (▶ S. 228/229). Besonders anziehend für Insekten sind viele Blüten aber nicht nur allein durch ihre Farbe, sondern auch durch ihren zarten oder teilweise kräftigen Geruch.

Die Einzelblüten können in ihrer Größe extreme Unterschiede aufweisen. So kann die Blüte der *Rafflesia*, einer in den tropischen Regenwäldern Indiens und Malaysias heimischen Pflanze, den beachtlichen Durchmesser von einem Meter erreichen (siehe Abb. 127. 2). Dagegen ist die Blüte der bei uns selten vorkommenden *Zwergwasserlinse* kleiner als ein Millimeter und kann dennoch ihre Aufgabe erfüllen.

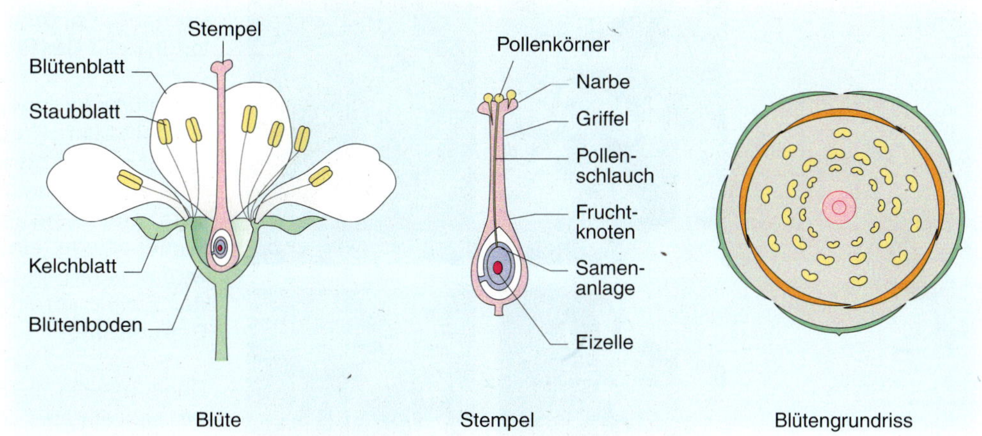

1 Schema einer Kirschblüte (Längsschnitt und Blütengrundriss)

Bau einer Einzelblüte

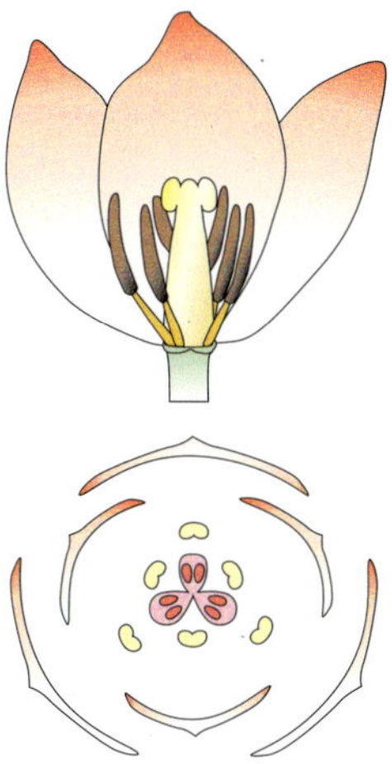

Gartentulpe

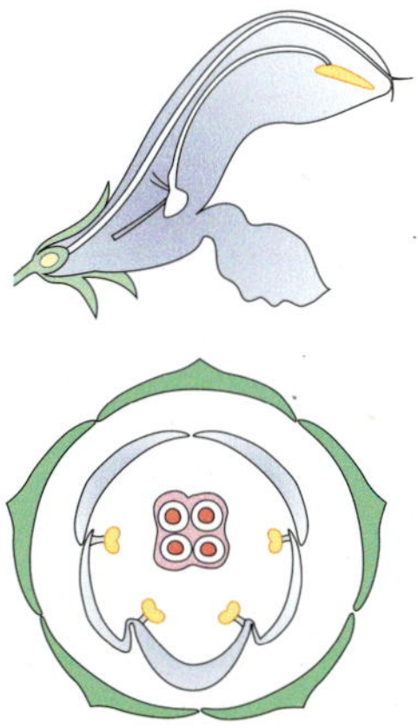

Wiesensalbei

Der Aufbau der Blüten ist bei verschiedenartigen Pflanzen auf den ersten Blick recht unterschiedlich. Bestimmte Bestandteile kommen aber bei allen Pflanzen vor. Wir wählen eine *Kirschblüte* aus, um uns die wichtigsten Blütenteile und ihre Funktion genauer anzusehen.

Bevor sich die Blütenknospe öffnet, wird sie von grünen *Hüllblättern* geschützt. Nach dem Aufblühen findet man diese *Kelchblätter* am *Blütenboden* wieder. Bei der Tulpe fehlen die Kelchblätter. Nach innen folgen die bunten *Kronblätter.* Sie locken durch ihre Farbe die Insekten an. Manche Blüten haben auch spezielle Muster oder Signale am Blütengrund, die den bestäubenden Insekten als Wegweiser dienen. Einige Zeit nach der Befruchtung fallen die Kronblätter ab. Betrachtet man die Blüte weiter zur Mitte hin, so erkennt man die männlichen Fortpflanzungsorgane, die *Staubblätter.* Jedes besteht aus dem *Staubfaden* und dem verdickten *Staubbeutel,* in dem sich die *Pollen* befinden.

Im Mittelpunkt der Blüte ist der *Stempel* erkennbar. Er wird aus miteinander verwachsenen *Fruchtblättern* gebildet. Der obere schmale Teil heißt *Griffel.* Er endet an der Spitze in einer klebrigen *Narbe.* Auf ihr bleiben die Pollenkörner haften. Der verdickte, untere Teil heißt *Fruchtknoten.* Nach der Befruchtung entwickelt sich aus ihm die *Frucht.* Im Fruchtknoten befinden sich die *Samenanlagen.* Fruchtknoten und Samenanlagen sind die weiblichen Blütenteile. Die Anzahl und Anordnung der Blütenbestandteile kann man in einem *Blütengrundriss* übersichtlich darstellen und zum Bestimmen von Pflanzen benutzen (s. Seite 134).

Alle Blüten, die männliche und weibliche Blütenbestandteile enthalten, bezeichnet man als *Zwitterblüten.* Sind die Staubblätter und die Fruchtblätter in verschiedenen Blüten untergebracht, nennt man das getrenntgeschlechtig. Männliche und weibliche Blüten können gemeinsam auf einer Pflanze vorkommen, z. B. Kiefer, oder auf verschiedene Pflanzen verteilt sein, z. B. Weide. Die Pflanzen werden dann als *einhäusig* oder *zweihäusig* bezeichnet (S. 130).

2 Rafflesia

1 Von der Blüte zur Frucht

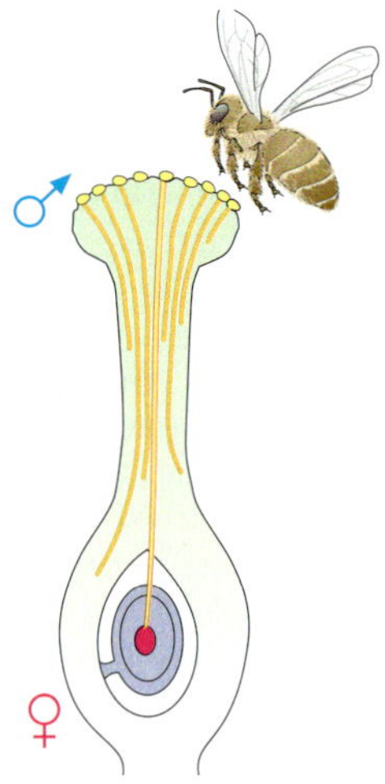

Pollenschläuche wachsen

Aus Blüten werden Früchte

Wenn im Frühjahr die Kirschbäume blühen, fliegen viele Bienen von Blüte zu Blüte. Das ist die Voraussetzung dafür, dass wir etwa drei Monate später die reifen Kirschen ernten können. Wie hängt das zusammen?

Um an den zuckerhaltigen *Nektar* am Blütenboden zu kommen, tauchen die Bienen tief in die Blüte ein. Der Pollen, der aus den reifen Staubbeuteln frei wird, bleibt im Haarkleid der Bienen hängen. Bei der nächsten Blüte streift die Biene einige Pollenkörner zufällig an der klebrigen Narbe ab. Dieser Vorgang, bei dem Pollen auf die Narbe gelangt, heißt **Bestäubung**.

Was nun weiter geschieht, kann man nur unter dem Mikroskop beobachten. Durch den Griffel wächst bis ins Innere des Fruchtknotens ein *Pollenschlauch* aus jedem Pollenkorn. Der erste Pollenschlauch, der in die Samenanlage eindringt, platzt auf. Dabei wird ein Zellkern frei, der sich mit dem Kern der *Eizelle* vereinigt. Dieser Vorgang heißt **Befruchtung**.

Danach welkt die Blüte und der Fruchtknoten schwillt an. Aus seiner Wand entstehen das rote *Fruchtfleisch* und der harte *Kirschstein*, in dem sich der Samen befindet. Er hat sich in der Samenanlage aus der befruchteten Eizelle entwickelt.

Die **Früchte** verschiedener Pflanzen unterscheiden sich. Die Kirsche zählt man ebenso zu den *Steinfrüchten* wie beispielsweise die Zwetschge. Beim *Kernobst,* wie Birne oder Apfel, entsteht das Fruchtfleisch aus dem Blütenboden und der Fruchtknoten entwickelt sich zum Kernhaus. Der Apfel wird daher als *Scheinfrucht* bezeichnet.

Das Fruchtfleisch der Erdbeeren entsteht ebenfalls aus dem Blütenboden. Die Samen sind die zahlreichen Nüsschen auf der Außenseite. Dies ist eine *Sammelfrucht*, ebenso wie die Hagebutte. Bei Beeren, wie z. B. Johannisbeeren, sind die Samen in den fleischig verdickten *Fruchtknoten* eingeschlossen; bei den Erbsen stecken sie in einer *Hülse* und beim Mohn in einer *Kapsel*.

2 Blüten und Früchte der Rosengewächse

Wer bestäubt die Blüten?

Damit sich aus einer Blüte eine Frucht entwickeln kann, muss sie vorher bestäubt werden. Gelangt der Pollen einer Blüte auf eine Narbe der gleichen Pflanze, so spricht man von *Selbstbestäubung*. Meistens führt nur *Fremdbestäubung* mit Sicherheit zur Befruchtung und Samenbildung. Deshalb müssen die unbeweglichen Pollenkörner von einer Pflanze zur anderen transportiert werden. Es nützt jedoch nichts, wenn Pollen einer Taubnessel auf die Narbe einer Tulpe kommt oder umgekehrt. Jede Pflanzenart hat ihre eigenen Pollenkörner und deshalb ist die Befruchtung nur innerhalb einer Pflanzenart möglich. Wie wird das erreicht?

Tiere werden durch auffällig geformte oder gefärbte Blüten, Duft und Nektar angelockt. Sie besuchen die Blüten, um Nahrung aufzunehmen. Dabei bleibt am jeweiligen Blütenbesucher Pollen hängen, der an der Narbe anderer Blüten abgestreift werden kann.

Beobachtet man die Pflanzenbesucher, fällt auf, dass viele Insekten nur an bestimmten Pflanzenarten anzutreffen sind. Sie sind *blütenstet*. Offenbar besteht eine gegenseitige Angepasstheit von Blüte und Tier, die eine erfolgreiche Bestäubung ermöglicht.

Die *Karthäusernelke* wird beispielsweise von verschiedenen Tagfaltern besucht. Die Blütenröhre ist sehr lang gestreckt und durch den engen, von Staubblättern und Stempel ausgefüllten Innenraum kann nur der lange und dünne Saugrüssel eines Schmetterlings bis zum Nektar vordringen.

Die *Goldnessel* bietet durch die Form ihrer Lippenblüte einen guten Landeplatz für eine Hummel. Während das Insekt mit seinem langen Rüssel in der Tiefe der Blütenröhre nach Nektar sucht, streift es mit seinem pelzigen Rücken den Pollen von den Staubblättern und nimmt ihn mit.

Die *Schlehe* besitzt eine Blüte, die besonders Bienen anlockt. Auf der radförmig ausgebreiteten Blütenhülle gelandet, erreichen sie mit ihrem kurzen Rüssel den am Blütenboden gebildeten Nektar. Die vielen Staubblätter werden dabei zur Seite gebogen.

Der *Bärenklau* lockt durch den aasähnlichen Geruch seiner Blüten vor allem Fliegen und Käfer an, die den leicht zugänglich liegenden Nektar mit ihren kurzen Mundwerkzeugen gut erreichen können.

1 Bestäubung unterschiedlicher Blüten durch Insekten

Die genannten Beispiele zeigen sehr deutlich, wie Blüten und Insekt wechselseitig voneinander abhängen. Der Vorteil für die Pflanze ist die gesicherte Bestäubung und das Insekt erhält eine nahrhafte Belohnung. Je genauer die Partner dabei aufeinander abgestimmt sind, desto besser ist dieses **Prinzip der Wechselwirkung** für beide Partner (▶ S. 226).

Aufgaben

① Beobachtet an blühenden Pflanzen, welche Insekten sie besuchen. Erstellt gemeinsam eine Liste, in der die Pflanzen nach Falter-, Hummel-, Fliegen- oder Bienenblüten geordnet sind.

② Es gibt auch Vogel- und Fledermausblumen. Suche nach einem Beispiel und trage vor, wie diese Blüten an den Bestäuber angepasst sind.

③ Besorge dir Pollen von verschiedenen Pflanzen. Mikroskopiere und zeichne einige Pollenkörner.

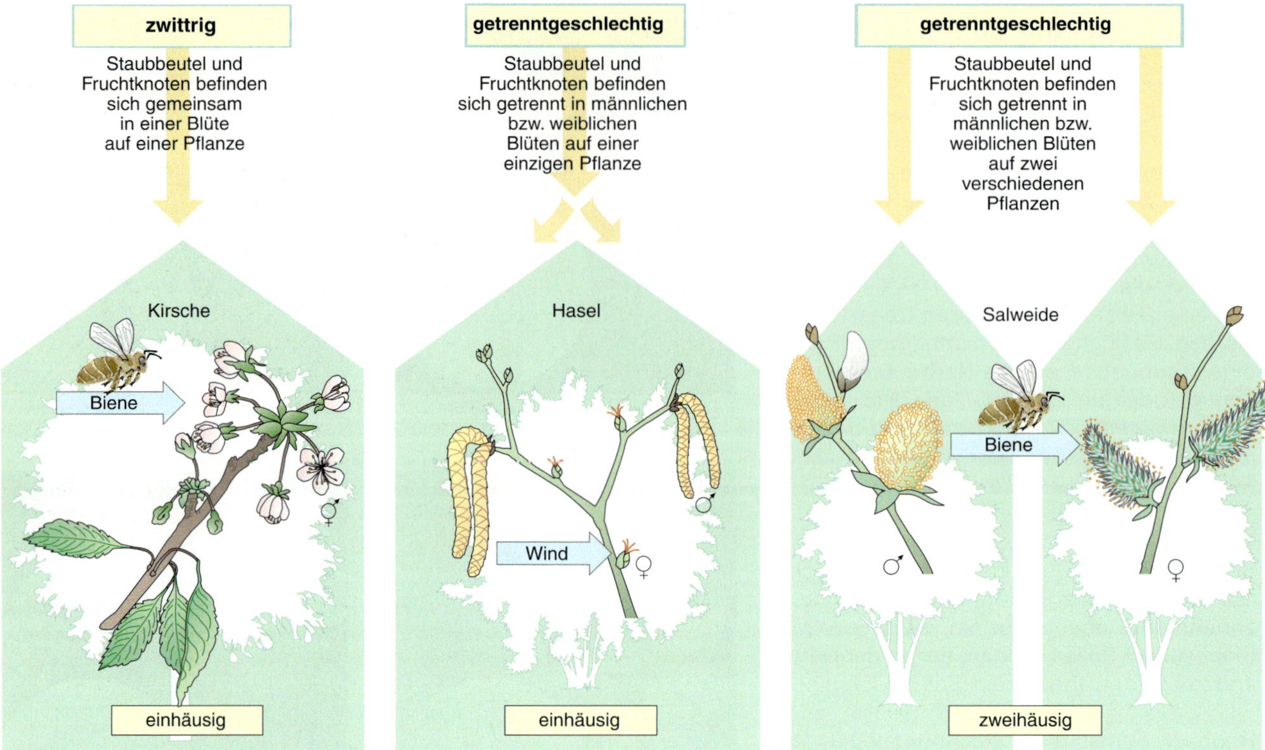

1 Geschlechtsverhältnisse bei Samenpflanzen

Geschlechterverhältnisse bei Pflanzen

Von den Säugetieren weißt du, dass immer nur ein männliches und ein weibliches Tier gemeinsam Nachkommen zeugen können. Gibt es bei Pflanzen auch so etwas wie Männchen und Weibchen? Aus dem Aufbau der Blüte hast du erfahren, dass bei Pflanzen die Staubblätter bzw. der Stempel der Fortpflanzung dienen. Die Staubblätter mit dem Pollen sind die männlichen Fortpflanzungsorgane — das weibliche ist der Stempel mit Fruchtknoten und Eizelle. Erst wenn ein Zellkern aus dem Pollenschlauch mit der Eizelle verschmilzt *(Befruchtung)*, entsteht eine neue Pflanze.

Bei den meisten Pflanzen befinden sich in jeder Blüte sowohl Stempel als auch Staubblätter. Solche Blüten heißen *zwittrig*. Bei manchen Pflanzen aber findet man entweder nur Staubblätter (männliche Blüte) oder nur Stempel (weibliche Blüte). Solche Blüten nennt man *getrenntgeschlechtig*. Dabei lassen sich zwei Fälle unterscheiden: Beim *Haselstrauch* sind die langen, dünnen *Kätzchen* männliche Blüten. Sie geben den gelben Blütenstaub ab. Stempel sind in dem ganzen Blütenstand nicht vorhanden. Wir finden sie, getrennt von den männlichen Blüten, am gleichen Strauch. Sie sind an den roten, klebrigen Narbenzipfeln zu erkennen. Der Haselstrauch ist getrenntgeschlechtig. Da sich beide Geschlechter auf dem gleichen Strauch befinden, also sozusagen im „gleichen Haus wohnen", heißt eine solche Pflanze *einhäusig*.

Die *Salweide* blüht im Vorfrühling und wird hauptsächlich durch Bienen bestäubt. Auch ihre unscheinbaren Blüten sind zu einem Blütenstand, dem *Kätzchen*, vereinigt. Es gibt gelb blühende männliche und grüne weibliche Kätzchen. Die Blüten der Salweide sind also auch getrenntgeschlechtig. Bei ihr sitzen die beiden Geschlechter aber auf verschiedenen Sträuchern; eine Pflanze ist also entweder nur männlich oder nur weiblich. Die Salweide ist *zweihäusig*. Im Frühjahr kann man die Sträucher von weitem an ihren gelblichen bzw. grünlichen Kätzchen unterscheiden.

Aufgabe

① Welches der genannten Geschlechtsverhältnisse entspricht dem der Säugetiere?

Wie Pflanzen ihren Nachwuchs sichern

Damit eine Pflanze Früchte bilden kann, müssen als Erstes ihre Pollenkörner auf die Reise gehen. Bei der *Hasel* übernimmt der Wind den Transport. Es werden dazu viele Millionen Pollenkörner hergestellt, denn nur so wird die Bestäubung gesichert.

Fliegenragwurz

Pflanzen, die Tiere als Bestäubungshelfer haben, müssen bei Weitem nicht so viel Pollen produzieren. Die *Fliegenragwurz,* eine Orchidee, ähnelt z. B. genau einem Fliegenweibchen und duftet auch so. Fliegenmännchen versuchen die Blüte zu begatten, nehmen dabei den Pollen auf und bringen ihn zur nächsten Blüte. Bestäuber und Pflanze passen genau zueinander. So wird die Befruchtung mit wenig Aufwand erreicht.

Bei Nutzpflanzen sorgt der Mensch dafür, dass ihr Bestand erhalten bleibt. Bei Wildpflanzen sieht das anders aus. Sie werden von Tieren gefressen und verschwinden. Als Ersatz müssen vor ihrem Absterben so viele Nachkommen erzeugt werden, dass der Artbestand auf Dauer gesichert ist.

Ein *Birke* bildet z. B. jährlich einige tausend Blütenkätzchen. Darin werden bis zu hundert winzige, geflügelte Samen gebildet und durch den Wind verbreitet. Jeder Samen ist leicht und enthält nur wenige Nährstoffe. Die Birke ist auf hohe Verluste eingestellt. Würde sich jeder ihrer Samen zu einem Baum entwickeln, wäre die Welt voller Birken.

Anders ist es beim *Haselstrauch.* Hier entsteht aus jeder Blüte nur eine Frucht mit einem Samen. Dieser ist gut durch eine harte Schale geschützt und sehr nährstoffreich. Der Haselstrauch bringt wesentlich weniger Samen zur Reife. Jeder enthält aber viele Nährstoffe und hat eine Chance zu keimen, wenn er nicht vorher verspeist wird.

Auch beim *Kirschbaum* entwickelt sich aus jeder Blüte nur eine Frucht. Der Samen ist durch einen harten Stein geschützt. Das rote Fruchtfleisch hilft dem Samen aber nicht beim Keimen, sondern dient Tieren als Nahrung. Sie verschlucken dabei den Stein samt Samen und scheiden ihn, gut gedüngt, an anderer Stelle wieder aus.

Beim *Rispengras* ist die Arterhaltung wieder anders gesichert: Die Keimpflänzchen entwickeln sich schon auf der Mutterpflanze. Erst dann fallen sie ab und verwurzeln sich sofort im Boden. Man bezeichnet die Pflanze deshalb auch als „lebendgebärend“.

Es ist ganz offensichtlich ein **Prinzip** bei der **Fortpflanzung:** Je besser die Vorsorge für den Nachwuchs ist, desto weniger Nachkommen erzeugt ein einzelnes Lebewesen. Und: Je weniger Nachkommen ein Lebewesen hat, desto besser werden sie versorgt (▶ S. 228/229).

Aufgaben

① Nenne weitere Beispiele, die das im Text genannte Prinzip bestätigen.

② Säugetiere sind fast alle lebendgebärend. Wie viele Nachkommen haben sie normalerweise?

③ Es gibt Tiere, die sich kaum um ihren Nachwuchs kümmern. Nenne Beispiele. Wie viele Eier legen sie?

Pflanzen lassen sich bestimmen

Jens ist ein begeistertert Naturfotograf. In jeden Ferien sucht er nach neuen Motiven. Der Lehrer hat ihn gebeten, eine kleine Auswahl von Pflanzenfotos mitzubringen. Die Mitschüler sind verblüfft, dass Jens so viele Pflanzenarten kennt. Sie möchten gerne wissen, wie man den Namen einer unbekannten Art herausbekommt. Jens erklärt:

„Will man den Namen einer Pflanze wissen, so benötigt man dazu ein Buch, in dem die Pflanzen genau beschrieben sind. Ein solches *Bestimmungsbuch* kann zum Beispiel nur Abbildungen mit kurzen Erläuterungen enthalten. Hier muss man Seite für Seite durchblättern und die Pflanze mit den Bildern vergleichen. Irgendwann wird man so vielleicht den Namen herausbekommen.

In manchen Büchern sind die Pflanzen nach Blütenfarben geordnet. Da es sehr viele Pflanzen mit einer bestimmten Blütenfarbe gibt, gliedert man innerhalb der Blütenfarbe nach der Zahl der Blütenblätter. Danach kann man noch weiter nach dem Standort unterscheiden. Dadurch ist das Auffinden etwas leichter. Trotzdem kann man nicht immer sicher sein, ob der gefundene Pflanzenname der Richtige ist, da sich manche Arten doch sehr ähnlich sehen. Dies zeigt sich zum Beispiel bei den abgebildeten gelb blühenden Pflanzen mit fünf Blütenblättern, die alle auf Wiesen vorkommen können (▶ S. 222).

Besser ist es, wenn das Buch einen *Bestimmungsschlüssel* enthält. Das ist eine trickreiche Sache. Zu einer Pflanze werden immer zwei Möglichkeiten abgefragt. Dort, wo mit ja geantwortet werden kann, geht es weiter. Der Bestimmungsschlüssel führt dann über weitere Fragen am Ende zum richtigen Namen. Ich habe hier ein paar Bilder von gelb blühenden Wiesenpflanzen mitgebracht, für die ich einen solchen Bestimmungsschlüssel einmal selbst zusammengestellt habe."

Gemeiner oder Kleiner Odermennig

In Jens Bestimmungsschlüssel ist für das Beispiel Gemeiner Odermennig der richtige Lösungsweg blau gedruckt. Auf der Seite 133 siehst du am selben Beispiel, wie ein solcher Bestimmungsschlüssel aufgebaut ist. Manche von Jens Klassenkameraden finden das auf den ersten Blick alles fürchterlich kompliziert, aber eines ist sicher:

1 Gelb blühende Wiesenpflanzen

Wenn man es einmal richtig durchdacht hat, ist es gar nicht so schwer und kann sogar richtig Spaß machen:

1 Stängel kriechend ______ 2
Stängel aufrecht ______ 3

2 Blätter rund bis elliptisch ______ Pfennig-Gilbweiderich
Blätter handförmig geteilt ______ Kriechendes Fingerkraut

3 Blätter ganzrandig ______ 4
Blätter handförmig geteilt oder aber gesägt ______ 5

4 Blätter groß, einige bis 30 cm lang ______ Gelber Enzian
Blätter klein, alle höchstens 5 cm lang ______ Tüpfel-Hartheu

5 viele Blüten in langen Trauben ______ 6
wenige, locker angeordnete Blüten ______ Scharfer Hahnenfuß

6 Blätter länglich, mehlig ______ Mehlige Königskerze
Blätter unpaarig gefiedert ______ Gemeiner Odermennig

Aufgabe

① Bevor aber ein Botaniker Pflanzenarten bestimmt, wird er zunächst versuchen herauszubekommen, welchen Pflanzenfamilien sie angehören. Versuche für eine Pflanze deiner Wahl mithilfe eines Bestimmungsschlüssels die Pflanzenfamilie zu bestimmen, zu der sie gehört.

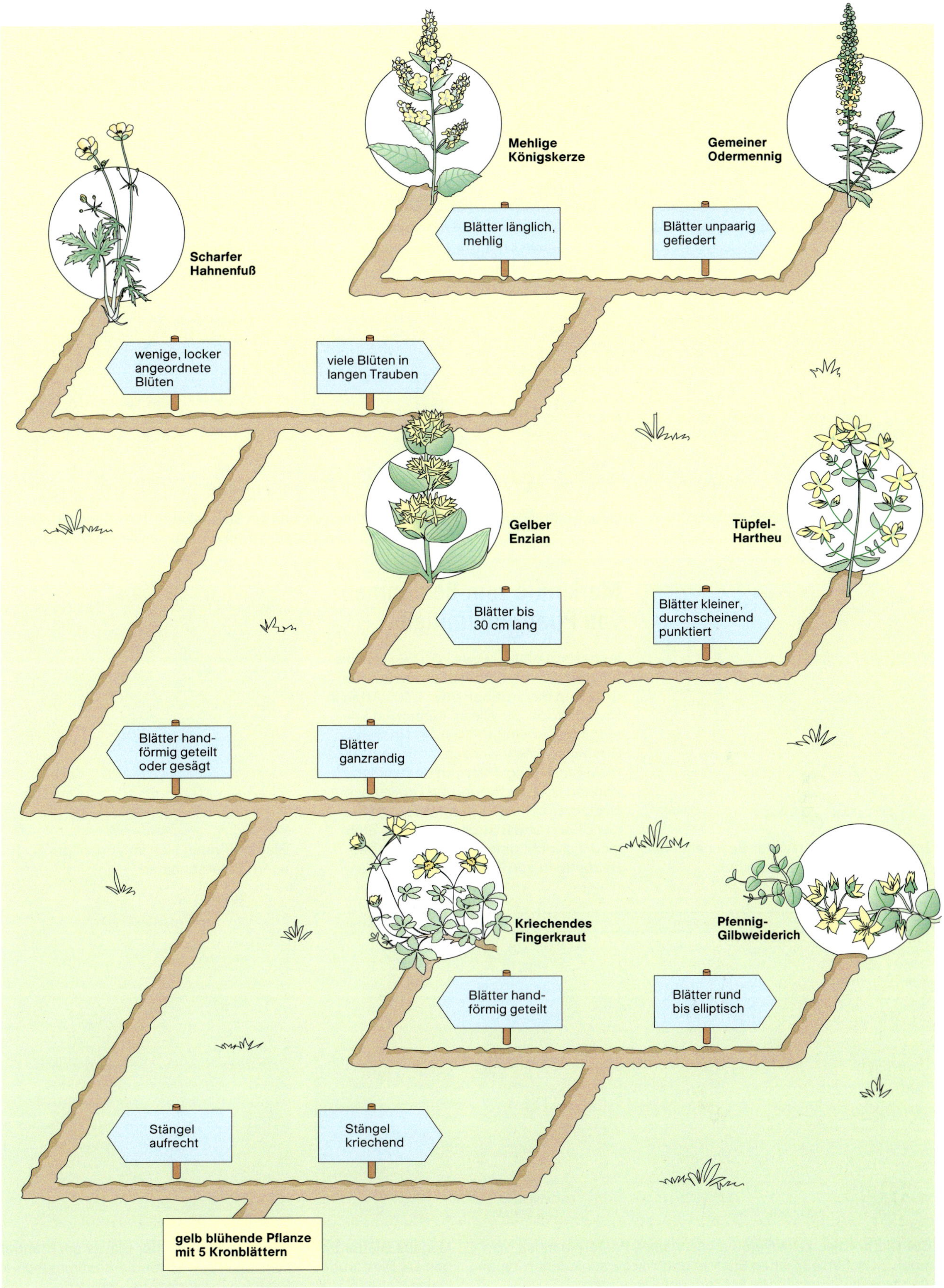
Mehlige
Königskerze
Gemeiner
Odermennig
Blätter länglich, mehlig
Blätter unpaarig gefiedert
Scharfer
Hahnenfuß
wenige, locker angeordnete Blüten
viele Blüten in langen Trauben
Gelber
Enzian
Tüpfel-
Hartheu
Blätter bis 30 cm lang
Blätter kleiner, durchscheinend punktiert
Blätter hand-förmig geteilt oder gesägt
Blätter ganzrandig
Kriechendes
Fingerkraut
Pfennig-
Gilbweiderich
Blätter hand-förmig geteilt
Blätter rund bis elliptisch
Stängel aufrecht
Stängel kriechend
gelb blühende Pflanze mit 5 Kronblättern

Blütenformen

Es gibt einfache und doppelte Blütenhüllen.

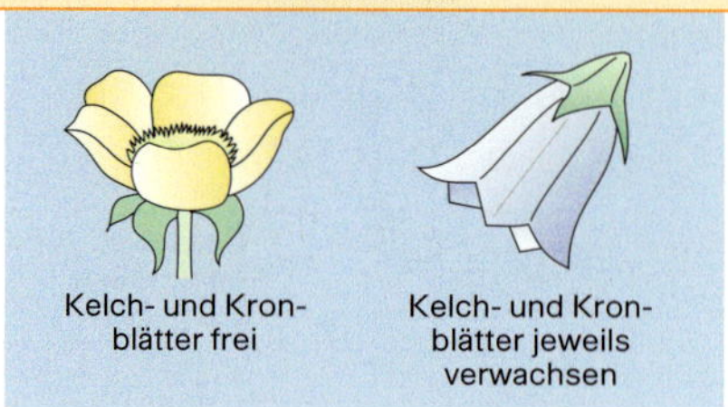

Die Kronblätter können miteinander verwachsen oder frei sein.

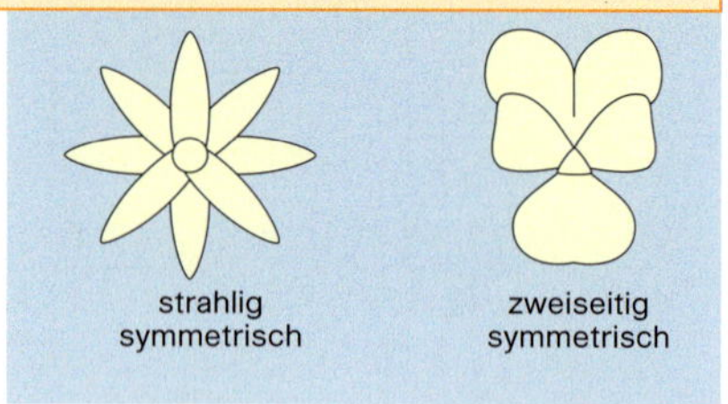

Die Blütensymmetrie kann strahligsymmetrisch oder zweiseitig-symmetrisch sein.

Fruchtknoten

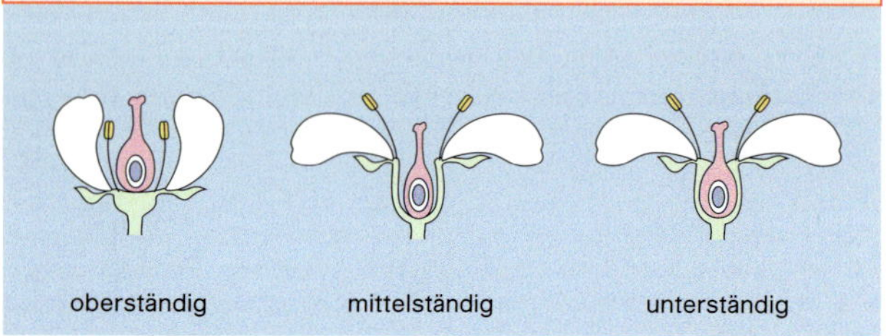

Die Fruchtknoten können in der Blüte oberständig, mittelständig oder unterständig sein.

Blütenstände

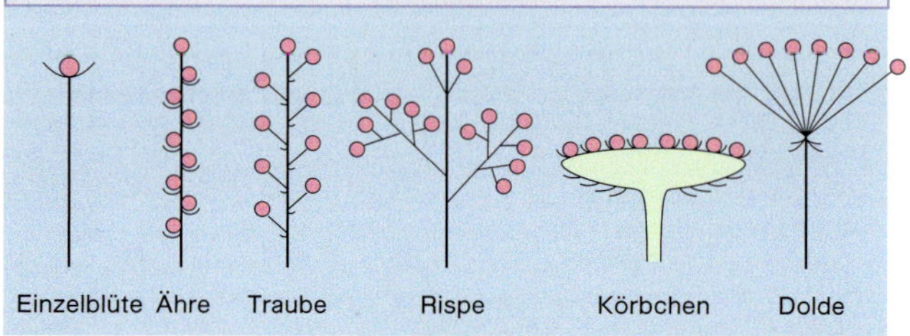

Stehen die Blüten einzeln am Stängelende, ist es eine Einzelblüte; zahlreiche Blüten in einer Gruppe bilden einen Blütenstand.

Merkmale zum Bestimmen von Pflanzenfamilien

Insgesamt gibt es etwa 240 000 verschiedene Arten von Samenpflanzen auf der Erde und davon leben etwa 2400 Arten in Mitteleuropa. Sie alle zu kennen ist unmöglich, nur einige Arten sind in diesem Buch vorgestellt worden. Trotzdem ist es manchmal nötig, Pflanzen bestimmen zu können, z. B. im Natur- und Umweltschutz. Dazu braucht man Kenntnisse vom Bau der Blüten und Blätter. Auf dieser Seite sind die wichtigsten Merkmale für das Bestimmen von Pflanzen beschrieben.

Blattrand

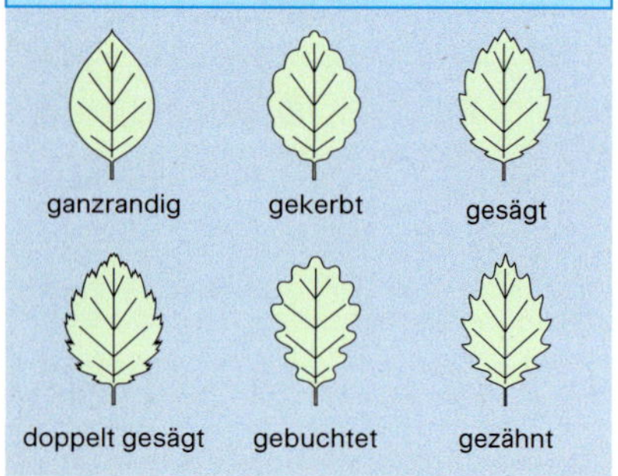

Blätter können sich in der Beschaffenheit der Blattränder unterscheiden.

Blattadern

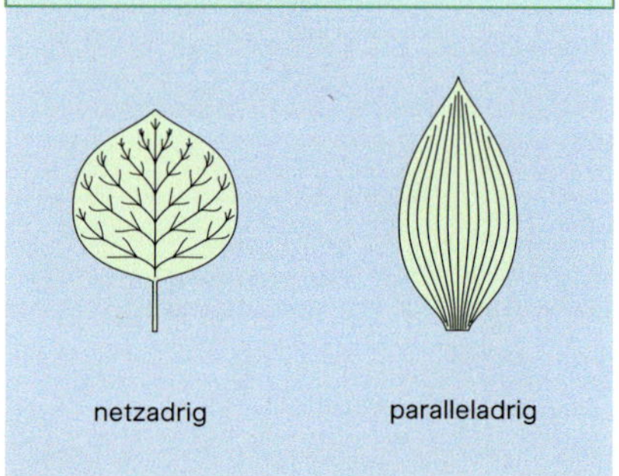

Blätter können sich im Verlauf der Blattadern unterscheiden.

Blattformen

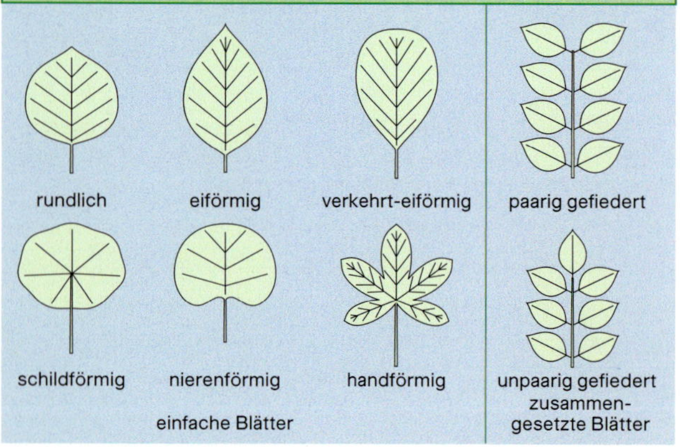

Die Blattformen zeigen eine große Vielfalt. Weiterhin muss man noch zwischen einfachen Blättern und den verschiedenen Typen von zusammengesetzten Blättern unterscheiden.

Nebenblätter

Manche Blätter tragen am Blattgrund kleine Nebenblätter.

Blattstellung

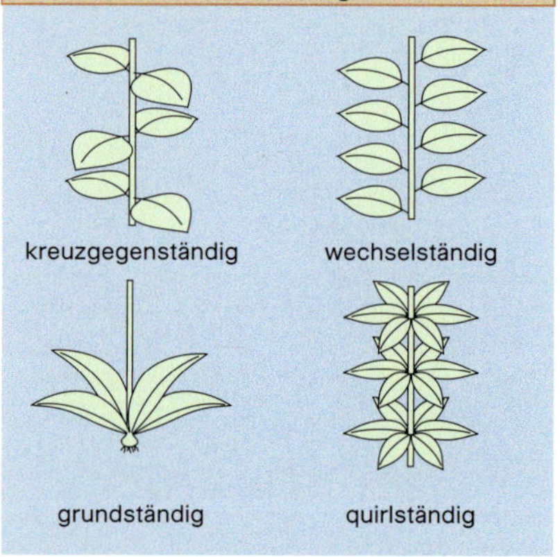

Auch die Stellung der Blätter am Stängel kann als Merkmal für die Bestimmung von Pflanzen herangezogen werden.

Praktikum

Merkmale
von Blütenpflanzen

Wasserschierling

Lichtnelke

Roter Fingerhut

Echte Kamille

Rundblättrige Glockenblume

Frauenschuh (geschützt)

Klatschmohn

Stängelloser Enzian (geschützt)

Silberdistel (geschützt)

Aufgaben

① Auf dieser Seite findest du einige Abbildungen blühender Pflanzen. Erläutere
- die Blattrand- und die Blattform.
- ob sie einfache oder zusammengesetzte Blätter aufweisen.
- die Blattstellung am Stängel.
- ob die Blütenhüllen einfach oder doppelt sind.
- ob die Kronblätter frei oder verwachsen sind.
- welche Symmetrie die Blüten aufweisen.
- ob sie Einzelblüten oder Blütenstände haben.

② Suche bei einem Lerngang mindestens fünf verschiedene Arten von Blütenpflanzen. Überprüfe für jede Art, welche Merkmale sie hinsichtlich ihrer Blätter und ihrer Blüten zeigt. Stelle deine Ergebnisse in Form einer Tabelle zusammen.

③ Lege eine Blattsammlung an, die so aufgebaut sein soll:
- je ein einfaches und ein zusammengesetztes Blatt.
- fünf Blätter mit unterschiedlichen Blattformen.
- fünf Blätter mit verschiedenen Blatträndern.
- zwei beblätterte Stängel mit unterschiedlichen Blattstellungen.
- je ein netzadriges und ein paralleladriges Blatt.
- je ein Blatt mit bzw. ohne Nebenblätter.

④ Lege eine Blütensammlung an, die folgenden Aufbau hat:
- je drei Einzelblüten und Blütenstände.
- je drei strahlig-symmetrische und zweiseitig-symmetrische Blüten.
- je drei Blüten mit freien bzw. verwachsenen Kronblättern.

Blütenpflanzen in der Übersicht

Nacktsamer

Bei allen Pflanzen, die zur Unterabteilung der Nacktsamer gehören, ist die Samenanlage nicht im Fruchtknoten eingeschlossen, sondern liegt frei auf einer Fruchtschuppe. Aus den weiblichen Blütenständen entwickeln sich *Zapfen*. Das sind keine echten Früchte, da sie nicht aus einem Fruchtknoten entstehen. Alle Nacktsamer sind *Holzgewächse*. Sie besitzen häufig schmale und spitze Blätter, die *Nadeln*.

Kieferngewächse: *Kiefer, Fichte* und *Tanne* sind die bekanntesten einheimischen Nadelhölzer. Bei *Zeder* und *Lärche* sind die Nadeln büschelförmig an Kurztrieben angeordnet; die Lärche wirft im Winter ihre Nadeln ab.

Eibengewächse: Bei der Eibe ist der Samen von einem leuchtend roten, fleischigen Samenmantel umhüllt. Er ist der einzige nicht giftige Teil der Pflanze und wird von vielen Vögeln gefressen. Eiben sind fast nur in Gärten und Parks zu finden.

Zypressengewächse: *Zypressen* und *Lebensbäume* (Thuja) mit ihren immergrünen, schuppenförmigen Blättchen sind häufig in Gartenanlagen und auf Friedhöfen angepflanzt. Der *Wacholder* ist ein Bäumchen von säulenförmigem Wuchs. Er ist auf Heideflächen, auf Trockenweiden und in lichten Nadelwäldern anzutreffen. Er besitzt blaue Beerenzapfen. Seine Nadeln stehen jeweils zu dritt in einem Quirl.

Ginkgogewächse: Diese Familie besitzt nur eine Gattung mit einer einzigen Art, dem *Ginkgobaum*. Er ist wie die Eibe zweihäusig. Seine Früchte sind kirschgroß und gelb. An seinen Blättern ist der Ginkgo leicht zu erkennen. Ihre Form erinnert an einen dreieckigen Fächer. Sie sind in der Mitte gespalten und die Blattadern verlaufen ebenfalls fächerartig.

Bedecktsamer

Die meisten Blütenpflanzen gehören zur Unterabteilung der Bedecktsamer. Bei ihnen entwickeln sich die Samen im Inneren des Fruchtknotens (▶ S. 222).

Einkeimblättrige Pflanzen

Pflanzen aus der Klasse der Einkeimblättrigen besitzen häufig parallele Blattadern. Die Blüten sind in der Regel dreizählig. Die Hauptwurzel stirbt zeitig ab und wird durch Wurzeln ersetzt, die am unteren Ende des Sprosses neu entstehen.

Liliengewächse: Wie die Tulpe besitzen alle Pflanzen dieser Familie regelmäßige, dreizählige Blüten mit oberständigem Fruchtknoten.

Beim **Maiglöckchen** sind die sechs Blütenblätter miteinander verwachsen. *Schnittlauch, Porree* und *Knoblauch* werden als Gemüse- oder Gewürzpflanzen angebaut.

Narzissengewächse: Sie besitzen den gleichen Blütenbau wie die Liliengewächse, nur der Fruchtknoten ist unterständig. Gattungen: *Osterglocke, Märzenbecher, Schneeglöckchen* und *Ritterstern* (Amaryllis).

Schwertliliengewächse: Auch bei ihnen ist der Fruchtknoten unterständig, allerdings besitzen sie nicht sechs, sondern nur drei Staubblätter. Gattungen: *Schwertlilie, Krokus* und *Gladiole*.

Knabenkrautgewächse (Orchideen): Die Blüten der Orchideen sind in Form und Farbe sehr unterschiedlich. Von den sechs Blütenblättern ist das nach unten zeigende – die Lippe – besonders auffällig. Beim **Frauenschuh** ist dieses Blütenblatt pantoffelförmig.

Bei den **Ragwurzarten** ähnelt es einem Insekt. Bei der abgebildeten Art handelt es sich um eine **Fliegenragwurz**. Alle einheimischen Orchideenarten stehen unter Naturschutz.

Weitere Familien: Süßgräser, Sauergräser, Binsen-, Ananas- und Bananengewächse sowie Palmen.

Zweikeimblättrige Pflanzen

Die Zweikeimblättrigen besitzen in der Regel netzadrige Blätter. Haupt- und Nebenwurzeln sind deutlich zu erkennen. Die Blüten sind meistens vier- oder fünfzählig. Die einzelnen Familien besitzen entweder nur freie oder nur verwachsene Blütenblätter.

Nelkengewächse: Zu dieser Familie gehören unscheinbare Wildkräuter wie *Sternmiere* und *Hornkraut*. Die Arten der Gattung *Nelke* sind dagegen sehr ansehnlich. Bei ihnen sind die fünf Blütenblätter häufig tief eingeschnitten.

Die **Kornrade** kam früher in Getreidefeldern sehr häufig vor. Es wird berichtet, dass auf einem Hektar bis zu einer halben Millionen Pflanzen standen. Das bedeutet, dass auf dieser Fläche etwa 72 Millionen Kornradensamen gebildet wurden. Nach der Ernte wurden diese Samen mit dem Getreide gemahlen. Da sie sehr giftig sind, kam es nach dem Genuss des Mehles zu Muskellähmungen. Heute wird das Saatgut gereinigt, deshalb ist die Kornrade auf unseren Feldern sehr selten geworden.
Weitere Gattungen: *Lichtnelke, Miere* und *Nachtnelke*.

Mohngewächse: Pflanzen aus dieser Familie besitzen häufig Milchsaft. Die Blüten sind zweizählig, die beiden Kelchblätter fallen kurz nach dem Aufblühen ab. Die vier gelben Blütenblätter des *Schöllkrauts* erinnern an eine Kreuzblüte, es sind jedoch viele Staubblätter vorhanden. Der gelbliche Milchsaft wirkt auf die Haut leicht ätzend. Er wurde deshalb als Mittel gegen Warzen angewendet. Der *Schlafmohn* wurde wegen seiner ölhaltigen Samen schon in der Jungsteinzeit angebaut. Der weiße Milchsaft dient als Rohstoff für die Herstellung von schmerzstillenden Medikamenten.

Der **Klatschmohn** bestimmte mit seinen leuchtend roten Blüten früher das Bild vieler Felder.

Rosengewächse: In dieser Familie findet man Bäume *(Kirsche, Apfel)*, Sträucher *(Heckenrose, Weißdorn, Himbeere)* und krautige Pflanzen *(Erdbeere, Frauenmantel)*. Viele liefern beliebte Obstsorten oder werden als Zierpflanzen angebaut. Außer an den fünfzähligen Blüten sind Rosengewächse daran zu erkennen, dass sie am Blattgrund Nebenblätter besitzen.

Schmetterlingsblütler: Bei *Lupine, Gartenbohne* und *Besenginster* ist der typische Bau der Schmetterlingsblüte dargestellt. Die Familie hat große wirtschaftliche Bedeutung. Einige wichtige Gattungen: *Erbse, Sojabohne, Linse, Wicke, Platterbse* und *Klee*.

Weitere Familien mit *freien Blütenblättern*: Hahnenfußgewächse, Kreuzblütler, Veilchengewächse.

Rachenblütler: Diese Familie ist sehr artenreich und vielgestaltig in Form und Farbe der meist fünfzähligen Blüten. Die Blätter stehen gekreuztgegenständig, der Stängel ist rund.

Wie das *Löwenmäulchen* besitzt das **Leinkraut** eine geschlossene Rachenblüte. Offen ist der Rachen bei den Gattungen *Braunwurz* und *Fingerhut*. Bei *Königskerze, Ehrenpreis* und *Augentrost* sind die Blüten flach. Einige Gattungen wie *Wachtelweizen* und *Klappertopf* besitzen besonders gestaltete Saugwurzeln, mit denen sie in andere Pflanzen eindringen und ihnen Nährstoffe und Wasser entnehmen. Sie sind Halbschmarotzer (▶ S. 226).

Primelgewächse: Bei dieser Familie sind – wie bei den Rachenblütlern und allen Folgenden – die Blütenblätter verwachsen. Zu ihr gehören zahlreiche Zierpflanzen, von denen neben den *Primeln* vor allem das *Alpenveilchen* bekannt ist.
Weitere Gattungen: *Gilbweiderich, Gauchheil, Schlüsselblume*.

Nachtschattengewächse: Diese Familie stellt viele Giftpflanzen, zum Beispiel *Tollkirsche, Bilsenkraut* und *Nachtschatten* sowie einige wertvolle Nutzpflanzen, wie *Kartoffel, Tomate* und *Paprika*.

Glockenblumengewächse: Wenn die Blüten der **Wiesenglockenblume** sich öffnen, sind die Staubblätter schon welk. Vor dem Welken haben sie ihren Blütenstaub am oberen, behaarten Teil des Griffels, der Griffelbürste, abgelegt. Insekten, die sich in die Blütenglöckchen drängen, um an den Nektar zu gelangen, werden mit Pollen eingepudert.

Raublattgewächse: Pflanzen dieser Familie besitzen stark behaarte Blätter. Die Blüten sind meist blau oder violett. Oft sind die Blütenknospen rot, bevor sie sich endgültig färben. Gattungen: *Vergissmeinnicht, Lungenkraut* und *Borretsch*.

Weitere Familien mit *verwachsenen Blütenblättern*: *Enziangewächse, Korbblütler, Lippenblütler, Wegerich- und Kürbisgewächse*.

Viele Gemüsepflanzen sind Kreuzblütler

Die Nutzpflanzen, die wir im Garten als Gemüse anbauen, kommen in dieser Form wild nicht vor. Sie stammen jedoch von Wildpflanzen ab und sind das Ergebnis jahrhundertelanger *Züchtung*. Als die Menschen sesshaft wurden, haben sie in der Umgebung ihrer Behausungen gezielt verschiedene Pflanzenarten ausgewählt und angebaut. Diese Pflanzen besaßen Eigenschaften, die den Menschen für ihre Ernährung besonders wertvoll erschienen.

Zufällig traten dann im Laufe der Zeit einzelne Pflanzen auf, die noch mehr Vorzüge besaßen. Vielleicht war die essbare Wurzel etwas dicker oder die Früchte waren geschmackvoller. Die Samen solcher Pflanzen wurden dann zur Weiterzucht genutzt, um wieder Nachkommen von ähnlichem Aussehen oder Geschmack zu erhalten. Diese *Auslese* von gewünschten Eigenschaften führte zu den heutigen *Kulturpflanzen*.

Beim *Wildkohl* sind die Zuchterfolge besonders beeindruckend. Von ihm stammen alle Kulturformen des Kohls ab. Fast jedes Organ dieser Pflanze ist durch Auslesezüchtung verändert worden. Beim *Blumenkohl* wird der gesamte Blütenstand mit den fleischigen Blütenstielen gegessen; am *Grünkohl* schätzt man die zarten Blätter; der *Kohlrabi* ist ein fleischig verdickter Stängelabschnitt. Der gesamte Spross bleibt bei den *Kopfkohlen*, wie zum Beispiel beim Weißkohl, kurz gestaucht und wird als Gemüse genutzt. Beim *Rosenkohl* werden nur die dicken Seitenknospen geerntet.

Erst wenn diese Pflanzen blühen, erkennt man, dass sie miteinander verwandt sind. Ihre Blüten besitzen vier Kelch- und vier Blütenblätter. Neben vier langen Staubblättern stehen noch zwei kurze; die Frucht ist eine Schote. Dieser Blütenbau ist das Kennzeichen der *Familie der Kreuzblütler*. Zu ihr gehören neben *Radieschen, Rettich* und *Kresse* noch weitere Nutzpflanzen. Aus den fetthaltigen Samen des *Rapses* wird Öl gepresst; beim *Schwarzen Senf* dienen die Samen der Senfherstellung (▶ S. 222).

Grünkohl hat einen Spross ohne Seitentriebe. Am Spross befinden sich die großen, stark gekrausten Blätter.

Weißkohl hat einen kurzen Spross und viele dicht aufeinander liegende Blätter, den Kohlkopf.

Blumenkohl hat einen kurzen Spross mit wenigen großen Blättern. Der weiße Teil ist der junge Blütenstand.

Beim **Rosenkohl** ist der Spross stark verzweigt. Die Seitenzweige sind gestaucht, die Blätter dicht gepackt.

Broccoli hat einen kurzen Spross, an dessen Ende sich Blütenknospen bilden.

Beim **Kohlrabi** ist der Spross kurz und dick, eine *Sprossknolle*. An der Sprossknolle wachsen die Blätter.

Der Kräutergarten

Klostergärten

Die ersten Gärten Nordeuropas waren Klostergärten. Benediktinermönche, die im 7. Jahrhundert n. Chr. von ihrem Stammkloster Monte Cassino bei Neapel über die Alpen wanderten, brachten Samen, Pflanzen und Stecklinge von Kräutern, Obst und Gemüse aus dem Mittelmeerraum mit.

Karl der Große veranlasste die Mönche seines Reiches, sich mit der Heilkunde zu befassen. Viele Pflanzen aus ihren Kräutergärten waren deshalb Heilpflanzen. Heutzutage nutzen wir Kräuter überwiegend zum Würzen von Speisen, wobei ihre Bedeutung für Heilzwecke gerade in den letzten Jahren aber wieder zunehmend Beachtung findet.

Erkundige dich im Internet nach einem hessischen Kloster in der Nähe deines Heimatortes, in dem man einen Klostergarten besichtigen kann.

Die Kräuterspirale

Viele Kräuter auf kleinem Raum baut man am günstigsten in einer eigens gebauten Kräuterspirale an. Am Spiralenende ist ein kleiner Teich eingerichtet, um ihn herum wird der Boden dadurch immer feucht gehalten. Am oberen Teil der Spirale ist der Boden trockener.

Legt man eine Kräuterspirale an, muss man auch beachten, dass einige der Pflanzen viel Licht und andere mehr Schatten benötigen:

① Der Bau einer Kräuterspirale ist nicht schwer, wenn ihr euch gegenseitig helft. Ihr benötigt z. B. Natursteine, Schotter, eine Teichfolie, Sand und Gartenerde. Seht euch die Zeichnungen (Abb. 1 und 2) an und entwickelt einen Ablaufplan zum Bau einer Kräuterspirale. Überlegt auch, welche Geräte ihr verwenden müsst.

② Begründe die Verteilung der verschiedenen Kräuter in der Spirale.

③ Erarbeite einen Vorschlag für eine Neubepflanzung der Kräuterspirale im nächsten Frühjahr! Überlege, bei wem du dir Rat einholen könntest.

④ Entnimm aus einem Kräuterbuch Angaben zur heilenden Wirkung von Petersilie, Salbei, Thymian und Wasserminze.

⑤ Fertige eine Tabelle an, in der du die Verwendungsmöglichkeiten der Kräuter aus der Kräuterspirale als Heilkraut bzw. Küchenkraut einträgst.

⑥ Suche Kochrezepte von Gerichten, in denen die Kräuter, die in der Kräuterspirale angebaut werden, Verwendung finden.

⑦ Ordne die Kräuter aus der Kräuterspirale ihren Pflanzenfamilien zu. Verwende dazu ein Pflanzenbestimmungsbuch.
Entscheide, zu welcher Pflanzenfamilie du mehr wissen möchtest und kontrolliere, ob das Pflanzenbestimmungsbuch deinen Ansprüchen gerecht wird.

Die Kräuterspirale

Im Frühjahr ist die Luft in Walddorf mit dem Geruch von *Bärlauch* erfüllt. Dieser wächst auf großen Flächen im Auenwald. Manche sammeln die Blätter, füllen damit Rouladen oder essen sie frisch auf Butterbrot. An Wegrändern kannst du an sonnigen Standorten die *Echte Kamille* finden, die zu heilendem Tee verarbeitet werden kann.

Was muss beim Sammeln und Verarbeiten von Wildkräutern beachtet werden?

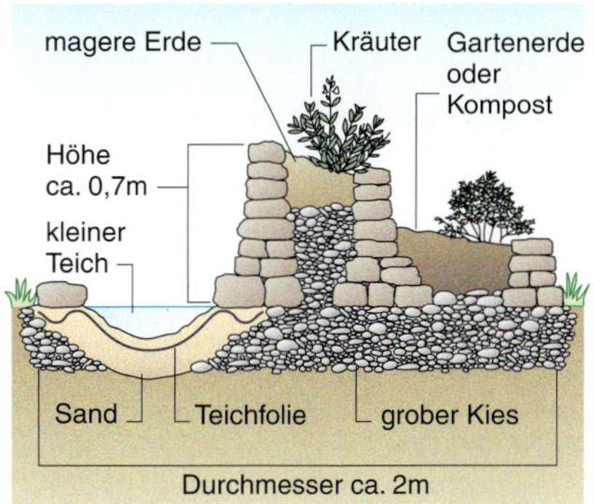

Längsschnitt durch die Kräuterspirale

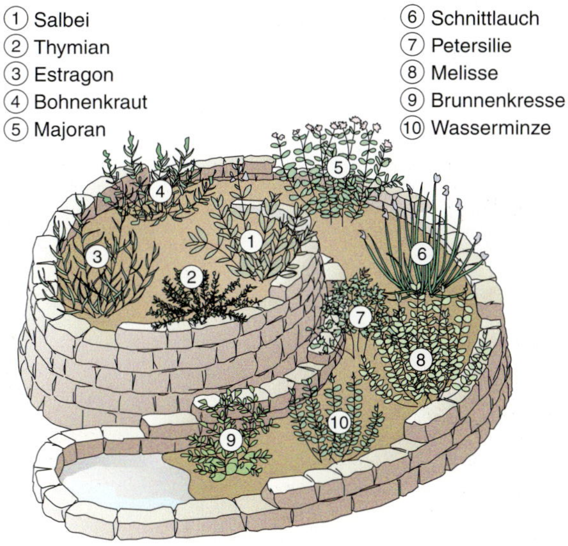

Die Kartoffel

Kartoffeln gehören neben verschiedenen Getreidearten zu unseren Grundnahrungsmitteln. Außerdem werden sie zu vielen weiteren Produkten verarbeitet. Welche kennst du?

Kleine Pflanzenkunde

Die Kartoffeln sind krautige Pflanzen, die ca. 50 cm hoch werden. Die Früchte sind kleine grüne Beeren mit Samen, die Ähnlichkeit mit Tomaten haben. Die Kartoffel ist zwar mit der Tomate verwandt, jedoch sind die Beeren giftig.

Zum Verzehr eignen sich nur die unterirdisch wachsenden Knollen. Dies sind die verdickten Enden an den unterirdischen Sprossteilen der Kartoffelpflanze. Kartoffeln sind also nicht Teile der Wurzeln. Aus den „Augen" der Kartoffelknollen können wieder Triebe entstehen. Die Kartoffel schrumpft hierbei, weil der Vorratsspeicher, die Stärke, verbraucht wird.

Biologen hatten die Idee, „Tomoffeln" aus einer Kreuzung von Tomaten und Kartoffeln zu züchten. Welches Ziel könnte hinter dieser Idee stecken?

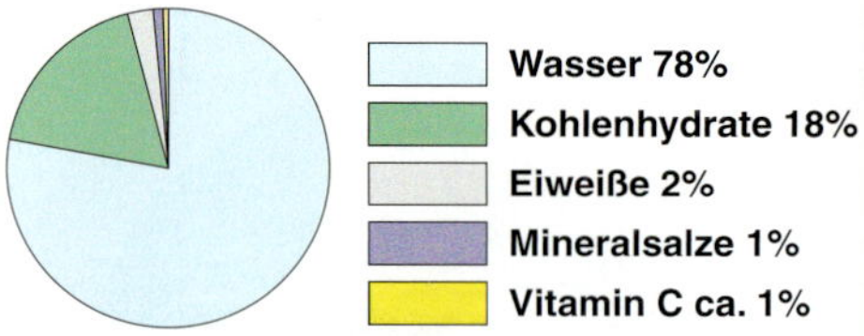

Kartoffeln sind nicht nur nahrhaft, sondern sie haben auch einen hohen Vitamin-C-Gehalt. Der Bedarf eines Menschen liegt bei 75,0 mg pro Tag.

Wie viele Kartoffeln müsstest du essen, um den Tagesbedarf zu decken?

Die Geschichte der Kartoffel

Die Heimat der Kartoffeln ist das Hochland von Peru und Bolivien in Südamerika. Die Indianer bauten die Kartoffeln als Grundnahrungsmittel an.

Erst zwischen 1555 und 1560 kamen die ersten Kartoffeln nach Europa. In Deutschland wurde der Anbau der Kartoffeln von Friedrich dem Großen in Preußen als billiges und sättigendes Nahrungsmittel angeordnet.

Finde heraus, welches Ereignis dort im Jahre 1740 zu einer Hungersnot führte.

Kartoffelanbau und Ernte bei den Inkas. Die Zeichnungen wurden 1585 für den spanischen König angefertigt.

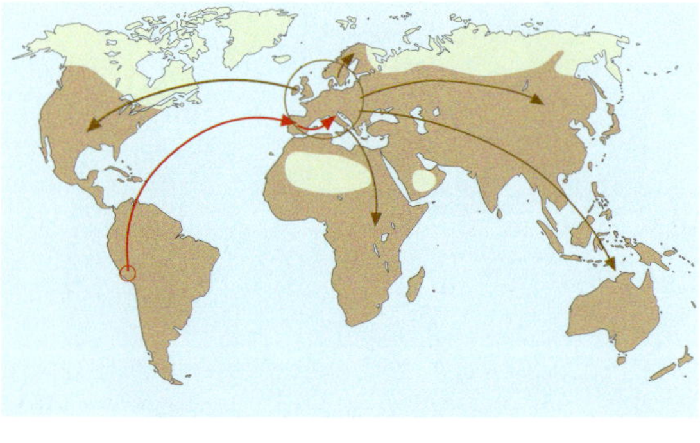

Vom peruanischen Hochland kamen Kartoffelpflanzen zuerst nach Spanien und dann nach Italien. Hier wurden sie wegen ihrer Ähnlichkeit zu Trüffeln Tartuffoli genannt.

Anbau und Ernte

Beim Kartoffelanbau nutzt man die ungeschlechtliche Vermehrung über die Kartoffelknollen. Diese werden im Frühjahr in gefurchten Reihen auf das Feld gelegt und mit Erde bedeckt.

Aus der Kartoffelknolle wächst ein Spross. Die oberirdische Pflanze entwickelt sich zu einer krautigen Pflanze. Diese blüht und es bilden sich die grünen Früchte. Gleichzeitig wachsen im Boden neue Kartoffelknollen. Diese werden im Herbst geerntet. Heute werden hierzu Maschinen eingesetzt. Die neuen Kartoffelknollen werden verkauft.

Weißt du, wie Kartoffeln gelagert werden sollen und warum?

Schädlinge

Die Kartoffel wird nicht nur vom Menschen als Nahrung geschätzt, sondern auch vom *Kartoffelkäfer*. Dieser frisst die Blätter der Kartoffelpflanze. Besonders gefräßig sind die rot gefärbten Larven.

Der Kartoffelkäfer lebte ebenfalls in Amerika und wurde in diesem Jahrhundert mit dem Schiffsverkehr nach Europa eingeschleppt.

Überlege, wie es zur Massenvermehrung der Käfer und Erntevernichtung auf den Feldern kommen kann.

Auch Pilze und Bakterien können zu Ernteschäden führen. Kennst du Maßnahmen, die Landwirte gegen diese Schädlinge ergreifen?

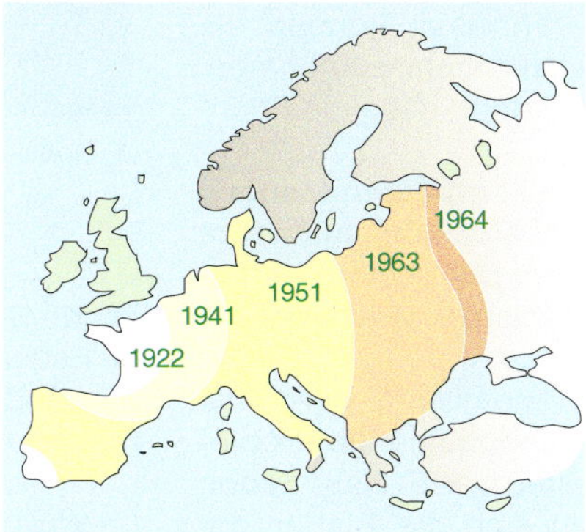

Obwohl sich der Käfer auf einem Kartoffelacker rasch vermehrt, dauerte seine Verbreitung in Europa sehr lange. Wie könnte man das erklären?

Frühkartoffel

Clivia

Datura

Desiree

Grata

Hansa

Es gibt über 2000 Kartoffelsorten.

In Südamerika an kurze Tage gewöhnt, kamen die Pflanzen in Europa schnell zur Blüte, setzten jedoch nur wenige, kleine Knollen an. 200 Jahre lang wurden sie als Zierpflanzen gehalten. Welche Auswahl bei der Zucht könnte zur heutigen Kartoffel geführt haben?

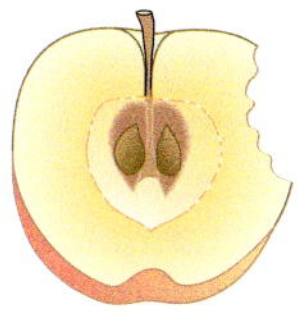

Apfel

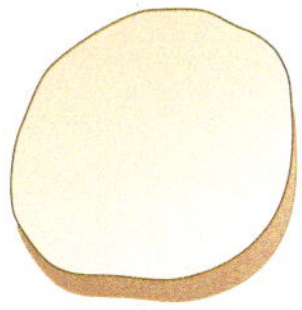

Erdapfel?

Die Kartoffel wird manchmal auch Erdapfel genannt. Ein irreführender Begriff, oder?

Pflanzen im Jahresverlauf

Die *Rosskastanie* ist ein häufiger Park- und Alleenbaum. An ihren Blättern und Früchten ist sie gut zu erkennen. Im Winter allerdings verändert sich das Aussehen des Baumes, denn Kälte und Schnee bringen verschiedene Gefahren für die Pflanze mit sich:

— Die niedrigen Lufttemperaturen können dazu führen, dass das Wasser in einzelnen Pflanzenteilen gefriert. Der Kältetod wäre dann die Folge.
— Belaubte Pflanzen verdunsten ständig Wasser. Da der Frost das Wasser auch im Boden gefrieren lässt, können die Wurzeln kein Wasser mehr aufnehmen. Es bestünde die Gefahr, dass die Pflanze vertrocknet.
— Wenn sich Schnee in größeren Mengen auf den Blättern anhäuft, können Zweige und Äste abbrechen. Durch diese Verletzungen würde die Pflanze geschwächt.

Der *Laubfall* ist eine Anpassung, durch die unsere heimischen Laubbäume die Probleme des Winters meistern (▶ S. 230). Schon im **Herbst** verfärben sich die Blätter der Bäume, das erste Anzeichen des bevorstehenden Laubabwurfs. Der wertvolle grüne Blattfarbstoff, das *Chlorophyll*, wird abgebaut. Seine Bestandteile werden durch die Leitbündel aus den Blättern abtransportiert und in den Zweigen gespeichert. Rote und gelbe Farbstoffe, die vorher auch schon im Blatt waren, aber vom Blattgrün überdeckt wurden, bestimmen die Färbung. Später, wenn die Blätter absterben, sind sie ganz braun und trocken.

Am Grunde des Blattstiels bildet sich als Abschlussgewebe eine *Korkschicht*. Diese ermöglicht erst den Laubwurf und bleibt, wenn das Blatt abgefallen ist, als *Blattnarbe* an den kahlen Zweigen deutlich sichtbar. Die ehemaligen Austrittsstellen der Leitbündel sind noch zu erkennen. Sie bilden eine halbkreisförmige Punktreihe, die *Blattspur*.

In den Zweigen ist nun kaum noch Wasser vorhanden. Dadurch ist die Gefahr des Erfrierens weitgehend gebannt. Da keine Blätter mehr vorhanden sind, verdunstet der Baum auch fast kein Wasser mehr. Die Wurzeln müssen nicht für Nachschub aus dem eisigen Boden sorgen und Schnee ist für die kahlen Äste nur eine geringe Belastung.

Der Laubfall wirkt sich noch in anderer Hinsicht günstig aus, denn die abgestorbenen Blätter bilden auf dem Erdboden eine schützende Schicht: die darunter zurückgehaltene Feuchtigkeit verhindert das Austrocknen des Bodens und Wurzeln und Boden gefrieren nicht so schnell an der Oberfläche.

1 Rosskastanie im Herbst

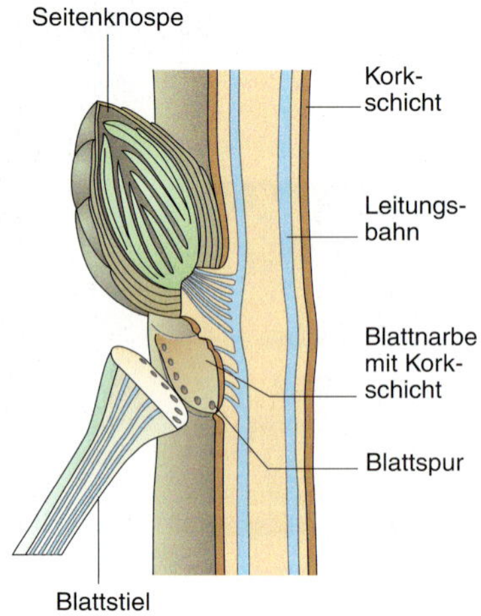

Schema des Laubfalls

Im **Winter** wirkt die Rosskastanie mit ihren kahlen Zweigen wie abgestorben. Das sieht aber nur so aus. In Wirklichkeit befindet sie sich in einem *Ruhezustand*, nachdem die Vorbereitungen für das Austreiben im folgenden Frühjahr schon im Herbst abgeschlossen wurden.

An den Zweigen der Rosskastanie befindet sich oberhalb jeder Blattnarbe eine Knospe, die man *Seitenknospe* nennt. An der Zweigspitze sitzt eine besonders große Knospe, die *Endknospe*. Im Frühjahr entwickeln sich daraus beblätterte *Triebe* und *Blüten*. An der Endknospe fallen zunächst die harten, schuppenförmigen Hüllblätter auf, die *Knospenschuppen*. Sie liegen wie Dachziegel übereinander und sind durch eine *Harzschicht* miteinander verklebt. Das Innere ist dadurch gegen eindringende Nässe ebenso gut geschützt wie gegen Austrocknung. Da die harzige Masse unangenehm schmeckt, ist sie auch ein Schutz gegen Tierfraß. Im Längsschnitt durch eine solche Knospe erkennt man dazu einen wichtigen Kälteschutz. Eine dicke Schicht aus filzigen Haaren umgibt die winzigen Laubblätter und schützt die ebenfalls behaarte Blütenanlage.

Die Knospen dienen dem Wachstum des Baumes im **Frühjahr.** In ihnen befindet sich die winzig kleine, aber vollständige Anlage eines neuen Triebes. Wenn die Wurzeln den Baum wieder mit Wasser versorgen, treiben

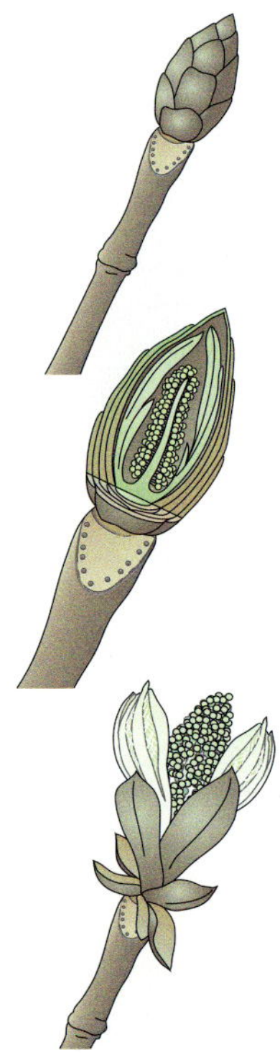

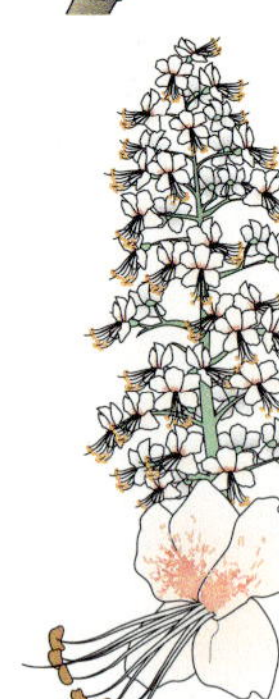

Einzelblüte

1 Rosskastanie im Winter

2 ... im Frühjahr

3 ... im Sommer

die Knospen aus. Die Seitenknospen entfalten sich meist zu vier *Laubblättern*. Aus den Endknospen entwickelt sich zusätzlich der *Blütenstand*. Er wird als *Rispe* bezeichnet. An diesen „Blütenkerzen" ist die Rosskastanie im Frühling von weitem zu erkennen.

Im **Sommer** entwickeln sich aus den befruchteten Blüten die Rosskastanien. Die Tage sind im Sommer wesentlich länger und die somit höhere Sonneneinstrahlung nutzt der Baum aus. Unter Einwirkung des Sonnenlichts produziert der Baum mithilfe seiner Laubblätter, dem dort enthaltenen Chlorophyll, dem Kohlenstoffdioxid aus der Luft sowie Wasser und Mineralstoffen aus dem Boden seine lebensnotwendigen Nährstoffe. Diese Nährstoffe verwendet der Baum zum weiteren Wachstum des Stammes, seines Laubdaches und natürlich auch zur Entwicklung der *Rosskastanien*, die du im Herbst bestimmt schon gesammelt und zum Basteln verwendet hast. Viele Tiere nutzen die Kastanien auch als Energiequelle. Sobald die ersten Blätter fallen, schließt sich der Jahreskreis – die Kastanie ist bereit für den nächsten Winter.

Aufgaben

① Besorge einen Winterzweig der Rosskastanie. Zeichne und beschrifte ihn mit den im Text genannten Begriffen.

② Stelle den Zweig ins Wasser und halte ihn an einem warmen Ort. Beobachte die Entwicklung der Knospen.

Zettelkasten

Jahresgang anderer Pflanzen

Bäume und Sträucher tragen *Erneuerungsknospen*, aus denen jedes Jahr neue Triebe hervorbrechen. Andere Pflanzen sterben nach der Fruchtreife vollkommen ab. Sie erneuern sich nur aus *Samen*. Die Zeit, die zwischen der Keimung und der Bildung neuer Samen vergeht, kann unterschiedlich lang sein. Bei *einjährigen Sommerpflanzen* (Ackersenf, Gartenbohne) verläuft die Entwicklung innerhalb eines Sommers. Andere Einjährige überwintern als kleine Pflanzen unter dem Schnee, da ihre Samen schon im Herbst keimen (Wintergetreide). *Zweijährige Pflanzen* entwickeln sich im ersten Jahr bereits kräftig und bilden häufig Speicherorgane (Zuckerrübe). Sie blühen jedoch erst im zweiten Jahr und sterben danach ab.

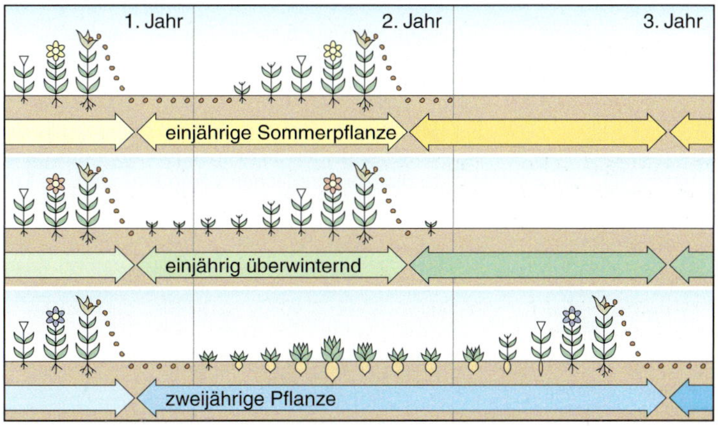

Verlauf der Entwicklung bei verschiedenen Blütenpflanzen

Die Rotbuche – ein typischer Laubbaum

Einzel stehende Laubbäume, wie Eichen oder Linden, findet man zwar auch in Städten oder Dörfern und dort meist in Parkanlagen, auf Friedhöfen oder in alten Alleen. In der Regel denkt man, wenn man von Bäumen spricht, aber zuerst an den Wald. Dort gehört zu den häufigsten Arten die *Rotbuche*. Sie wird bis zu 40 Meter hoch und kann über 300 Jahre alt werden. Der Stamm ist mit einer glatten graugrünen Borke bedeckt und besitzt ein festes, rötliches Holz. Daher kommt der Name „Rotbuche". Es gibt auch Rotbuchen mit dunkelroten Blättern; sie werden aber als „Blutbuchen" bezeichnet.

Im Mai bildet eine Rotbuche männliche und weibliche Blüten aus: Sie ist *getrennt-geschlechtig-einhäusig* (▶ S. 228). Die männlichen Blüten bestehen aus mehreren kugeligen Kätzchen, die sich an einem langen Stiel befinden. Jede Einzelblüte weist nur Staubblätter auf. Die weiblichen Blüten werden vom Wind bestäubt. Sie stehen immer zu zweit an einem langen Stiel und sind gemeinsam von einer vierteiligen Hülle umgeben. Diese wird zum *Fruchtbecher*, in dem sich während der Samenreife bis zum Herbst die *Bucheckern* entwickeln. Bucheckern sind *Nussfrüchte*, aus denen man durch Auspressen Öl gewinnen kann. Im nächsten Frühjahr entwickeln sich aus den Bucheckern im Boden kleine Keimpflanzen. Man kann sie gut an den beiden dunkelgrünen Keimblättern erkennen.

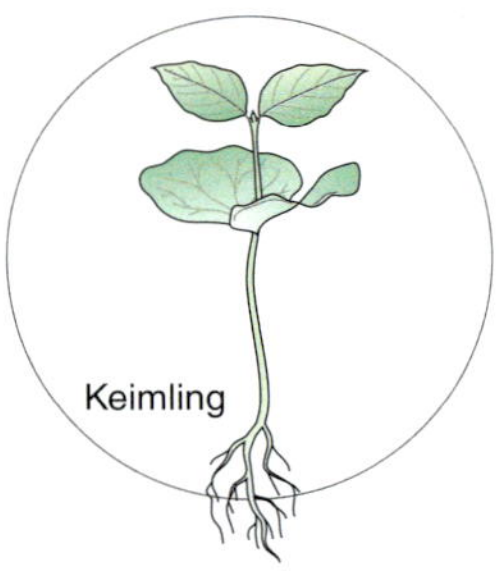

Die Rotbuche gehört zur **Familie der Buchengewächse**, ist aber nicht die einzige einheimische Art aus dieser Verwandtschaft. Auch alle Arten der *Eichen* gehören in diese Familie, da sie ähnliche Blüten und Becherfrüchte, die *Eicheln*, besitzen. Groß und stachelig sind die grünen Fruchtbecher der *Edelkastanie,* deren Samen wir als *Esskastanie* oder *Maronen* kennen. Nicht zur Familie der Buchengewächse gehören die Hainbuche und die Rosskastanie. Hainbuchen haben keine Becherfrüchte und Rosskastanien keine unscheinbaren Blüten.

Aufgabe

① Bäume können sich trotz ähnlicher Namen deutlich unterscheiden: Beschreibe Unterscheidungsmerkmale für folgende „Namenszwillinge": Rotbuche – Hainbuche, Traubeneiche – Stieleiche, Edelkastanie – Rosskastanie, Sommerlinde – Winterlinde, Esche – Eberesche.

Zettelkasten

Das Herbarium und Baumtagebuch

Ein *Herbarium* ist eine Sammlung von gepressten und getrockneten Pflanzen. Du kannst es leicht selbst mit Blättern verschiedener Bäume, Gräsern oder häufigen Wegrandpflanzen anlegen. Zunächst aber musst du die Pflanze bestimmen. Notiere, zu welcher Familie, Gattung und Art sie gehört und wo und wann du sie gefunden hast.

Dann benötigst du eine *Pflanzenpresse* und viele *Zeitungen,* zwischen denen die Pflanzen ausgebreitet werden. Statt einer Pflanzenpresse kann man auch dicke Bücher benutzen. Vorsicht: Der Pflanzensaft kann beim Pressen und Trocknen die Bücher beschmutzen! Klebe die getrockneten Pflanzen auf und hefte die Herbarblätter sorgfältig ab.

Mit diesem Verfahren kannst du auch ein *Baumtagebuch* führen. Beobachte deinen Lieblingsbaum über das ganze Jahr hinweg und notiere die jahreszeitlichen Veränderungen. Zu Fotos kannst du Blätter und Blüten in verschiedenen Entwicklungsstadien pressen und einkleben.

Achtung!
Sammle keine unter Naturschutz stehenden Pflanzen. Informiere dich vorher darüber in einem Bestimmungsbuch.

Pflanzen aufkleben und aufbewahren

Pflanzen sammeln und bestimmen

Pflanzen ausbreiten und pressen

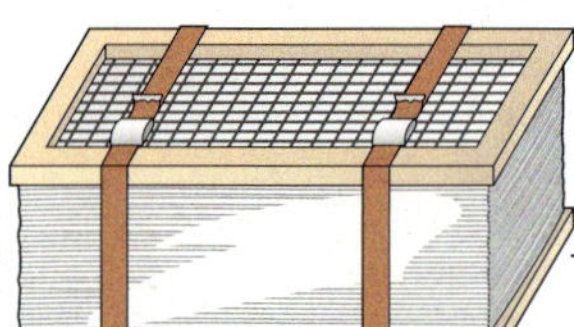

Art	Ackersenf
Gattung	Senf
Familie	Kreuzblüter
Fundort	Feldweg, Bauer Old
Datum	10. Mai 2003

Pflanzen beschriften

1 Kiefernbestand

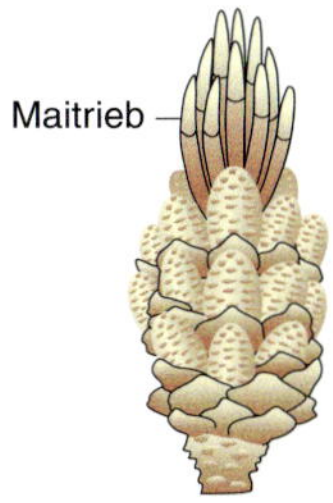

Zapfenblüte, männlich

Zapfenblüte, weiblich

junger Zapfen (1 Jahr alt)

reifer Zapfen (2 Jahre alt)

Die Waldkiefer – ein Nadelbaum

Die *Waldkiefer* ist ein häufiger Baum unserer Wälder. Sie benötigt viel Licht. An die Bodenbeschaffenheit und das Klima stellt sie wenig Ansprüche. Auf trockenen Sandböden ist die Kiefer ebenso anzutreffen wie in nassen Mooren. Sie verträgt heiße Sommer und lang andauernde, strenge Winter.

Ihre Blätter, die *Nadeln*, sind lang gestreckt und schmal. Sie sitzen jeweils paarweise an einem Kurztrieb. Die kleine Oberfläche der Nadeln und ein zusätzlicher Wachsüberzug vermindern die Wasserverdunstung des Baumes. Das ist besonders im Winter wichtig, weil der Baum auch dann noch benadelt ist und aus dem gefrorenen Boden kein Wasser aufnehmen kann.

Die Kiefer blüht im Mai. Bei ihr sitzen männliche und weibliche Blüten an verschiedenen Trieben auf der gleichen Pflanze. Sie ist also *getrenntgeschlechtlich* und *einhäusig*. Die *männlichen Blütenstände* stehen am Grund der jungen Maitriebe in einem dichten Büschel beisammen. Sie enthalten viele Staubbeutel. Bei trockenem Wetter entlassen diese Millionen von Pollen, die der Wind zu den weiblichen Zapfenblüten weht.

In den *weiblichen Blütenständen*, die an der Spitze der Maitriebe sitzen, befinden sich in regelmäßigem Wechsel *Deckschuppen* und *Fruchtschuppen* übereinander. Mit einer starken Lupe erkennt man auf jeder Fruchtschuppe zwei *Samenanlagen*. Sie sind nicht – wie bei allen bisher beschriebenen Pflanzen – von einem Fruchtknoten umschlossen, sondern liegen unbedeckt, gleichsam „nackt" auf der Fruchtschuppe. Die Kiefer wird deshalb, wie alle anderen Nadelbäume, zu den **Nacktsamern** gezählt (▶ S. 228).

Bei der Bestäubung werden die rötlichen Deckschuppen grün und verkleben mit Harz. Die Befruchtung erfolgt allerdings erst im März des folgenden Jahres im Inneren der grünen *Zapfen*. Bis zur Samenreife dauert es ein weiteres Jahr. Dann sind die Zapfen braun und verholzt. Bei trockenem Wetter spreizen sich ihre Schuppen ab, und die geflügelten Samen, die jeweils zu zweien zwischen Frucht- und Deckschuppe liegen, werden vom Wind herausgeweht.

Wie die Kiefer, sind auch *Fichte* und *Tanne* immergrüne Nadelbäume mit nacktsamigen Zapfenblüten, die zur **Familie der Kieferngewächse** gehören.

2 Männliche (links) und weibliche (rechts) Zapfenblüten einer Kiefer

Wir bestimmen Laub- und Nadelbäume

Auf diesen beiden Seiten siehst du Abbildungen verschiedener einheimischer Laub- und Nadelbäume. Als Bestimmungshilfen sind Zweige und Früchte, Nadeln und Blätter, Keimlinge, Blüten und Wuchsformen vorgegeben. Natürlich kannst du bei uns noch mehr Baumarten antreffen. Willst du weitere Bäume kennen lernen, so beschaffe dir ein Bestimmungsbuch ausschließlich für Bäume und Sträucher. Da in Parks auch aus anderen Ländern eingeführte Arten gepflanzt werden, darf das Buch nicht nur für einheimische Bäume und Sträucher gedacht sein. In solch einem Buch sollten außerdem alle wesentlichen Merkmale eines Baumes oder Strauches farbig abgebildet sein.

Aufgaben

① Informiere dich, wie ein Herbarium entsteht (siehe dazu auch S. 144). Beschaffe dir Zweige mit Blättern und Nadeln von

Bäumen und Sträuchern, zu welchen du an deinem Wohnort oder deiner Schule Zutritt hast, und lege ein kleines Herbarium an.

② Ergänze das Baumtagebuch (s. S. 144) für deinen Lieblingsbaum durch Vergleiche mit anderen Laub- oder Nadelbäumen (z. B. blüht früher als . . ., hat mehr Früchte als . . .).

③ Im Verkehrsamt deiner Heimat- oder Kreisstadt erhältst du kostenlos Stadtpläne. Darin sind auch vorhandene Grünanlagen aufgenommen.

a) Finde heraus, welche Anlagen als Park bezeichnet werden können.

b) Forsche nach, wann und aus welchem Anlass sie angelegt wurden. Vielleicht gibt dir schon der Name des Parks einen Hinweis dafür.

④ Erstelle für einen Park in deiner Nähe einen „Baumkalender". Darin wird eingetragen, wann welcher Baum im Jahresverlauf blüht, zu welcher Zeit die Bäume Früchte tragen und wann der Baum keine Blätter mehr hat oder Winterknospen austreibt.

Vögel

Eroberer der Luft

Lebensraum-Spezialisten

Ernährungs-Spezialisten

Fortpflanzung

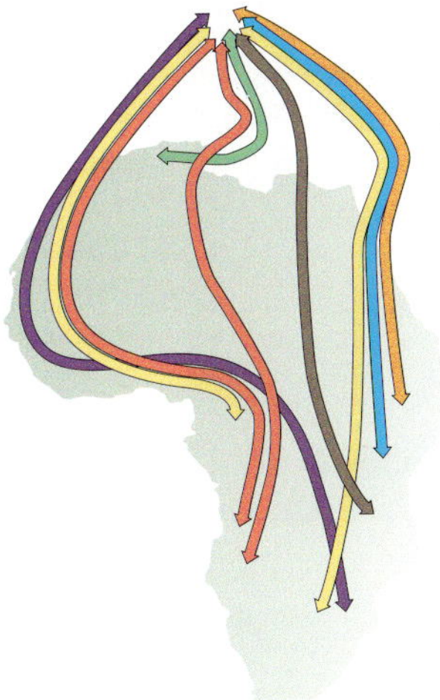

Vogelzug

Heimtiere

Beobachtung

Perlhuhn

Woran erkennst du Vögel?
Der Körper der Vögel ist mit Federn bedeckt, sie haben Flügel und die meisten Vögel können damit fliegen.

Faszinierend sind Bilder und Filme, die Vögel beim Fliegen zeigen. Ist es nicht verblüffend, dass Vögel auf dem Vogelzug mehrere tausend Kilometer zurücklegen.

Pirol

Nicht nur die Hühner legen kalkschalige Eier, die bebrütet werden und aus denen die Jungen schlüpfen. Viele Vögel betreiben eine aufwändige Brutpflege für ihre Jungen.

Gans

Vögel haben nicht nur den Luftraum erobert, sondern auch andere Lebensräume. Bei Wasservögeln sind z. B. zwischen ihren Zehen Schwimmhäute zum Rudern oder lange Stelzenbeine zum Waten in weichen Untergründen ausgebildet. Mit den Schnäbeln haben sie unterschiedliche Nahrungsquellen erschlossen, Papageien können mit ihrem Schnabel Nüsse knacken, Grasmücken nehmen mit ihrem Schnabel wie mit einer Pinzette Insekten auf.

Fasan

Specht

Viele Menschen beschäftigen sich in ihrer Freizeit mit Vögeln. Manche halten, andere beobachten als ehrenamtliche Mitarbeiter von Naturschutzverbänden Wildvögel. Was interessiert dich am meisten an den Vögeln?

1 Kennzeichen der Vögel

1 Haustaube

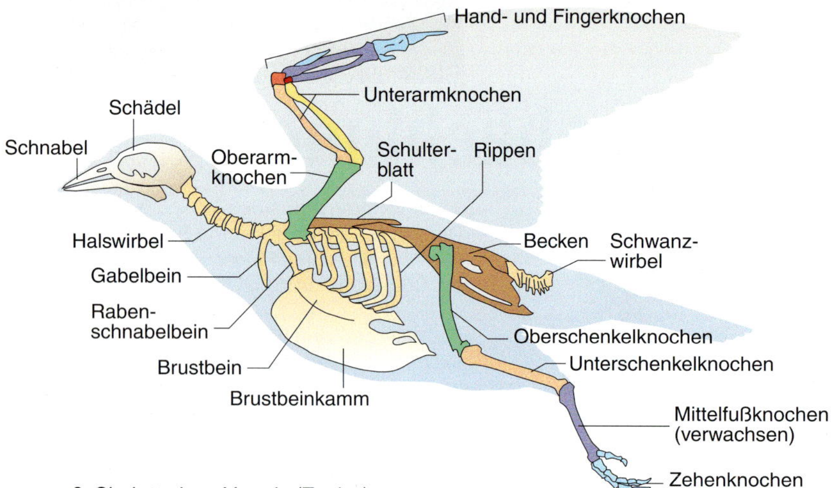

2 Skelett eines Vogels (Taube)

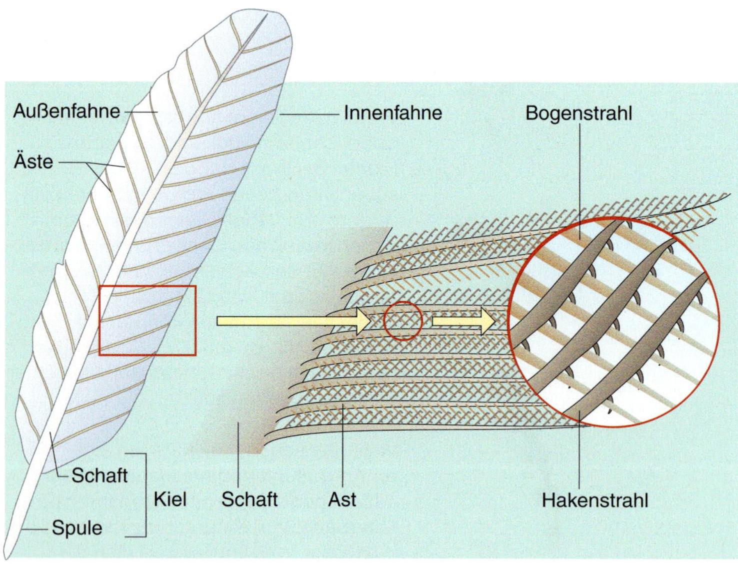

3 Aufbau einer Vogelfeder

Angepasstheiten des Vogelkörpers an den Flug

Jauchzend rennt ein kleines Kind auf einen Taubenschwarm zu. Doch bevor es ihn erreicht, erheben sich die Vögel mit wenigen Flügelschlägen in die Luft und gleiten einige Meter weiter wieder zu Boden.

Das **Fliegen** ist ein herausragendes Kennzeichen der Vögel. Diese Fortbewegungsweise erfordert aber bestimmte *Voraussetzungen im Körperbau.* Die verschiedenen *Angepasstheiten* an das Fliegen lernst du am Beispiel der Tauben kennen (▶ S. 220).

Eine *Taube* wiegt ungefähr 500 g, ein gleich großer Igel jedoch bis zu 1 000 g. Vögel sind also leichter gebaut als vergleichbare Säugetiere. Ein Grund für das geringere Gewicht der Vögel sind ihre *hohlen, luftgefüllten Röhrenknochen*, die kein Mark enthalten.

Wenn die Flügel beim Flug auf- und abschlagen, treten starke Kräfte auf. Dies erfordert eine hohe Festigkeit des *Rumpfes.* Er wird durch die fest miteinander verwachsenen Brust- und Lendenwirbel sowie von Beckenknochen und Brustkorb, der aus dem Brustbein und den Rippen besteht, gebildet. Die *Gabelbeine* und *Rabenschnabelbeine* des Schultergürtels versteifen den Rumpf noch zusätzlich. Der starre Rumpf wirkt als Widerlager zu den Flügeln. Am breiten *Brustbeinkamm* setzen die kräftigen Flugmuskeln an, welche die Flügel bewegen. Der große Brustmuskel bewirkt den Abschlag, der kleine Brustmuskel hebt die Flügel nach dem *Gegenspielerprinzip* beim Aufschlag (▶ S. 233).

Die **Federn** sind das wichtigste Kennzeichen der Vögel. Der *Kiel* gibt einer Feder, die mit ihrer *Spule* in der Haut steckt, durch seinen röhrenförmigen Aufbau Festigkeit. Die *Fahne* wird durch kleine *Äste* gebildet, die von zwei Seiten des *Schaftes* abzweigen. Von jedem Ast gehen nach der einen Seite bogenförmige Strahlen ab, nach der anderen Seite solche mit kleinen Häkchen. Diese *Bogen-* und *Hakenstrahlen* benachbarter Äste verhaken miteinander wie bei einem Klettverschluss und bilden eine zusammenhängende, luftundurchlässige Fläche.

Man unterscheidet vier verschiedene Federtypen. Die *Schwungfedern* bilden als Hand- und Armschwingen die Tragflächen des Flü-

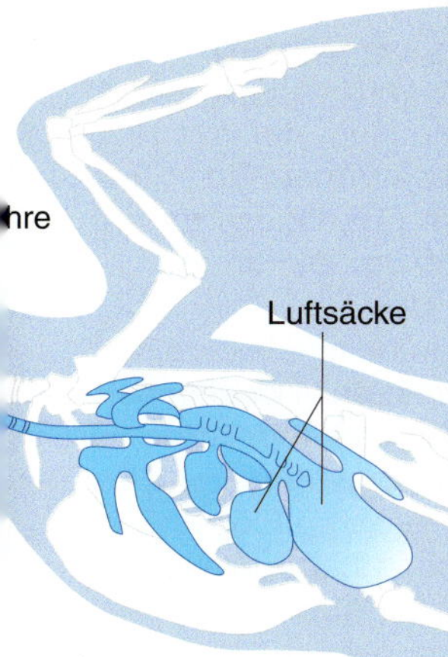

Atmungsorgane beim Vogel

Schwungfeder

Daune

Deckfeder

Schwanzfeder

gels. Mit den großen *Schwanzfedern* steuert die Taube den Flug und bremst bei der Landung. Die *Deckfedern* verkleiden den Rumpf stromlinienförmig und schützen ihn vor Verletzungen. Die *Daunen* oder *Dunenfedern* liegen unter den Deckfedern. Sie umschließen durch ihren lockeren Aufbau viel Luft. Da Luft ein schlechter Wärmeleiter ist, verringert das Gefieder Wärmeverluste. Vögel benötigen eine gleich bleibende Körpertemperatur von etwa 41 °C.

Vögel haben beim Fliegen auch einen erhöhten *Sauerstoffbedarf*. Mithilfe besonderer *Luftsäcke*, die mit den *Lungen* in Verbindung stehen, können sie doppelt so viel Atemluft aufnehmen wie ein vergleichbares Säugetier. Die Lungen bestehen aus vielen dünnwandigen, feinverzweigten Röhrchen (▶ S. 232). Diese geben an parallel verlaufende kleine Blutgefäße rasch Sauerstoff ab und nehmen von diesen Kohlenstoffdioxid auf. Die Atemluft in den Lungen und Luftsäcken kühlt die Wärme erzeugenden Muskeln im gesamten Rumpf. Das im Vergleich zu den Säugetieren größere Herz der Vögel pumpt so viel Blut durch den Körper, dass jederzeit ausreichende Sauerstoffmengen für den Flug transportiert werden können.

Das *Gewicht* der Vögel wird auch durch Anpassungen bei Fortpflanzung und Entwicklung der Jungvögel niedrig gehalten. Die Weibchen legen die *Eier* in bestimmten Abständen nacheinander ab. Deshalb werden sie beim Fliegen jeweils nur durch das Gewicht eines Eies belastet. Die weitere Entwicklung der Nachkommen erfolgt nach der Eiablage außerhalb des Körpers im *Nest* (▶ S. 220).

Mit dem *zahnlosen Schnabel* aus leichtem *Horn* nimmt die Taube Nahrung auf, die überwiegend aus Samen, Blättern und Beeren besteht. Im *Kropf* werden die Körner eingeweicht und im *Kaumagen* zerkleinert. Die energiereiche, wasserarme Nahrung wird schnell verdaut und belastet damit nur kurze Zeit den Vogelkörper.

Aufgaben

① Fasse die Angepasstheiten des Vogelkörpers und ihre Bedeutung in einer Tabelle zusammen.

② Welche wilden Taubenarten bewohnen neben den Haustauben unsere Städte? Schlage in einem Vogelbestimmungsbuch die Merkmale im Vergleich zu denen der Haustauben nach. Berichte.

Zettelkasten

Taubenplage in Großstädten

In den Großstädten sind *verwilderte Haustauben* zu einem Problem geworden. Ihr ätzender Kot nagt an Häusern und Baudenkmälern. Sie übertragen mit ihrem Kot Krankheitserreger, die Infektionskrankheiten auslösen können. In Sandkästen, die mit Taubenkot verunreinigt sind, können sich dann Kinder anstecken.

Da viele Menschen die Tauben aus Tierliebe füttern, können die verwilderten Haustauben praktisch das ganze Jahr über Junge aufziehen. Sie kommen auf bis zu fünf Bruten in zwölf Monaten. Ihre lockeren Nester aus Zweigen errichten sie auf Vorsprüngen oder in Nischen von Gebäuden. Die Weibchen legen jeweils zwei Eier, die von beiden Eltern abwechselnd 18 Tage lang bebrütet werden. Die blinden Jungen werden anfangs mit *Kropfmilch*, einem käseartigen Brei aus dem Kropf der Eltern, später mit Körnerfutter aufgezogen. Die Jungtauben wachsen sehr schnell. Wenn sie dann nach etwa drei Wochen ausfliegen, bereiten die Altvögel schon die nächste Brut vor.

Da natürliche Feinde, wie Wanderfalke und Habicht, in Städten normalerweise fehlen, kommt es oft zu einer sehr starken Vermehrung der Tauben. Die vom Menschen ergriffenen Maßnahmen zur Verringerung der Taubenzahl in den Städten waren in vielen Fällen nur wenig erfolgreich.

Aufgabe

① Welche Maßnahmen zur Verringerung der Taubenanzahl sind euch bekannt? Diskutiert in der Klasse mögliche Auswirkungen.

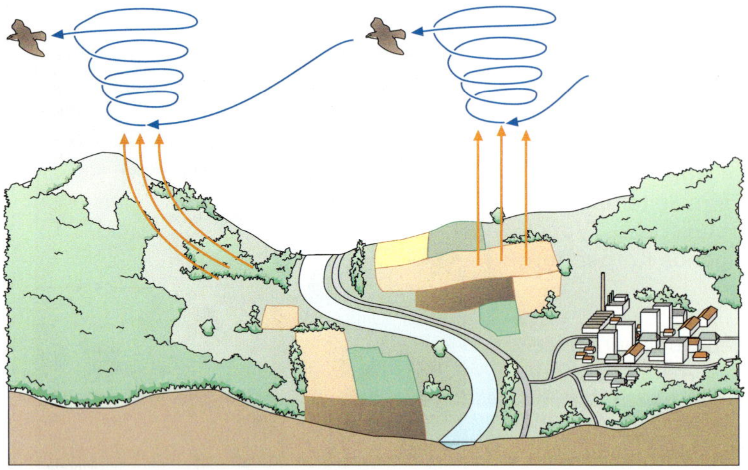

1 Der Segelflug des Mäusebussards

Wie Vögel fliegen

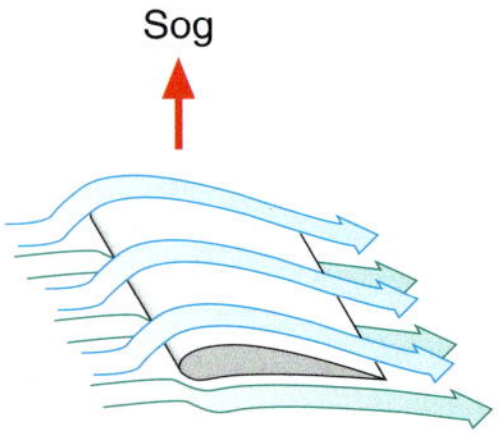

Flügelquerschnitt mit Luftströmung

Ohne sichtbaren Flügelschlag gleitet ein *Mäusebussard* auf einen Zaunpfahl zu und landet auf ihm. Erst kurz vor dem Aufsetzen schlägt er mit den Flügeln, um zu bremsen. Diese einfachste Flugform der Vögel bezeichnet man als **Gleitflug**. Dabei kommen die Vögel mit ausgebreiteten Flügeln ohne Flügelschlag, jedoch unter langsamem Höhenverlust, vorwärts. Wie ist so ein Flug möglich?

Am Flügel des Bussards erkennt man im Querschnitt eine deutlich ausgebildete *Wölbung*. Im folgenden Versuch wird ihre Bedeutung für den Flug klar. Über ein vergleichbar gewölbtes Blatt Papier wird die Luft geblasen. Dabei entsteht ein *Sog*, der das Blatt nach oben zieht. Dieser *Auftrieb* tritt in gleicher Weise am Flügel des Bussards auf, wenn beim Gleitflug Luft darüber strömt.

	Flügelfläche in cm^2	Körpergewicht in kg
Taube	680	0,3
Adler	5930	4,2
Bussard	2030	0,9

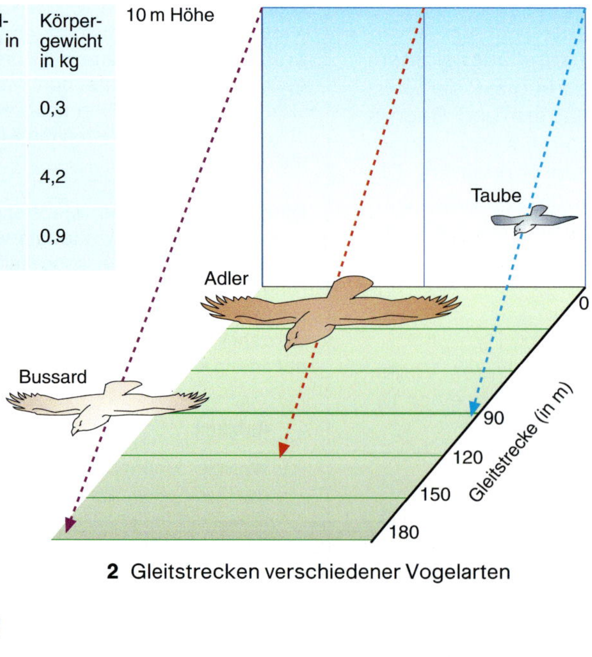

2 Gleitstrecken verschiedener Vogelarten

Welche Faktoren wirken beim Gleitflug mit? In einem Versuch ermittelten Wissenschaftler die *Gleitstrecken* von drei Vogelarten bei Windstille und einer Anfangshöhe von 10 m (s. Abb. 2) sowie jeweils deren Flügelfläche und das Körpergewicht (s. Tabelle in der Randspalte). Aus dem Vergleich der Werte kann man schließen: je größer die Flügelfläche, umso größer der Auftrieb. Aber auch je höher das Körpergewicht ist, desto stärker wird der Vogel von der Schwerkraft zu Boden gezogen. Daneben wirken weitere Faktoren mit.

Wie kann nun aber ein Mäusebussard minutenlang in der Luft bleiben und den Höhenverlust ausgleichen, ohne mit den Flügeln zu schlagen? Ein Versuch macht uns eine wichtige Voraussetzung für diese Flugform klar. Über einer brennenden Kerze steigt warme Luft auf. Bringt man in die aufsteigende Luft eine Daunenfeder, wird sie von der warmen Luft nach oben getragen.

Mithilfe dieser Beobachtung können wir die obige Frage beantworten. Der Mäusebussard segelt mit ausgebreiteten Flügeln **(Segelflug)** in aufsteigender Luft, die einen Auftrieb bewirkt. Ist der Auftrieb stark genug, so steigen die Vögel im Segelflug sogar noch weiter empor. Aufsteigende Luft entsteht an Berghängen oder infolge der unterschiedlichen Erwärmung von Landschaftsteilen. So erwärmen sich dunkle Flächen wie abgeerntete Felder schneller als etwa Wälder.

Vögel mit großflächigen, annähernd rechteckigen Flügeln besitzen gute Segelflugeigenschaften über Land (Mäusebussard, Steinadler). Gute Segelflieger über dem Meer, wie die Möwen und der Albatros, haben ebenfalls große, aber schmale Flügelflächen, die zum Ende hin spitz zulaufen. Diese Flügelform ist bei den böigen Winden über dem Meer stabiler.

Die häufigste Flugart bei Vögeln ist aber der **Ruderflug**. Hierbei werden die Flügel auf- und abgeschlagen. So entsteht auch in ruhender Luft ein Auftrieb. Indem die Flügel bei der Abwärtsbewegung nach hinten bewegt werden, wird auch Vortrieb erzeugt.

Federn und Vogelflug

Fast mühelos bewegen sich Vögel in der Luft. Wie kommt der Vogelflug zustande? Welche Rolle spielt das Federkleid dabei?

Der Stoff, aus dem die Federn sind

① Halte mit einer Zange eine kleine Feder in die Flamme eines Bunsenbrenners (Vorsicht!). Beschreibe den Geruch!

Wie schwer ist eine Feder?

② Lege eine Feder auf ein Blatt Millimeterpapier. Fahre den Umriss mit einem Bleistift nach. Schneide anschließend die gezeichnete Papierfeder aus. Wiege jetzt die Papierfeder und die Vogelfeder. Erkläre das Ergebnis!

③ Bestimme die Fläche der Papierfeder. Schneide so lange von der Papierfeder etwas ab, bis sie mit dem Gewicht der Vogelfeder übereinstimmt. Zähle die Fläche auf dem Millimeterpapier aus. Erkläre das Ergebnis!

Federsammlung

④ Im Wald findest du häufig Federn von der Mauser oder von einem Vogel, der von einem Beutegreifer getötet wurde, und im Zoo kann man auch farbenprächtige Federn von tropischen Vögeln entdecken.

⑤ Versucht, Ordnung in euren Fund zu bringen, klebt anschließend die Federn auf einen Karton auf und legt zusammen in der Schule eine Federsammlung an.

Notiere zu den Funden die Vogelart, den Federntyp, Fundort und Datum.

Wie sind die Federn aufgebaut

⑥ Streiche mit deinen Fingern an einer Federkante auf und ab. Beschreibe die Beobachtung.

⑦ Untersuche eine Feder mit dem Mikroskop und zeichne sie an einer auseinander gerissenen Stelle.

⑧ Versuche, eine brennende Kerze durch eine Schwungfeder auszublasen. Gib das Ergebnis an.

Der Flügel beim Fliegen

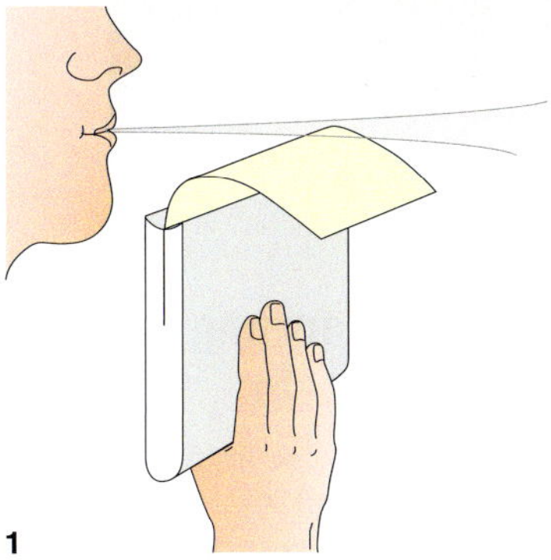

1

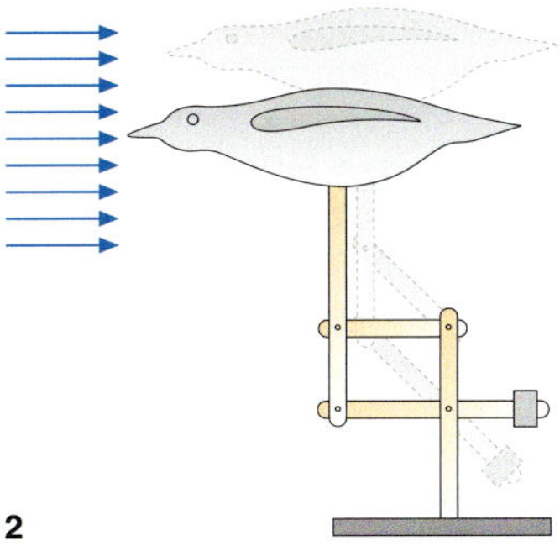

2

⑨ Klemme in dein Biologiebuch ein Blatt Papier so ein, dass es nach vorne überhängt (Abb. 1). Blase jetzt kräftig über das Papier. Beschreibe das Ergebnis. Übertrage das Ergebnis auf einen Vogelflügel.

⑩ Befestige einen Balsaholzgleiter oder einen Vogelbalg mit ausgebreiteten Flügeln auf einer Briefwaage (Abb. 2). Blase die Flügel von vorne mit einem Fön an. Beschreibe und deute das Ergebnis in deinem Heft.

⑪ Gib zu dem Luftstrom Rauch. Wie streicht der Luftstrom über die Oberseite und die Unterseite des Flügels?

Warme Luft und Fliegen

⑫ Spanne ein Glasrohr senkrecht an einem Stativ ein (Abb. 3). Stelle unter das Glasrohr eine brennende Kerze.

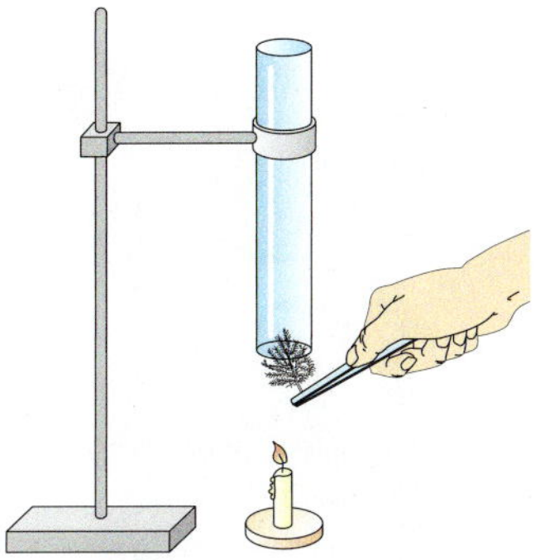

3

Bringe mit einer Pinzette eine kleine Daunenfeder oberhalb der Flamme in das Rohr. Beschreibe und deute das Ergebnis für den Vogelflug.

Isolieren Federn?

⑬ Fülle in zwei große Reagenzgläser ca. 40 °C warmes Wasser ein. Verschließe sie mit durchbohrten Gummistopfen. Durch die Öffnung wird vorher mit etwas Vaseline jeweils ein Thermometer gesteckt. Fülle 2 Ein-Liter-Bechergläser mit ca. 15 °C warmen Leitungswasser. Stelle das eine Reagenzglas so in das Becherglas, während das zweite in ein Würstchenglas mit einer Füllung von Daunenfedern eingebracht wird (Abb. 4).

⑭ Bringe die Versuchsansätze gleichzeitig in die Bechergläser. Schalte eine Stoppuhr ein. Notiere nach jeweils einer Minute (über 10 Minuten) die Temperatur der beiden Gläser.

⑮ Deute das Ergebnis für Vögel im Winter und auf dem Wasser.

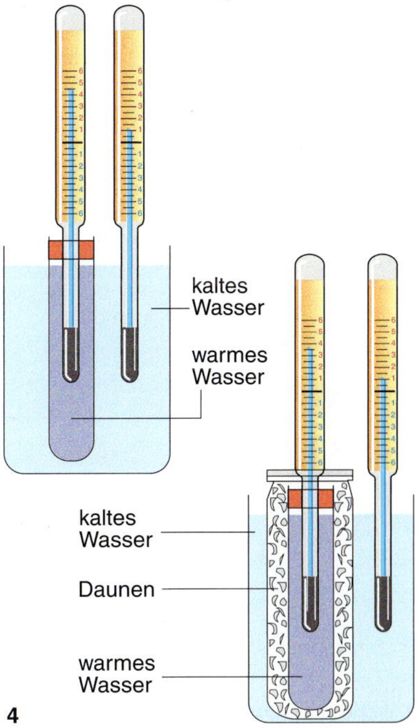

4

1 Haushühner auf dem Bauernhof

Das Haushuhn – Fortpflanzung und Entwicklung bei Vögeln

Wenn auf einem Bauernhof Hühner im freien Auslauf gehalten werden, kann man dort manchmal folgendes *Verhalten* beobachten. Ein *Hahn* lockt mit Futter im Schnabel eine *Henne* an. Nähert sich diese, umtanzt er sie mit kurzen Schritten. Er senkt und spreizt dabei den von ihr abgewandten Flügel, sodass es aussieht, als ob er stolpere. Duckt sich die Henne nach diesen *Balzhandlungen*, steigt der Hahn auf und presst seine *Kloake* auf die der Henne. Diese geschlechtliche Vereinigung der Hühner nennt man *Treten.* Die Spermien, die beim Treten übertragen werden, schwimmen in den oberen Teil des Eileiters. Verschmilzt jetzt der Zellkern eines Spermiums mit dem einer Eizelle, ist die *Befruchtung* erfolgt (▶ S. 228).

Die verschiedenen Teile des **Hühnereis** werden auf dem Weg durch den *Eileiter* gebildet (Abb. 2). Aus der *befruchteten Eizelle* entsteht durch Teilungen die *Keimscheibe*, die auf der Dotterkugel schwimmt. Der Dotter dient zur Ernährung des Hühnerembryos, der sich aus der Keimscheibe entwickelt. Das *Eiklar*, die *Hagelschnüre* und zwei *Schalenhäute* werden von Teilen des Eileiters um den Dotter gebildet. Zum Schluss erhält das Ei in der *Schalendrüse* die *Kalkschale*. Diese Schale besitzt viele *Poren*, durch die später Luft für die Atmung des Vogelembryos hindurch kann. 24 Stunden nach der Befruchtung wird das Ei aus der Kloake ausgepresst.

Hühner, die in sogenannten *Legebatterien* gehalten werden, legen fast jeden Tag ein unbefruchtetes Ei. 250 Eier werden von einer Henne im Durchschnitt pro Jahr gelegt. Die hohe Legeleistung wird durch das regelmäßige Entfernen der Eier möglich. So erreicht die Henne nie ein vollständiges *Gelege*, was unter normalen Bedingungen die Eiablage stoppen würde.

Aufgaben

① Schneide mit dem Messer vorsichtig ein hart gekochtes Ei längs durch. Zeichne und beschrifte alle erkennbaren Teile unter Verwendung von Abbildung 2.

② Nimm ein Stückchen Kalkschale und betrachte es mit der Lupe. Was kannst du erkennen?

Balz
Besonderes Verhalten von Männchen und Weibchen, das die Paarbildung einleitet und festigt.

Kloake
letzter Abschnitt des Enddarmes, in den die Ausgänge von Harnblase und Eierstock oder Hoden münden.

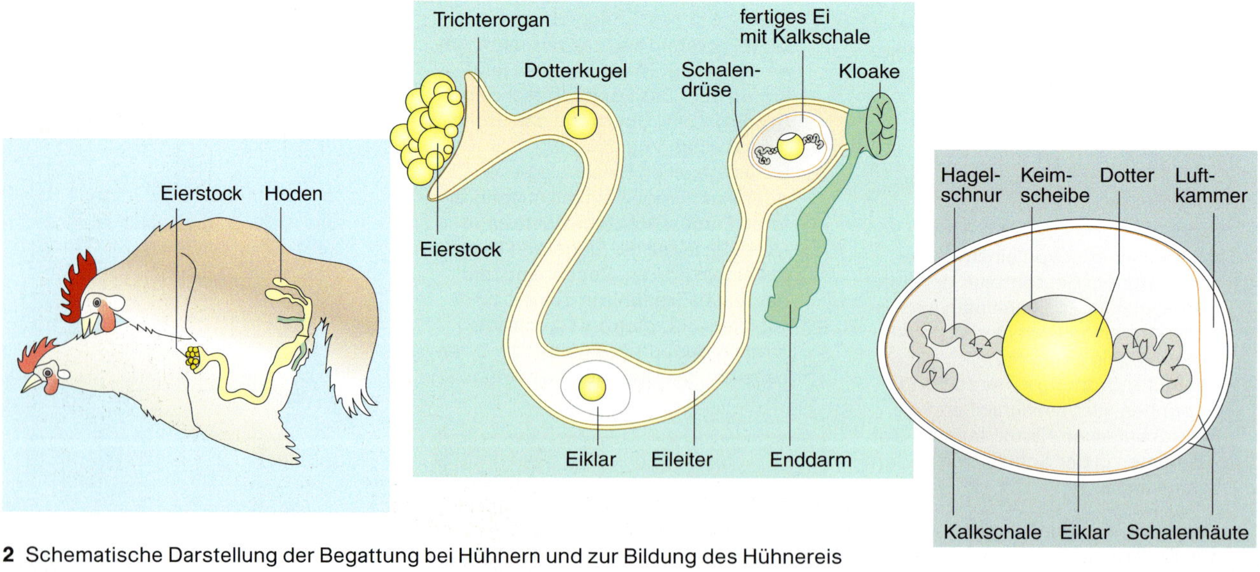

2 Schematische Darstellung der Begattung bei Hühnern und zur Bildung des Hühnereis

Vom Ei zum Küken

Nur aus einem befruchteten Ei kann ein *Küken* entstehen. Das Ei enthält alle Stoffe, die der Hühnerembryo zur Entwicklung benötigt. Der Dotter enthält Fett und Eiweiße, das Eiklar speichert Wasser, Eiweiß, Vitamine und Salze. Sobald die *Glucke* die Eier bebrütet, setzt die Entwicklung des Embryos ein.

Glucke
Henne, die Eier ausbrütet bzw. Küken führt.

Die Glucke überträgt ihre Wärme durch den *Brutfleck*, einer federlosen Stelle auf der Bauchseite, auf die Eier. Sie wendet die Eier regelmäßig mit ihrem Schnabel, sodass diese gleichmäßig gewärmt werden. Die Hagelschnüre halten die Dotterkugel stets so, dass die Keimscheibe oben bleibt.

Nach 3 Tagen kann man auf der Dotterscheibe *Adern* erkennen, die den *Keim* mit Nährstoffen aus Dotter und Eiklar versorgen. Nach 6 Tagen werden Kopf, Augen und die spätere Wirbelsäule sichtbar. Nach 14 Tagen sind Kopf, Schnabel und Augen bereits weit entwickelt. Man sieht jetzt auch deutlich die Flügel und die ersten Federn. Am 21. Bruttag durchbricht das Küken mithilfe des *Eizahnes*, das ist ein Kalkaufsatz am Oberschnabel, die Eischale und schlüpft aus.

Nach kurzer Zeit ist das Daunenkleid trocken. Danach verlässt das Küken das Nest für immer. Es kann sofort sehen und unter der Führung der Glucke Futter suchen. Hühnerküken sind **Nestflüchter**.

Nesthocker (Taube)

Junge Tauben dagegen liegen in den ersten Tagen ihres Lebens nackt und blind im Nest. Sie sind, wie viele andere Vögel auch, **Nesthocker**, die bis zum Ausfliegen auf die Altvögel angewiesen sind.

Aufgaben

① Lege ein rohes Ei waagrecht in eine Vertiefung eines Eierkartons. Stich mit einer Einwegspritze durch die Kalkschale und sauge ca. 1,5 ml Eiklar ab. Nun kannst du das Ei von oben mit Schere und Pinzette öffnen, ohne dass es ausläuft.
   a) Was erkennst du im Inneren?
   b) Versuche mit Präpariernadel und Pinzette den Dotter zu drehen bzw. zu wenden. Was geschieht?

② Beschreibe die Entwicklung des Hühnchens im Ei nach den Fotos auf dieser Seite.

③ Fasse die Unterschiede zwischen Nesthockern und Nestflüchtern in einer Tabelle zusammen.

Nestflüchter (Huhn)

1 Entwicklung eines Kükens im Ei

2 Zum Verhalten der Vögel

1 Kampfverhalten bei Junghähnen

Verhalten der Hühner

Hühnerküken müssen das Bild ihrer Mutter in den ersten Lebensstunden kennen lernen, um ihr folgen zu können. Dieses *Lernen* läuft so schnell und unveränderlich ab, wie wenn du deine Hand in feuchten Gips drückst. Nach dem Trocknen bleibt der Abdruck der Hand erhalten. Diese Form des Lernens bezeichnet man als **Prägung**.

Mit den „gluck, gluck, gluck"-Lauten lockt die Glucke ihre Küken zum Futter und hält die Schar zusammen. Verliert ein Küken den Anschluss, piepst es und die Glucke führt es zu den anderen zurück. Werden die Küken angegriffen, ist die Glucke sofort zur Verteidigung bereit.

Die Hühnerküken picken in den ersten Tagen nach allen Gegenständen, die wie ein Korn oder Wurm aussehen oder wie Wasser glänzen. So *lernen* sie durch *Probieren* Genießbares und Ungenießbares voneinander zu unterscheiden.

Im Alter von drei Wochen finden erste *Kämpfe* statt. Ein Küken hackt wie spielerisch nach einem anderen, das andere weicht zurück. Wiederholt sich der Vorgang, so ist das zurückweichende Küken dem anderen unterlegen. Bis zum Alter von 15 Wochen haben alle Hühner einer *Schar* ihre Positionen zueinander eingenommen und jedes Huhn hat nun einen festen Platz in der **Rang**- oder **Hackordnung** der Gemeinschaft.

Ranghohe Hennen fressen zuerst und nehmen die besten Schlafplätze auf den Sitzstangen ein. Rangniedere Hennen müssen auch beim *Staubbaden* und am Legenest hinter den Ranghöheren zurückstehen. Der Vorteil der festgelegten Rangordnung liegt für die Schar darin, dass es dann nur noch selten zu Kämpfen kommt (▶ S. 224).

Aufgaben

① Erkläre nun mit dem, was du über das Verhalten der Hühner erfahren hast, die Ergebnisse der folgenden Experimente.
   a) Ein Küken wird unter eine Glashaube gesteckt. Das Küken flattert ängstlich umher und piepst. Die Glucke reagiert nicht.
   b) Ein Küken wird unter einem Korb versteckt. Sobald das Küken piepst, gluckt die Henne erregt. Sie geht umher und pickt gegen den Korb.

② Eine ranghohe Henne wird aus der Schar herausgefangen und ihr Gesicht mit Farbe angemalt. Wenn sie zur Schar zurückgesetzt wird, reagieren die anderen Hühner so, als sei sie ihnen fremd. Nach einer Weile greift eine rangniedere Henne an. Doch die ursprünglich Ranghöhere wehrt sich so heftig, dass die Angreiferin ablässt. Erkläre die Beobachtungen.

③ Auch junge Hähne kämpfen untereinander eine Rangfolge aus. Beschreibe mit eigenen Worten die in der Abbildung 1 erkennbaren Verhaltensweisen.

Hühnerhaltung

Man unterscheidet heute hauptsächlich zwei Formen der Hühnerhaltung, die *Bodenhaltung* und die *Legebatterien*. Bei der Bodenhaltung wird eine große Zahl von Hühnern auf Streu in einem Stall gehalten. Durchschnittlich sechs Hennen halten sich auf einem Quadratmeter auf. Sie können frei auf der Streu herumlaufen, picken und scharren, Futter und Wasser aufnehmen sowie ihre Eier in Nester ablegen.

Die meisten Hühner leben aber in Batteriehaltung. Dabei sind Tausende von Käfigen mit je vier Hennen in großen Ställen neben- und übereinander gestapelt. Die Hennen werden automatisch gefüttert und getränkt und haben nur sehr wenig Bewegungsfreiheit. Die Eier fallen durch den Drahtboden in eine Sammelrinne und kommen so nicht mit dem Kot, der mit Fließbändern abtransportiert wird, in Berührung. Die Ställe sind klimatisiert und 16 Stunden am Tag gleichmäßig beleuchtet, somit fressen die Hühner ständig und legen viele Eier.

In **Legebatterien** leben jeweils vier Hennen in einem Käfig, der meist weniger als einen halben Quadratmeter groß ist. Damit steht jedem Tier etwa die Größe dieser Buchseite als Platz zur Verfügung.

Seit dem Jahr 2003 dürfen keine Legebatterien mehr eingerichtet werden. Ab 2012 sollen sie ganz abgeschafft werden.

Aufgabe

① Diskutiert Pro und Contra der Boden- bzw. der Legebatterien-Haltung.

1 Bodenhaltung

2 Legebatterie

Zettelkasten

Paduaner Zwerghuhn

Antwerpener Barthuhn

Bankivahahn

Bankivahenne

Wyandotte

Seidenhuhn

Vom Bankivahuhn zu den Hochleistungsrassen

Alle Haushuhnrassen sind durch *Züchtung* aus dem Bankivahuhn entstanden. Bankivahühner leben heute noch wild in den Wäldern Südostasiens. Sie fressen Samen und Knospen und scharren im Boden nach Würmern und Insekten. Zur Gefiederpflege baden sie häufig im Sand. Abends fliegen sie in das Geäst von Bäumen und übernachten dort. Die Henne legt einmal im Jahr 8 – 12 Eier. Unsere Hochleistungsrassen dagegen erreichen heute eine Legeleistung von über 300 Eiern pro Jahr.

Zum Verhalten der Amsel

Amseln kommen häufig in Wäldern, Gärten, Parks und Ortschaften vor. In der Nähe menschlicher Siedlungen finden sie gute Überlebensmöglichkeiten; sie sind Kulturfolger. Amseln kann man leicht beobachten, da sie nicht so rasch fliehen wie viele andere Wildtiere. Solche Freilandbeobachtungen lassen sehr zuverlässige Aussagen über das natürliche Verhalten der Tiere zu. Im Gegensatz zu Experimenten in Gefangenschaft wird das Verhalten nicht durch den Menschen beeinflusst.

Ein Vorteil ist auch, dass erwachsene Männchen und Weibchen leicht zu unterscheiden sind. Das Weibchen ist einfarbig erdbraun mit einer heller gefleckten Kehle. Der Schnabel ist braun. Männliche Amseln besitzen ein einfarbiges kohlschwarzes Gefieder. Im ersten Winter färbt sich der Schnabel der männlichen Jungvögel orangegelb und der Augenring wird auffallend gelb.

Das Verhalten der Amsel ist nicht zu jeder Jahreszeit gleich. Wenn du vorhast, das Verhalten der Amseln im Garten zu studieren, ist es wichtig vorher zu überlegen, welche Verhaltensweisen in der jeweiligen Jahreszeit zu erwarten sind.

Neben einigen besonderen Verhaltensweisen im Jahresverlauf zeigen die Amseln jedoch auch einige Verhaltensweisen über das ganze Jahr hinweg.

Folgendes Material kann bei den Beobachtungen hilfreich sein: Großformatige Grundstückskarte; Schreibunterlage, Stift (Einzeichnen von Revieren, Nist- und Gesangsplätzen), Notizblock, Uhr, Fotoapparat, Tonbandgerät, Feldstecher.

① Betrachte die Grafik zum Jahresverlauf und nenne besondere Verhaltensweisen, die du zur Zeit bei der Amsel beobachten könntest.

② Beobachte mehrmals zu unterschiedlichen Zeiten und Tagen die Amseln deiner Umgebung und fülle die Tabelle aus.

Datum			
Start-/Endzeit	–	–	–
Temperatur	....	....	....
Wetter	....	....	....
♂ gesamt	....	....	....
♀ gesamt	....	....	....
♂,♀ gesamt	....	....	....

Gesangsverhalten

Von Februar bis Juli erklingt der Frühlingsgesang der Amseln und von September bis Oktober kann man den deutlich leiseren Herbstgesang hören.

③ Welches Geschlecht haben die singenden Amseln?

④ Markiere die Stellen, an denen du eine singende Amsel beobachtet hast. Haben diese Stellen etwas gemeinsam?

Nahrungssuche/-aufnahme

Große Rasenflächen (z. B. Sportplätze), Beete und fruchttragende Bäume und Sträucher bieten gute Möglichkeiten, Amseln bei der Nahrungsaufnahme zu beobachten.

⑤ Welche Nahrung nimmt die Amsel zu sich?

⑥ Wie bewegt sich die Amsel bei der Nahrungsaufnahme?

⑦ Wie behandelt die Amsel ihre Nahrung oder die Beute?

⑧ Wie erfolgt die Nahrungssuche, z. B. in Laubhaufen?

Eine besondere Situation zur Beobachtung der Amsel bei der Nahrungsaufnahme ergibt sich im Winter an einem Vogelbrett oder Vogelhäuschen, da dies die einzige Stelle sein kann, an der die Amseln etwas zu fressen finden.

Bei allen Beobachtungen ist es wichtig, dass du deine Ergebnisse mit denen deiner Mitschüler vergleichst. Unterschiedliche Ergebnisse lassen sich erklären, wenn man vorher die Probleme aufgeschrieben hat, die sich bei der Beobachtung der Amseln ergeben haben.

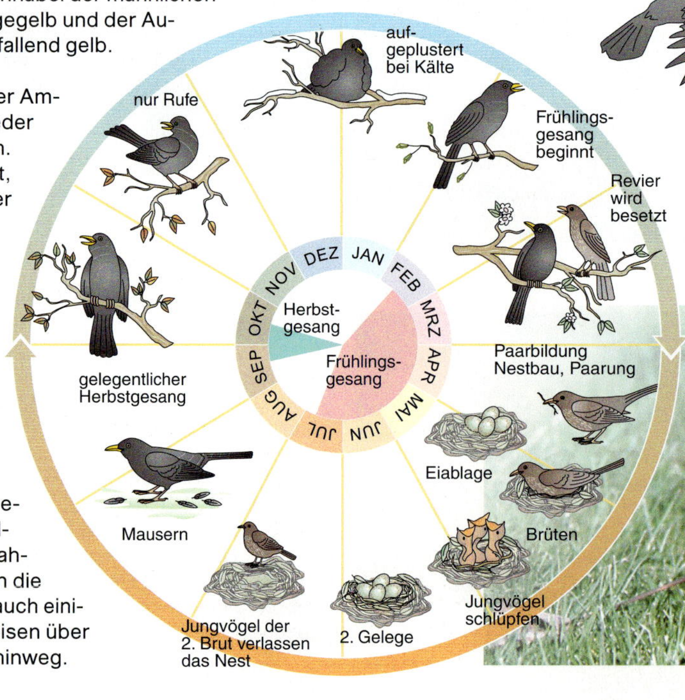

Revier- und Brutverhalten bei Amseln

Im zeitigen Frühjahr hört man häufig den Gesang von Amselmännchen. An ihrem tiefschwarzen Gefieder und dem gelben Schnabel sind sie leicht erkennbar. Der Gesang zeigt weiblichen Amseln an, dass ein paarungsbereiter Amselhahn ein *Revier* besetzt hat. Wird ein Weibchen angelockt, balzt er und die beiden bilden ein Amselpaar. Der gleiche Gesang wirkt auf einen anderen Amselhahn jedoch ganz anders: Er signalisiert ihm, dass hier eine Rivale ist, der sein Revier verteidigen wird. Missachtet der fremde Amselhahn diese Warnung, bedrohen sich beide Vögel gegenseitig. Gibt keiner nach, kommt es sogar zum Kampf. Männchen oder Weibchen anderer Vogelarten reagieren auf den Gesang des Amselhahns nicht.

Haben weibliche und männliche Amsel ein Paar gebildet, so suchen sie einen Nistplatz und beginnen mit dem Bau eines Nestes. Die Eier werden abgelegt. Sie zeigen eine bestimmte Färbung und ein bestimmtes Muster, an denen die Altvögel sie erkennen und mit der *Brut* beginnen. Nach etwa zwei Wochen schlüpfen die Jungen. Diese sind zunächst blind und liegen ruhig im Nest. Sobald ein Elterntier am Nest landet, strecken die Jungen die Hälse nach oben und reißen ihre Schnäbel weit auf, sodass der rote Schlund sichtbar wird. Dieses Verhalten nennt man *Sperren*. Gleichzeitig piepen sie. Für das Elterntier ist dieses Verhalten das Signal, den Jungen die mitgebrachte Nahrung in den Rachen zu stopfen. Sobald die Jungen sehen können, zeigen sie das Sperren, wenn sie ein Elterntier erblicken.

Aus dem Revier- und Brutverhalten der Amseln kann man schlussfolgern:

- Amseln können sich untereinander verständigen. Selbstverständlich benutzen sie dazu keine Wortsprache wie wir Menschen, sondern andere Signale.
- Als Signale dienen bestimmte Laute (z. B. der Gesang des Amselhahns), bestimmte Körpermerkmale (z. B. der rote Rachen der Jungen) oder bestimmte Verhaltensweisen (z. B. das Sperren).
- Die Signale werden von einem Sender (z. B. dem Amselmännchen) abgegeben und von einem Empfänger (z. B. dem Amselweibchen) aufgenommen.
- Wie ein Signal wirkt, hängt nicht nur vom Signal selbst ab, sondern auch vom Empfänger. Beispielsweise werden Amselweibchen durch den Gesang angelockt, andere Amselmännchen werden abgeschreckt. Für eine hungrige Katze ist es unwichtig, ob ein singender Amselhahn gerade sein Revier verteidigt, für sie ist er nur eine Beute.
- Nur Signale, die für den Empfänger wichtig sind, lösen eine erkennbare Reaktion aus. Beispielsweise reagieren Jungvögel auf den Gesang eines Amselhahns nicht, da sie mit ihm weder um Weibchen noch um Reviere konkurrieren.

Die beschriebenen Verhaltensweisen nennt man *Kommunikation*. Untersucht man dies bei den verschiedensten Tierarten, kann man ein allgemein gültiges **Prinzip** erkennen: Bei der **Kommunikation** kommt es zu einer Informationsweitergabe zwischen einem Sender und einem Empfänger (▶ S. 224).

1 Amselnest mit Eiern

2 Amselmännchen mit Jungen

Aufgaben

① Welches Signal löst das Sperren der noch blinden Jungamseln aus?

② Forscher zeigten jungen Amseln das aus Pappe ausgeschnittene Umrissbild einer erwachsenen Amsel — die Jungen sperrten. Das Bild der erwachsenen Amsel wurde immer mehr vereinfacht, die Abbildung in der Randspalte zeigt das Ergebnis. Von welcher Fragestellung könnten die Forscher ausgegangen sein? Erläutere das Ergebnis der Versuche.

③ Auch das Verhalten der Altvögel beim Füttern wird durch bestimmte Signale ausgelöst. Schlage Versuche vor, mit denen man diesüberprüfen könnte.

④ Nenne andere Beispiele für Kommunikation unter Tieren.

1 Haussperling bei der Fütterung

2 Haussperling — Weibchen und Männchen

Der Haussperling – ein Kulturfolger

Feldsperling

„Tschilp! Tschilp!" schmettert das Männchen des Haussperlings sein Lied. Es sitzt auf der Dachrinne eines Hauses, nahe bei dem Dachziegel, unter den es die letzten Tage Grashalme eintrug. Das Männchen versucht, mit seinem lauten Tschilpen ein Weibchen anzulocken, was aber misslingt. Es fliegt ab und sammelt erneut Nistmaterial. Nun singt es mit dem Nistmaterial im Schnabel. Da nähert sich ein Weibchen und begutachtet das Nest unter dem Dachziegel. Das Männchen putzt und plustert sich indessen auf. Es *balzt* das Weibchen an. Das Weibchen duckt sich und zeigt Flügelzittern. Die Haussperlinge paaren sich nun mehrfach hintereinander.

Die Balz der Haussperlinge, die auch *Spatzen* genannt werden, setzt in der zweiten Februarhälfte ein und erreicht Ende März ihren Höhepunkt. Das Weibchen legt einige Zeit nach der Begattung bis Mitte April die ersten Eier. Das Nest wird aus trockenen Halmen nach oben geschlossen gebaut. Das Gelege umfasst 3—6 Eier. Während der 14-tägigen Brutzeit kennzeichnet das Männchen mit lautem Tschilpen sein Revier. Die Jungen schlüpfen als nackte und blinde *Nesthocker*. Das Spatzenpärchen füttert seine Jungen durchschnittlich 300-mal pro Tag mit Würmern, Insekten und deren Larven. Nach 17 Tagen verlassen die Jungspatzen das Nest, werden aber von den Alten noch weiter ernährt. Sie müssen erst durch Nachahmung lernen, selbst Samen zu sammeln. Haussperlinge ziehen pro Jahr 2—3 Bruten auf.

Die Spatzen können mit ihrem kräftigen Kegelschnabel Samen von Wildkräutern und Getreidekörner aufquetschen und fressen. Sie nehmen auch Abfälle des Menschen, Obst oder Insekten. Haussperlinge haben sich als *Kulturfolger* dem Menschen eng angeschlossen. Als Lebensraum bevorzugen sie Wohnsiedlungen, besonders eingegrünte Altbauviertel der Städte, aber auch in Dörfern oder Industrieanlagen leben sie. Lediglich geschlossene Wälder werden gemieden.

Als Niststandorte werden Hohlräume unter Dachpfannen von Häusern oder Scheunen, Mauerlöcher und mit Efeu bewachsene Hauswände, aber auch Nistkästen genutzt.

Bereits im Juni bilden die Spatzen große *Schwärme*. Mit der Reife von Gersten- und Weizenfeldern können 500 bis zu 6000 Haussperlinge zusammen beobachtet werden. Da ein Sperlingspaar bei 3 Bruten und bis zu 300 Fütterungen pro Tag umgerechnet bis zu 50000 Blattläuse pro Jahr verfüttert, sollte man Sperlinge als *biologische Schädlingsbekämpfer* ansehen.

Gemeinsam ruhen sie laut tschilpend im Gebüsch und nehmen zusammen ein Staub- oder Wasserbad. Auch an Schlafplätzen kann man Ballungen von Sperlingen finden: 1600 Vögel in einer mit Efeu bewachsenen Hauswand. Im Frühjahr lösen sich die Schwärme auf und die Partner des Vorjahres finden wieder zusammen. Die Haussperlinge bleiben das ganze Jahr in unserer Region. Sie sind *Standvögel*.

Vögel in Gärten und Parkanlagen

Die **Kohlmeise** ist ein häufiger Jahresvogel. Charakteristisch ist ihr schwarzer Kopf mit weißen Wangen sowie die gelbe Unterseite. Wie alle Meisen brütet auch die Kohlmeise in *Höhlen*. Ihr Nest besteht aus Moos und wird mit Haaren und Federn ausgepolstert. Meist legt das Kohlmeisenweibchen in einer Brut bis zu 12 Eier. Insekten bilden die Hauptnahrung. Typisch im Gesang der Vögel sind sich wiederholende Strophen: „zi-zi-be-zi-zi-be".

Die **Blaumeise** ist kleiner als die Kohlmeise. Unverwechselbar ist das blaugelbe Gefieder. Sie sucht Insekten, deren Larven und Spinnen an den Zweigspitzen von Laubbäumen. Größere Samen hält sie mit dem Fuß fest und bearbeitet sie mit dem spitzen Schnabel. Das Gelege besteht aus 7 — 13 Eiern. Die Rufe der Blaumeise klingen wie „tsi-tsi-tsi-tsit".

Die **Tannenmeise** kommt in Nadel- und Mischwäldern sowie Gärten und Parkanlagen mit Nadelbäumen vor. Ihre Nahrung besteht aus Nadelbaumsamen und Nüssen, aber auch Insekten, deren Larven und Spinnen. Sie baut die Nester in Baumhöhlen oder Mäuselöchern. Meist hat sie zwei Bruten mit 6 — 10 Eiern. Die Tannenmeise ist, wie die Blaumeise, ein Vogel, der das ganze Jahr über bei uns bleibt.

Der **Kleiber** bewohnt Eichenwälder, kommt aber auch in Gärten und Parks vor. Er hat seinen Namen einer besonderen Eigenart beim Nestbau zu verdanken: Die Weibchen kleben den Eingang der Nisthöhle so lange mit lehmiger Erde zu, bis nur noch eine körpergroße Öffnung übrig bleibt. Seine Nahrung sucht der Kleiber am Baumstamm. Er ist der einzige einheimische Vogel, der dabei mit dem Kopf voran abwärts klettern kann. Im Sommer bilden Insekten, im Winter fetthaltige Baumsamen die Hauptnahrungsquelle.

Der **Gartenbaumläufer** klettert in kleinen Sprüngen, meist spiralig, am Stamm hoch. Mit seinem langen, gebogenen Schnabel liest der Vogel Insekten und deren Larven sowie Spinnen aus Spalten der Rinde ab. Das Nest für die 5 — 7 Eier baut er hinter abstehenden Rindenstücken oder in Baumspalten. Bis in die Höhenlagen brütet der ihm ähnliche *Waldbaumläufer*. Beide Arten lassen sich am besten an ihrem Gesang unterscheiden.

Der **Zaunkönig** ist ein kleiner, rundlicher brauner Vogel mit fast ständig steil aufgerichtetem Schwanz. Im kugelförmigen Nest in Bodennähe werden zwei Bruten mit 5 — 7 Jungen aufgezogen. Auffällig sind sein geradliniger, schnurrender Flug in Bodennähe, sein lauter Gesang sowie sein äußerst lebendiges Verhalten. Die Stimme des nur 8,5 g schweren Vogels ist bereits im ausgehenden Winter zu hören. Auf der Suche nach Nahrung, die aus Insekten, deren Larven, Würmern und Spinnen besteht, durchstöbert er das Gestrüpp und bewegt sich hierbei wie ein Kleinsäuger. Viele Zaunkönige überwintern bei uns, manche ziehen in der kalten Jahreszeit bis in den Mittelmeerraum (▶ S. 230).

1

2

3

4

5

8

6

7

9

10

Der Kuckuck ist ein Brutschmarotzer

Der Tierfotograf Paul Trötschel berichtet, wie er die *Entwicklung des Kuckucks* fotografiert hat (Seite 162). „Zuerst holte ich eine Sondergenehmigung bei der Naturschutzbehörde zum Fotografieren am Nest. Dann fuhren wir in ein sumpfiges Gelände mit Brennnesselbeständen und stellten dort unser Tarnzelt auf. Wir befanden uns in einer *Kolonie* von etwa 100 *Sumpfrohrsängernestern*. Aus dem Zelt konnten wir, ohne die Vögel zu stören, ein Sumpfrohrsängernest beobachten. Würde ein Kuckuck ausgerechnet in dieses Nest ein Ei legen? Nun begann das Warten, 8 bis 10 Stunden am Tag. Endlich, am 6. Tag, tauchte ein Kuckucksweibchen auf, nachdem das Rohrsängerweibchen gerade das Nest zur Futtersuche verlassen hatte. Das Kuckucksweibchen verschluckte schnell ein Ei und legte dafür ein eigenes in das Nest. Dann flog es mit einem weiteren Rohrsängerei im Schnabel davon. In diesen wenigen Sekunden hatte die Motorkamera den ganzen Film belichtet. Der Aufwand hatte sich gelohnt."

Das Sumpfrohrsängerweibchen brütet nach seiner Rückkehr weiter, ohne sich an den Veränderungen im Nest zu stören. Das Kuckucksei hat ungefähr gleiche Färbung und Fleckung, es ist aber etwas größer. Dieser Kuckuck wird — wegen der Ähnlichkeit im Aussehen der Eier — immer Sumpfrohrsänger als *Pflegeeltern* aufsuchen. Die *Wirtsvögel* ziehen dann seine Nachkommen auf.

Nach 12 Tagen schlüpft — kurz vor den Sumpfrohrsängern — das Kuckucksjunge aus. Wenige Stunden nach dem Schlüpfen bewegt sich der junge Kuckuck im Nest unruhig hin und her. Er versucht sich unter alle Gegenstände zu schieben, die er im Nest findet (Eier, Nestgeschwister oder hineingelegte Stoffbällchen). Er nimmt die Gegenstände auf den Rücken und wirft sie über den Nestrand hinaus. Dieses Verhalten ist angeboren und läuft ganz automatisch ab. Man sagt, es ist ein *Instinktverhalten*. Nach fünf Tagen erlischt diese Handlungsbereitschaft zum Hinauswerfen.

Der Kuckuck benötigt bei seinem starken Wachstum das ganze Futter, das seine Pflegeeltern herbeischaffen. Er öffnet unermüdlich seinen Schnabel. Der große, orangerote *Sperrrachen* ist dabei ein wirksamer *Schlüsselreiz* für die Elterntiere. Das lässt sich mit *Attrappenversuchen* nachweisen (vgl. Abbildungen in der Randspalte).

20 Tage nach dem Schlüpfen ist dem jungen Kuckuck das Nest zu klein. Er verlässt es, wird aber außerhalb noch drei Wochen von seinen Pflegeeltern weitergefüttert. Weil der Kuckuck seine Eier in die Nester anderer Vögel legt, sie dort ausbrüten und die Jungvögel von anderen aufziehen lässt, bezeichnet man ihn als *Brutschmarotzer* (▶ S. 226). Im Spätsommer zieht der Kuckuck zur Überwinterung nach Zentral- oder Südafrika.

Aufgaben

① Beschreibe mit eigenen Worten die Verhaltensweisen des Kuckucks anhand der Fotografien.

② Diskutiert, ob das Verhalten des Kuckucks grausam ist, wenn er seine Nestgeschwister hinauswirft.

③ Erkläre, warum der junge Kuckuck auch Stoffbällchen aus dem Nest wirft.

Zettelkasten

Sumpfrohrsänger füttert seine Jungen

Ein Kuckuckswirt stellt sich vor: Der Sumpfrohrsänger

Sumpfrohrsänger sind an der Oberseite olivbraun und besitzen einen hellen Augenstreif. Auf der Unterseite ist das Gefieder schmutzig weißlich. Sie ernähren sich von Insekten und im Herbst auch von Beeren. Sumpfrohrsänger bauen ihr Nest an die Stängel mehrerer Pflanzen, z. B. in dichten Brennnesselbeständen. Die Weibchen legen etwa fünf bläulich weiß gefleckte Eier. Die Brutdauer beträgt 13 Tage. Danach bleiben die Nesthocker noch 10 — 13 Tage im Nest. Sumpfrohrsänger sind eine eher seltene Wirtsart des Kuckucks; häufiger sind Teichrohrsänger, Bachstelzen, Haus- und Gartenrotschwanz, sowie der Neuntöter.

Der Vogelzug – zum Überwintern in den Süden

Mauersegler

Anfang August sammeln sich in Mitteleuropa die *Mauersegler* und ziehen nach Afrika. Dort überwintern sie südlich der Sahara, weil sie bei uns im Winter keine Insekten als Nahrung finden. Solche jährlich wandernden Vögel werden als **Zugvögel** bezeichnet.

Woher wissen wir eigentlich, wohin die Zugvögel ziehen und auf welchem Weg dies geschieht? Erste Ergebnisse bei der Erforschung des Vogelzuges brachte ab 1899 die *Methode der Beringung* von Vögeln mit Aluminiumringen. Mitarbeiter von Instituten für wissenschaftliche Vogelkunde *(Vogelwarten)* legen bei Jungvögeln im Nest oder bei gefangenen Vögeln mit einer Beringungszange jeweils passende Ringe an. Sie notieren in Beringungslisten die Vogelart, das Geschlecht, den Zeitpunkt und Ort der Beringung unter der Nummer, die der Vogel erhalten hat. Die Beringungsliste wird an die Vogelwarte geschickt, für die der Beringer arbeitet. Zusätzlich sammeln viele Vogelfreunde *Ankunfts-* und *Abreisedaten* von heimischen Zugvögeln.

Von einhundert beringten Vögeln erhalten die Vogelwarten allerdings nur etwa fünf Rückmeldungen. Falls du also einen toten, beringten Vogel finden solltest, dann schicke den Ring an eine der beiden deutschen Vogelwarten *(Helgoland* oder *Radolfzell am Bodensee)*. Du gibst dazu Fundort, Datum, Fundumstände, Name und Adresse des Finders an. Bei einem verletzten Vogel schreibst du alle Angaben vom Ring ab und sendest sie mit den gleichen Beschreibungen wie oben an die Vogelwarte. Den verletzten Vogel bringst du zu einer Vogelpflegestation oder zu einem Tierarzt.

Eine andere Methode der Vogelzugforschung ist die *Radarbeobachtung*. Damit können nachts ziehende Vögel überwacht werden. Über große Entfernungen sammelt man Daten von Vögeln, die auf ihrem Rücken einen kleinen Sender tragen. Dessen Funksignale werden von einem Satelliten empfangen und an die Vogelwarte rückgemeldet.

Aus allen Rückmeldungen erstellen die Wissenschaftler dann *Zugkarten* für die einzelnen Vogelarten, die das *Brutgebiet*, den *Zugweg* und die *Überwinterungsgebiete* ausweisen.

Zu den Zugvögeln gehören viele bei uns heimische Arten, wie zum Beispiel Rauchschwalbe, Mehlschwalbe, Kuckuck und Weißstorch. Die Vögel, die das ganze Jahr an ihrem Standort bleiben, wie Haussperling, Dompfaff, Kleiber und Amsel, nennt man **Standvögel**. Die Vögel, die nur für kurze Zeit ungünstigen Lebensbedingungen ausweichen, gehören zu den **Strichvögeln**. Beispiele für diese Gruppe sind Kohlmeise, Blaumeise, Buchfink und Star. Nur wenn in strengen Wintern in Nordeuropa die Beerennahrung knapp wird, kommen Bergfinken, Tannenhäher oder Seidenschwänze plötzlich in großen Schwärmen zu uns. Solche Vögel, die in Schwärmen, aber nicht jeden Winter zu uns kommen, werden **Invasionsvögel** genannt.

Zettelkasten

1 Mehlschwalbe

2 Rauchschwalbe

Die Schwalben

Mehlschwalben bauen ihre Nester an Außenwänden von Gebäuden. In den Winkel von senkrechten und waagerechten Flächen kleben sie ihr rundliches Nest aus feuchtem Lehm und Stroh. Mehlschwalben bebrüten zweimal im Jahr ein Gelege von jeweils 4–6 Eiern. Sie ernähren sich von im Flug gefangenen Insekten. Mehlschwalben sind auf der Oberseite glänzend schwarzblau, am Bürzel und unterseits weiß. Der Schwanz ist kurz gegabelt.
Im Gegensatz dazu tragen die Rauchschwalben am gegabelten Schwanz noch lange äußere Schwanzfedern. Bei ihnen sind Stirn und Kehle rostfarben. Rauchschwalben nisten innerhalb von Gebäuden. Deshalb benötigen sie Einflugöffnungen, um in die Gebäude zu gelangen.

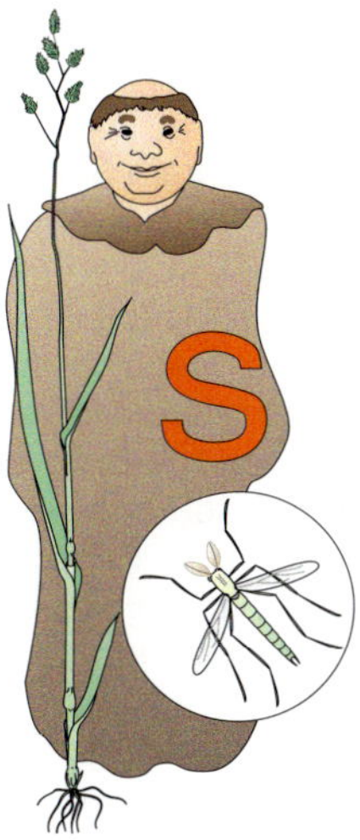

Welches sind die auslösenden Faktoren für den Vogelzug?

Bei Strichvögeln wie dem Star wird der Zug durch Nahrungsverknappung und schlechtes Wetter ausgelöst. Schwalben, Mauersegler und Störche ziehen aber schon nach Süden, bevor Nahrungsmangel oder Wetter die dazu zwingen. Um herauszufinden, ob Vögel in ihrem Zugverhalten von der Lichtmenge im Laufes des Tages ausgelöst werden, hielt man Vögel im Labor unter verschiedenen, konstanten Tageslängen. Alle Versuchstiere zeigten zur gleichen Zeit wie ihre frei lebenden Artgenossen Zugunruhe. Bei diesen Vögeln werden der Wegzug, der Federwechsel und die Fortpflanzung durch eine *innere Uhr* gesteuert (▶ S. 230).

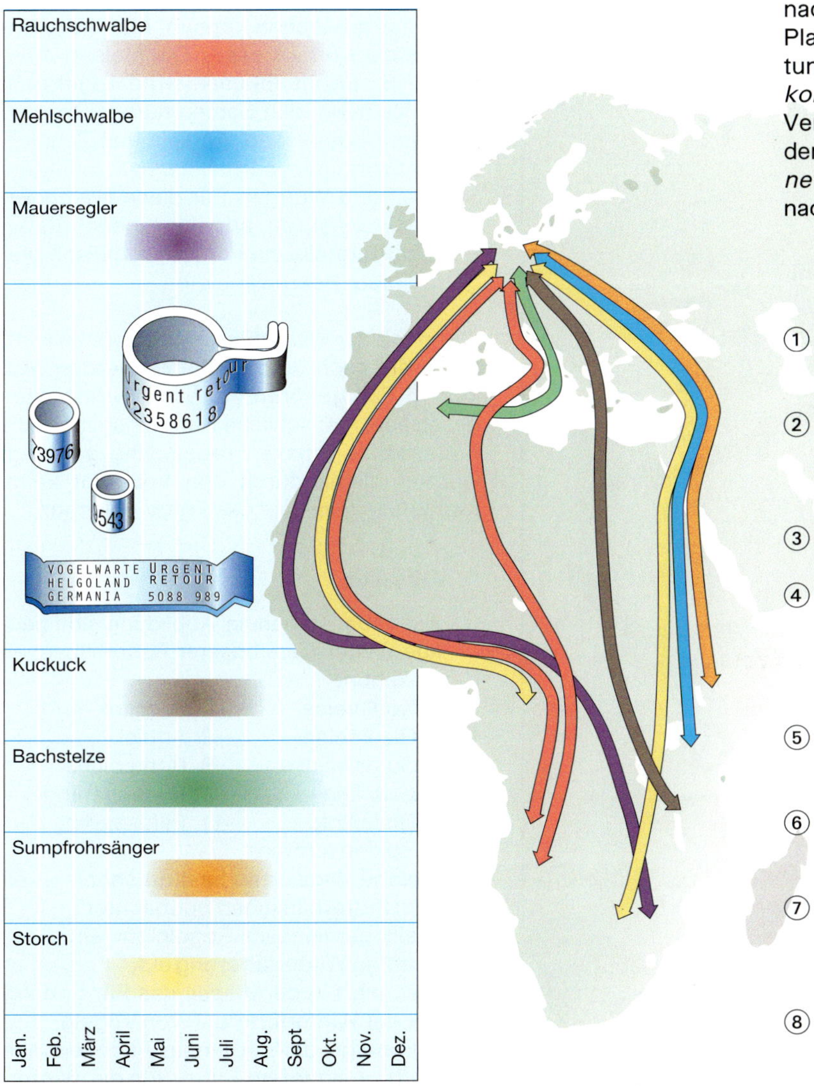

1 Aufenthaltsdauer und Zugwege von heimischen Zugvögeln

Wie orientieren sich die Vögel während des Vogelzugs?

Versuche haben gezeigt, dass man zwischen einer *Richtungsorientierung* und einer *Zielorientierung* unterscheiden muss. Am Tage ziehende Vogelarten versuchen auch im Labor zur Zugzeit im Herbst immer wieder nach Südwesten abzufliegen. Dies entspricht der natürlichen Zugrichtung. Man hat auch beobachtet, dass Jungkuckucke, die nachts und alleine ziehen, sicher ihr Überwinterungsgebiet in Afrika erreichen. Aus beiden Beobachtungen folgt, dass die Zugrichtung angeboren sein muss.

Am Tage ziehende Vögel richten sich dabei nach der Sonne *(Sonnenkompass)*. Sie verwenden zur Richtungsorientierung zusätzlich auffällige Oberflächenstrukturen der Erde, wie Küsten, Gebirge und Flüsse. Bei nachts ziehenden Grasmücken fand man im Planetarium heraus, dass sie ihre Zugrichtung mithilfe der Sterne festlegen (*Sternenkompass)*. An Rotkehlchen konnte man in Versuchen zeigen, dass sie sich noch nach dem Erdmagnetfeld orientieren können *(Magnetkompass)*, wenn man die Orientierung nach der Sonne und den Sternen verhinderte.

Aufgaben

① Was ist der für eine Bestimmung wichtige Unterschied im Flugbild von Mehl- und Rauchschwalbe?

② Wie ist es möglich, mithilfe der Beringung Angaben über das Zugziel, ja sogar über die Reisegeschwindigkeit eines Zugvogels zu erhalten?

③ Das Bildrätsel in der Randspalte gibt eine weitere Zugvogelart an. Welche?

④ Entnimm dem Vogelzugkalender aus Abbildung 1, wie lange sich die einzelnen Arten in ihrem Brutgebiet in Mitteleuropa aufhalten. Stelle die Zeiten in einer Tabelle zusammen.

⑤ Beschreibe die häufigsten Zugwege der bei uns heimischen Arten anhand der Abbildung 1.

⑥ Erkläre, warum Feuchtgebiete auf dem Zugweg für viele Zugvögel von großer Bedeutung sind.

⑦ Viele Zugvögel kommen nicht aus ihrem Winterquartier zu uns zurück. Überlegt gemeinsam, welche Gefahren die ziehenden Vögel bedrohen.

⑧ Sicher habt ihr noch andere Ideen, wie man den Vogelzug erforschen kann. Schreibt eure Vorschläge auf und diskutiert in der Klasse darüber.

Wintersnot – Vögel auf Nahrungssuche

Solange kein Frost auftritt und kein Schnee liegt, können die gesunden und kräftigen *Standvögel* den Winter selbst überstehen. Erst bei geschlossener Schneedecke ist die Nahrung (Samen, Früchte und überwinternde Insekten) für die Vögel unerreichbar. Dann kannst du ein Futterhäuschen mit Sonnenblumenkernen, Samen und Früchten, die du im Sommer gesammelt hast, füllen. Für solch eine Vorratshaltung eignen sich Samen von Disteln und Löwenzahn, Früchte von Eberesche, Holunder und Weißdorn.

Bald wirst du am Futterplatz Sperlinge, Buchfinken, Grünfinken und manchmal auch Bergfinken beobachten können. Diese Vögel besitzen dicke, kegelförmige Schnäbel, mit denen sie hartschalige Samen aufschneiden oder quetschen können. Man bezeichnet sie als *Körnerfresser*. Die Meisen müssen z. B. Sonnenblumenkerne regelrecht aufmeißeln, um den Samen herausholen zu können. Rotkehlchen, Amseln und Zaunkönige bevorzugen normalerweise Insekten, Spinnen und Würmer. Für diese *Weichtierfresser* kannst du an einer geschützten Bodenfutterstelle ein Fettfuttergemisch und getrocknete Beeren anbieten.

Wenn mit der Winterführung begonnen wird, muss sie auch durchgehalten werden. Auf keinen Fall gehören auf Vogelfutterstellen gesalzene, menschliche Nahrungsmittel. Alle Futterplätze müssen regelmäßig gereinigt werden, damit durch den Vogelkot keine Krankheitskeime auf das Futter gelangen.

Aufgaben

① Auf nebenstehender Abbildung sind häufige Wintergäste unserer Futterhäuschen zu sehen:

1 Kohlmeise	7 Bergfink
2 Blaumeise	8 Amsel
3 Sumpfmeise	9 Rotkehlchen
4 Grünling	10 Haussperling
5 Distelfink	11 Feldsperling
6 Seidenschwanz	

Welche Vogelarten hast du schon an einem Futterhäuschen beobachtet?

② Stellt gemeinsam Regeln für eine vernünftige Winterfütterung auf.

③ Diskutiert in der Klasse das Für und Wider der Winterfütterung von Vögeln.

④ Erkundige dich in einem Fachgeschäft nach geeignetem Futter für die Winterfütterung.

Vögel als Heimtiere

Am Futterhäuschen kannst du sicher Interessantes aus dem Verhalten der Vögel beobachten. Sehr viel mehr Möglichkeiten bietet die Haltung, Pflege und Beobachtung von Stubenvögeln. Bevor ein Vogel in eure Familie aufgenommen wird, solltest du dich ernsthaft mit allen Fragen auseinander setzen, die am Anfang des Lexikons Heimtiere (Seite 34) gestellt werden.

Alle vorgestellten *Heimvögel* leben als Wildtiere außerhalb der Brutzeit gemeinsam in Schwärmen. Häufig sind sie ihrem Partner treu. Man sollte deshalb alle Arten nur paarweise halten. Bei Einzelhaltung benötigen die Vögel anstelle des Partners regelmäßige menschliche Betreuung. Alle Rassen der Heimvögel kann man gut auf Ausstellungen oder über Züchtungsvereinigungen kennen lernen.

Bei Käfighaltung sollte man sie regelmäßig baden und frei fliegen lassen. (Vorsicht bei angeschalteten Herdplatten, offenen Aquarien und bei giftigen Topfpflanzen!) Der Standort des Käfigs sollte ruhig, licht und etwas oberhalb der Augenhöhe in einem Raum sein, in dem du dich häufig aufhältst. Aus hygienischen Gründen sind Wasser- und Futtersilos gegenüber offenen Gefäßen zu bevorzugen. Sie sollten täglich kontrolliert, gereinigt und aufgefüllt und der Käfig zweimal wöchentlich gereinigt werden.

Papageien

Steckbrief

Papageien. Die farbenprächtigen Vögel mit dem gekrümmten Schnabel und den Kletterfüßen werden wegen ihrer Sprachkünste vom Menschen gehalten.

Viele Arten sind im Freiland ihrer tropischen Heimatländer vom Aussterben bedroht, weil die Tiere in die USA und Europa exportiert werden. Beim Transport sterben sie in großer Zahl. Deshalb ist nach dem *Washingtoner Artenschutzabkommen* der internationale Handel mit allen Papageien bis auf Wellen-, Halsband- und **Nymphensittiche** verboten. Der beste Schutz für die Papageien ist der Verzicht auf die Haltung der Tiere in den reichen Industrienationen.

Kanarienvögel

Steckbrief

Sie stammen vom Kanariengirlitz auf den Kanarischen Inseln ab, von denen sie die Spanier Ende des 15. Jahrhunderts nach Europa brachten. Seither werden sie als Stubenvögel gehalten und nach Gesang, Färbung und Gestalt gezüchtet. Die Männchen der 12 – 13 cm großen Vögel bilden in ihrer Heimat im Frühjahr Reviere aus, die sie mit ihrem Gesang verteidigen. Tiroler Bergleute brachten Kanarienvögel in den Harz und züchteten daraus die bekannte Rasse der *Harzer Roller*.

Haltung: Rechteckiger Käfig mit einer Mindestgröße von 60 cm Breite, 50 cm Höhe und 40 cm Tiefe und mit 3 geschlossenen Käfigseiten, die gegen Zugluft und Sicht schützen. Kanarienvögel werden mindestens 10 Jahre alt.

Ernährung: Täglich einen Teelöffel Kanarienmischfutter, zusätzlich etwas Gemüse und Obst.

Zebrafinken

Steckbrief

Sie sind hervorragend an das Leben in den Trockengebieten ihrer Heimat Australien angepasst: sie können monatelange Dürrezeiten ohne Wasseraufnahme überstehen. Zebrafinken werden seit 100 Jahren vom Menschen gezüchtet, werden aber nicht handzahm.

Haltung: Möglichst in Zimmervolieren mit mehreren Paaren. Volieren sind große Vogelkäfige, in denen die Vögel auch fliegen können. Pro Pärchen braucht man mindestens einen Käfig von 100 x 40 x 50 cm und zwei Schlaf- und Brutnester aus Peddigrohr oder ausgehöhlten Kokosnüssen. Die Vögel können in Gefangenschaft bis ca. 10 Jahre alt werden.

Ernährung: Sie erhalten eine ausgewogene Körnermischung aus verschiedenen Hirsesorten. Zusätzlich werden angekeimte Körner, Samen von Wildgräsern, Obst und Weichfutter gegeben.

Wellensittiche

Steckbrief

Sie leben im australischen Buschland und werden ca. 18 cm lang. Wellensittiche werden seit 100 Jahren wegen ihres farbenprächtigen Gefieders, vor allem aber wegen ihrer Fähigkeit, die Sprache nachzuahmen, in Käfigen gehalten. Die Jungvögel werden rasch zahm.

Haltung: Sie sollten in einem großen Flugkäfig (Länge 75 cm, Breite 40 cm und Höhe 50 cm) gehalten werden. Sie werden 12 – 14 Jahre alt.

Ernährung: Hirse, Glanzsamen, Hafer, Obst und Gemüse.

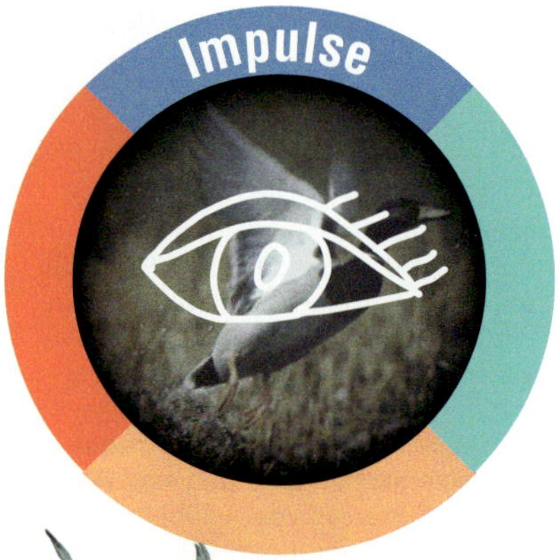

Den Vögeln auf der Spur

Vogelspuren

Du hast wahrscheinlich schon Fußabdrücke und andere Überbleibsel von der Lebenstätigkeit von Vögeln entdeckt. Je aufmerksamer du auf die Spuren achtest, um so mehr wirst du über das Leben der Gefiederten erfahren.

Auf feuchtem Schlamm oder im Neuschnee kann man die Laufspuren oder die Hüpfspuren von Vögeln am besten erkennen.
Wie bewegt sich die Gans am Boden vorwärts? Was verrät dir die Spur? Wie sieht die Fortbewegung eines Buchfinks am Boden aus?
Leichte Singvögel, wie Buchfink oder Haussperling, hüpfen leichtfüßig über den Boden und lassen feine Spuren zurück.

Gans

Buchfink

Kennst du die Spuren von Greifvögeln und dem Graureiher? Was solltest du beachten, wenn du Fußabdrücke durch Fotografien, Zeichnungen oder Gipsabgüsse festhalten möchtest?

Nester

Als Spuren der zurückliegenden Brutsaison kannst du im Herbst, wenn die Blätter von Bäumen und Sträuchern gefallen sind, z. B. in Astgabeln die Nester von Vögeln entdecken.

Teichrohrsänger errichten ihr napfförmiges Nest an einigen Halmen des Schilfrohres. Hier füttert ein Teichrohrsänger seine Jungen.

Nester werden mit den unterschiedlichsten Materialien und Konstruktionen erbaut. Schwalben z. B. bauen Lehmnester, die sie an Wände kleben.

Die afrikanischen Webervögel, Verwandte unseres Haussperlings, flechten ein kunstvolles glockenförmiges Nest. Es können in einer Kolonie Hunderte an einem Akazienbaum hängen.

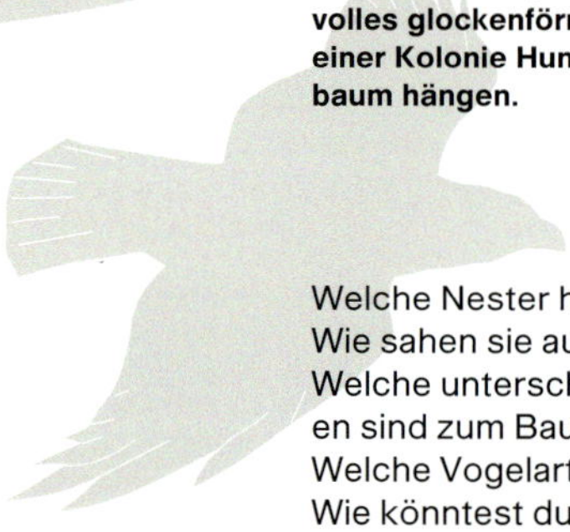

Welche Nester hast du schon gefunden? Wie sahen sie aus?
Welche unterschiedlichen Nistmaterialien sind zum Bau verwandt worden?
Welche Vogelarten hatten sie errichtet?
Wie könntest du mit Zeichnungen und Fotografien eine Ausstellung von Nestern gestalten?

Nest des Gartenrotschwanzes

Gewölle von Watvögeln

Gewölle

Nicht nur Eulen und Greifvögel würgen unverdauliche Reste ihrer Nahrung als Gewölle aus.
Auch Krähen würgen Reste von kleinen Säugetieren, Eischalen, Insektenpanzer und unterschiedliche Pflanzenmaterialien hervor. Gewölle von Möwen und Watvögeln enthalten Schalenreste von Muscheln und manchmal auch Nahrungsreste von Müllkippen.

Wo könntest du bei dir in der Umgebung Gewölle von Saatkrähen, Dohlen oder Elstern finden?
Gibt es bei dir in der Nähe eine Kolonie von Möwen? Suche dort nach Spuren!

Gewölle von Krähen

geschlossener Nistkasten

Nisthilfen und Futterhäuschen

Gartenbesitzer möchten häufig Vögel zum Bleiben veranlassen. Dazu bauen sie ihnen Nistkästen und hängen diese an geeigneten Stellen, geschützt vor Katzen, auf. Andere Gartenbesitzer locken im kalten Winter Vögel mit Futterhäuschen an, um sie besser beobachten zu können. Was kann man aus den hinterlassenen Spuren erschließen?

Was verrät die Größe der Nistkästen und deren Öffnungen über ihre Bewohner?
Wer bevorzugt Halbhöhlen?
Nach welcher Himmelsrichtung sollte die Öffnung der Nistkästen gerichtet sein?
Warum sollte erst bei geschlossener Schneedecke gefüttert werden?

Halbhöhle

Eier

Amselnest

Eier der Küstenseeschwalbe

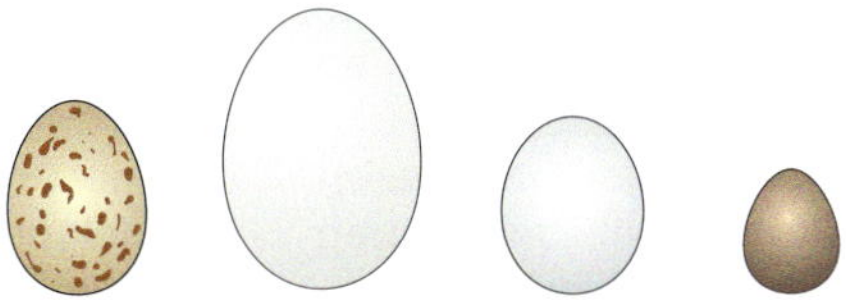

Teichhuhn Graureiher Steinkauz Nachtigall

Die Eier von Schleiereulen, die in Höhlen brüten, sind weiß. Kleine Landvögel, wie die Kohl- und die Blaumeise, legen zwar kleine Eier, aber bis 15 an der Zahl pro Gelege. Die Eier sind überwiegend weiß und zeigen fast keinen Tarneffekt, da sie in einem Nest liegen. Der Sandregenpfeifer legt seine Eier im Uferbereich zwischen Kies und Geröll. Deren sandfarbene, mit braunen Flecken gesprenkelte Eier sind vor der Entdeckung durch Feinde getarnt und damit geschützt.

Warnung!!!
Du darfst keine Eier aus Nestern entfernen!
Versuche über Vogelbestimmungsbücher herauszufinden, wie die Eier von Rotkehlchen, Heckenbraunelle, Ringeltaube und Waldkauz aussehen?
Hat ein Naturkundemuseum in deiner Nähe eine Sammlung von Eiern ausgestellt?
Konntest du schon einmal in einem Zoologischen Garten eine Brutstation für Vogeleier besuchen?

Futtersilo

1 Abfliegende Schleiereule

2 Schleiereule mit Jungen

3 Eulengewölle (rechts zerlegt)

Die Schleiereule – lautloser Jäger in der Nacht

Schleiereulen waren ursprünglich Felsenbewohner, leben heute aber in Mitteleuropa in der Nähe des Menschen. Sie bewohnen ruhige Schlupfwinkel in Scheunen, Dachböden, Kirchtürmen und zerfallenen Häusern als *Tagesruhesitz* und *Brutplatz*.

Die Schleiereulen jagen hauptsächlich nachts nach Mäusen. Die großen Augen sind so lichtempfindlich, dass sich die Eulen auch bei schwachem Mondlicht gut orientieren können. Die Unbeweglichkeit der Augen gleichen die Eulen durch die enorme Drehbarkeit des Kopfes bis zu 270° aus.

Eulenfuß mit Wendezehe

Der herzförmige *Gesichtsschleier* lenkt Schallwellen auf die verdeckten Ohröffnungen. Die Ohren sind der *Leitsinn* bei der Jagd. Schleiereulen können bei absoluter Dunkelheit nur nach Geräuschen Mäuse anfliegen und schlagen. Eine weitere Voraussetzung für diese ungewöhnliche Gehörleistung liegt im Aufbau des Gefieders. Das sehr weiche Gefieder und der fransenartige Kamm an der Außenfahne der Handschwingen verhindern die Entstehung von Windgeräuschen beim Flug. So kann die Eule die Beutetiere orten, die Mäuse dagegen werden nicht durch Geräusche gewarnt.

Hat die Schleiereule eine Maus von einem Ansitz aus erkannt, gleitet sie lautlos zur Erde und greift sie mit den spitz bekrallten Greiffüßen. Dabei stehen zwei Zehen nach vorne und zwei nach hinten (▶ S. 218). Von den drei nach vorne gerichteten Zehen der Eulen kann eine gedreht werden *(Wendezehe)*. Die Maus hat kaum eine Chance zu entkommen. Im Hakenschnabel wird die Beute zum Brut- oder Kröpfplatz getragen und dort mit dem Kopf voran unzerkleinert verschlungen. Einige Stunden danach würgt die Eule Unverdauliches, z. B. Haare, Federn oder Knochen, als *Gewölle* wieder aus.

Lang anhaltende Winter mit geschlossener Schneedecke bedeuten für viele Schleiereulen den Tod. Sie können nur geringe Fettreserven anlegen, die schnell verbraucht sind, wenn sie keine Beute machen können. Die Anzahl der Eulen nimmt in Jahren mit vielen Mäusen schnell wieder zu. Die Weibchen legen statt 4 bis 7 dann bis zu 12 Eier. Dazu kommt manchmal noch eine zweite Brut im selben Jahr. Das Weibchen brütet vom ersten Ei an 30 bis 34 Tage. Die Jungen schlüpfen im Abstand von jeweils ein bis zwei Tagen. Nach ungefähr 60 Tagen fliegen sie aus und suchen ein eigenes Revier.

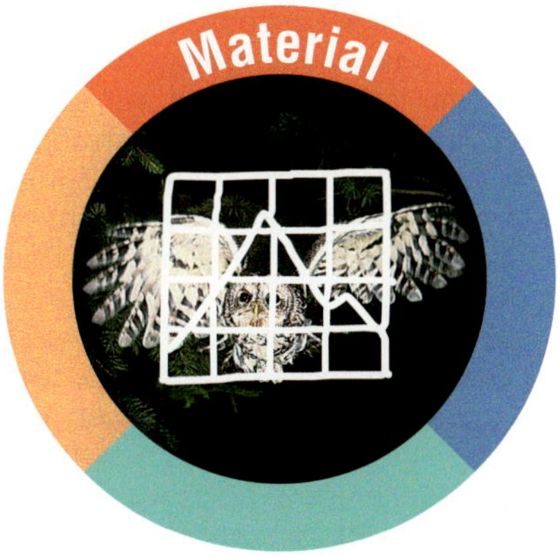

Gewölleuntersuchung

Man kann die Eulen nachts bei der Jagd schlecht beobachten. Die *Zusammensetzung der Nahrung* kann man aber durch eine Untersuchung herausfinden. Anhand der Knochen in den Gewöllen kann die Zusammensetzung der Beutetiere bestimmt werden.

① Vor der Untersuchung werden die Gewölle in einem Backofen über mehrere Stunden bei 150 °C erhitzt, um eventuell vorhandene Krankheitskeime abzutöten. Dann kannst du die getrockneten Gewölle auf Zeitungspapier mit Präpariernadeln und spitzen Pinzetten zerzupfen.

② Versuche zunächst anhand der Bestimmungstabelle herauszufinden, von welcher Eulenart das Gewölle stammt.

③ Versuche die Beutetiere und deren Anzahl nach den gefundenen Schädeln und Kieferteilen zu bestimmen. Nach den Untersuchungen musst du deine Hände waschen!

④ Sammelt die Ergebnisse der ganzen Klasse in einer Tabelle!
Kleine Wühlmäuse ....
echte Mäuse ....
Spitzmäuse ....
Vögel ....
Lurche ....
Restbeute ....

⑤ Forscher haben die Zusammensetzung der Eulennahrung anhand von Gewöllen ermittelt. Die Ergebnisse sind in der Tabelle dargestellt. Vergleiche eure Ergebnisse mit der Tabelle.

⑥ Gib die Unterschiede und Gemeinsamkeiten in der Nahrung der vier Eulenarten an.

⑦ Versuche aus den Knochen der Gewölle nach der Vorlage ein vollständiges Mäuseskelett auf ein Blatt Papier aufzukleben. Dein Ergebnis kannst du mit einer selbst klebenden, durchsichtigen Klarsichtfolie schützen.

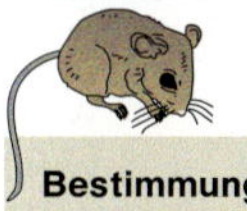

	Schleiereule	Waldohreule	Waldkauz	Steinkauz
Bestimmungstabelle Eulengewölle				
Länge (in cm)	2–8	4–7	3–8	3–5
Dicke (in cm)	2–3	2–3		
Form	glatt, groß, abgerundet	schlank, walzenförmig	dick, unregelmäßig	besonders schlank
Farbe	schwarz	grau	grau	grau
Fundort	Kirchen, Scheunen, Häuser	Waldrand, Feldgehölze	Wald, Park	Kirchen, Steinbrüche
Zusammensetzung von Gewöllen (Tausend Gewölle enthalten durchschnittlich):				
kleine Wühlmäuse	558	880	499	786
echte Mäuse	144	83	140	106
Spitzmäuse	253	4	36	22
Vögel	38	88	139	25
Lurche	6	–	111	54
Restbeute	13	5	75	7

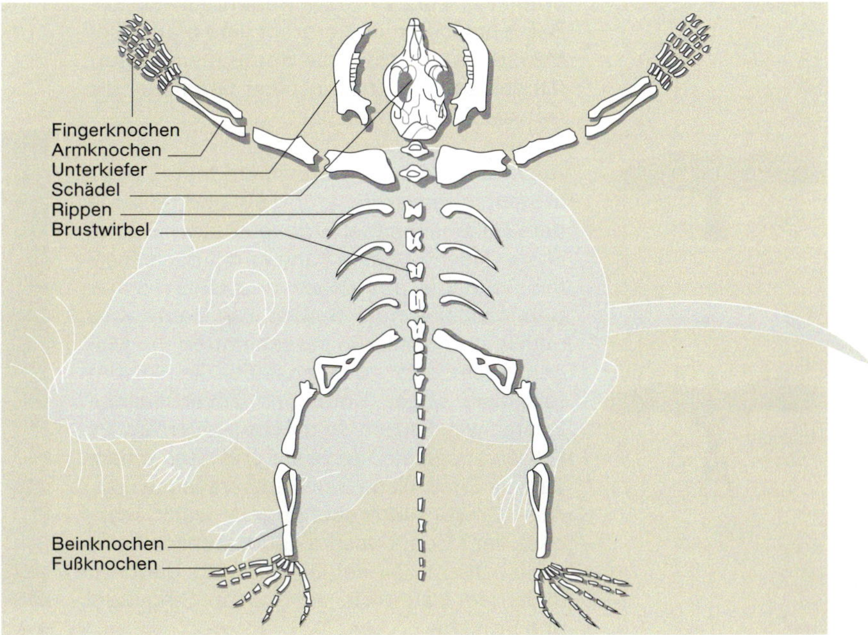

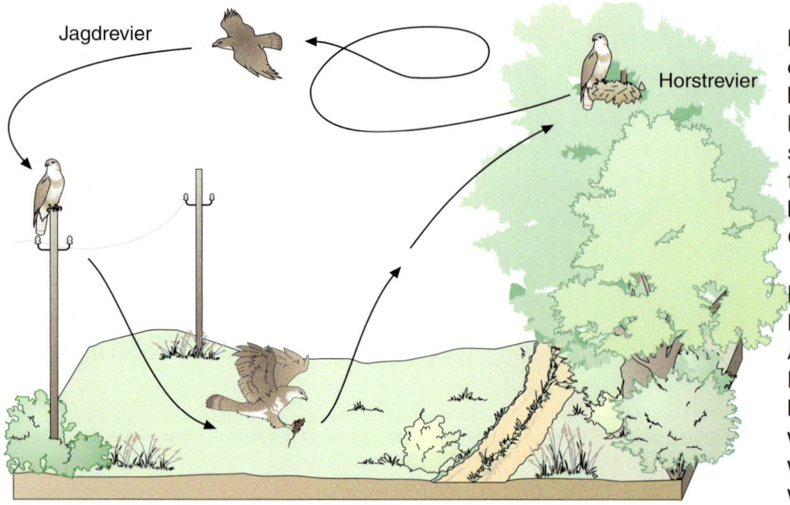

1 Lebensraum des Mäusebussards

Der Mäusebussard – ein Greifvogel jagt

Bussard

Turmfalke

Habicht

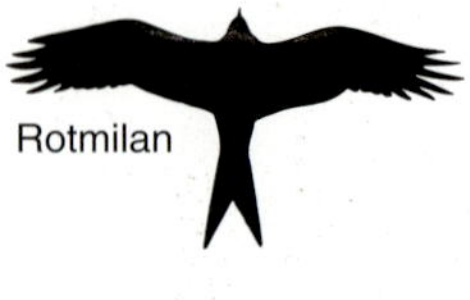

Rotmilan

Bei schönem Wetter kann man über offenen Landschaften häufig ein miauendes „Hiäh, Hiäh“ hören. Wenn du dann zum Himmel schaust, entdeckst du einen im Kreis segelnden Vogel mit breiten Flügeln und kurzem Schwanz. Es ist ein *Mäusebussard*.

Manchmal schlägt der Mäusebussard die Flügel schnell auf und nieder, bleibt mit voll gespreizten Schwanzfedern und schräg gehaltenem Körper im Rüttelflug scheinbar in der Luft stehen. Dann lässt er sich nach unten fallen. Mit voll ausgebreiteten Flügeln bremst er kurz vor dem Boden, streckt die Beine nach vorn und ergreift eine Maus. Der Mäusebussard tötet die Beute meist sofort mit den spitzen Krallen seiner Greiffüße, die man als *Fänge* bezeichnet.

Anschließend fliegt er zu einem festen Platz in seinem Revier. Er *kröpft* sie und reißt mit dem Hakenschnabel Stücke aus der Beute. Losgerissene Stücke kann er mit der scharfen Schneide des Ober- und Unterschnabels zerkleinern (▶ S. 218). Die Beute wird mit Haut und Haaren verschlungen. Im Magen zersetzen Verdauungssäfte die Fleischteile und sogar Knochen. Unverdauliche Reste, wie Federn und Haare, werden im Magen zusammengepresst und nach einem Tag als Speiballen *(Gewölle)* herausgewürgt. Aus Gewölleuntersuchungen weiß man, dass der Mäusebussard hauptsächlich Feldmäuse frisst. Zu seiner Nahrung gehören außerdem Maulwürfe, Junghasen, Singvögel und Frösche.

Das *Jagdrevier* des Mäusebussards liegt im offenen Feld- und Wiesengelände. Häufig beobachtet der Mäusebussard auf einem Pfahl sitzend. Mit dem guten Sehvermögen seiner großen Augen kann er kleine Beutetiere, wie zum Beispiel Feldmäuse, leicht erkennen. Die Beute greift er dann aus dem Gleitflug auf.

Das Bussardpaar baut sein hoch liegendes Nest, das man als *Horst* bezeichnet, aus Ästen, Reisig und Moos in einem hohen Baum am Rande eines Waldstückes. Dort liegt das *Horstrevier*, in dem nicht gejagt wird. Das Weibchen legt im Abstand von jeweils zwei bis drei Tagen zwei oder drei weißlich braun gefleckte Eier. Nach 33 bis 34 Tagen schlüpft das erste Junge, ein *Nesthocker* mit einem weißlichen Dunenkleid. Die Eltern füttern die Jungen zunächst mit Beuteteilen und später mit ganzen Mäusen. 46 Tage nach dem Schlüpfen können die jungen Bussarde fliegen.

Alle **Greifvögel** besitzen gemeinsame Körpermerkmale, die für einen Beuteerwerb wichtig sind: Einen *Hakenschnabel, Greiffüße* und *große, scharfsichtige Augen*. Sie jagen tagsüber und speien von den unverdaulichen Resten *Gewölle* aus. Die Weibchen sind meist größer als die Männchen. Die Jungen sind *Nesthocker*.

Aufgabe

① Gib anhand der Flugbilder in der Randspalte an, wie man die abgebildeten vier Greifvogelarten im Flug unterscheiden kann.

2 Mäusebussard

Lexikon

Greifvögel

Rotmilan

Schwarzmilan

Rotmilan und **Schwarzmilan** unterscheiden sich von den anderen Greifvögeln durch einen gegabelten Schwanz. Der Rotmilan ist etwas größer als ein Bussard und hat rötlich braune Schwanzfedern. Der Schwarzmilan ist bussardgroß und im Gefieder schwarzbraun. Als Nahrung nimmt der Rotmilan Aas, aber auch Vögel, Kleinsäuger, Amphibien und Fische. Er lebt in abwechslungsreichen Landschaften, während der Schwarzmilan mehr in der Nähe von Gewässern zu finden ist. Für beide Milanarten sind eingebrachte Stofffetzen im Horst typisch.

Wanderfalken sind stark vom Aussterben bedroht. Ihre Nahrung besteht fast nur aus Vögeln bis zur Größe eines Eichelhähers, die sie im Flug über offenem Gelände erbeuten. Die Wanderfalken erreichen im steilen *Stoßflug* auf die Beutetiere eine Geschwindigkeit bis zu 300 km/h. Diese Falkenart brütet in steilen Felswänden.

Turmfalken sind die häufigsten Greifvögel Europas. Die etwa taubengroßen Vögel sind auf dem Rücken rotbraun gefärbt. Ihre Flügel sind schmal und spitz zulaufend. Das Schwanzgefieder ist lang und schmal. Charakteristisch ist der *Rüttelflug* in geringer Höhe, bei dem die Falken nach Beute spähen. Haben sie die Beute erkannt, lassen sie sich im *Sturzflug* zur Erde fallen. Zum Schluss bremsen sie mit ausgebreiteten Flügel- und Schwanzfedern ab. Die Beute ergreifen die Turmfalken mit den Fängen und töten sie mit einem Biss des Hakenschnabels in den Nacken. Turmfalken ernähren sich hauptsächlich von Mäusen und anderen Kleinsäugern sowie Jungvögeln, Insekten und Larven. Sie nutzen als Beuterevier offenes Gelände und kommen dabei sogar in Parkanlagen von Großstädten. Ihre Horste legen sie auf Bäumen in alten Krähennestern an oder nutzen Nischen in Gebäuden bzw. Nistkästen.

Der **Habicht** ist bei uns nicht mehr so häufig wie früher. Sein Gefieder ist oberseits graubraun und auf der Unterseite weiß mit graubrauner Querbänderung. In der Nähe von abwechslungsreichen Feldflächen stößt der Habicht überraschend aus der Deckung am Waldrand auf seine Beute zu. Die Beute sind überwiegend Vögel (Tauben, Elstern, Drosseln, Stare, Rebhühner) und Säugetiere (Hasen, Kaninchen, Eichhörnchen). Der Horst wird vorzugsweise in der Krone von Nadelbäumen angelegt.

Der **Steinadler** ist der größte Taggreifvogel Europas, der durch langjährige Bejagung stark gefährdet ist. In den bayerischen Alpen brüten z. B. nur noch wenige Paare. Der Steinadler erkundet im *Segelflug* in großer Höhe sein Jagdgebiet. Der eigentliche Angriff erfolgt dicht über dem Boden. Im Überraschungsangriff ergreift er seine Beute aus einem rasanten *Stoßflug*. Die Nahrung besteht aus Murmeltieren, Schneehühnern, Reptilien und Aas. Der umfangreiche Horst aus Knüppeln und Reisern befindet sich gewöhnlich auf einem Absatz einer senkrechten Felswand, selten auf Bäumen.

1 Stockentenweibchen mit Jungen

Die Stockente – ein typischer Schwimmvogel

Auf einem Teich kann man oft zahlreiche *Wasservögel* sehen. Neben den weißen, ruhig schwimmenden Höckerschwänen fallen die zahlreichen, pechschwarzen Blässrallen mit weißem Stirnfleck und Schnabel auf. Vereinzelt sieht man Teichrallen, Haubentaucher und Reiherenten. Doch in den meisten Fällen sind **Stockenten** am häufigsten vertreten.

Erpel
männliche Ente

Stockenten sind als typische *Schwimmvögel* besonders gut an das Leben im Wasser angepasst. Ihren kahnförmigen Körper treiben sie im Wasser mit *Schwimmfüßen* voran. Zwischen den drei nach vorne gerichteten Zehen befinden sich *Schwimmhäute*. Beim Rückwärtsschlag eines Fußes sind die Schwimmhäute ausgebreitet und drücken die Ente vorwärts. Der andere Fuß wird gleichzeitig mit zusammengelegten Zehen nach vorne gezogen.

Die Stockenten werden im Wasser, ähnlich wie ein Schlauchboot, von einem Luftpolster getragen. Die Luft hält sich zwischen dem lockeren Dunengefieder. Die Deckfedern schließen das Dunengefieder nach außen ab. Stockenten fetten ihre Federn mit *Talgabscheidungen* aus der an der Schwanzwurzel liegenden *Bürzeldrüse* ein und machen das Gefieder dadurch wasserabstoßend. Da Luft und Fett schlechte Wärmeleiter sind, geht kaum Körperwärme an das Wasser verloren. Zusammen mit dem Fettpolster unter der Haut verhindert die eingeschlossene Luftschicht, dass die Enten im Wasser auskühlen (▶ S. 218).

Im Herbst lassen sich manchmal die *Balz* und Paarbildung der Stockenten beobachten. Die *Begattung* erfolgt erst im darauf folgenden Frühjahr. Das Weibchen legt dann im April oder Mai 7 bis 11 grünlich bräunliche Eier in das *Bodennest*. Nach 28 Tagen schlüpfen die Jungen aus und folgen der Mutter sofort auf das Wasser. Die kleinen *Nestflüchter* können gleich schwimmen und ernähren sich selbstständig. Das Weibchen betreut die Jungen noch acht Wochen, bis sie auch fliegen können.

Am flachen Ufer des Teiches kann man Enten oft beim *Gründeln* beobachten. Dabei ragt ihr Hinterkörper senkrecht aus dem Wasser. Mit dem Kopf unter Wasser nehmen sie nahrungshaltigen Schlamm auf. Die Enten pressen dann mit der Zunge das Wasser durch die Hornleisten des Schnabels und die gefransten Ränder der Zunge nach außen. Diese Teile des Schnabels wirken wie ein Küchensieb. Man spricht von einem *Seihschnabel*. Darin bleiben Würmer, Insektenlarven, Schnecken, Laich und Wasserpflanzen als Nahrung zurück und werden verschluckt.

Nach der Art der Nahrungssuche unterscheidet man bei den Enten **Schwimmenten**, die gründeln, und **Tauchenten**, die tiefer im Wasser liegen und tauchend ihre Nahrung suchen. Zu den Schwimmenten gehören neben der Stockente auch die selteneren *Krick-* und *Knäkenten*. Beispiele für heimische Tauchenten sind *Tafel-*, *Reiher-* und *Schellente* (▶ S. 220).

Lexikon

Wasservögel

Die **Teichralle** läuft mit ihren *Stelzfüßen* geschickt über große Blätter von Schwimmpflanzen und pickt von diesen Insekten, Schnecken und Froschlaich auf. Ihr Nest baut sie versteckt im Gebüsch am Ufer. Das Weibchen legt 8 – 10 Eier in das Nest.

Die **Blässralle** trägt an drei Zehen Schwimmlappen. Mit diesem *Lappenfuß* kann sie sehr schnell schwimmen und auch sprungtauchen. Sie ernährt sich hauptsächlich von Wasserpflanzen, Insekten und deren Larven. Blässrallen bauen ihre Nester versteckt im Schilf. Das Gelege besteht aus 7 – 9 Eiern.

Der **Haubentaucher** lebt auf den freien Wasserflächen größerer Seen. Er taucht normalerweise bis zu 6 m tief und bis zu einer Minute lang, um unter Wasser Fische zu fangen. Sein *Schwimmnest* aus faulenden Pflanzenteilen liegt am Rande des Schilfgürtels. Beim Verlassen des Nestes tarnt das Weibchen die 4 Eier jeweils mit losen Halmen und Blättern. An Land wirken Haubentaucher sehr unbeholfen, da die weit hinten am Körper ansetzenden Beine nur ein schwerfälliges Gehen ermöglichen (▶ S. 222).

Höckerschwäne zählen mit einem Gewicht bis zu 13 kg zu den größten flugfähigen Vögeln. Sie brüten an stehenden und langsam fließenden Gewässern mit reichlich Wasserpflanzen am Ufer. Der Schwan erreicht die Pflanzen mit seinem langen Hals bis in 1,5 m Wassertiefe und rupft sie ab. Das Weibchen baut das Nest aus groben Pflanzenteilen, die es in der Umgebung abreißt. Im Inneren des Nestes verwendet es zusätzlich feineres Material und einige Dunen. Das Weibchen bebrütet die 5 – 7 Eier alleine, das Männchen bewacht und verteidigt in dieser Zeit den Brutplatz. Nach 35 Tagen schlüpfen die zunächst grauen *Dunenjungen*. Sie bleiben dann noch wochenlang mit den Altvögeln als Familie zusammen.

Die **Tafelente** gehört zu den Tauchenten. Das Männchen ist in seinem *Prachtkleid* an Kopf und Hals rosarot, an der Vorderbrust schwarz gefärbt. Nach der Nahrung (hauptsächlich Blätter und Triebe von Wasserpflanzen, auch Weichtiere und Insekten) tauchen Tafelenten bist zu 5 m tief. Das Nest mit 6 – 13 Eiern befindet sich im Röhricht oder ist ein *Schwimmnest*.

Die **Reiherente** ist kleiner als die Stockente. Der Erpel ist in seinem *Prachtkleid* an Kopf, Brust und Rücken schwarz. Reiherenten tauchen nach Schnecken, Muscheln und Würmern. In das Nest, das sie an Land zwischen Seggen und Binsen bauen, legt das Weibchen 5 – 12 Eier.

Spechte – die Zimmerleute des Waldes

Im Frühjahr kann man bei Spaziergängen im Wald oft kurze *Trommelwirbel* hören. Geht man dem Geräusch nach, entdeckt man beim Näherkommen manchmal einen **Buntspecht**, der gerade einen trockenen Ast mit schnell aufeinander folgenden Schnabelhieben bearbeitet. Mit diesem Trommelwirbel kennzeichnet der Vogel sein *Revier* und versucht ein Weibchen anzulocken (▶ S. 224).

An die Fortbewegung auf Bäumen, auch an senkrecht stehenden Ästen oder am Stamm, sind Spechte besonders gut angepasst. Wenn der Buntspecht mit kurzen Sprüngen den Baumstamm hinaufklettert, geben die Krallen des *Kletterfußes* dem Vogel Halt in der Rinde. Ein Abrutschen nach unten wird zusätzlich durch den *Stützschwanz* verhindert.

Spechtspuren

Bei der Nahrungssuche legt der Buntspecht mit dem harten, keilförmigen Schnabel Insekten unter der Borke oder im morschen Holz frei. Weil der Oberschnabel den Unterschnabel nach vorne mit einer senkrechten Schneide überragt, kann der Specht wie mit einer Axt Span um Span vom Holz abmeißeln *(Meißelschnabel)*. So kann der Buntspecht auch Insekten und Larven erreichen, die tiefer im Holz leben (▶ S. 220).

Während des Meißelns presst der Specht seine Schwanzfedern gegen den Baumstamm, sodass sie ein Widerlager für die federnden Körperbewegungen bilden. Hat der Buntspecht Insekten gefunden, schnellt er die lange, biegsame *Zunge* aus dem Schnabel heraus und zieht die Beute unter der Rinde hervor.

Im Spätherbst und im Winter, wenn die Insekten als Nahrung fehlen, ernährt sich der Buntspecht überwiegend von den ölhaltigen Samen der Zapfen von Nadelbäumen. Dazu klemmt er die Zapfen in geeignete Baumspalten und hämmert so lange auf sie ein, bis die Samen frei liegen. Unter solchen *Spechtschmieden* findet man zahlreiche Überreste seiner Mahlzeiten. Bei ihrem großen Nahrungsbedarf benötigen Buntspechte sehr große Reviere.

Spechte schlafen und brüten in Höhlen, deshalb bezeichnet man sie als *Höhlenbrüter*. Ein Buntspechtpaar zimmert mit den Meißelschnäbeln in zwei bis vier Wochen die Bruthöhle bevorzugt in faule Baumstämme.

1 Buntspecht

Ein kurzer, waagerechter Gang führt in die senkrecht in den Stamm geschlagene Höhle. Das Weibchen des Buntspechtes legt 4 bis 7 weiße Eier auf die Holzspäne am Grund der Höhle. Männchen und Weibchen brüten gemeinsam. Nach 8 bis 12 Tragen schlüpfen Ende Mai oder Anfang Juni die nackten und blinden Jungen. Die Nesthocker werden dann 23 bis 24 Tage von den Altvögeln versorgt, bevor sie flügge sind.

Die krähengroßen **Schwarzspechte**, die nur in großen, zusammenhängenden Waldgebieten leben, besitzen einen langen und kräftigen Hackschnabel zum Freilegen der Larvengänge unter der Rinde. Am Boden der Wälder finden sie Ameisen, bei der Zerkleinerung von Baumstümpfen Holzameisen und an Baumstämmen Käferlarven als Nahrung.

Grünspechte halten sich häufiger am Boden auf als andere Spechte. Sie schlagen mit ihren Schnäbeln Löcher in Ameisenbauten und löffeln mit ihren Zungen die Ameisen und ihre Puppen auf. Grünspechte können dazu ihre Zunge über zehn Zentimeter aus dem Schnabel herausstrecken. Das beruht darauf, dass die Zunge in einem Muskelschlauch um den Schädel vor- und zurückgleiten kann.

Die große Bedeutung der Spechte für die Forstwirtschaft besteht darin, dass sie viele Forstschädlinge fressen, befallene Bäume entrinden und damit den Schädlingen die Lebensmöglichkeiten nehmen. Außerdem werden verlassene Spechthöhlen von vielen anderen Höhlenbrütern benutzt.

1 Grünspecht

Spechte – Dickschädel mit spitzer Zunge

Die Füße der Spechte weisen eine ungewöhnliche Stellung der Zehen auf: Die erste und die vierte Zehe sind nach hinten gerichtet, die zweite und dritte nach vorne. Die Krallen sind stark gekrümmt und sehr spitz. Der Spechtfuß erinnert in seinem Aussehen an ein Steigeisen, wie es der Mensch als Hilfsmittel beim Klettern verwendet. Der besondere Bau ihrer *Kletterfüße* ermöglicht den Spechten, geschickt an Bäumen auf und ab zu klettern. Wie perfekt die Füße der Spechte gebaut sind, zeigt das folgende Beispiel: Muss sich ein Specht auf einer glatten, senkrechten Oberfläche bewegen, so kann er die vierte Zehe nach vorne stellen und damit verhindern, dass er abrutscht.

Auch der Schwanz der Spechte weist Besonderheiten auf: Die Schwanzfedern sind ungewöhnlich fest, aber auch elastisch. Sie sind unten zugespitzt und bilden den keilförmigen *Stützschwanz*, der den Specht beim Klettern und Hämmern abstützt.

Der *Schädel* der Spechte, speziell das Stirnbein über dem Schnabel, ist verglichen mit dem anderer Vögel besonders verstärkt. Muskeln an Schnabel und Kiefergelenk wirken wie Stoßdämpfer bei einem Auto. Diese besonderen Strukturen ermöglichen es den Spechten, kräftig zu hämmern, ohne sich selbst k.o. zu schlagen.

Hat es ein Specht durch das Hämmern geschafft, an ein Beutetier zu gelangen, so muss er es noch aus seinem Versteck herausziehen können. Dazu kann er seine lange, spitze Zunge mithilfe eines speziellen Muskels weit aus dem Schnabel herausstrecken. Betrachtet man die *Zungen* verschiedener Spechtarten, so kann man deutliche Unterschiede in deren Bau und Verwendung erkennen:

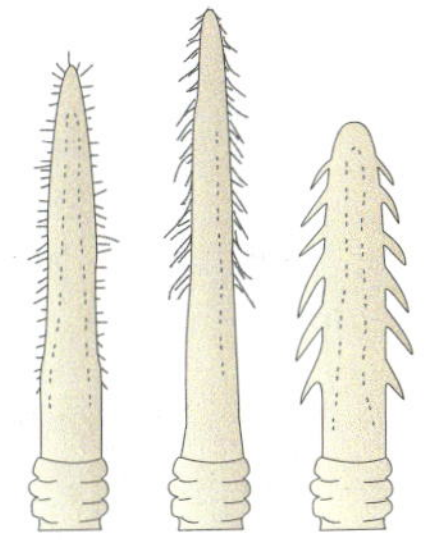

Verhornte Zungenspitzen

Beim *Buntspecht* ist die Zungenspitze stark verhornt, die Borsten sind nach hinten gerichtet und wirken deshalb wie Widerhaken. Der Buntspecht ist ein Baumspecht. Er spießt mit den Widerhaken der spitzen Zunge Larven auf und holt sie unter der Borke hervor.

Der *Grünspecht* hat eine auffällig lange Leimrutenzunge, d. h. die Zunge ist mit zähflüssigem Schleim bedeckt. Seine Zungenspitze ist rundlich und erinnert an einen Löffel. Der Grünspecht ist ein Bodenspecht, d. h. er sucht seine Nahrung, hauptsächlich Ameisen, am Boden. Mit seiner löffelähnlichen Zungenspitze kann er sie leicht aufnehmen. Berührt ein Insekt den Schleim der Zunge, bleibt es daran kleben.

Bei den *Saftleckerspechten* aus Amerika ist die Zunge relativ kurz. Sie ist ausgefranst und sieht pinselartig aus. Saftleckerspechte können mit ihrer Zunge Baumsäfte aufsaugen.

An den Beispielen kann man sehen, dass der Bau eines bestimmten Organs die Erfüllung einer bestimmten Aufgabe ermöglicht. Wie viele weitere Beispiele bei anderen Tieren und Pflanzen zeigen, handelt es sich bei dieser Erkenntnis um ein allgemein gültiges **Prinzip:** Eine bestimmte **Struktur** erfüllt eine bestimmte **Funktion** (▶ S. 218).

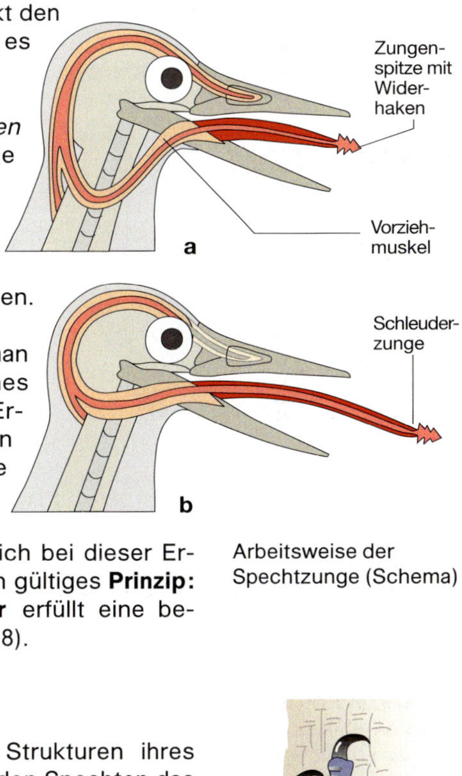

Arbeitsweise der Spechtzunge (Schema)

Aufgaben

① Welche besonderen Strukturen ihres Körpers ermöglichen den Spechten das Leben auf Bäumen?

② Beschreibe weitere Beispiele, an denen der Zusammenhang zwischen der Struktur eines Organs und seiner Funktion erkennbar wird.

③ Gibt es auch Beispiele dafür, dass nicht nur ein bestimmtes Organ, sondern ein ganzes Lebewesen an eine bestimmte Aufgabe angepasst ist?

Kletterfuß eines Spechtes

Schnäbel und Füße verraten sie

Vögel halten sich in den verschiedensten Lebensräumen auf. Für jeden Lebensraum sind andere Angepasstheiten erforderlich, um sich ernähren und fortbewegen zu können (▶ S. 220). Die Angepasstheiten werden deutlich, wenn du die *Fußtypen* in Beziehung zur typischen Fortbewegungsweise setzt und überprüfst, wie der *Schnabeltyp* zum Fressen der bevorzugten Nahrung als Werkzeug dienen kann (▶ S. 218).

Strauß

Strauße sind Laufvögel der afrikanischen Savanne. Männchen werden bis 150 kg schwer und 3 m hoch. Sie sind also die größten lebenden Vögel. Mit den langen Beinen erreicht der Strauß Schrittlängen von 3 bis 4 Meter und eine Geschwindigkeit bis zu 80 km pro Stunde. Die Beine sind durch einen langen Lauf und nur 2 Zehen gekennzeichnet *(Lauffuß)*. Strauße leben mit Antilopen, Zebras und Gnus in großen Herden zusammen. Nähern sich Feinde, warnen Strauße, wenn sie diese mit ihrem guten Sehvermögen ausmachen. Strauße fressen Pflanzen, Wurzeln, auch Insekten, Reptilien und kleine Nagetiere.

Rosapelikan

Der Rosapelikan fischt in Gruppen. In fischreichen Seen Ostafrikas schwimmen 6 bis 10 Vögel hufeisenförmig — angetrieben durch ihre Schwimmfüße — auf das Ufer zu. Dabei tauchen ihre Schnäbel, die auf der Unterseite einen weit dehnbaren Kehlsack besitzen, im Gleichtakt in das Wasser. Mit dem Kehlsack werden die Fische wie mit einem Netz herausgefischt. Der Haken am Oberschnabel verhindert, dass Fische aus dem Kehlsack entweichen können.

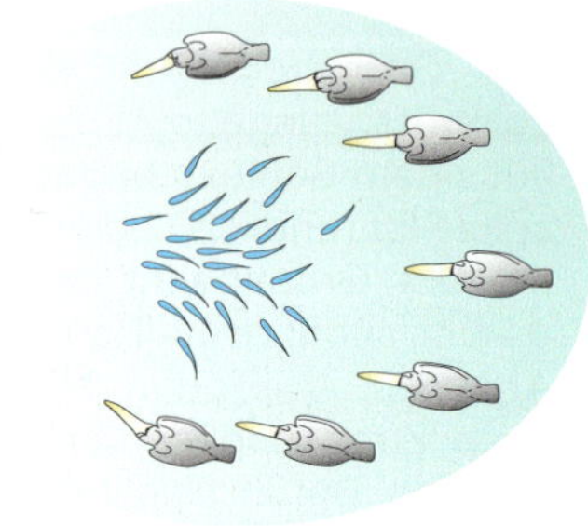

Zwergflamingo

Der Zwergflamingo seiht und brütet in Kolonien. Im Nakuru-See leben über 2 Millionen Tiere zusammen. Sie laufen beim Start zum Flug mit ihren Stelzenbeinen über die Wasseroberfläche, dabei sind die Schwimmhäute zwischen den drei vorderen Zehen des Schwimmfußes ausgebreitet. Zur Nahrungsaufnahme waten die Flamingos durch das flache Wasser. Sie halten den Kopf mit dem abgeknickten Oberschnabel nach unten in den Schlamm und wühlen ihn auf. Mit zurückgezogener Zunge und Pumpbewegungen des Halses werden durch die Schnabelspitze Wasser und Schlamm eingesogen und danach mit der Zunge das Wasser bei geschlossenem Schnabel wieder nach außen gedrückt. Auf der Innenseite des Oberschnabels und in den Haken der Zunge bleiben Algen und Krebschen hängen und werden geschluckt. Der Farbstoff Carotin der Krebschen färbt das Gefieder rosa.

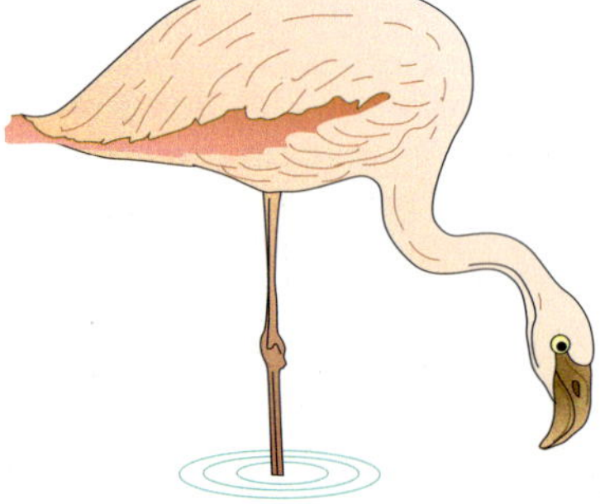

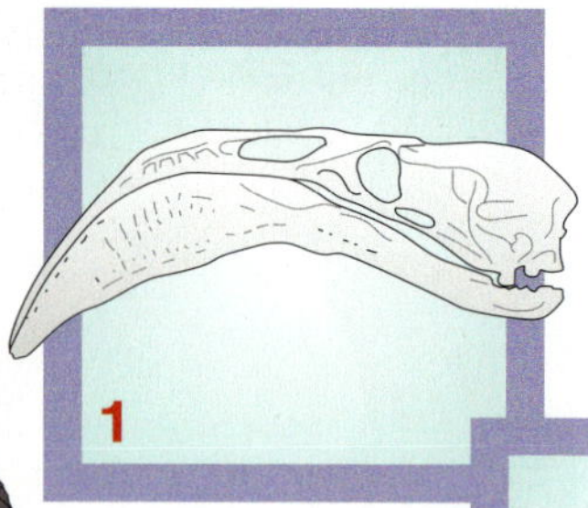

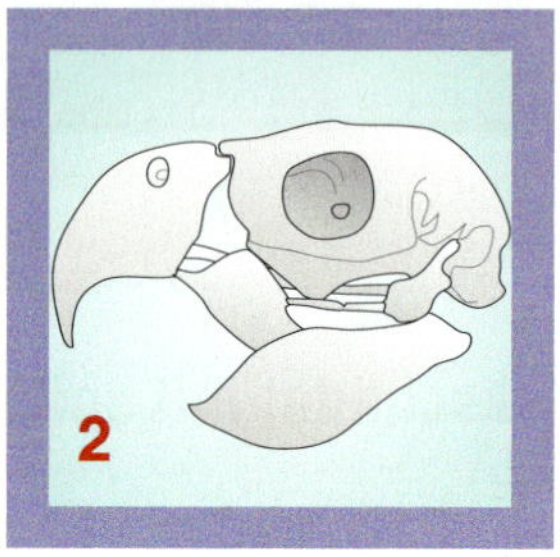

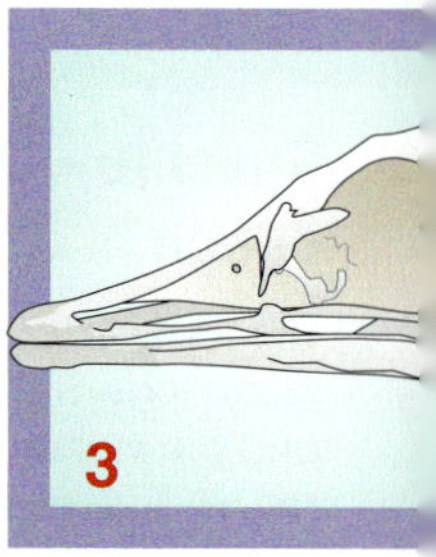

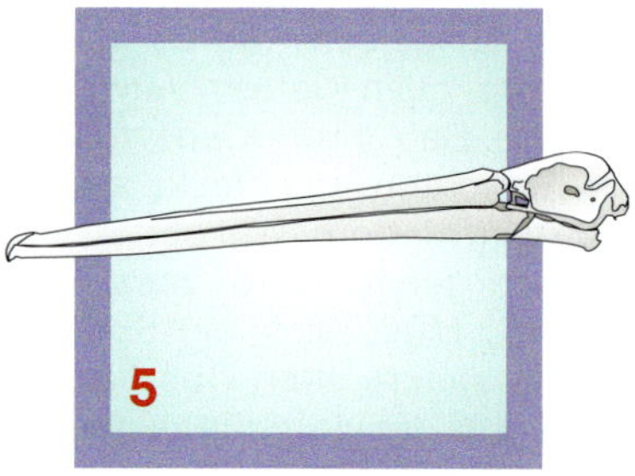

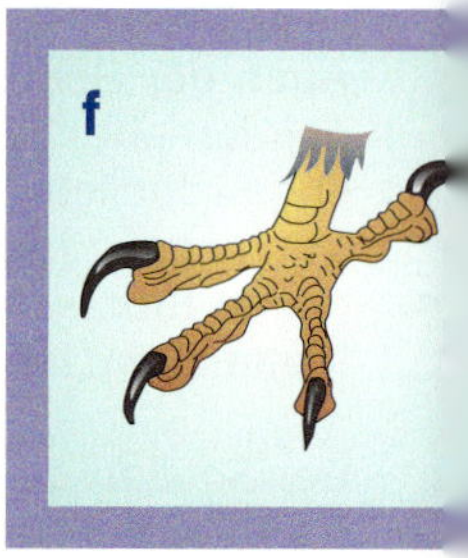

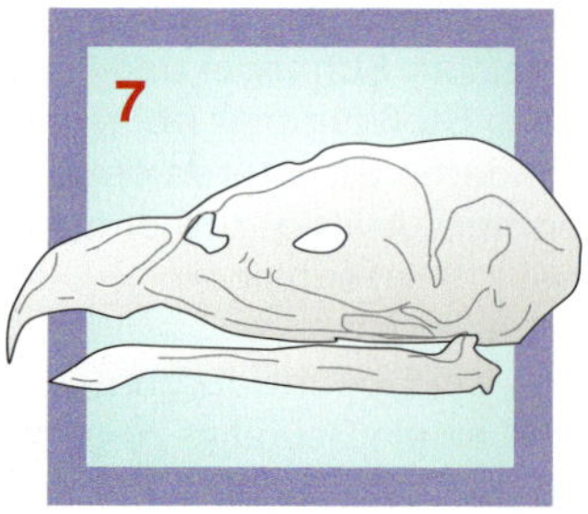

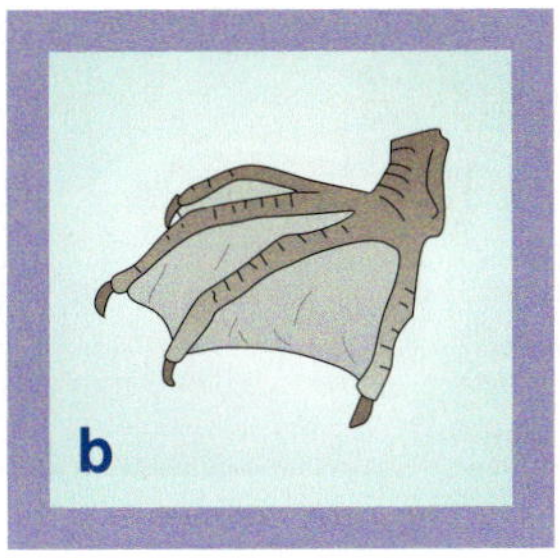

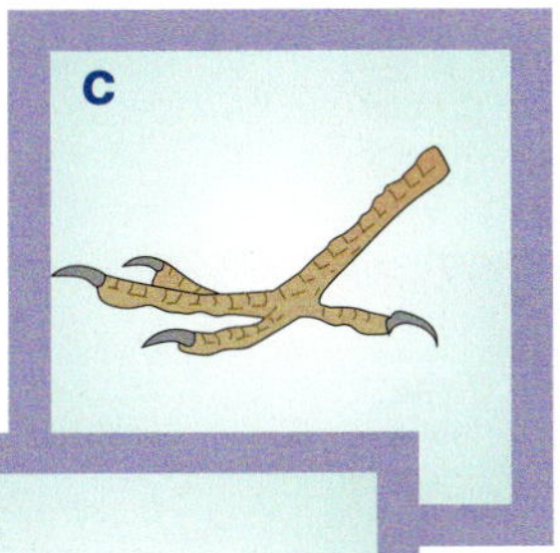

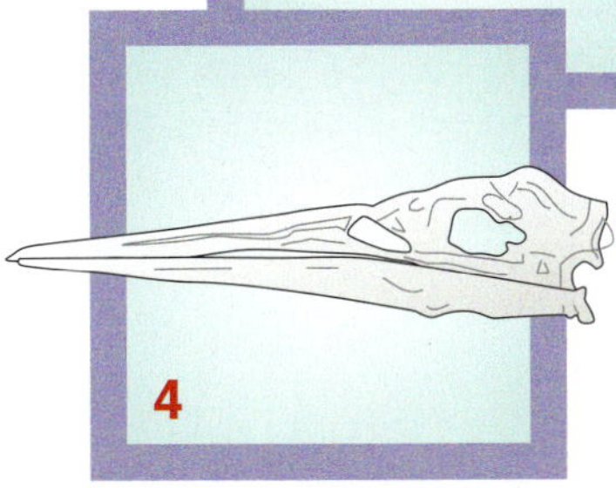

Grünling

Der Grünling frisst bevorzugt Pflanzennahrung. Dieser *Grünfink* ist ungefähr sperlingsgroß und überwiegend grün gefärbt. Er baut in dichtem Gebüsch von Gärten und Parkanlagen Mitteleuropas seine napfförmigen Nester. Dazu sitzt er sicher auf einem Zweig, ohne Muskelkraft zu benötigen. Seine Gelenke an Knie und Lauf beugen sich, die Sehnen werden gespannt, sodass die Zehen den Zweig automatisch umklammern *(Sitzfuß)*.

Der Schnabel des Grünfinks ist kegelförmig. Er ist geeignet, Samen aufzuknacken und heißt deshalb *Körnerfresserschnabel*. Neben Samen von Gräsern, Kräutern und Bäumen bevorzugen diese Finken Beeren und Früchte. Lediglich für die eigene Brut, die Nestlinge, tragen die Eltern kleine Insekten als Nahrung ein.

Steinadler

Der Steinadler — ein Greifvogel — jagt in den Alpen. Aus einem Überraschungsangriff über dem Boden ergreift er mit den langen spitzen Krallen seiner Zehen Murmeltiere als Beute. Mit dem Reißhaken und dem kräftigen Schnabel *(Hakenschnabel)* zerteilt er leicht seine tierische Nahrung.

Gelbhaubenkakadu

Der Gelbhaubenkakadu ist ein Kletterkünstler aus Australien. Seinen Namen verdankt er dem gelben Federschopf am Kopf. In Schwärmen suchen die Kakadus nach Nahrung. Sie besteht im Wesentlichen aus Grassamen, aber auch aus Früchten, Beeren und Nüssen. In dem kürzeren, etwas breiteren Unterschnabel kann eine Nuss lagern, die dann im Zusammenwirken mit dem hakenförmigen, beweglichen Oberschnabel geknackt wird *(Nussknackerschnabel)*. Mit der Zunge und dem Schnabel löst der Papagei geschickt das Fruchtfleisch aus den Samenhüllen. Zum Festhalten der Nahrung setzt der Papagei auch seine Füße ein. Er kann einen der drei Vorderzehen nach hinten schwenken, sodass sich je zwei Zehen gegenüberstehen. Diese Anordnung ist auch zum Klettern sehr hilfreich *(Kletterfüße)*.

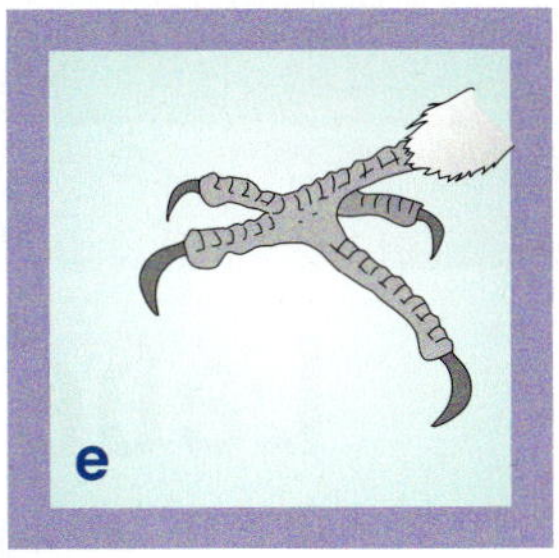

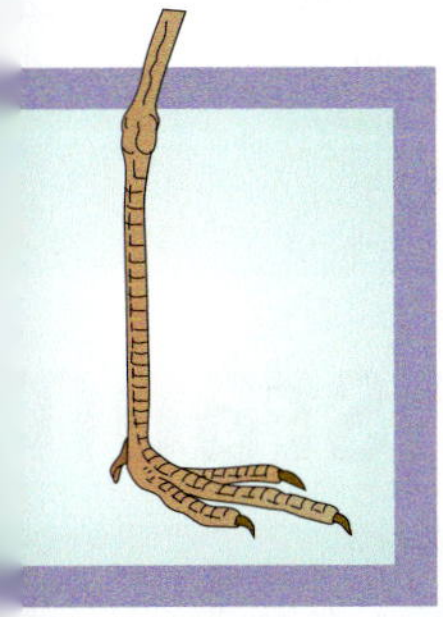

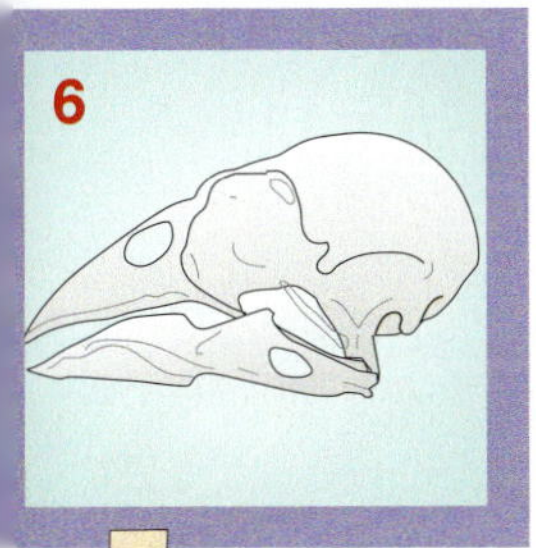

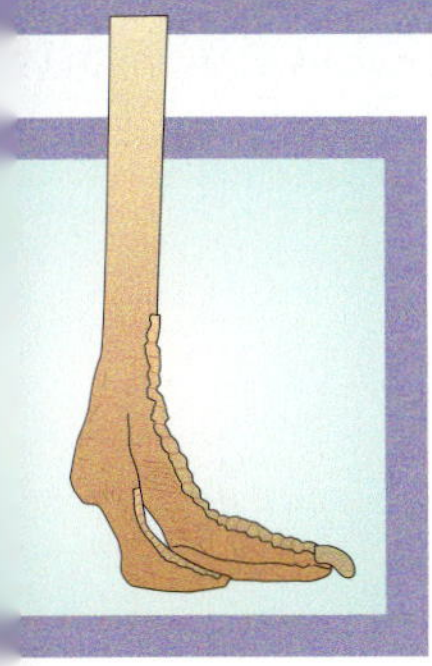

Graureiher

Der Graureiher fischt in den Uferzonen von Seen. Still steht ein Graureiher am Ufer eines deutschen Sees. Die drei langen Vorderzehen sind am Stelzenbein weit auseinander gespreizt und verhindern das Einsinken in den weichen Untergrund. Der s-förmig gebogene Hals ist völlig im Gefieder verborgen. Plötzlich stößt der Reiher seinen Kopf explosionsartig vor, der Hals scheint sich zu verlängern und mit dem langen spitz zulaufenden Schnabel *(Pinzettenschabel)* greift er den Fisch. Auf feuchten Wiesen fängt er auch Lurche, Insekten und Mäuse. In der Umgebung der Seen errichten die Reiher meist in Kolonien auf hohen Bäumen ihre Nester.

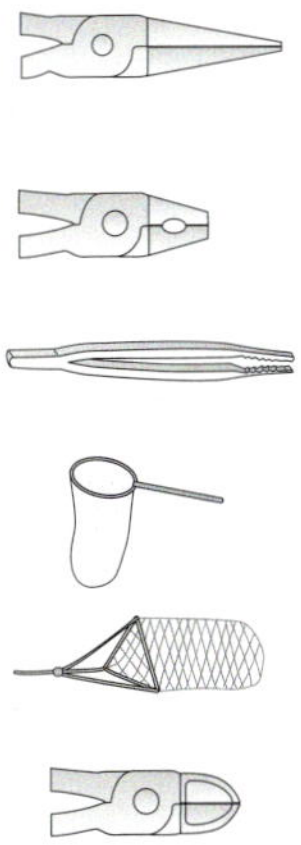

Aufgaben

1. Die Reihenfolge der Texte, Schädel mit Schnäbeln und die Fußabbildungen sind durcheinander geraten. Versuche, jeder beschriebenen Vogelart den richtigen Schnabel und den richtigen Fuß zuzuordnen.
2. Fasse die Ergebnisse in einer Tabelle nach folgendem Muster zusammen: Vogelart, Erdteil, Schnabeltyp, Fußtyp.
3. Links findest du auch Abbildungen von Werkzeugen. Erkläre für alle Werkzeugbeispiele, wie Vögel die vergleichbaren Leistungen mit ihren Schnäbeln vollbringen.

Kriechtiere Lurche Fische

Vom Wasser zum Land

Lebensraum

Entwicklung

Abwehr

Fische, Lurche und Kriechtiere sind Wirbeltiere, die in besonderer Weise Angepasstheiten an ihren Lebensraum zeigen. So besitzen Fische keine Beine, sondern Flossen zur Fortbewegung im Wasser. Lurche können sowohl im Wasser als auch an Land leben. Kriechtiere sind völlig an das Leben auf dem Land angepasst. Eine trockene Hornschuppenhaut und Eier, die nicht austrocknen, sind auffällige Eigenheiten. Diese charakteristischen Merkmale sind die Folge einer Entwicklung über viele Millionen Jahre.

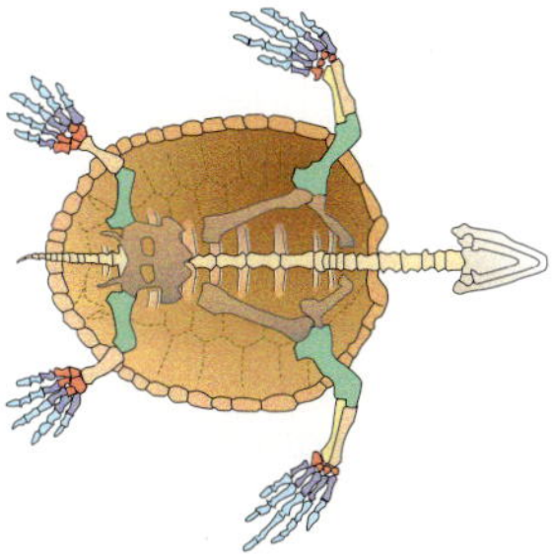

Ernährung

Tarnung

Fortbewegung

Der Vergleich von Fischen, Lurchen und Kriechtieren zeigt uns aber auch, wie sich aus im Wasser lebenden Organismen die an Land lebenden Organismen entwickelt haben könnten. Dieser Weg vom Wasser zum Land war Voraussetzung für die spätere Entstehung der Vögel und Säugetiere und damit auch des Menschen.

1 Fische – ein Leben im Wasser

1 Karpfen

Der Körperbau eines Fisches

Der *Karpfen* lebt in stehenden und langsam fließenden Gewässern. Am Boden und auf Pflanzen lebende Kleintiere und auch Pflanzen sind Hauptbestandteile seiner Nahrung. Am Beispiel des Karpfens kann man gut erkennen, wie Fische an das dauernde Leben im Wasser angepasst sind. Mit der lang gestreckten, am Kopf- und Schwanzende zugespitzten Gestalt gleitet er ruhig durch das Wasser. Sein Körper ist außerdem mit zahlreichen Knochenplättchen, den *Schuppen*, bedeckt, die dachziegelartig übereinander liegen. Darüber liegt noch eine zarte Haut, die seine gesamte Körperoberfläche überzieht. Viele kleine Hautdrüsen sondern einen Schleim ab, der die Oberfläche glitschig macht. Dieser Schleim verringert zusammen mit der stromlinienförmigen Gestalt den Wasserwiderstand beim Schwimmen und erleichtert so die Fortbewegung im Wasser (▶ S. 220). Außerdem schützt der Schleim den Fisch auch vor Pilzkrankheiten der Haut.

Aus dem Schuppenkleid ragen die *Flossen* heraus. Sie dienen dem Antrieb und der Steuerung. Die Flossen bestehen aus *Flossenstrahlen* und einer Haut, die sie miteinander verbindet. Sie können durch Muskeln ausgebreitet und wieder zusammengelegt werden.

Bei genauerer Betrachtung erkennt man an den Seiten des Fischkörpers eine leicht geschwungene, punktierte Linie. Das ist die *Seitenlinie* – ein Sinnesorgan. Die Punkte sind winzige Öffnungen, die in einen feinen Kanal unter den Schuppen münden. In diesen Kanal strömt ständig Wasser ein, wodurch die Sinneshärchen bewegt werden. Mithilfe des *Seitenlinienorgans* können Fische feinste Änderungen der Wasserströmung wahrnehmen, z. B. können sie mit diesem Strömungssinn heran schwimmende Feinde oder Beute „erkennen".

Unter der Wirbelsäule liegt die luftgefüllte *Schwimmblase,* ein nur bei Fischen vorkommendes Organ. Vergrößert oder verringert der Fisch die Luftmenge in der Schwimmblase, nimmt der Auftrieb im Wasser zu oder ab. Die Fische können dadurch in unterschiedlichen Wassertiefen schweben.

Aufgaben

① Zeichne die Umrisse eines Fisches in dein Heft.
② Setze bei den Ziffern 1 – 5 in Abbildung 2 folgende Begriffe ein:
Afterflosse, Schwanzflosse, Bauchflosse, Rückenflosse, Brustflosse.
③ Welche Flossen sind paarig?
④ Auch andere Wirbeltiere haben stromlinienförmige Gestalt. Welche kennst du?

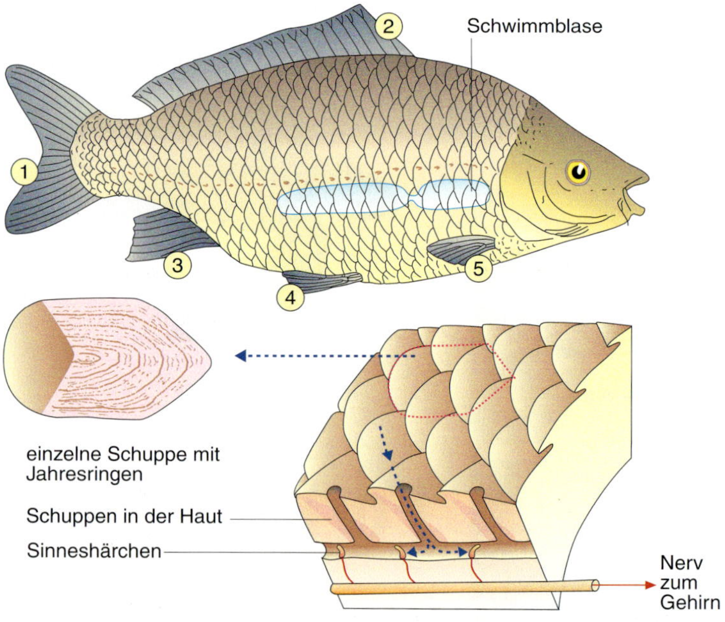

2 Karpfen – Körperbau, Körperbedeckung und Seitenlinienorgan

Atmen unter Wasser

Tauchen ist für den Menschen nur für kurze Zeit möglich. Dann muss er an die Oberfläche kommen, um Luft zu holen. Fische können dagegen im Wasser atmen, denn sie besitzen als Atmungsorgane *Kiemen*.

Diese liegen unter dem schützenden *Kiemendeckel*. Dort kann man vier hintereinander liegende *Kiemenbögen* mit vielen hauchdünnen *Kiemenblättchen* erkennen. Ihre rote Farbe verrät, dass sie gut durchblutet sind. Jeder der halbrunden, knöchernen Kiemenbögen besitzt eine Reihe solcher zweizipfeliger Kiemenblättchen. Von den Kiemenbögen stehen außerdem zahlreiche, mit den Zinken eines Kammes oder Rechens vergleichbare Fortsätze ab, die *Kiemenreusen*. Sie verhindern, dass die zarten Kiemen verletzt werden. Bei einigen Fischarten halten sie wie ein *Filter* im Wasser schwebende, kleinste Nahrungsteilchen zurück.

Das *Herz* pumpt sauerstoffarmes Blut in die Kiemenblättchen. Gleichzeitig strömt außen an den Kiemenblättchen ständig Wasser vorbei. Das im Blut gelöste Kohlenstoffdioxid wird an das Wasser abgegeben und gleichzeitig, in umgekehrter Richtung, der im Wasser gelöste Sauerstoff in die Adern aufgenommen. Das nun sauerstoffreiche Blut gelangt weiter in den Körper, wo es an die Organe Sauerstoff abgibt. Diese geben umgekehrt Kohlenstoffdioxid an das Blut ab. Danach fließt das sauerstoffarme Blut wieder zum Herzen und zu den Kiemen zurück.

Aufgaben

① Erkläre mithilfe der Abbildungen die Atembewegungen und den dabei auftretenden Wasserstrom bei der Kiemenatmung.

② Der in der Luft enthaltene Sauerstoff ist im Wasser gelöst. Beschreibe den Weg des Sauerstoffs, bis er in die Blutbahn gelangt. Nimm hierzu Abbildung 2 zu Hilfe.

③ Manchmal tritt nach einer langen, sehr warmen Wetterphase im Hochsommer ein Fischsterben vor allem in flachen, stehenden Gewässern auf. Erläutere mithilfe der Abbildung in der Mittelspalte einen möglichen Grund dafür.

④ An der Luft verkleben die Kiemenblättchen miteinander und trocknen schnell aus. Deshalb müssen Fische an der Luft ersticken. Erkläre den Zusammenhang.

⑤ Ordne den Ziffern in der Abbildung 1 die entsprechenden Begriffe zu.

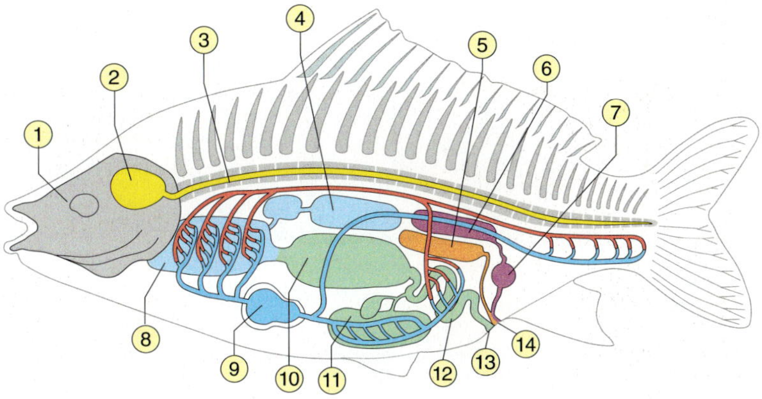

1 Innere Organe eines Fisches

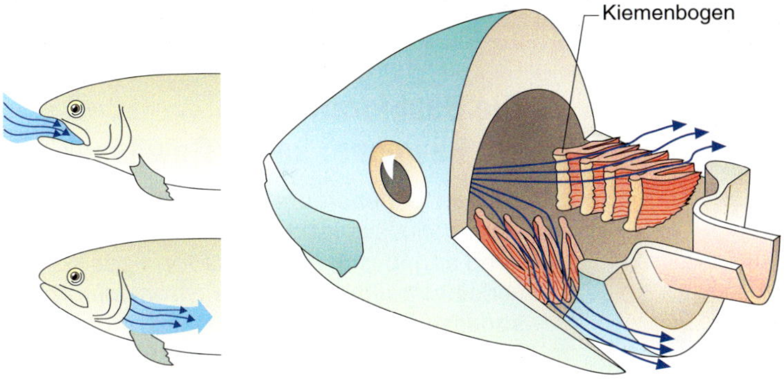

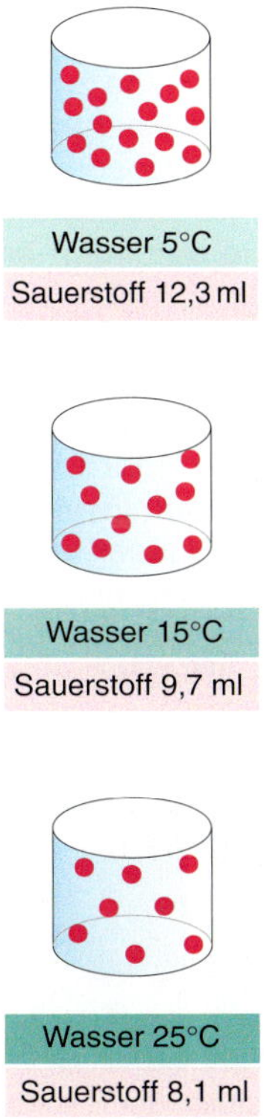

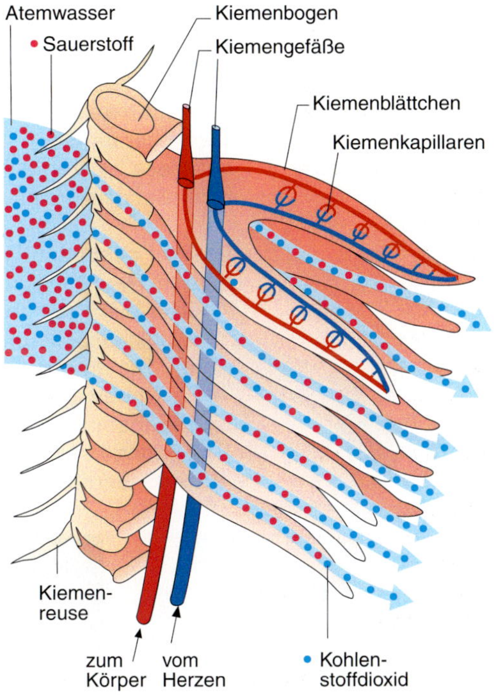

2 Aufbau der Kiemen

1 Bachforelle

Die Bachforelle – ein Bewohner kalter Gewässer

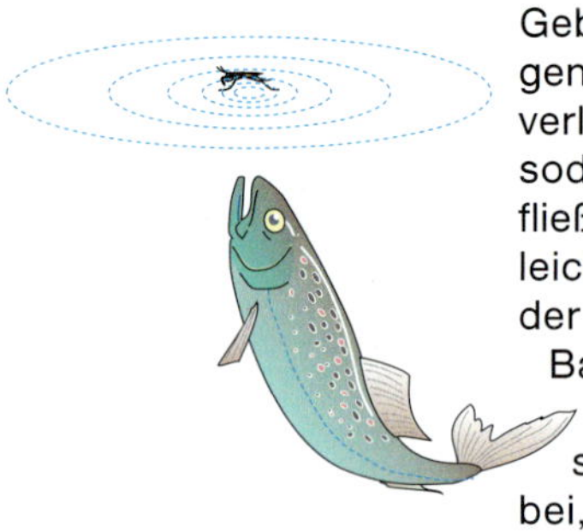

An den Lebensraum des Baches und des Gebirgsflusses ist die Bachforelle hervorragend angepasst. Ihr *spindelförmiger Körper* verleiht ihr eine fast ideale *Stromlinienform*, sodass der Wasserwiderstand im schnell fließenden Wasser stark verringert wird. Mit leichten, kaum wahrnehmbaren Schlägen der kräftigen Schwanzflosse erzeugt die Bachforelle gerade so viel Vortrieb, dass sie im fließenden Wasser zu „stehen" scheint. Die übrigen Flossen helfen dabei, eine ruhige Gleichgewichtslage zu halten. Auf diese Weise wartet die Bachforelle z. B. auf Insekten, die auf der Wasseroberfläche herantreiben. Sie schießt blitzschnell auf diese zu, verschluckt sie und kehrt anschließend in ihre Lauerstellung zurück.

Das tief gespaltene Maul weist die Bachforelle als *Raubfisch* aus. Zu ihrer Nahrung gehören nicht nur Insekten, sondern auch kleine Fische und Larven von Insekten, die untergetaucht im Wasser leben. Neben geeigneter Nahrung muss der Lebensraum der Bachforelle ihr weitere Bedingungen bieten: Am wichtigsten ist ein hoher Sauerstoffgehalt des Wassers. Dieser ist nur dann hoch genug, wenn das Wasser kalt ist. Bei Temperaturen über 18 °C stirbt die Bachforelle, da dann der Sauerstoffgehalt zu gering wird. Die gleiche Wirkung haben Verunreinigungen, die in das Gewässer gelangen. Das erklärt, weshalb Bachforellen nur in Bächen mit kaltem Quellwasser und Gebirgsflüssen vorkommen, die nicht verunreinigt sind.

Im Winter, in der die Laichzeit der Bachforelle liegt, wandern die fortpflanzungsfähigen Tiere stromaufwärts zu ihren Laichplätzen im Oberlauf des Baches. Dort ist das Wasser noch kälter und sauerstoffreicher. Vor dem Ablaichen heben die Weibchen eine muldenförmige *Laichgrube* im kiesigen Untergrund aus, indem sie mit kräftigen Schlägen der Schwanzflosse Sand und Kies zur Seite fegen. Die Männchen fechten untereinander Rivalenkämpfe aus. Der Sieger kommt schließlich zur Fortpflanzung, indem er seine *Spermienflüssigkeit* über die vom Weibchen in die Laichgrube abgelegten Eier abgibt. Die Eier werden also außerhalb des Körpers befruchtet *(äußere Befruchtung,* ▶ S. 228). Das Weibchen bedeckt anschließend die Laichgrube mit Kies und verlässt diese. Zwei bis drei weitere Laichgruben mit bis zu 1 500 Eiern können angelegt werden.

Die aus den Eiern im April bis Mai schlüpfenden *Fischlarven* ernähren sich zunächst vom Nährstoffvorrat des *Dottersackes*. Nach dessen Verbrauch verlassen die ca. 2,5 cm großen Jungfische die Laichgrube und müssen selbst auf die Jagd nach Beutetieren gehen, um heranwachsen zu können.

Bachforellen sind geschätzte Speisefische, die allerdings nur langsam heranwachsen. Aus diesem Grund züchtet man heute in Teichen eine Verwandte der Bachforelle, die *Regenbogenforelle*. Sie stammt aus Nordamerika, verträgt höhere Temperaturen und wächst schneller heran. Zwei weitere Formen, die *See-* und *Meerforelle,* sind Rassen der Bachforelle. Während die Seeforelle in kalten Gebirgsseen vorkommt, lebt die Meerforelle vor den Meeresküsten und wandert zum Ablaichen die Geburtsflüsse hinauf.

2 Entwicklungsstadien der Bachforelle

Fischpräparation

Die Untersuchung einer Forelle zeigt viele Organe, die denen von Säugern und Vögeln ähneln, aber auch Organe, die diese Tiere nicht besitzen. Dabei handelt es sich vor allem um Organe, die eine Anpassung an das Leben im Wasser darstellen.

Für die Untersuchung und Präparation der Forelle brauchst du folgende Hilfsmittel: Alte Zeitungen als Unterlage, spitze Schere, Pinzette, Lupe, Skalpell.

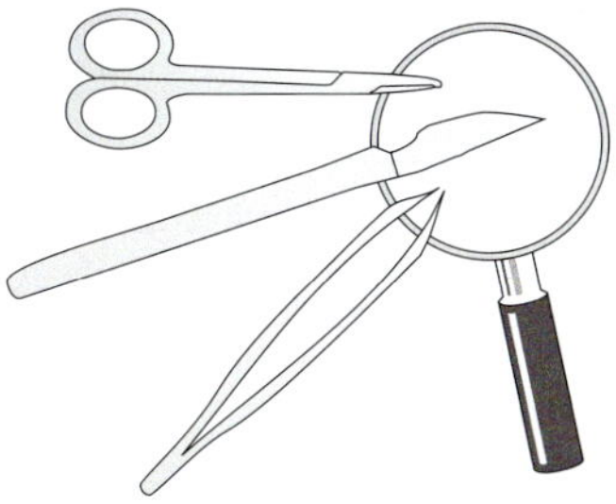

1 Präparationsbesteck

Untersuchung von außen

① Suche bei dem Fisch folgende Körperteile und beschreibe in deinem Heft deren Form und Beschaffenheit: Haut, Nase, Augen, Zähne, Seitenlinie, Flossen, Kiemendeckel, hintere Körperöffnungen.

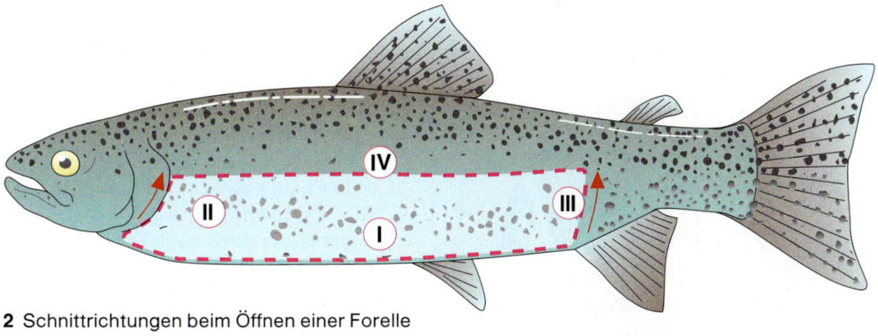

2 Schnittrichtungen beim Öffnen einer Forelle

Untersuchung der Kiemenhöhle

② Lege den Fisch auf die Zeitungen. Trenne mit der Schere den linken Kiemendeckel und die ganze Wand des Mundraumes ab. Welche Teile werden dabei sichtbar?

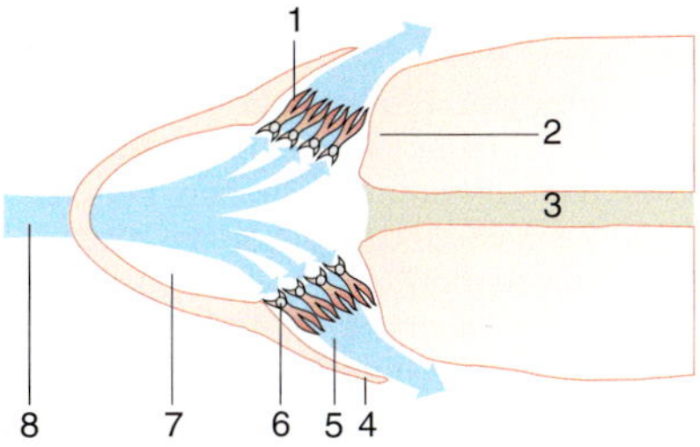

3 Der Weg des Atemwassers

③ Ordne in deinem Heft den Ziffern der Abbildung 3 folgende Begriffe zu: Mundraum, Kiemendeckel, Kiemenbogen, Kiemenblättchen, Rumpfmuskeln, Speiseröhre, Atemwasser, Kiemenraum.

④ Suche den Weg des Atemwassers und notiere in deinem Heft die Ziffern der Abbildung 3 in der Reihenfolge dieses Weges. Suche und notiere in gleicher Weise den Weg der Nahrung.

Untersuchung der Bauchhöhle

⑤ Schneide, wie in der oberen Abbildung eingezeichnet, ein Fenster seitlich aus der Bauchwand:

I. Längsschnitt vom After zum Rand der Kiemenhöhle, Schere möglichst flach führen, um keine inneren Organe zu treffen.
II. Bogenschnitt am hinteren Rand der Kiemenhöhle entlang.
III. Bogenschnitt vom After aus nach oben.
IV. Körpermitte aufklappen und abtrennen.

⑥ Nun liegen die inneren Organe offen. Versuche sie anhand der Beschreibung und der Abbildung 4 zu finden. Der obere Bereich der Bauchhöhle wird von der großen, gasgefüllten Schwimmblase ausgefüllt, die zum Teil vom Eierstock bzw. Hoden verdeckt ist. Befindet sich der aufpräparierte Fisch unter Wasser, sieht man die Schwimmblase zur Oberfläche treiben. Weiter rückenwärts befindet sich nur noch die Niere.

⑦ Mit einer stumpfen Pinzette versuchen wir, den Darm etwas aus dem Fisch zu lösen, um seinen Verlauf besser zu erkennen. Er ist von drei Leberlappen umgeben.

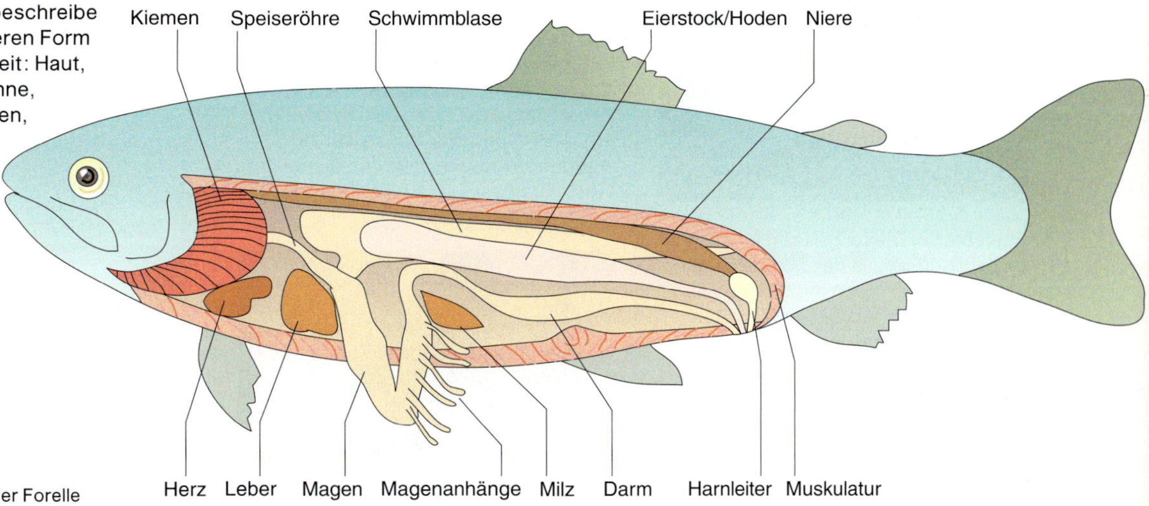

4 Die Organe der Forelle

Lexikon

Fische

Süßwasserfische

Rotfeder. Sie lebt in Schwärmen in der Nähe der Oberfläche von langsam fließenden oder stehenden Gewässern, vor allem über dichtem Pflanzenwuchs der Uferzonen. Rotfedern ernähren sich teilweise von Pflanzen, aber auch Tiere der Wasseroberfläche, z. B. Stechmückenlarven, gehören zu ihrer Nahrung. Solche Allesfresser werden als *Friedfische* bezeichnet. Rotfedern werden bis zu 40 cm lang. Sie sind eine wichtige Beute von Barsch und Hecht.

Flussbarbe. Dieser gesellig lebende Bodenfisch wird in der Dämmerung aktiv und sucht dann mit den vier Bartfäden *(Barteln)* an seinem Maul den Boden nach Laich, Fischbrut, Würmern und Kleinkrebsen ab. Zum Laichen ziehen sie in großen Schwärmen kurze Strecken stromauf, wo der goldgelbe, giftige Laich über kiesigem Grund abgesetzt wird. Die Flussbarbe wird bis zu 90 cm lang.

Hecht. Mit einer Körperlänge von bis zu 1,50 m ist der Hecht der größte *Raubfisch* unserer heimischen Gewässer. Durch seine Streifenzeichnung perfekt getarnt, liegt der Hecht oft im dichten Pflanzenwuchs auf Lauer (► S. 220). Zu seiner Beute gehören nicht nur Fische, sondern auch Frösche, Ratten und Wasservögel.

Flussbarsch. Dieser *Raubfisch* jagt in kleinen Trupps nach Krebsen und Fischen. Er kommt in Bächen, Flüssen und Seen vor und ist gut an der stacheligen vorderen Rückenflosse und an den roten Bauch-, After- und Schwanzflossen zu erkennen. Barsche werden bis 50 cm lang.

Stichling. Die verschiedenen Arten dieses kleinen Fisches kommen in Teichen, Bächen, Flüssen, selbst im Brackwasser und im Meer vor. Stichlinge leben die meiste Zeit des Jahres in Schwärmen. Zur Fortpflanzungszeit jedoch besetzen die Männchen in flachem, warmem Süßwasser ein Brutrevier. Sie verteidigen es und bauen ein Nest. Durch Balztänze werden trächtige Weibchen zum Ablaichen im Nest veranlasst. Das Männchen versorgt die Brut allein.

Meeresfische

Thunfisch. Dieser Meeresfisch kann bis zu 5 m lang werden. Seine kräftige Muskulatur und die Stromlinienform ermöglichen ihm Geschwindigkeiten bis zu 50 km/h, wenn er in kleinen Gruppen nach Schwarmfischen, z. B. Makrelen, jagt (► S. 220). Die Hauptlaichplätze des Thunfisches liegen im Mittelmeer, wo er seit altersher mit Harpunen oder Reusen gefischt wird.

Haie. Alle Haie sind Knorpelfische. Sie besitzen einige besondere Merkmale, die sie von den Knochenfischen unterscheiden. Die knorpelige Wirbelsäule der Haie trägt nur kurze Wirbelfortsätze. Die Kiemen sitzen an den Wänden von beiderseits fünf Kiemenspalten. Haie besitzen keine Schwimmblase. In ihrem Maul stehen messerscharfe, dreieckig geformte Zähne in mehreren Reihen hintereinander. In der vorderen Reihe ausfallende Zähne werden durch die in den hinteren Zahnreihen ersetzt. Von den etwa 350 Haiarten sind für den Menschen nur wenige wirklich gefährlich.

Einige Arten, wie der **Walhai**, filtern ihre Nahrung mithilfe des weit geöffneten Mauls aus dem Wasser. Sie sind völlig ungefährlich.

Schwimmen – Schweben – Sinken

Körperform und Geschwindigkeit

Die Form der Fische kann ganz unterschiedlich sein. So gibt es Fischarten mit schlanken, spindelförmigen Körpern, aber auch solche mit einem hochgewölbten Rücken und Bauch. Davon hängt es unter anderem ab, ob eine Fischart zu den Schnellschwimmern gehört oder nicht.

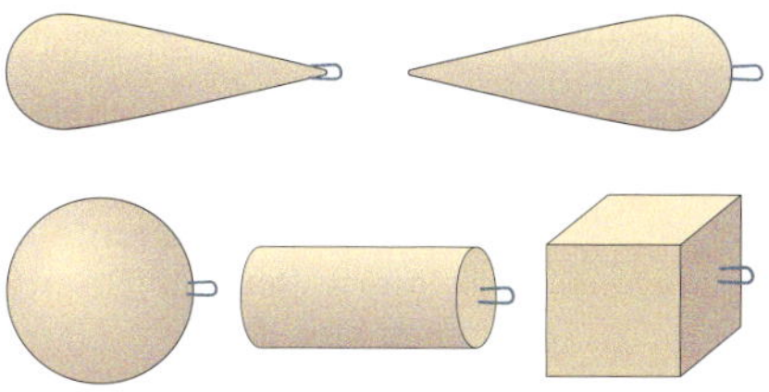

Um genau herauszufinden, welchen Einfluss die Körperform auf den Wasserwiderstand beim Schwimmen hat, kannst du ein Experiment machen.
Forme dazu entsprechend der Abbildung aus Knetmasse verschieden geformte Körper. Bei der Herstellung der Schwimmkörper wird eine Drahtöse in diesen eingeschlossen. Damit sich die Drahtösen während des Experiments nicht herausziehen, muss der vom Schwimmkörper umschlossene Draht in einem Winkel gebogen sein. Achte außerdem darauf, dass die verschiedenen Körper die selbe Masse haben, z. B. 5 Gramm (Waage!). An den Ösen werden jeweils gleich lange Fäden befestigt, die ungefähr 20 cm länger sind als das Versuchsbecken. Am anderen Ende des Fadens bringst du eine Öse an. Eines der so vorbereiteten Modelle wird entsprechend der Abbildung in ein längeres, mit Wasser gefülltes Becken gebracht und an die Öse ein Wägestück angehängt. Markiere am oder im Becken eine Start- und Ziellinie. Das am Faden hängende Modell wird nun auf die Ziellinie gebracht und das Wägestück über die Beckenkante gehängt. Das Wägestück wird so festgehalten, dass der Faden nicht durchhängt. Miss nun mithilfe einer Stoppuhr die Zeit, die nach Loslassen des Wägestücks bis zum Erreichen der Ziellinie vergeht. Bei der Auswahl des Wägestücks ist darauf zu achten, dass der Körper relativ langsam durch das Wasser gezogen wird. Führe den gleichen Versuch mit den übrigen Körpern durch.

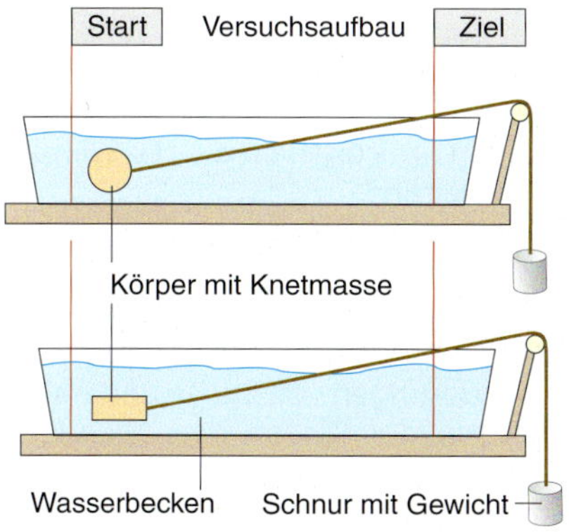

① Notiere deine Messwerte in einer Tabelle und erläutere sie. Kennst du Fische, die einem der Modelle ähneln?

Schwimmblase und Schweben

Die Aufgabe der Schwimmblase wird mit folgendem Experiment deutlich: Bereite einen Glaskolben so vor, wie er in der Zeichnung dargestellt ist. Fülle den Kolben ganz mit Wasser, tauche ihn dann in ein mit Wasser gefülltes (Glas-)Becken, blase langsam Luft in den Schlauch und lasse sie anschließend wieder ab. Wiederhole dieses ein- bis zweimal, bevor du versuchst, gerade so viel Luft in den Ballon zu blasen, dass der Kolben in der Schwebe bleibt.

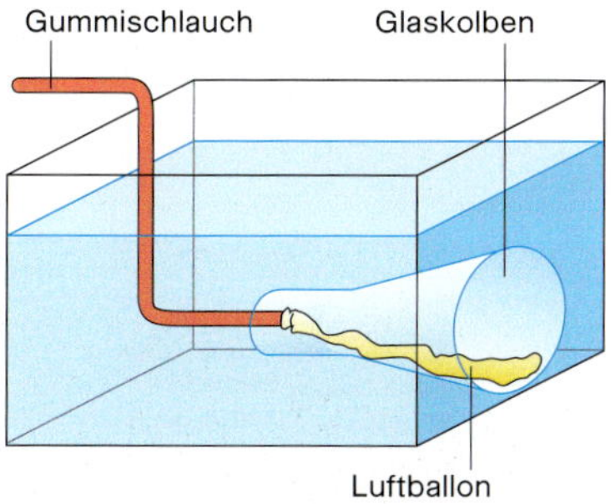

② Notiere deine Beobachtungen und versuche, das Ergebnis dieses Experiments zu deuten.

Schwimmblase und Wasserdruck

Schwimmt ein Fisch nach oben, verringert sich der Wasserdruck. Die Schwimmblase wird dann größer, weil sie nicht mehr so stark zusammengedrückt wird. Da der Fisch dadurch mehr Auftrieb erhält, muss er so viel Gas aus der Schwimmblase entfernen, dass sie wieder die ursprüngliche Größe besitzt. Dann schwebt der Fisch erneut im Gleichgewicht, nur etwas höher. Schwimmt ein Fisch nach unten, nimmt der Wasserdruck zu, die Schwimmblase wird dadurch kleiner und der Auftrieb nimmt ab. Um erneut im Gleichgewicht schweben zu können, jetzt nur etwas tiefer, muss der Fisch so lange Gas in die Schwimmblase aufnehmen, bis der Auftrieb im Wasser wieder so groß ist wie zuvor.

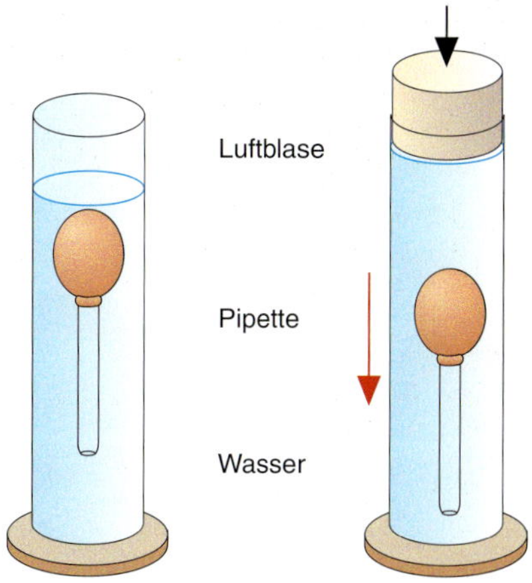

Ein Experiment kann dir dieses zum Teil veranschaulichen. Fülle dazu eine Pipette mit Gummihütchen vollständig mit Wasser. Drücke nun über Wasser so viel Wasser aus der Pipette heraus und sauge dafür Luft an, dass die Pipette mitsamt Luftbläschen im Standzylinder gerade noch an der Wasseroberfläche schwimmt. Durch Ausprobieren bekommst du die richtige Menge heraus. Fülle nun den Standzylinder fast vollständig mit Wasser und drücke den Gummistopfen langsam in die Öffnung und lockere ihn wieder.

③ Notiere deine Beobachtungen

Durch Druck auf den Stopfen wird auch der Druck im Standzylinder erhöht. Entsprechendes gilt umgekehrt.

④ Wie verändert sich dabei das Volumen der im Pipettenhütchen eingeschlossenen Luft? Welche Folgen hat das?

⑤ Wie würde sich bei einem Fisch dabei das Luftvolumen in der Schwimmblase verändern, um dem Absinken bzw. Steigen entgegenzuwirken?

1 Bär fängt springenden Lachs

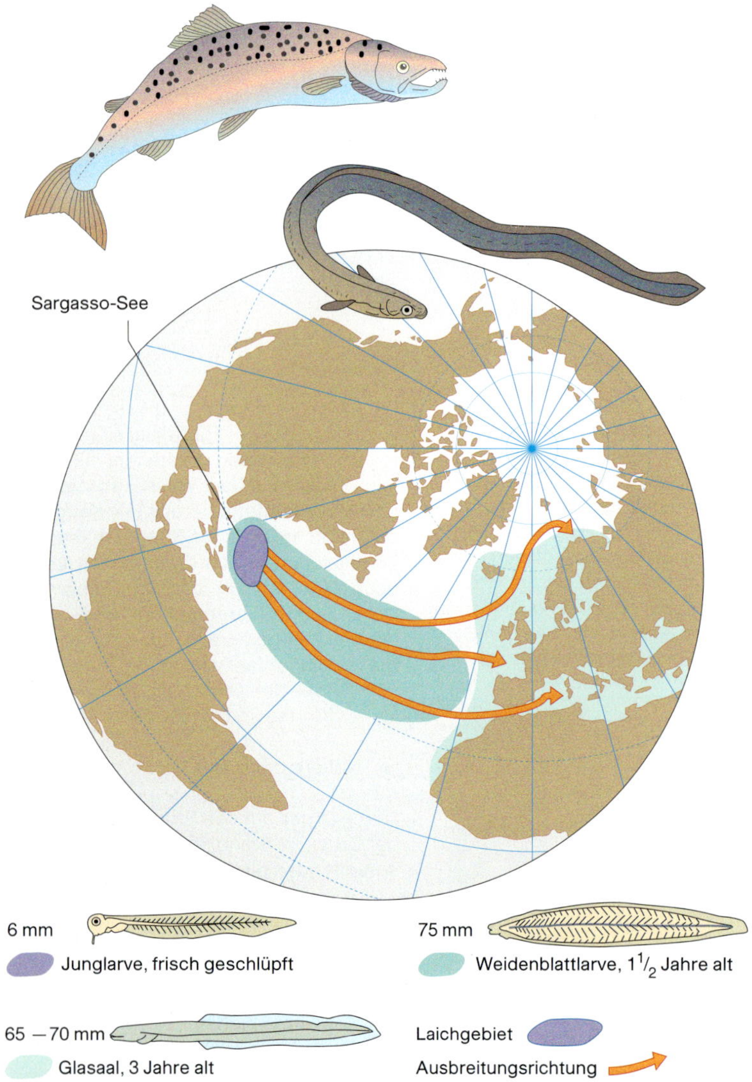

2 Weg des europäischen Aals

Lachs und Aal sind Wanderfische

Viele einheimische Fischarten bleiben zeitlebens in dem Gewässer, in dem sie herangewachsen sind. Man nennt sie deshalb *Standfische*. Beispiele dafür sind *Hecht* und *Karpfen*. Andere Arten unternehmen weite Wanderungen zu ihren Nahrungs- oder Laichgründen. Solche Fische nennt man *Wanderfische*. Zu ihnen gehören Aal und Lachs, die zwischen Meer und Süßwasser wandern.

Den größten Teil ihres Lebens verbringen die **Lachse** im Meer. Dort leben sie räuberisch und wachsen innerhalb von zwei Jahren zu geschlechtsreifen Tieren heran. Sie sind dann bis 1,20 m lang und 45 kg schwer. Die Lachse wandern von Juli bis September aus dem Meer in die *Oberläufe* der Flüsse zu ihren *Laichplätzen*. Man weiß aus Markierungsversuchen, dass die erwachsenen Lachse stets das Gewässer ihrer Jugendentwicklung aufsuchen. Beim Aufsteigen überwinden die Lachse auch Hindernisse wie Staustufen oder Wasserfälle. Im Winter laichen sie dann in der Nähe der Quelle sauberer Flüsse ab. Die Alttiere treiben danach erschöpft flussabwärts. Erst im Frühjahr schlüpfen die Jungtiere aus. Sie leben einige Zeit im Süßwasser, bevor sie dann flussabwärts ins Meer wandern (▶ S. 230).

Weit besser als beim Lachs sind die Laichwanderungen des europäischen **Aals** untersucht. Er lebt 6 – 12 Jahre lang in Seen, Bächen oder Gräben und wird bis zu 1,50 m lang. Im Herbst wandern die geschlechtsreifen Tiere *flussabwärts* in den Atlantik. Sie schwimmen dem Golfstrom entgegen bis in die Sargasso-See vor der amerikanischen Küste. Das sind zwischen 6 000 und 8 000 km Wanderweg! Nach dem Ablaichen sterben die Alttiere. Die geschlüpften *Aallarven* treiben mit dem Golfstrom im Laufe von drei Jahren nach Europa zurück. Als durchsichtige *Glasaale* wandern sie dann wieder in die Flüsse ein. Man weiß, dass weder die erwachsenen Lachse noch die erwachsenen Aale auf ihren Laichwanderungen Nahrung zu sich nehmen. Sie müssen sich also durch die Anlage von Fettreserven auf die Wanderungen vorbereiten.

Aufgaben

① In welchem Punkt unterscheiden sich die Laichwanderungen von Lachs und Aal?

② Gestaltet in der Klasse eine Wandzeitung zum Thema „Lebenskalender“ von Lachs bzw. Aal.

1 Heringsschwarm und 2 Arbeit auf einem Fangschiff

Das Meer – ein wichtiger Nahrungslieferant

Wer schon einmal eine Fahrt mit einem Krabbenkutter auf der Nordsee mitgemacht hat, wird mit Spannung das Heraufholen der Netze verfolgt haben. Verschiedene Meerestiere, einige in großer Zahl, kommen zum Vorschein, zum Beispiel Garnelen, Seesterne und kleinere Fische. Sie und andere Meerestiere finden in den nährstoffreichen Küstengewässern eine optimale Nahrungsgrundlage. Solche Bedingungen sind im Atlantischen Ozean, zum Beispiel auch vor den Küsten Islands, vor der Westküste Großbritanniens und vor den Küsten Neufundlands, gegeben. Dort können viele Algen gedeihen, die zum Beispiel Nahrung von Kleinkrebsen sind. Diese bilden die Nahrungsgrundlage für Fische, die bei gutem Nahrungsangebot in großen Schwärmen vorkommen können, zum Beispiel die Heringe. Diese fallen wiederum größeren Räubern zum Opfer, zum Beispiel *Thunfischen*.

Aus solchen nährstoffreichen Meeresgebieten kommen die meisten der Seefische, die als *Speisefische* zu uns gelangen. Eine wichtige Rolle spielen der *Dorsch* oder *Kabeljau* und die *Makrele*. Beide leben in großen Schwärmen. Dorsche werden meist zu Filets verarbeitet, Makrelen werden oft geräuchert angeboten. Weitere bekannte Seefische sind der *Rotbarsch* und der *Hering* sowie die verschiedenen Plattfischarten, zum Beispiel *Scholle* und *Steinbutt*. Plattfische sind durch die seitliche Abflachung ihres Körpers an das Leben auf dem Meeresboden hervorragend angepasst.

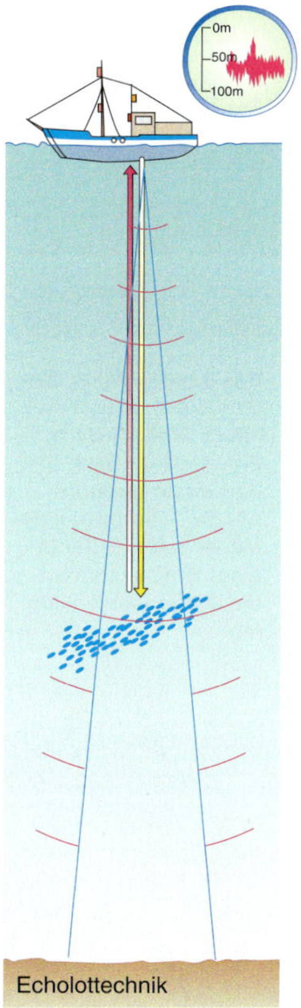

Grundschleppnetz

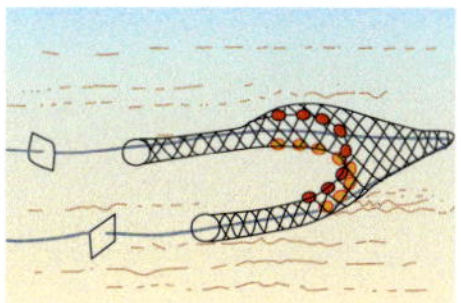

Moderne Fischereischiffe können Fischschwärme mithilfe der *Echolottechnik* genau orten. Die von einem Sender abgegebenen Ultraschallwellen werden vom Fischschwarm zurückgeworfen und von einem Empfänger aufgezeichnet. Mit ringförmig angeordneten Netzen *(Ringwaden)* fängt man große Fischschwärme, die sich in der Nähe der Oberfläche aufhalten. Mit *Schleppnetzen (Trawl)* fischt man auf oder dicht über dem Meeresboden lebende Fische, wie Dorsche und Plattfische. Fischfangflotten können heute Fischschwärme fast vollständig dem Meer entnehmen, sodass die Weltmeere heute sehr stark überfischt sind. Der Bestand mehrerer wichtiger Nutzfischarten ist bereits deutlich zurückgegangen.

Trotzdem nimmt die Menge der jährlich gefangenen Meeresfische wegen der zunehmend intensiven Befischung weltweit noch zu. Die Menge der weltweit gefangenen Seefische stieg von etwa 14 Mio. Tonnen im Jahr 1950 um mehr als das Dreifache im Jahr 2000. Der Gefährdung der Fischbestände versucht man durch Festlegung von Fangquoten und dem Verbot bestimmter Fangmethoden entgegenzuwirken. So ist in allen Ländern der Europäischen Union die Fischerei mit Treibnetzen verboten. Die *Treibnetzfischerei* mit kilometerlangen Netzen ist besonders schädlich, da in den 10 bis 15 Meter hohen Netzen auch viele nicht gewünschte Fische hängen bleiben. Außerdem verfangen sich in ihnen zum Beispiel auch Delfine, die dann ertrinken müssen.

Sammelt farbige Abbildungen von Fischen und klebt sie auf einer Weltkarte auf! Schreibt den Lebensraum dazu! Beschreibt das Aussehen (Farbe und Form, Maulstellung, Lage der Augen usw.) der Fischarten!
Welche Bedeutung könnten farbige Streifen, unregelmäßige Muster oder einzelne große Farbflecken haben?

Vielfalt der Fische

Auf wie viele Fische kommst du, wenn du darüber nachdenkst? Schreibe die Namen der Fische auf und vergleiche mit deinen Mitschülern!

Wahrscheinlich ergibt sich eine Liste, in der die große Vielfalt der Fische sichtbar wird. Hier sind einige Beispiele: Haifisch, Goldfisch, Seepferdchen, Hering, Tintenfisch, Karpfen, Plattfisch, Forelle, Walfisch, Fischstäbchen . . . .
Aber genau aufpassen, ob in der Liste alles stimmt!

Nahrungserwerb

Die Schützenfische Hinterindiens fangen ihre Beute aus der Luft. Sie besitzen durch die spezialisierte Gestaltung des Maules die Fähigkeit, Insekten mit einer gezielten Ladung Wasser von einem Ast oder Schilfrohr „herunter zu schießen“.

Der Fetzenfisch schwimmt träge zwischen Seegras und Tang umher. Er ist mit 30 cm Länge eine der größten Seepferdchenarten und lebt in den warmen Meeresbuchten vor Australien und Asien.

Fortpflanzung

Das Seepferdchen besitzt als einziger Fisch einen Greifschwanz. Eine weitere Besonderheit ist die Brutpflege — so tragen die Männchen die Eier in einer Bruttasche, bis die Jungen ausschlüpfen.

Färbung

Fische können sehr unterschiedlich gefärbt sein. Viele haben einen silbrigen Bauch und einen dunklen Rücken. Dadurch sind sie besser getarnt. Kannst du erklären, warum? Suche nach Beispielen!

Die farbenprächtigsten Fischarten kommen in tropischen Gewässern vor. Manche kann man auch in den Aquarien von zoologischen Gärten bewundern. Es lohnt sich ein Ausflug in den Zoo, um sich die Vielfalt der Farben und der Muster einmal anzusehen. Vielleicht solltet ihr einmal mit einem Zoolehrer über dieses Thema sprechen.

Am Kopf hat der Schmetterlingsfisch einen senkrechten, schwarzen Streifen, in dem das Auge verborgen liegt. Ein Zick-Zack-Muster überzieht seinen Körper und ein dunkler Fleck liegt am Ende der Rückenflosse. Eigenwilliger hätte es sich auch ein Künstler kaum ausdenken können.

Fliegende Fische können bis zu 50 m weit fliegen und erreichen eine Geschwindigkeit von etwa 50 km/h. Ihre Flughöhe beträgt ungefähr 1 Meter.

Anglerfische sehen oft sehr merkwürdig aus, falls man sie überhaupt findet. Wo ist die Angel? Wie und warum funktioniert sie?

Fortbewegung

Bei vielen Fischen dient nicht die Schwanzflosse dem Hauptantrieb, sondern andere Flossen, wie zum Beispiel die Brustflossen bei den Doktorfischen, die Rücken- und Afterflosse bei den Drückerfischen. Das ist, wie auch die Fischgestalt, eine Anpassung an ihren Lebensraum und ihre Ernährungsweise.

Informiere dich über Doktor- und Drückerfische. Überlege, welche Flossen für die auf dieser Seite abgebildeten Fische den Hauptantrieb bilden könnten.

Fischgestalten

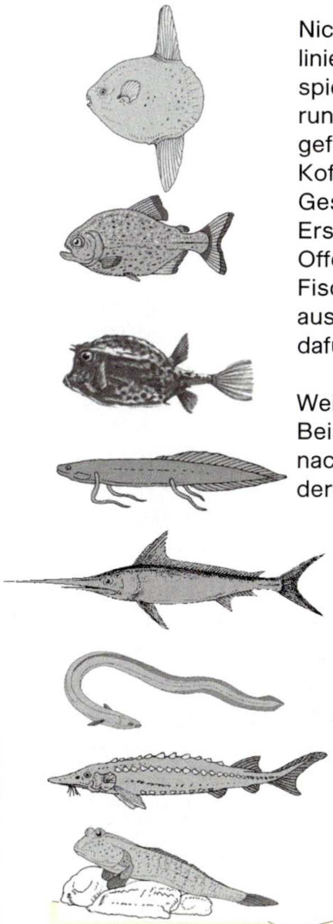

Nicht alle Fische besitzen einen stromlinienförmigen Körper. Es gibt zum Beispiel lang gestreckte Seenadeln, kugelrunde Igelfische, flache Seezungen, geflügelte Rochen und fast rechteckige Kofferfische. Manchmal versetzt die Gestalt eines Fisches den Beobachter in Erstaunen.
Offenbar gibt es Gründe dafür, dass Fische manchmal gar nicht fischförmig aussehen. Kannst du eine Erklärung dafür finden?

Weitere Informationen kannst du zum Beispiel in Büchereien finden. Suche nach Beispielen von Fischen mit besonderer Gestalt und berichte darüber.

Lebensraum

Fische leben im Wasser. Sie kommen im Süßwasser von Seen und Flüssen vor, im Salzwasser der Meere oder im Brackwasser. Es gibt Spezialisten für die Tiefsee und für flache Gewässer, für das Eingraben im Sand und das Leben in engen Zwischenräumen, usw.

Suche jeweils nach Beispielen!
Gibt es Fische, die sowohl im Salzwaser als auch im Süßwasser leben können?
Wo leben fliegende Fische?
Was weißt du über Tiefseefische?
Stelle selbst weitere Fragen und suche nach Antworten dafür.

Bei der Scholle ist die linke Körperseite zur Ober— und die rechte zur Unterseite geworden. Auch das Auge wandert bei der Entwicklung der Jungfische so über den Rücken von einer Körperseite zur anderen.

2 Lurche sind Feuchtlufttiere

1 Grasfrösche im Laichgewässer

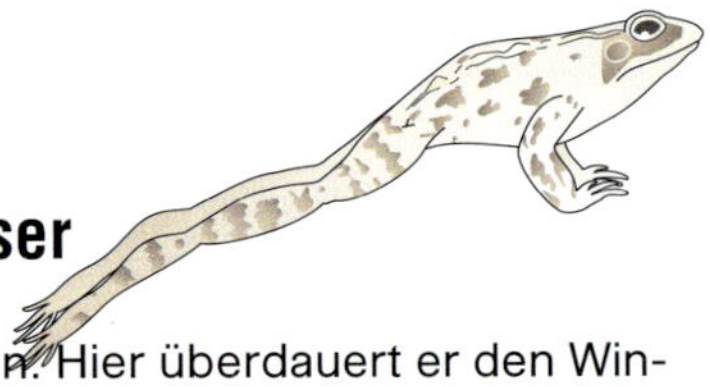

Der Grasfrosch – ein Leben an Land und im Wasser

Der Grasfrosch jagt in feuchten Wiesen, Gräben und dichten Gebüschen nach Insekten, Regenwürmern und Schnecken.

Die *langen Hinterbeine* ermöglichen weite Sprünge auf dem Trockenen, aber auch schnelles Schwimmen. Durch die *Schwimmhäute* zwischen den Zehen ist er gut an die Fortbewegung im Wasser angepasst. Seine braune Färbung mit dunklen Flecken tarnt den Grasfrosch im Gras- und Krautgewirr ebenso wie am Grund eines Gewässers. Die *halbkugeligen, seitlich sitzenden Augen* geben ihm gute Rundumsicht. Mit den *Trommelfellen*, die als dunkle Flecken hinter den Augen erkennbar sind, nimmt er Geräusche auf. Seine Haut trägt keine Hornschicht. Sie ist *nackt* und stets von einer dünnen, feuchten Schleimschicht bedeckt. In trockener Luft würde die Haut rasch austrocknen. Deshalb benötigt der Grasfrosch feuchte Lebensräume; er ist ein **Feuchtlufttier**.

Die Körpertemperatur des Grasfrosches entspricht immer etwa der Außentemperatur und schwankt mit ihr. Er ist **wechselwarm**. Wenn es im Herbst dauerhaft kühler wird, bewegt er sich immer langsamer. Schließlich verkriecht er sich in ein Erdversteck oder er gräbt sich im Schlamm auf dem Grund von Gewässern ein. Hier überdauert er den Winter regungslos in *Winterstarre*. Im Frühjahr, wenn die Außentemperaturen wieder steigen, wandert er zur *Paarung* in das Gewässer, in dem er aufgewachsen ist (▶ S. 228).

Die Männchen treffen zuerst am Tümpel ein. Dort warten sie dann quakend auf die Weibchen, die sich aber bis zu einer Woche Zeit mit ihrer Ankunft lassen. Das Grasfroschweibchen erkennt das Grasfroschmännchen an seinen *Rufen*. Ist es einem der „Sänger" nah genug gekommen, klettert dieser auf den Rücken des Weibchens und klammert sich fest. Kämpfe um ein Weibchen gibt es bei den Grasfröschen nicht. Das Männchen wird einige Tage herumgetragen, bis die Eier des Weibchens herangereift sind. An flachen Stellen mit Pflanzenbewuchs presst das Froschweibchen bis zu 4000 Eier, den *Laich*, ins Wasser und das Männchen gibt seine milchige Spermienflüssigkeit dazu. Man spricht von *äußerer Befruchtung*, da die Spermien außerhalb des Körpers in die Eizellen eindringen. Die das Ei umgebende *Gallerthülle* quillt zu einer dicken Schutzschicht auf. Das Ei darin dreht sich mit der dunklen Seite nach oben. Der schwarze Farbstoff nimmt die Sonnenwärme auf und schützt vor der gefährlichen UV-Strahlung.

Von der Kaulquappe zum Frosch

Drei Wochen nach der Befruchtung schlüpft die *Froschlarve* aus der Eihülle. Larven nennt man alle Jungtiere, die nach dem Schlüpfen eine andere Gestalt haben als ihre Eltern.

Die Froschlarve heftet sich zunächst an Pflanzen oder Steinen fest und zehrt von ihrem *Eidottervorrat* am Bauch. Sie atmet über büschelige *Außenkiemen* am Kopf. Nach 10 Tagen hat die Larve die bekannte Gestalt einer *Kaulquappe*. Die Kiemen sind nun von einer Hautfalte überwachsen *(Innenkiemen)*. Der Schwanz mit dem breiten Flossensaum ermöglicht das Schwimmen. Mit Hornleisten am Mund weidet die Kaulquappe die Algen von Steinen und Wasserpflanzen ab. Sie ist ein reiner *Pflanzenfresser*.

Ende Mai, Anfang Juni schwimmt das Tier immer häufiger zur Oberfläche und schluckt Luft. Es hat sich eine einfache Lunge gebildet. Schließlich verlässt ein kleiner Frosch das Wasser. Er hat noch einen kleinen Stummelschwanz, der aber nach kurzer Zeit verschwindet. Sobald der Frosch seine Kinderstube verlassen hat, ernährt er sich nur noch von Kleintieren, Fliegen, Mücken und Würmern. Er ist zum *Fleischfresser* geworden. Wenn der Grasfrosch bei der Reviersuche nicht von einem Feind gefressen oder überfahren wird, kehrt er im dritten Frühjahr zur Paarung wieder in sein Geburtsgewässer zurück (▶ S. 231).

Kennzeichnend für die gesamte Tierklasse der Lurche ist, dass die Jungtiere im Wasser lebende, mit Kiemen atmende Larven sind. Bei der Entwicklung der Larven zum erwachsenen Lurch vollzieht sich ein Form- und Gestaltwandel, die **Metamorphose**. Dabei entwickelt sich die Fähigkeit zum Landleben durch die Ausbildung der Lunge und die Kiemenrückbildung. Stets ist der Körper von einer nackten, schleimbedeckten Haut umhüllt. Der wissenschaftliche Name der Lurche ist *Amphibien* (griech., *amphi* = beide, zwei; *bios* = Leben), d.h. Wasser und Land sind wechselweise ihr Lebensraum.

Aufgaben

① Beschreibe die Veränderungen der Larve während der Metamorphose (Abb. 1–4).
② Stelle Unterschiede zwischen Kaulquappe und Frosch zusammen.
③ Stelle in einer Tabelle Anpassungsmerkmale des Grasfrosches an das Land- und Wasserleben einander gegenüber.

1 Laich und geschlüpfte Kaulquappen

2 Junge Kaulquappe

3 Ältere Kaulquappe

4 Junger Grasfrosch

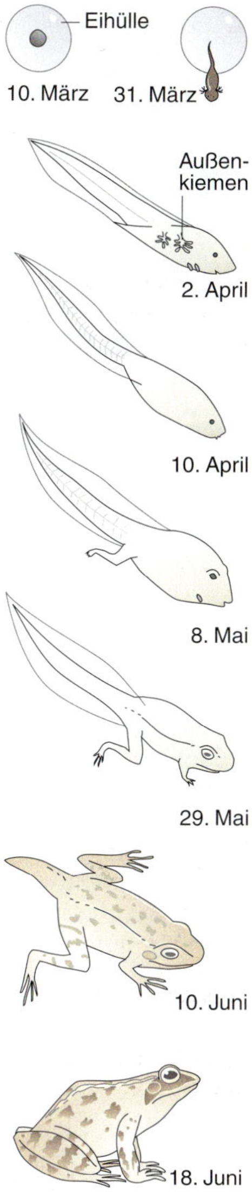

1 Erdkröte

Funktionsweise der Schleuderzunge

2 Erdkröte erbeutet ein Insekt

Grasfrosch und Erdkröte sind Froschlurche

Seine braune *Tarnfärbung* schützt den **Grasfrosch** meistens vor Entdeckung (▶ S. 226). Man wird erst dann auf ihn aufmerksam, wenn er sich mit einem *Fluchtsprung* in Sicherheit bringen will. Blitzschnell streckt er die Hinterbeine und schnellt vorwärts. Bei einem Sprung ins Wasser zeigt er, dass er auch ein guter Schwimmer ist. Die Vorderbeine werden eng an den Körper angelegt, sodass der Wasserwiderstand gering wird. Mit den Hinterbeinen drückt er sich im Wasser ab, wobei er beide Beine zugleich anzieht und danach wieder streckt, vergleichbar unseren Beinbewegungen beim Brustschwimmen. Schwimmhäute zwischen den Zehen sorgen für größere Wasserverdrängung und damit für verstärkte Antriebskraft.

Wie der Grasfrosch, ist auch die **Erdkröte** in ihrem Lebensraum mit ihrer warzigen braunen Haut gut getarnt. Ihre Hinterbeine sind jedoch kürzer als die des Frosches. Sie ist ein schlechter Springer und bewegt sich eher behäbig vorwärts. Vor Feinden, wie Rabenkrähen, Ringelnattern oder Mardern, schützen sie *Giftdrüsen*. Diese sitzen in den Warzen der Haut und in Wülsten hinter den Augen. Das Gift brennt unangenehm auf Augen-, Mund- und Nasenschleimhäuten eines Angreifers. So konnte man beobachten, dass eine Ringelnatter eine verschlungene Erdkröte wieder ausgewürgt hat. Die Kröte flieht bei der Begegnung mit dem Feind nicht. Sie richtet sich hoch auf und schaukelt mit dem Körper hin und her: Sie *droht*.

Skelett eines Froschlurches

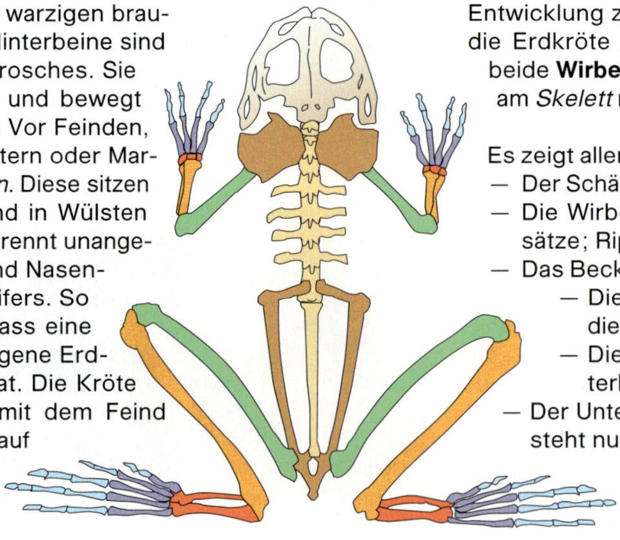

Wie die Frösche, brauchen auch die Kröten zur Fortpflanzung einen Teich oder Tümpel. Hier wachsen ihre Pflanzen fressenden *Kaulquappen* heran. Sie schlüpfen nicht aus Laichballen, sondern aus bis zu 5 m langen *Laichschnüren*, die das Erdkrötenweibchen im flachen Wasser wie lange Perlenketten zwischen die Pflanzen spannt.

Erdkröte und Grasfrosch sind nützliche *Schädlingsvertilger*. Sie fressen Kleintiere, wie Insekten, Würmer und Nacktschnecken, die sie mit ihrer klebrigen *Schleuderzunge* zielsicher erbeuten. Beide sind nur in der Dämmerung und nachts aktiv. Tagsüber bleiben diese *Feuchtlufttiere* in ihren sicheren Verstecken.

Wegen der Gemeinsamkeit in Körperbau und Entwicklung zählt man den Grasfrosch und die Erdkröte zu den **Froschlurchen**. Dass beide **Wirbeltiere** sind, erkennt man leicht am *Skelett* mit seiner Wirbelsäule.

Es zeigt allerdings einige Besonderheiten:
- Der Schädel ist dreieckförmig und flach.
- Die Wirbel haben nur kleine Querfortsätze; Rippen sind nicht vorhanden.
- Das Becken ist lang gestreckt.
- Die Vorderbeine sind kürzer als die Hinterbeine.
- Die Fußwurzelknochen der Hinterbeine sind sehr lang.
- Der Unterschenkel der Hinterbeine besteht nur aus einem Knochen; Schien- und Wadenbein sind miteinander verwachsen.

1 Feuersalamander

Larve des Feuersalamanders

2 Kammmolch

Feuersalamander und Kammmolch sind Schwanzlurche

Bewegungsphasen des Feuersalamanders

Feuersalamander bewohnen schattige, kühle Laubwälder mit Bächen. Erst abends kommen sie aus ihrem feuchten Versteck hervor, denn tagsüber ist die Luftfeuchtigkeit meist zu gering und ihre schleimige Haut könnte austrocknen. Der gedrungene Körper mit drehrundem Schwanz schlängelt sich langsam vorwärts, wobei die plumpen Beine mitbewegt werden. Feuersalamander ernähren sich von Würmern, Schnecken, Spinnen und Insekten, die sie mit ihrem gut entwickelten Geruchssinn aufspüren.

Wenn ein Räuber versucht, einen Feuersalamander zu fressen, bekommt ihm das schlecht. In der Haut hat der Feuersalamander *Giftdrüsen*, aus denen Gift in die Mundschleimhaut des Räubers eindringt und Schmerzen verursacht. Die auffällige gelbschwarze Färbung des Feuersalamanders dient als *Warnung* für seine Fressfeinde.

Feuersalamander paaren sich auf dem Land. Im Mai nimmt das Weibchen ein vom Männchen abgesetztes Spermienpaket mit der Kloake auf. Befruchtung und Entwicklung der Eier erfolgen im Körper des Weibchens. Erst im folgenden Frühjahr setzt das Weibchen Larven, die bereits einen Ruderschwanz, vier Beine und kurze Kiemenbüschel besitzen, in ein Gewässer ab. Die Larven ernähren sich von Kleintieren. Nach einer Entwicklungszeit, die je nach Nahrungsangebot und Wassertemperatur bis zu zwei Jahre betragen kann, verlassen Feuersalamander für immer das Wasser.

Skelett eines Schwanzlurches

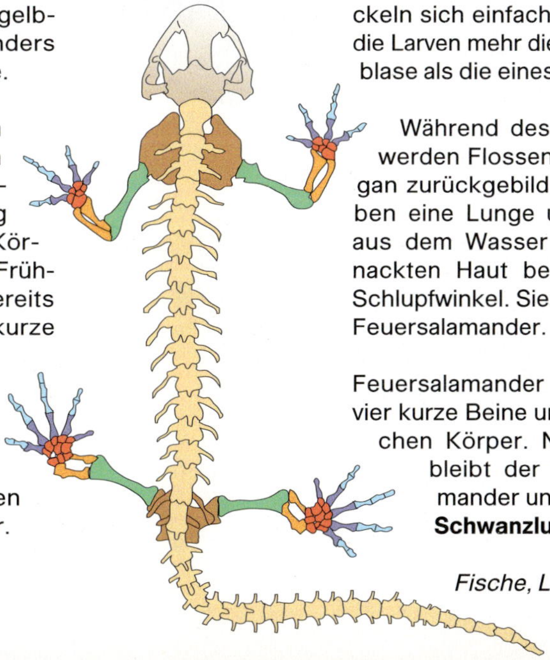

Kammmolche sind zur Fortpflanzungszeit von März bis Mai im Wasser anzutreffen. Sie besitzen einen seitlich abgeflachten *Ruderschwanz* (▶ S. 218) und ein *Seitenlinienorgan*, vergleichbar dem der Fische. Die Männchen sind in der Paarungszeit bunt gefärbt und tragen einen hohen, stark gezackten Rückenkamm. Das kammlose, unscheinbar gefärbte Weibchen nimmt nach einem Balzspiel ein Spermienpaket in die Kloake auf. Es kommt im *Körperinnern* zur *Befruchtung* (▶ S. 228). Die befruchteten Eier heftet das Weibchen einzeln an Wasserpflanzen.

Die geschwänzten Larven ernähren sich von Kleintieren. Sie tragen bis zur Umwandlung äußere Kiemen. Ihre Vorderbeine entstehen früher als die Hinterbeine. Sehr bald entwickeln sich einfache Lungen. Sie erfüllen für die Larven mehr die Aufgabe einer Schwimmblase als die eines Atmungsorgans.

Während des Landlebens der Molche werden Flossensaum und Seitenlinienorgan zurückgebildet. Erwachsene Tiere haben eine Lunge und müssen zum Atmen aus dem Wasser auftauchen. Wegen der nackten Haut benötigen Molche feuchte Schlupfwinkel. Sie ernähren sich ähnlich wie Feuersalamander.

Feuersalamander und Kammmolch haben vier kurze Beine und einen schmalen, länglichen Körper. Nach der Metamorphose bleibt der Schwanz erhalten. Salamander und Molche gehören zu den **Schwanzlurchen**.

Der Bauplan der Lurche

Vergleicht man die Körperumrisse von Frosch- und Schwanzlurchen, so zeigen sie kaum Gemeinsamkeiten, denn ihre Skelette unterscheiden sich deutlich. Froschlurche haben Besonderheiten im Bereich des Beckens und der Hinterbeine. Das hängt damit zusammen, dass sie für die Fortbewegung meist nur die Hinterbeine einsetzen, während sich Schwanzlurche vierbeinig fortbewegen. Jedoch zeigt der innere Aufbau der beiden Tiergruppen, der **Bauplan**, viele gemeinsame Merkmale.

Lurche sind *Wirbeltiere* und besitzen die entsprechenden Skelettmerkmale. An Schulter- und Beckengürtel setzen die vier Gliedmaßen an. Sie stützen den Körper und ermöglichen die Fortbewegung. Kennzeichnend für die Lurche ist, dass normalerweise die vorderen Beine 4, die hinteren dagegen 5 Zehen besitzen. Statt Rippen weist die Wirbelsäule nur kurze Querfortsätze auf.

Auch die *inneren Organe* der Lurche lassen sich mit denen der anderen Wirbeltiere vergleichen. Lurche besitzen ein Gehirn mit daran anschließendem Rückenmark und je nach Lebensweise unterschiedlich gut ausgeprägte Sinnesorgane. Ein Verdauungssystem mit Magen und Darm ist ebenso vorhanden wie Nieren und Geschlechtsorgane. Die Ausfuhrgänge dieser Organe münden alle in einer gemeinsamen Körperöffnung, der *Kloake*. Das Herz besitzt zwei Vorkammern und eine Hauptkammer. Es treibt das Blut durch einen geschlossenen Kreislauf.

Die *Larven* der Schwanz- und Froschlurche leben während ihrer gesamten Entwicklung im Wasser. Sie tragen *Kiemen* als Atmungsorgane. Erwachsene Lurche sind Lungenatmer. Sowohl an Land als auch im Wasser können sie außerdem über die gut durchblutete, feuchte Haut atmen. Diese *Hautatmung* ist nicht mehr möglich, wenn die Haut austrocknet. Die notwendige Hautfeuchtigkeit wird durch eine Schleimschicht aufrecht erhalten, die die Haut völlig bedeckt. Der Hautschleim der Lurche entsteht in Drüsen der Unterhaut. Hier sind auch Giftdrüsen zu finden. Die Schleimschicht und die feuchte Haut wären ein guter Nährboden für Krankheitserreger, das eingelagerte Gift verhindert aber deren Ansiedlung. Bei manchen Arten ist das Gift so stark, dass es Fressfeinde fernhält und sogar für den Menschen gefährlich sein kann.

Alle Lurche sind *wechselwarme Tiere*, bei denen die Körpertemperatur immer nur wenig über der Außentemperatur liegt. Wenn die kalte Jahreszeit beginnt, sinkt auch ihre Körpertemperatur und sie bewegen sich immer langsamer (▶ S. 230). Im Winter, bei weit gesunkenen Temperaturen, werden sie schließlich regungslos; sie fallen in *Kältestarre*.

Aufgaben

① Fertige eine Tabelle und liste darin die Unterschiede zu den Skeletten der Säugetiere und Vögel auf.

② Ergänze die Tabelle dann noch durch einen Vergleich der inneren Organe und der Hautbedeckung.

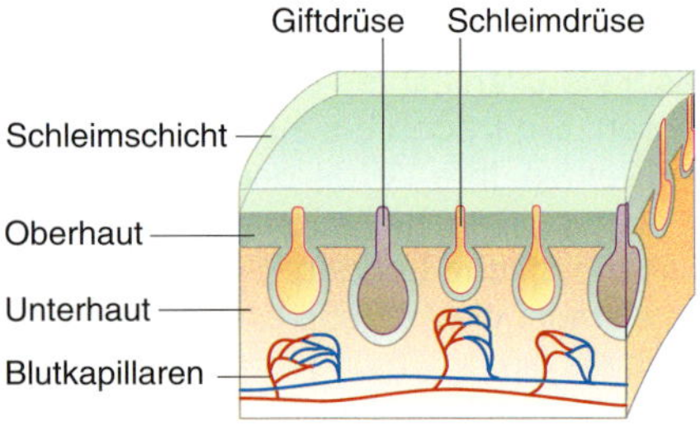

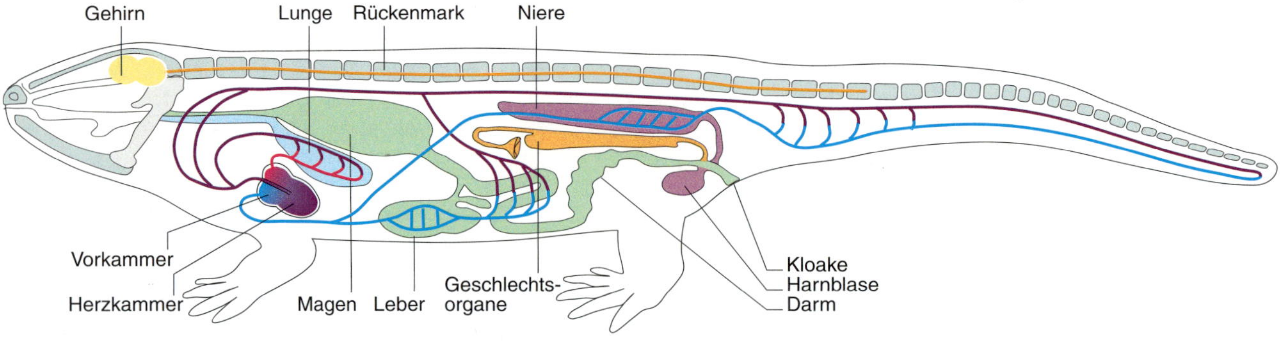

1 Haut und innere Organe eines Schwanzlurches

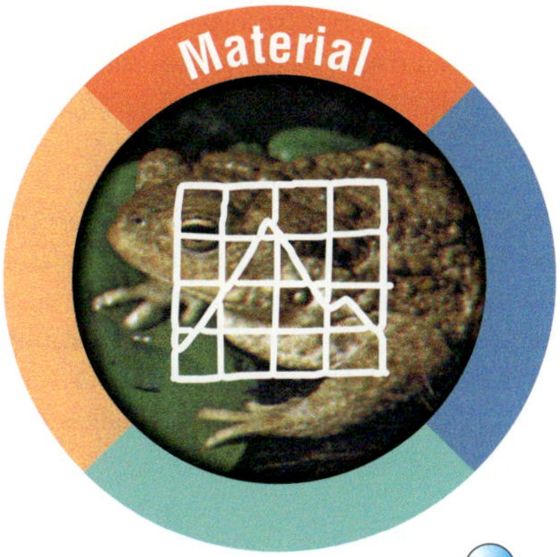

Atmung bei Lurchen

Wie alle Tiere, so müssen auch Frösche und Molche ständig atmen. Dabei nehmen sie Sauerstoff auf und geben Kohlenstoffdioxid an die Umgebung ab. Die Menge des Sauerstoffs, der je Minute benötigt wird, kann bei ein und demselben Tier verschieden sein.

Bei vielen Tieren, die mit Lungen atmen, lassen sich die Atembewegungen direkt beobachten, so auch bei Fröschen. Sie bewegen dazu den unteren Teil des Mundes, den *Mundboden*. So wird der luftgefüllte Mundraum vergrößert bzw. verkleinert.

Aufgaben

① Betrachte die Abbildung 1. Bei welcher Bewegung des Mundbodens atmet ein Frosch ein, bei welcher aus?

② Frösche haben weder Zwerchfell noch Rippen. Erkläre damit die Bedeutung der Mundbodenbewegung.

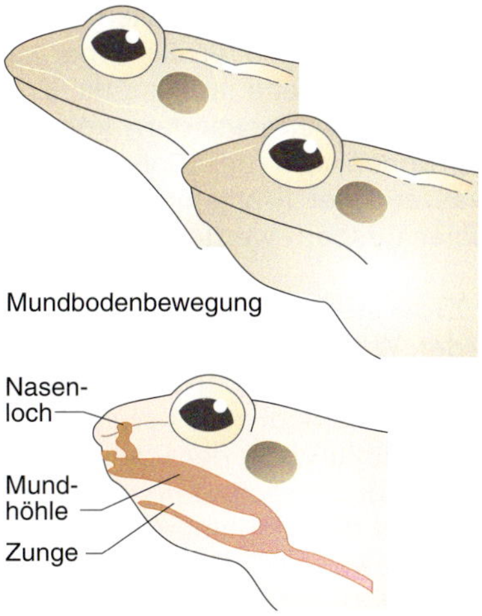

1 Kopf des Grasfrosches mit Mundhöhle

Beobachtungen zeigen, dass Frösche je nach Umgebungstemperatur unterschiedlich rasch atmen. In einem Experiment wird das genauer untersucht. Die Abbildung zeigt dazu eine Versuchsanordnung, mit der an einem Frosch untersucht wird, wie die Atmung von der Temperatur abhängt.

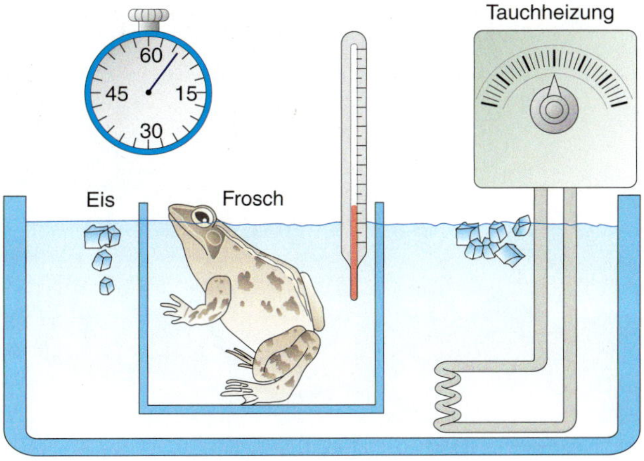

③ Beschreibe den Versuchsaufbau der Abbildung oben. Erkläre, wie man vorgehen muss, damit die Atmung in einem Temperaturbereich von 0 °C bis 30 °C damit untersucht werden kann. Welche Temperatur wird tatsächlich gemessen und was darf man über die Körpertemperatur des Tieres dabei annehmen?

Temperatur (in °C)	Atemzüge (je Minute)
0	0
5	0
10	0
15	4
20	10
25	30
30	90

④ Die Tabelle zeigt das Ergebnis des Versuchs. Beschreibe es. Was fällt daran auf? Wie lässt sich damit die Veränderung der Atmung zwischen 15 °C und 30 °C deuten?

⑤ Das Tier benötigt auch im Temperaturbereich zwischen 0 °C und 10 °C Sauerstoff.
Auf welchem Weg gelangt Sauerstoff in den Körper? Erkläre.

⑥ Der benötigte Sauerstoff kann von den Lurchen nicht vollständig über die Lunge aufgenommen werden. Jedoch ist der Anteil der Lungenatmung nicht bei allen Lurchen gleich groß. Er beträgt bei der Erdkröte $^3/_4$, beim Feuersalamander $^1/_2$ und beim Kammmolch $^1/_4$ an der gesamten Atmung.
Die drei Abbildungen a – c zeigen den Bau der Lungen der drei Tierarten. Welche Lunge gehört zur Erdkröte, welche zum Feuersalamander, welche zum Kammmolch? Begründe deine Zuordnung (▶ S. 232).

⑦ Schwanz- und Froschlurche überwintern in Erdhöhlen oder am Grunde von Gewässern. In der Kältestarre sind sie völlig bewegungslos. Dennoch leben sie, haben einen Stoffwechsel und benötigen Sauerstoff. Erkläre, weshalb sie auch ohne Atembewegungen nicht ersticken.

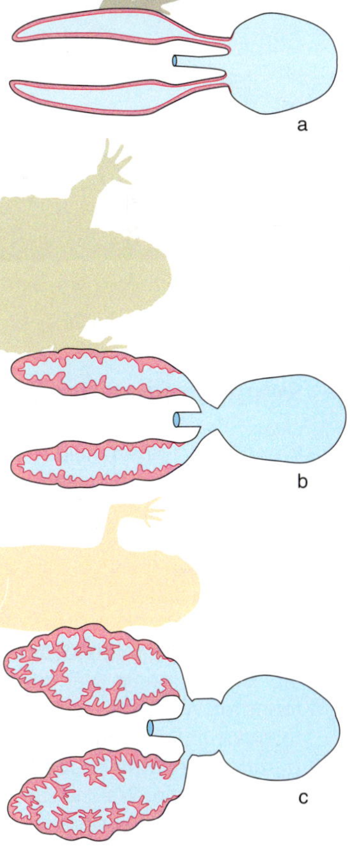

2 Lungenbau verschiedener Lurcharten

1 Erdkrötenpaar auf der Laichwanderung

2 So wird den Kröten geholfen

Schutzmaßnahmen für Erdkröten

Wenn du an einem milden Frühjahrsabend in der Nähe eines Gewässers unterwegs bist, ist es durchaus nichts Ungewöhnliches, wenn du auf der Straße zahlreiche *Erdkröten* entdeckst. Es scheint, als seien sie vom Himmel gefallen.

In der Zeit von Mitte März bis April verlassen die Erdkröten in Nächten mit milder und feuchter Witterung fast gleichzeitig ihr Winterquartier und beginnen ihre *Frühjahrswanderung*. Den Winter haben sie in einem feuchten Erdloch im Wald in der *Kältestarre* zugebracht. Jetzt wandern sie, wie jedes Jahr, bis zu zwei Kilometer weit zu ihrem Laichgewässer. Dabei suchen sie nicht irgendeinen Teich oder Tümpel auf, sondern sie gehen nur in das Gewässer, in dem sie selbst aus dem Ei geschlüpft sind. Sie sind *laichplatztreu*.

Die Männchen ziehen meist etwas früher los und warten in einigem Abstand vor den Laichgewässern auf die Weibchen. Kommt ein Weibchen vorbei, klammert sich ein Männchen auf dem Rücken des Weibchens fest. So wird es von diesem den letzten Teil des Weges bis zum Wasser getragen.

Am flachen Ufer eines Teiches legen die Weibchen den Laich ab und die Männchen geben ihre Spermien dazu. Einige Tage später wandern die Tiere nach und nach in ihre *Sommerquartiere*. Diese liegen in Wiesen, Wäldern, Gebüschen oder Hecken.

Häufig sind Erdkröten auf ihrer Hochzeitsreise zu den Laichgewässern der Gefahr ausgesetzt, überfahren zu werden. Beim Bau von Straßen, auch von großen Bundesstraßen, wurde häufig nicht beachtet, dass die meisten Erdkröten nur in ihr Laichgewässer zurückkehren und Ersatzgewässer kaum aufgesucht werden. So zerschneiden teilweise stark befahrene Verkehrswege die Lebensräume dieser Lurche. Es ist schon vorgekommen, dass an einem Tag die Hälfte eines Bestandes getötet wurde, weil alle Tiere fast gleichzeitig wandern.

Naturschützer haben deshalb in den letzten Jahren an vielen Orten Schutzmaßnahmen für die Erdkröten und andere Lurche ergriffen. Mit Plastikfolie und Stöcken werden behelfsmäßig Fangzäune an Straßenabschnitten errichtet, die von vielen Erdkröten überquert werden. In regelmäßigen Abständen werden hinter dem Zaum Eimer eingegraben, in die die Erdkröten hineinfallen. Mehrmals täglich entleeren Helfer die Eimer auf der anderen Straßenseite, sodass die Erdkröten unversehrt weiterwandern können. Kurzzeitig können von der Polizeit auch Straßen während der Frühjahrswanderung der Amphibien gesperrt werden.

So wie die Erdkröten, sind auch andere Lurche gefährdet. Was könnte für einen dauerhaften Schutz getan werden? Das Beste wäre, deren Lebensraum zum *Naturschutzgebiet* zu erklären und bei der Planung von Straßen oder Industriegebieten zu prüfen, ob Lebensräume der Amphibien zerschnitten oder zerstört werden. Wäre dies der Fall, müsste zukünftig eine Beeinträchtigung dieser Lebensräume unterbleiben.

Diese weitgehenden Maßnahmen lassen sich nicht immer schnell verwirklichen. Deshalb errichtet man zunächst entlang der Wanderwege dieser Amphibien behelfsmäßige *Schutzzäune*. Wenn man die Erdkröten in den Fangeimern zählt und die Verteilung der Amphibien entlang der Straße über einen längeren Zeitraum protokolliert, kann man daraus die Hauptwanderwege erschließen. An den Kreuzungsstellen mit den Straßen können dann feste Schutzzäune aus feinmaschigem Draht aufgestellt und unter den Straßen Röhren eingebaut werden. Die Zäune leiten die wandernden Erdkröten dann zu den Röhren, die den Tieren als ungefährliche Wege zur Unterquerung der Straßen dienen können.

Eine andere Ausgleichsmaßnahme zum Schutz der Lurche ist die Anlage neuer Laichgewässer *(Ersatzlebensräume)* auf der Straßenseite der Winterquartiere. In diese neuen Teiche bringt man wandernde Amphibien und hindert sie durch eine Umzäunung daran, abzuwandern. Sie laichen dann dort ab. Die Amphibien, die aus den befruchteten Eizellen entstehen, werden später immer wieder zu ihrem Geburtsgewässer zurückkommen.

Bei der Anlage der Teiche muss darauf geachtet werden, dass in neu angelegten Gewässern keine Fische ausgesetzt werden, da sie die Amphibienlarven fressen würden.

Aufgaben

① Erkläre, warum erwachsene Erdkröten, die man zum Ablaichen in Ersatzgewässer gebracht hatte, im nächsten Jahr zu ihren ursprünglichen Laichgewässern zurückkehrten.

② Die Abbildung zeigt den Lebensraum von Amphibien im Verlauf mehrerer Jahre.
   a) Beschreibe die ursprünglichen Wanderungswege der Amphibien im natürlichen Lebensraum.
   b) Welche Veränderungen erfährt die Landschaft im Laufe der Zeit? Welche Auswirkungen hat das für die Amphibienwanderung?
   c) Beschreibe die Maßnahmen, die in den Einzelabbildungen rechts zum Schutz der Amphibien dargestellt sind.

③ Erkundige dich bei Naturschutzverbänden, ob in deiner Umgebung Maßnahmen zum Schutz von Amphibien durchgeführt werden. Hier hast du eine Möglichkeit, aktiv mitzuarbeiten. Berichte in der Klasse über Schutzmaßnahmen für Amphibien.

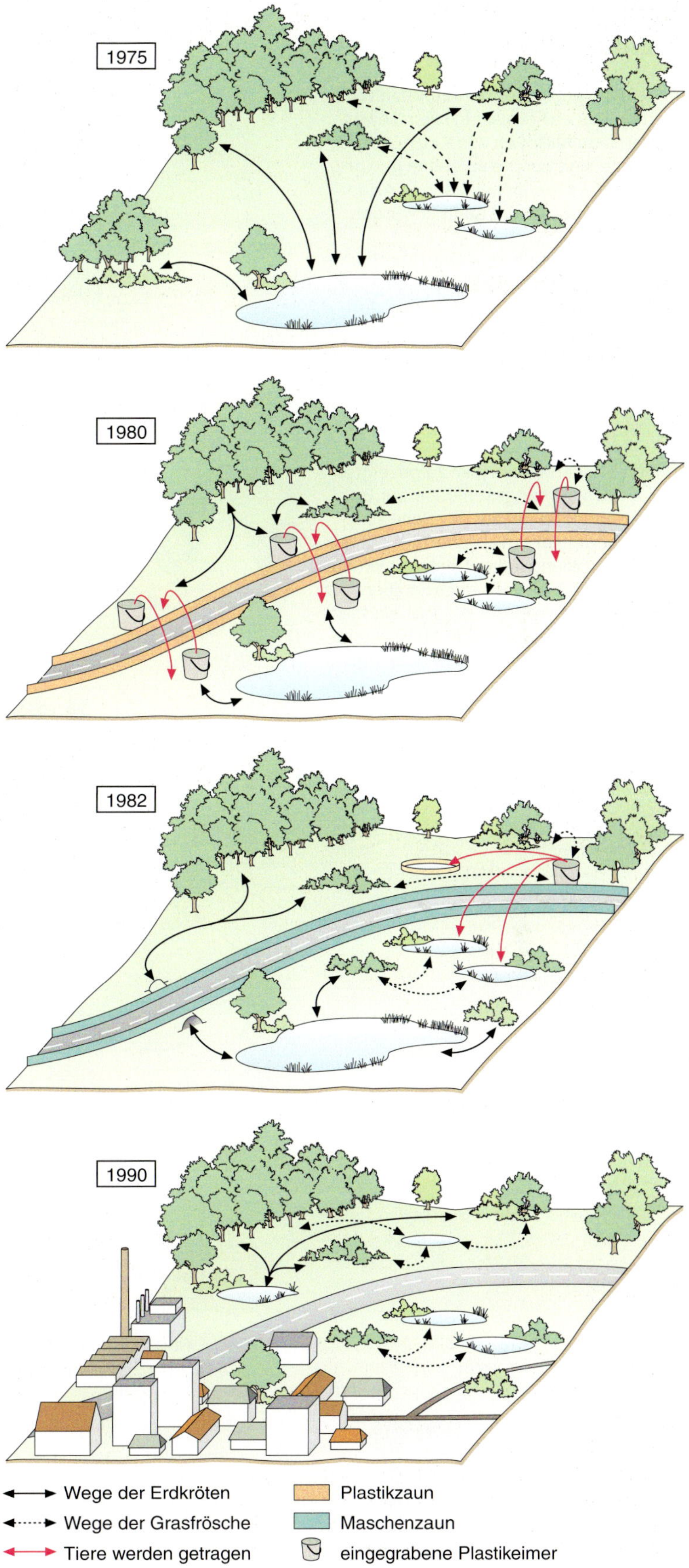

Bestimmungsschlüssel einheimischer Lurche

Noch vor wenigen Jahrzehnten wimmelte es im Frühjahr in allen Gewässern von Millionen von Kaulquappen. Heute sind Lurche so selten geworden, dass alle einheimischen Arten unter *Naturschutz* gestellt wurden.

Von den 19 einheimischen Lurcharten wirst du voraussichtlich nur einige in der Natur beobachten können. Anhand der Abbildungen und Kurztexte kannst du die Tiere kennen lernen und bestimmen.

Aufgabe

① Verwende den hier aufgezeigten Bestimmungsschlüssel zur Benennung der auf der Seite 201 abgebildeten Lurcharten! Zur Bestimmung jedes Tieres musst du den Linien wie einem Straßennetz folgen. An jeder Weggabelung stehen Wegweiser, die dir Hinweise geben, welchen Weg du nehmen musst!

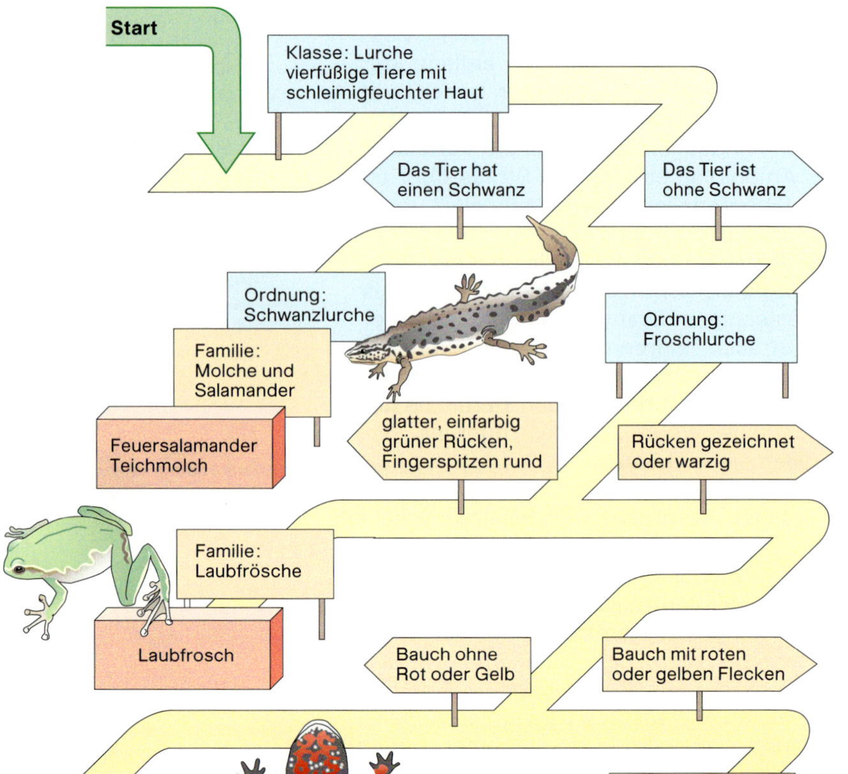

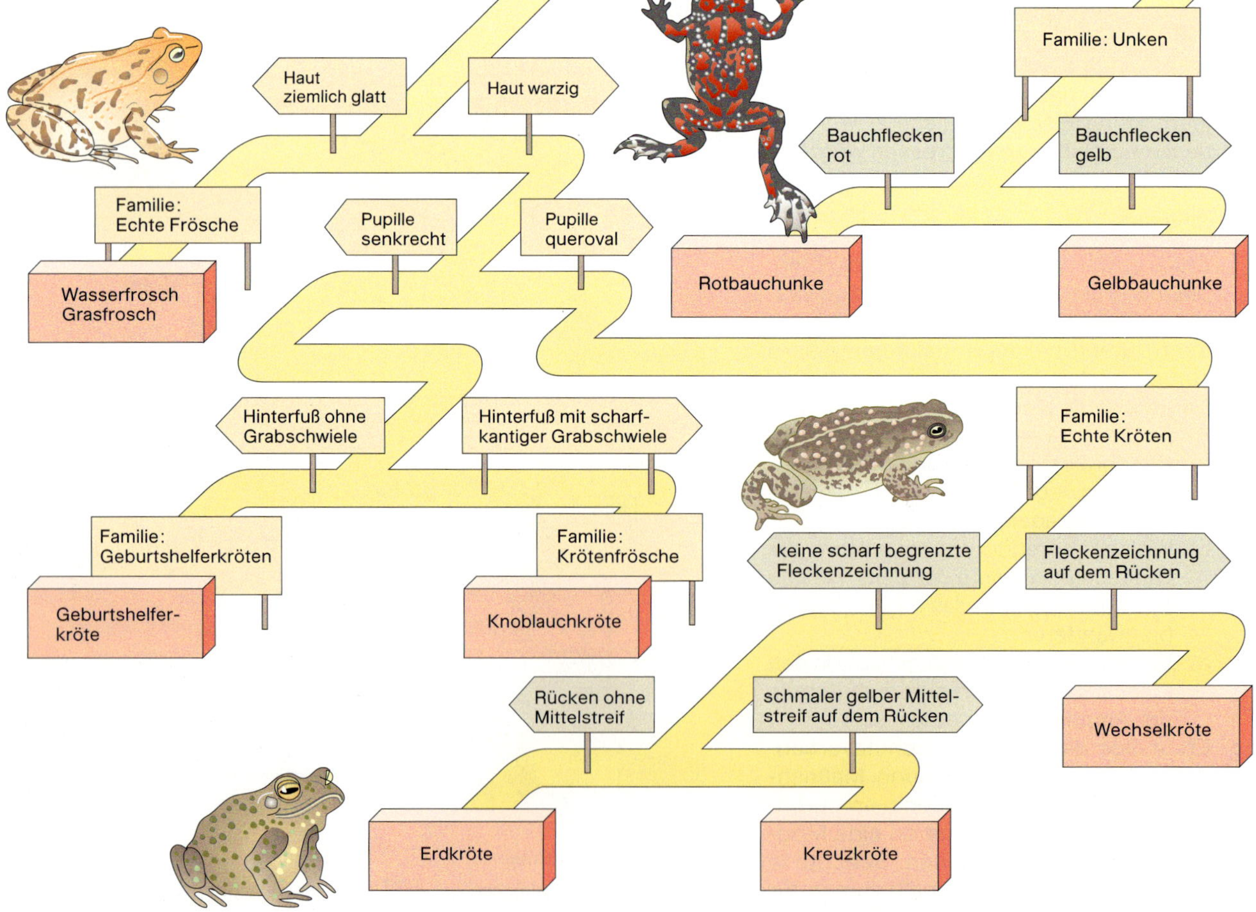

1 Das kurzbeinige Tier hüpft kaum, sondern rennt streckenweise. Der Chorgesang der Männchen schallt bis zu 2 km. Es ist in verschiedenen Lebensräumen zu finden.

2 Mit den Grabschwielen am Hinterfuß wird ein Versteck gegraben. Das aufgeschreckte Tier droht hoch aufgereckt und springt den Feind mit offenem Maul an.

3 Die Haftscheiben an Fingern und Zehen erlauben kletternde Lebensweise. Die Fähigkeit zum Farbwechsel sichert dabei stets eine optimale Tarnung.

4 Dieser Lurch bewohnt auch recht trockene Lebensräume, wenn ein feuchtes Tagversteck vorhanden ist. Mit dem braunen Rücken ist er bestens getarnt.

5 Das Tier lebt im oder am Wasser oft gesellig. Die zwei großen, seitlichen Schallblasen dienen der Schallverstärkung und sind ausgestülpte Mundschleimhaut.

6 Bei Gefahr wird der Bauch mit der auffälligen Warnfarbe gezeigt. Das Hautsekret hat Reizwirkung auf die Schleimhäute. Tagaktiv.
Vorkommen: In Kleingewässern.

7 Auch in trockeneren, sandigen Lebensräumen bis in Dörfer hinein ist das Tier vorwiegend nachts beim Insektenfang zu finden. Der Ruf erinnert an Grillenzirpen.

8 Während der Laichzeit erleichtern Schwimmsaum und Seitenlinienorgan das Leben im Wasser. Die Eier werden einzeln an Pflanzen geklebt. Die Tiere sind stumm.

9 Die Tiere paaren sich an Land, das Männchen schlingt die Laichschnüre um die Hinterbeine und hält sie feucht. Erst zum Schlupf der Larven streift es sie im flachen Wasser ab.

1 Zauneidechse in Drohstellung

4 Zauneidechse häutet sich

5 Junge Zauneidechse im Ei

2 Männchen der Zauneidechse

3 Weibchen der Zauneidechse

6 Schlüpfende Zauneidechse

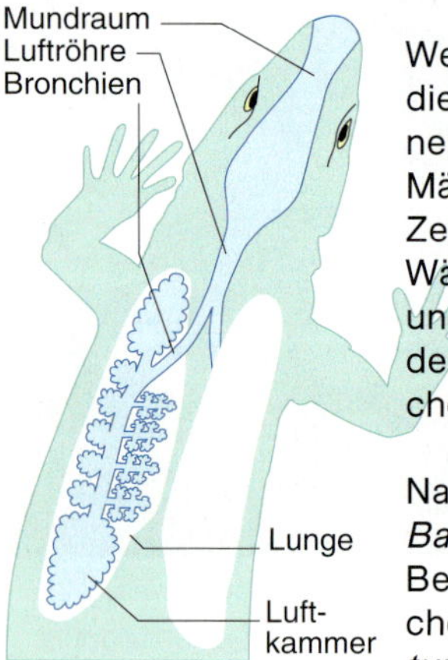

Lungen der Zauneidechse

Aus dem Leben der Zauneidechse

Wenn es im Frühjahr wärmer wird, kommen die Eidechsen aus ihrem *Winterquartier*, einer frostgeschützten Höhle, gekrochen. Die Männchen der Zauneidechse sind zu dieser Zeit an den Seiten auffällig grün gefärbt. Während sie normalerweise einzeln leben und keine Artgenossen in ihrem *Revier* dulden, beginnt nun die *Werbung* um ein Weibchen.

Nach einer Reihe immer gleich ablaufender *Balzhandlungen* erfolgt die Begattung. Die Befruchtung findet im Körper des Weibchens statt. Es ist also eine *innere Befruchtung*. Nach der Begattung beißt das Weibchen das Männchen weg und beide leben wieder als *Einzelgänger* (▶ S. 228).

Die Eier reifen im Bauch des Weibchens und bekommen eine derbe, pergamentartige Hülle. Mitte Juni gräbt das trächtige Tier mit den Krallen der Hinterbeine ein Loch in feuchte Erde und legt 5 bis 15 Eier hinein. Das Gelege wird anschließend zugescharrt und verlassen.

Im Schutz der *Eihäute* entwickeln sich die Jungen. Der große Dottervorrat liefert Nährstoffe, die Sonne und faulendes Laub die nötige Brutwärme für die Entwicklung der Tiere. Nach etwa 6 Wochen ritzen fertig entwickelte kleine Eidechsen mit einem *Eizahn* die Schale auf. Die 5 cm langen Tiere wühlen sich an die Erdoberfläche. Sie sind sofort selbstständig.

Kältestarre

Merkmale der Kriechtiere
- Hornschuppenhaut
- Lungenatmung
- meist Eier legend
- Fortpflanzung und Entwicklung an Land

Der Körper der Zauneidechse ist von einer *trockenen, schuppigen Hornhaut* bedeckt. Sie schützt das Tier gegen Austrocknung und Verletzung. Die Zellen der Hornhaut sind abgestorben, sie können nicht mehr wachsen oder sich erneuern. Deshalb wird sie von Zeit zu Zeit abgestreift. Vor dieser *Häutung* haben sich unter der alten Haut bereits neue Hornschuppen gebildet.

Die Hornschuppenhaut erlaubt keine Hautatmung. Die Eidechse ist allein auf *Lungenatmung* angewiesen. Das Innere der Lunge ist durch viele Einfaltungen stark vergrößert und kann die gesamte Sauerstoffversorgung des Körpers übernehmen. Die Ein- und Ausatmung erfolgen, ähnlich wie bei Säugetieren, durch Ausdehnen und Zusammenpressen des Brustkorbs, der Rippen aufweist.

Wenn eine Eidechse morgens aus ihrem Schlupfloch kommt, sucht sie zunächst einen Sonnenplatz auf. Sie legt sich flach auf einen Stein und lässt sich aufwärmen. Dann erst kann das *wechselwarme* Tier flink laufen und klettern. Dabei streift der Bauch fast auf dem Boden. Neben Verstecken und Sonnenplätzen findet man in ihrem Revier abwechslungsreichen Bewuchs, in dem auch ihre Beutetiere, kleine Spinnen, Schnecken, Insekten und deren Larven, leben.

Die Eidechse hat gute Augen, die ihr bei der Jagd helfen. Zusätzlich *züngelt* sie. Dabei nimmt sie Geruchsstoffe mit ihrer gespaltenen Zunge auf und drückt sie dann innen gegen den Gaumen, wo ihr Riechorgan sitzt. Die Nasenlöcher dienen nur zum Luftholen.

Die Feinde der Zauneidechse sind Igel, Wiesel, Iltis, Krähen und Elstern. Doch die Eidechse besitzt eine wirksame Fluchthilfe: Wenn sie am Schwanz gepackt wird, wirft sie einen Teil ab, der dann noch kräftig zuckt. Einige Zeit später wächst ein kürzerer Schwanz nach. Dieser kann allerdings nicht mehr abgeworfen werden.

Sinken abends die Temperaturen, kühlt der Körper der Zauneidechse ab. Bei Kälte wird sie steif und unbeweglich (► S. 232). Im Spätsommer fressen sich die Zauneidechsen Reservestoffe für die Überwinterung an. Dann verkriechen sie sich in einer Erdhöhle, fallen in *Kältestarre* und verharren den Winter über regungslos. Dabei schlägt das Herz ganz langsam und auch die Atmung ist stark herabgesetzt. Wenn dann die Temperaturen im Frühling ansteigen, wird auch die Zauneidechse wieder aktiv (► S. 230).

Eidechsen gehören, wie alle auf den folgenden Seiten behandelten Tiere, zu den **Kriechtieren** oder *Reptilien*. In Körperbau und Lebensweise gibt es bei ihnen einige wichtige Unterschiede zu den Fischen und Lurchen, den anderen wechselwarmen Wirbeltieren.

Aufgaben

1. Eidechsen leben zwischen Steinhaufen, an Böschungen, Hecken und Zäunen. Welche Vorteile bietet dieser Lebensraum der Eidechse?
2. Vergleiche Eidechse und Molch in Körperbau und Lebensweise. Welche Unterschiede kannst du nennen?

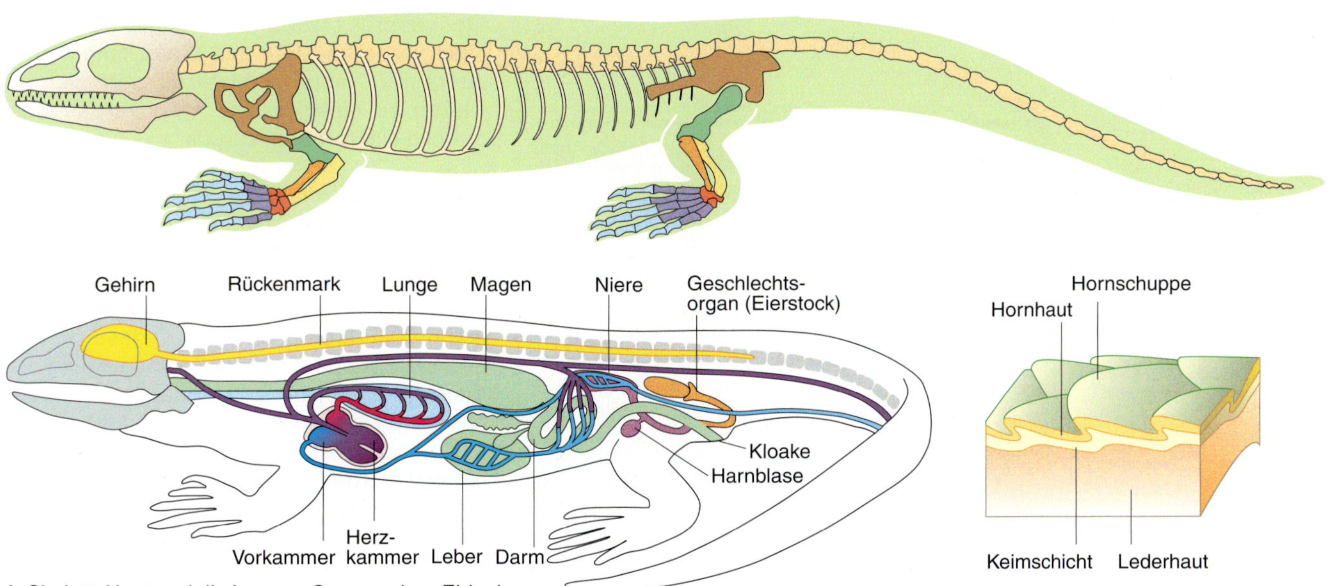

1 Skelett, Haut und die inneren Organe einer Eidechse

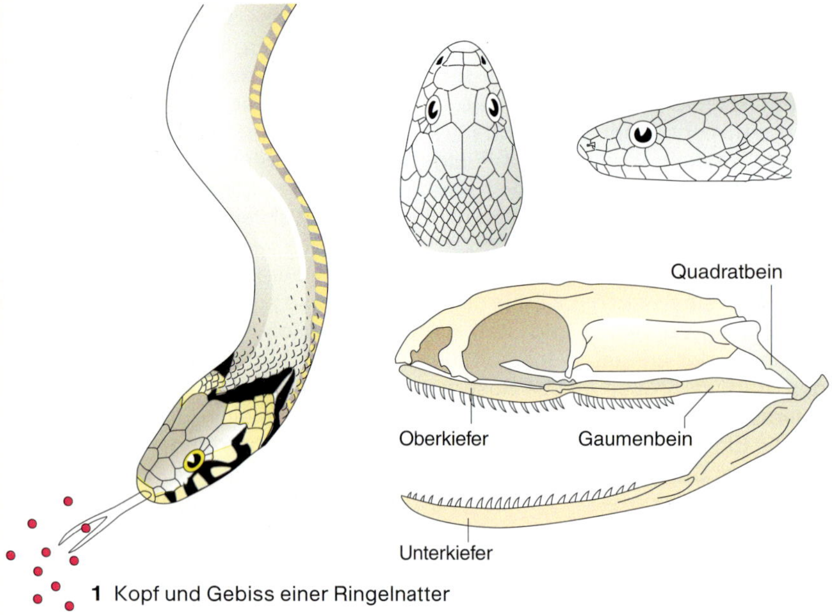

1 Kopf und Gebiss einer Ringelnatter

2 Ringelnatter

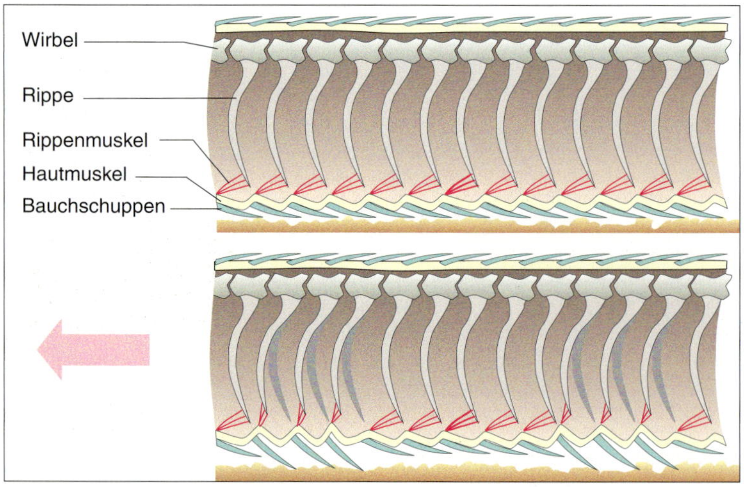

3 Fortbewegung bei der Ringelnatter

Schlangen – Jäger ohne Beine

Die Ringelnatter

Langsam und lautlos gleitet die 1,20 m lange Schlange durch das dichte Röhricht. Sie ist auf der Jagd. Immer wieder schnellt ihre zweizipfelige Zunge vor: Die Schlange *züngelt*. Wie bei den Eidechsen nehmen die Zungenspitzen *Duftstoffe* auf und bringen sie an das eigentliche *Riechorgan* im Gaumen. Ein ruhig sitzender Frosch wird von ihr nicht als Beute erkannt, weil sie nur sich bewegende Objekte wahrnehmen kann. Sie erkennt den Frosch also erst, wenn er mit einem Fluchtsprung im Wasser verschwindet. Sie verfolgt ihn und erweist sich dabei als geschickte Schwimmerin. Schließlich hat sie Erfolg. Mit schnellem Zustoß verbeißt sie sich in den Frosch. Aus ihrem *Fanggebiss* gibt es kein Entrinnen. Sie zieht das lebende Tier an Land und beginnt es zu verschlingen (▶ S. 219).

Die Natter kann, wie alle Schlangen, Tiere verschlingen, die dicker und größer als der Schlangenkopf sind. Das ist möglich, weil die beiden Unterkieferhälften über einen weiteren Knochen, das *Quadratbein*, beweglich am Schädel befestigt und vorne nur durch ein elastisches Band miteinander verbunden sind (Abb. 1). So können linker und rechter Unterkiefer abwechselnd nach vorne geschoben werden. Die spitzen, nach hinten gerichteten Zähne verhaken sich dabei in der Beute und ziehen sie in den Schlund. Speiseröhre und Magen sind sehr dehnbar und da die Rippen nicht mit einem Brustbein verwachsen sind, können sie weit auseinander gespreizt werden. Die Luftröhre mündet weit vorne im Maul und bleibt zum Atmen stets frei. Nach der Mahlzeit zieht sich die Natter zu einer mehrtägigen Verdauungsruhe in ein Versteck zurück.

Die *Schuppenhaut* der Ringelnatter zeigt, dass sie ein *Reptil* ist. Bei der Häutung wird die alte Haut zusammen mit den verwachsenen, durchsichtigen Augenlidern in einem Stück als *Natternhemd* abgestreift. An ihm kann man deutlich erkennen, dass sich die *Bauchschuppen*, die der Fortbewegung dienen, deutlich von den anderen Schuppen unterscheiden. Sie sind schmal, liegen quer zur Körperachse und können einzeln abgespreizt werden. Dieses Abstützen am Untergrund ermöglicht der Schlange die gleitende Bewegung. Die Schuppenbewegung kommt durch Muskeln zustande, welche die Rippen gegeneinander verschieben (Abb. 3).

Die Kreuzotter

Reglos beobachtet die *Kreuzotter* eine Maus. Der Schlangenhals ist s-förmig gekrümmt. Plötzlich schnellt der Schlangenkopf blitzschnell vor. Das weit aufgerissene Maul schnappt zu und die Giftzähne bohren sich tief in das Opfer ein. Sofort zieht sich die Schlange zurück. Die Maus flieht, doch nach ein paar Sprüngen bleibt sie reglos liegen. Die Schlange verfolgt züngelnd ihre Spur, betastet die Beute und verschlingt sie.

Die etwa 70 cm lange Kreuzotter gehört zu den wenigen *Giftschlangen* in Europa. Sie tötet ihre Beute durch einen Biss, bei dem Gift in das Opfer eingespritzt wird. Ein Paar besonders langer Giftzähne liegt bei geschlossenem Maul eingeklappt am Gaumen. Beim Öffnen des Mauls richten sie sich automatisch auf. Sie sind von einem Kanal durchgezogen, durch den das Gift von der Giftdrüse im Kopf in das Beutetier gespritzt wird (▶ S. 218).

Eine Kreuzotter greift Menschen nur dann an, wenn sie gereizt wird. Einen Biss erkennt man an den zwei eng beieinander liegenden Einstichstellen der Giftzähne. Dann muss sofort ein Arzt aufgesucht werden, der ein Gegengift spritzt. Ein unbehandelter Biss kann Schäden an Herz und Kreislauf zur Folge haben.

Aufgabe

① Vergleiche Ringelnatter und Kreuzotter. Stelle Unterscheidungsmerkmale in einer Tabelle zusammen.

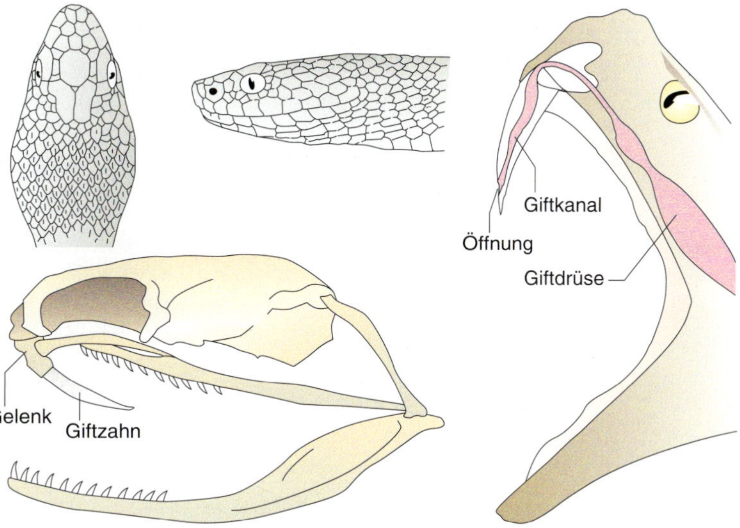

1 Kopf und Gebiss einer Kreuzotter

2 Kreuzotter

Zettelkasten

Schlangengifte

Die gefährlichsten Giftschlangen leben in den warmen Klimazonen außerhalb Europas. Dort sind manche Giftschlangen sehr gefürchtet, z. B. die Kobra, die *Lanzenotter* (Abb. oben links) und die *Schwarze Mamba* (Abb. unten links). Die Giftwirkung hängt einerseits von der Menge des in das Opfer eingespritzten Giftes ab, andererseits auch von der Art des Giftes. So produziert die Schwarze Mamba ein stark wirkendes Nervengift, das zur Muskellähmung und damit zum Atemstillstand führt. Das Gift der Lanzenotter dagegen enthält größere Mengen Verdauungsenzyme. Dieses wirkt gewebezerstörend, es löst zum Beispiel die Wände der Blutgefäße auf.

Vor allem in Asien werden Giftschlangen in Schlangenfarmen gehalten. Dort wird ihnen regelmäßig Gift entnommen („Melken"), um ein entsprechendes Gegengift *(Antiserum)* herstellen zu können. Mit diesem kann man bei rechtzeitiger Behandlung Menschen helfen, die von einer Giftschlange gebissen wurden.

1 Nilkrokodil

Europäische Sumpfschildkröte

Geierschildkröten leben im Süßwasser und ködern ihre Beute mit dem zweizipfligen Fortsatz auf der Zunge, der wie ein Wurm zuckt.

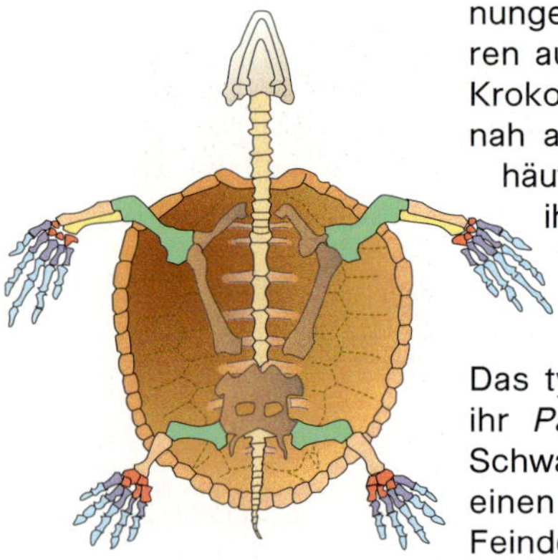

Skelett einer Schildkröte

Krokodile und Schildkröten

Krokodile, wie das *Nilkrokodil* mit bis zu 7 Metern Länge, sind die größten lebenden Reptilien. Unter der mit Hornplatten besetzten Haut liegen dicke Knochenplatten, die das Tier schützen. Die Heimat des Nilkrokodils ist Afrika, wo es in heißen Gebieten im Uferbereich von Flüssen und Seen lebt. An Land rutscht es auf dem Bauch, kann aber auch, ohne mit dem Bauch den Boden zu berühren, hochbeinig und schnell laufen. Sein Körperbau ist aber mehr an die Fortbewegung im Wasser angepasst (▶ S. 218). Die *Schwimmhäute* zwischen den Zehen und der seitlich abgeflachte *Ruderschwanz* sind Merkmale dafür. Wuchtige Schläge mit dem Schwanz treiben das Krokodil schnell durch das Wasser oder es gleitet mit leichten Schlängelbewegungen langsam dahin. Dabei liegen die Beine dicht am Körper an. Es kann auch bewegungslos an der Wasseroberfläche schweben, wobei nur Nasenöffnungen, Augen und die schlitzförmigen Ohren aus dem Wasser ragen. Dadurch sind Krokodile hervorragend getarnt und können nah an ihre Beute herankommen, die sie häufig am Gewässerrand überwältigen. Zu ihrer Beute zählen deswegen neben Fischen häufig Antilopen, die zum Trinken ans Gewässer kommen.

Das typische Merkmal der **Schildkröte** ist ihr *Panzer*, in den sie Kopf, Beine und Schwanz einziehen kann. Dieser Panzer, der einen wirksamen Schutz gegen natürliche Feinde bietet, ist kein lebloses Gehäuse. Er besteht an seiner Außenseite aus Hornschildern, die die darunter liegenden Knochenplatten bedecken. Der knöcherne Teil des Bauchpanzers ist teilweise aus verbreiterten Rippen hervorgegangen und über Knochenbrücken mit dem Rückenpanzer verbunden. Die Wirbelsäule ist mit dem Rückenpanzer verwachsen, dessen Knochenplatten aus Hautschichten entstehen.

Im Gegensatz zu den Krokodilen kommen Schildkröten auch in Europa vor, z. B. die *Europäische Sumpfschildkröte*, ein Allesfresser, und die Pflanzen fressende *Griechische Landschildkröte*. Beide Arten sind infolge der Zerstörung ihrer Lebensräume gefährdet und stehen auf der Roten Liste. Der Handel mit ihnen ist verboten.

2 Griechische Landschildkröte

Vielfalt der Reptilien

Während in Deutschland nur wenige Reptilienarten vorkommen, haben sie vor allem in den Tropen ideale Lebensbedingungen.

Echsen (ca. 3000 Arten)

Die *Zauneidechse* wurde in diesem Kapitel bereits vorgestellt. Zu ihren Verwandten gehören, neben den übrigen Eidechsen, u. a. die *Schleichen* und *Chamäleons*, aber auch die mächtigen *Komodo-Warane*.

„Huch, eine Schlange!" hört man häufig, wenn sich eine **Blindschleiche** über den Weg schlängelt. Sie gehört aber nicht zu den Schlangen, sondern zu den Echsen. Zwei bewegliche Augenlider sowie Reste eines Beckens und eines Schultergürtels im Skelett sind Hinweise darauf. Blindschleichen ernähren sich hauptsächlich von Würmern, Schnecken und Insekten und bringen lebende Jungen zur Welt.

Zu den seltsamsten Formen der Reptilien gehört das **Chamäleon**. Der hochrückige, seitlich zusammengedrückte Körper wird von dünnen Beinen mit zangenartigen Klammerfüßen getragen. Der runde Wickelschwanz kann zum Festhalten benutzt werden. Einmalig im Tierreich sind die unabhängig voneinander drehbaren Augen und die lange Schleuderzunge dieser Echsen. Die Fähigkeit zum Farbwechsel dient der Tarnung.

Schlangen (ca. 2000 Arten)

Die bei uns heimische **Glattnatter** wird sehr oft mit der Kreuzotter verwechselt, denn sie richtet sich bei Gefahr auch hoch auf, zischt und beißt zu. Die winzigen Zähnchen dieser 75 cm langen, lebendgebärenden Natter sind für uns jedoch vollkommen ungefährlich. Sie macht ihre Beute (Eidechsen, Blindschleichen und Mäuse) durch Umschlingen wehrlos.

Der **Felsenpython** gehört zu den Riesenschlangen. Er umschlingt seine Beute so fest, dass sie erstickt *(Würgeschlange)*. Ein ausgewachsener Felsenpyhton (Länge über 5 m) kann z. B. Antilopen von über 30 kg Gewicht verschlingen. In entsprechender Weise ernähren sich die übrigen Riesenschlangen, zu denen neben den Pythonschlangen auch die *Boaschlangen* gehören. Eine bekannte Vertreterin davon ist z. B. die *Anakonda*.

Krokodile

Die Krokodile oder *Panzerechsen* sind über die wärmeren Regionen unserer Erde verbreitet. Einige Verwandte des *Nilkrokodils*, das zu den *Echten Krokodilen* zählt, leben in Südamerika, wie zum Beispiel das *Orinoko-Krokodil*. Ebenfalls Verwandte der Echten Krokodile kommen an den Küsten Australiens vor, wie das sehr groß werdende *Leistenkrokodil*. In Amerika gibt es eine weitere Krokodilgruppe, die *Alligatoren*. Der *Hechtalligator* und *Kaimane* gehören dazu.

Der bis zu 6,5 m lange **Gavial** kommt von Nord- und Ostindien bis nach Pakistan und Bangladesh vor. Er ist der einzige noch lebende Vertreter der nach ihm benannten Krokodilgruppe. Das charakteristische Merkmal ist seine im Vergleich zu allen anderen Krokodilen sehr schmale Schnauze. Gaviale leben entlang der Flüsse, wo sie sich zum größten Teil von Fischen ernähren. Der Gavial ist heute in seinem Bestand gefährdet. Durch Zucht- und Auswilderungsprogramme versucht man den Gavial zu retten. Den Menschen wird er nicht gefährlich.

Schildkröten

Schildkröten haben ganz unterschiedliche Lebensräume erobert, so auch das Meer. Dafür ist die **Karettschildkröte** ein Beispiel. Ihr im Gegensatz zu

den Landschildkröten stark abgeflachter Panzer ist stromlinienförmig, sodass der Wasserwiderstand beim Schwimmen kleiner wird. Ihre stark abgeflachten, paddelförmigen Beine sind ebenfalls eine Anpassung an das Leben im Wasser (▶ S. 218). Sie kommen, wie auch die übrigen Meeresschildkröten, nur noch zur Eiablage an Land. An Sandstränden vergraben die Weibchen ihre Eier und überlassen der Sonnenwärme das Ausbrüten.

Wir vergleichen Wirbeltiere

Trotz ihrer äußerlich starken Verschiedenartigkeit weisen Fische, Amphibien, Reptilien, Vögel und Säugetiere ein auffälliges gemeinsames Merkmal auf, die *Wirbelsäule*. Man fasst sie deshalb zum **Stamm der Wirbeltiere** zusammen. Die Wirbelsäule ist Teil des Stützsystems des Körpers und bietet dem empfindlichen Rückenmark Schutz. Viele, hintereinander liegende Wirbelkörper verleihen ihr die nötige Beweglichkeit. So besitzen alle Säuger 7 Halswirbel, 12 Brustwirbel und 5 Lendenwirbel, die Giraffe ebenso wie eine Maus. Aufgrund solcher gemeinsamen Merkmale sagt man auch, die Säuger bilden eine eigene *Wirbeltierklasse*. Auch die übrigen Wirbeltierklassen haben jeweils einen gemeinsamen *Bauplan*. Am deutlichsten werden die Unterschiede und Gemeinsamkeiten, wenn man bestimmte Merkmale bei Säugetiere, Vögeln, Fischen, Lurchen und Kriechtieren miteinander vergleicht.

Die **Fortbewegungsorgane** sind bei Fischen die *Flossen*. Bei Lurchen, Kriechtieren, Vögeln und Säugern sind es 4 *Gliedmaßen*, die meist 5 *Finger* bzw. *Zehen* an den Enden tragen. Fische mit ihren Flossen sind Wasserbewohner, die übrigen Wirbeltiere mit ihren 4 Gliedmaßen besiedeln meist das Land. Die Fortbewegungsorgane können jedoch auch abgewandelt sein. So werden zum Beispiel die beiden seitlichen Flossensäume bei einem Rochen von den beiden Brustflossen gebildet. Ähnliches gibt es auch bei den Gliedmaßen der übrigen Wirbeltierklassen. Die Vordergliedmaßen sind bei Vögeln zu Flügeln umgewandelt. Robben besitzen flossenförmige Arme und Beine, bei Walen fehlen die Hintergliedmaßen (▶ S. 220).

In der **Körperbedeckung** fallen die Unterschiede meist leicht auf. Alle Säugetiere besitzen ein aus Haaren bestehendes *Fell*. Auch bei den Walen sind noch einige Haare als Tasthaare erhalten geblieben. Vögel besitzen dagegen ein *Federkleid*. Sowohl Federkleid als auch Fell schützen hervorragend gegen Kälte und Hitze, da in ihnen Luft eingeschlossen werden kann (▶ S. 218). Das ist bei den übrigen Vertretern der Wirbeltiere nicht der Fall. Kriechtiere tragen eine trockene *Hornschuppenhaut*. Die Schildkröten besitzen unter ihrer verhornten Oberfläche einen Knochenpanzer, der zum größten Teil aus ihren Rippen gebildet wird. Das

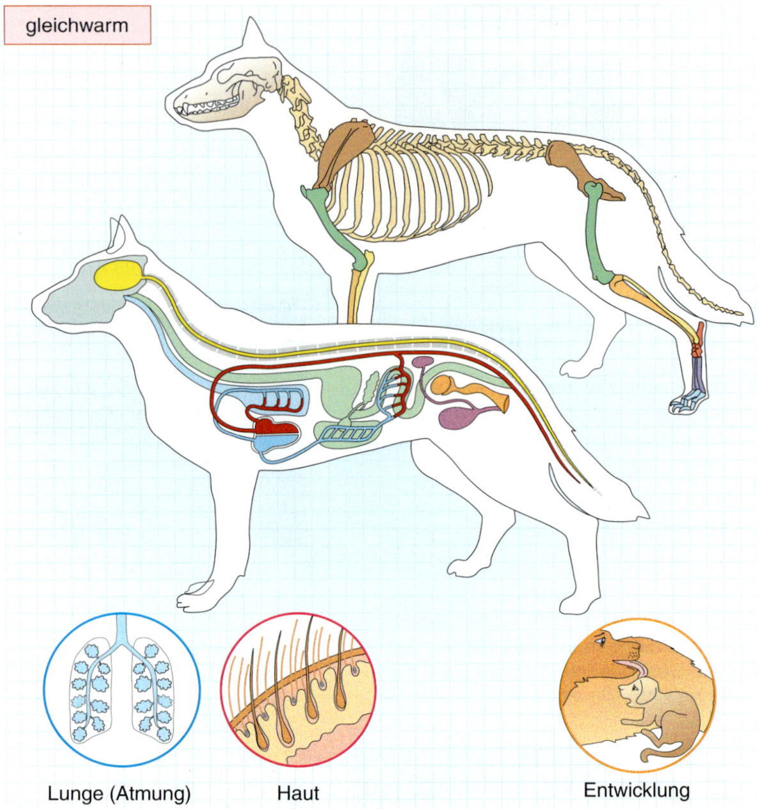

1 Bau und innere Organe der Säugetiere

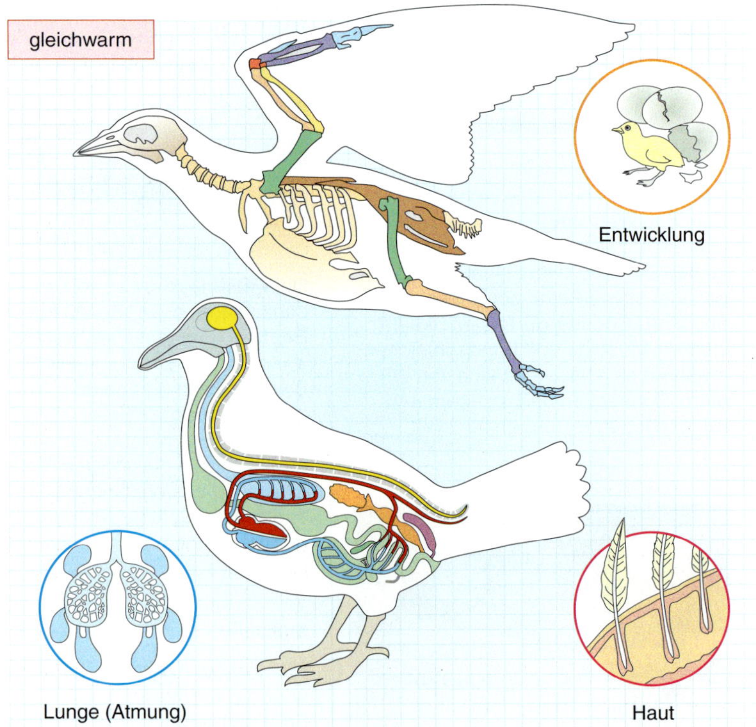

2 Bau und innere Organe der Vögel

Kennzeichen der Lurche ist die meist dünne *Haut*, in der sich zahlreiche *Drüsen* befinden. Sie verleihen der Haut Feuchtigkeit und bilden bei einigen Lurchen sehr starke Gifte, wie bei den Pfeilgiftfröschen aus dem südamerikanischen Regenwald. Bei den Fischen finden wird meist eine mit Schleim bedeckte *schuppige* Haut.

Säuger und Vögel sind zur **Regulation der Körpertemperatur** befähigt. Sie halten unabhängig von der Außentemperatur ihre Körpertemperatur bei zum Beispiel 37 °C konstant. Sie sind also *gleichwarm*. Fische, Lurche und Kriechtiere sind dagegen *wechselwarm*. Ihre Körpertemperatur entspricht weitgehend der Außentemperatur.

Bei den **Atmungsorganen** wird die Anpassung an die Atmung im Wasser oder in der Luft sichtbar. Die *Kiemen* der Fische können mit ihren stark durchbluteten Kiemenblättchen Sauerstoff nur aus dem Wasser aufnehmen. Die *Lungen* der übrigen Wirbeltiere können nur aus der Luft hinreichend Sauerstoff an das Blut weitergeben (▶ S. 232).

Bei der **Fortpflanzung und Entwicklung** werden die Unterschiede besonders deutlich. Bei Fischen und Lurchen werden die in der Regel sehr zahlreichen Eizellen und Spermien meist frei ins Wasser abgegeben. Aus dem befruchteten Ei entwickelt sich eine Larve, die bei den Lurchen im Gegensatz zu den Fischen gegen Ende ihrer Entwicklung eine Verwandlung *(Metamorphose)* zum eigentlichen Lurch durchmacht. Bei Fröschen entsteht aus der Kaulquappe der Frosch. Die von einer pergamentartigen Schale umgebenen Eier von Kriechtieren sind schon wesentlich besser gegen Austrocknung geschützt. Die Entwicklung findet in der Eischale statt. Erst dann durchbricht das junge Kriechttier die Schale. Ähnlich verläuft die Entwicklung bei Vögeln. Bei ihnen ist die dicke Kalkschale noch fester und schützt noch besser vor Austrocknung. Die Eier werden außerdem bebrütet, was bei den Kriechtieren meist nicht der Fall ist. Bei den Säugetieren entwickeln sich die Jungen im Mutterleib und sind dadurch gut geschützt. Sie werden nach der Geburt abgenabelt und gesäugt (▶ S. 228).

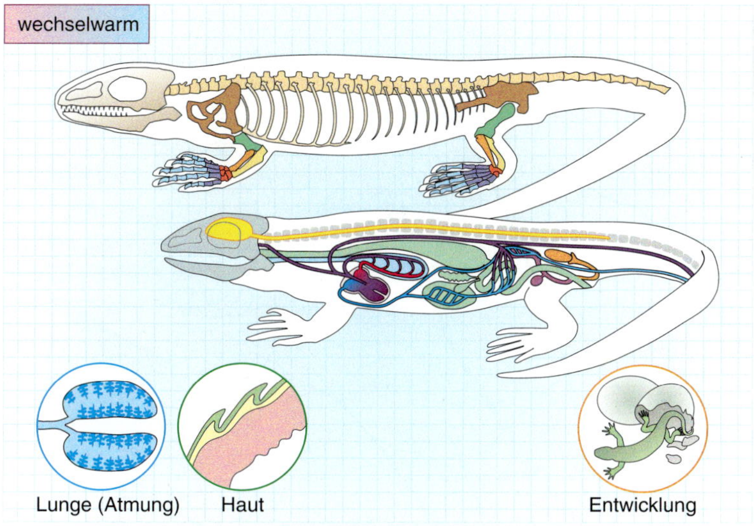

3 Bau und innere Organe der Reptilien

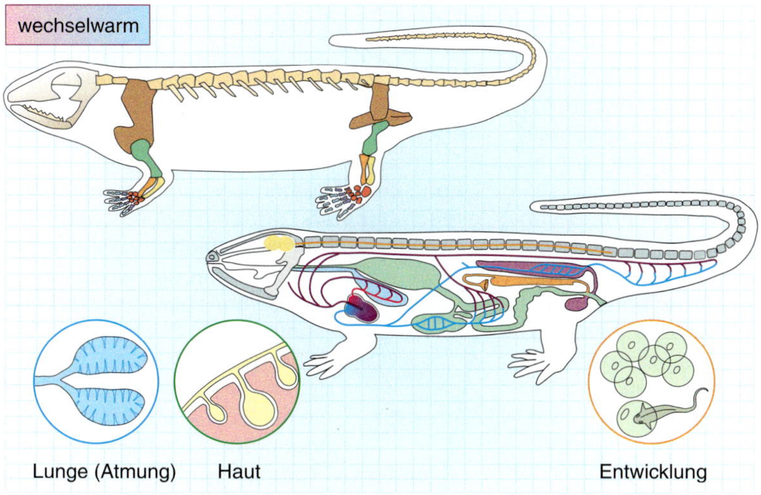

4 Bau und innere Organe der Lurche

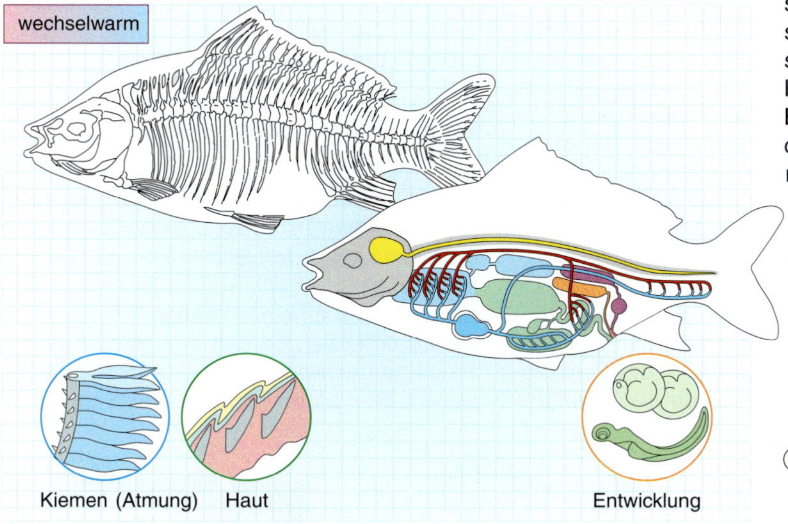

5 Bau und innere Organe der Fische

Aufgabe

① Stelle in einer Tabelle übersichtlich die Merkmale der Wirbeltiere im Vergleich dar. Verwende dazu die im Text fett gedruckten Begriffe.

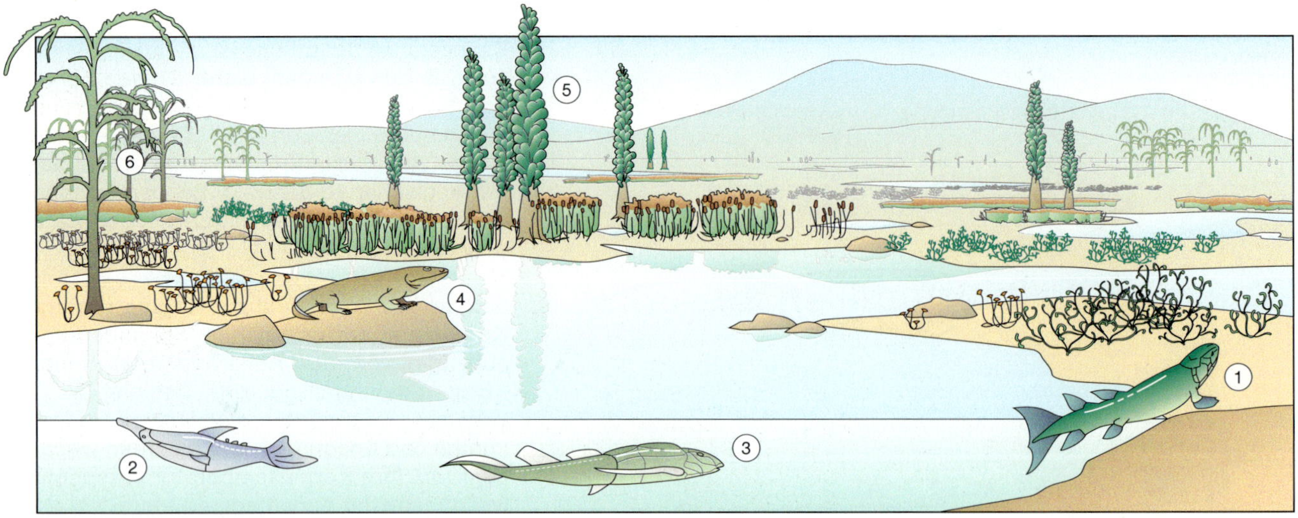

1 Küstenlandschaft vor 350 Mio. Jahren

Erste Wirbeltiere

① Quastenflosser
② Kieferloser Fisch
③ Panzerfisch
④ Fischschädellurch „Ichthyostega“
⑤ Duisbergia (Bärlapp- oder Farngewächs)
⑥ Archaeosigillaria (Baumtyp)

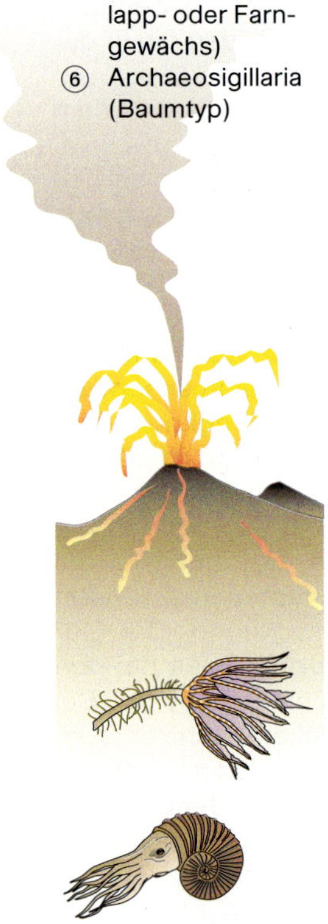

Die Erde entstand vor mehr als 4,5 Mrd. Jahren, aber erst nach 4 Mrd. Jahren wurde das Land aus dem Wasser heraus besiedelt. Während dieser Zeit kühlte sich die Erde ab und die Urozeane entstanden. In diesen sollen sich die ersten einzelligen Lebewesen entwickelt haben, aus denen sehr langsam nach und nach komplizierter gebaute Organismen, wie Pflanzen und Tiere, entstanden. Doch darüber weiß man nur sehr wenig, da es von den Lebewesen, die vor etwa 600 Millionen Jahren lebten, nur wenige Spuren gibt. Man weiß nur, dass es unter den ersten einfachen vielzelligen Pflanzen und Tieren *Algen* und *Quallen* gab. Von den Lebewesen, die danach entstanden sind, hat man zahlreiche Informationen durch *Fossilien*. Das sind Reste oder Spuren von Organismen, die vor langer Zeit gelebt haben und bis heute erhalten geblieben sind, z. B. als *Versteinerungen*. Daher ist man sicher, dass in der Zeit vor 600 bis 500 Mio. Jahren bereits bis auf die Wirbeltiere alle Tierstämme existierten (▶ S. 230).

Die ersten Wirbeltiere entstehen

Erst danach entwickelten sich also die ersten *Wirbeltiere*. Dazu gehörten die *Panzerfische*. Diese drangen als erste Wirbeltiere aus dem Meer in das Süßwasser (Flüsse und Seen) vor. Später entstanden *Quastenflosser* und *Lungenfische*, die zum ersten Mal ein knöchernes Innenskelett ausbildeten. Neben ihren Kiemen besaßen sie außerdem einfach gebaute Lungen. Dadurch waren sie befähigt, auch in sehr flachem, sauerstoffarmen Wasser zu überleben, wenn durch Austrocknung der Wasserspiegel stark gesunken war. Die meisten Forscher glauben heute, dass es damals Quastenflosser waren, die als Fische sogar über Land gingen und zum Beispiel einen anderen Tümpel suchten, wenn das bisherige Wohngewässer ganz ausgetrocknet war. Denn sie besaßen von Knochen gestützte Brust- und Bauchflossen, die vielleicht für kurze Zeit als Beine an Land benutzt werden konnten.

Fossiler Quastenflosser

Erste Wirbeltiere besiedeln das Land

Aus der Zeit der Quastenflosser lassen sich auch Fossilien der ersten Landpflanzen nachweisen. In den Gezeitenzonen der Meere oder dort, wo sich durch Bildung neuer Gebirge der Wasserspiegel langsam änderte, konnten sich wahrscheinlich einige Pflanzenarten behaupten, die von hier aus allmählich das Festland besiedelten. Im Gewirr von Flussarmen, Sümpfen, Tümpeln und Schwemm-

1 Waldmoor vor 300 Mio. Jahren

① Breitschädellurch
② Panzerlurch
③ Stammreptil
④ Urlibelle „Meganeura“
⑤ Schuppenbäume
⑥ Schachtelhalme
⑦ Siegelbäume
⑧ mit Lianenart

land mit reichem Pflanzenbewuchs gab es nun auch für Wirbeltiere, die häufig an Land lebten, genügend Nahrung. Die ersten Landwirbeltiere waren *Luche*. Sie ernährten sich von Tausendfüßern, Schaben, Fliegen, Skorpionen, Spinnen und Libellen. In einem solchen Lebensraum fanden sie ideale Lebensbedingungen. Das beweisen Fossilfunde, die etwa 350 Mio. Jahre alt sind. Darunter ist auch der Fischschädellurch *Ichthyostega* zu finden. Bei diesem Tier zeugen seine Gestalt und einige Körpermerkmale davon, dass seine Vorfahren Fische waren.

In vielen Merkmalen gleicht der Fischschädellurch dem Quastenflosser. Wie der Quastenflosser hatte er Hautschuppen, Seitenlinienorgane am Kopf und einen Flossensaum am Schwanz. Allerdings war Ichthyostega ein *Vierfüßer*. Seine Beine waren über die Beckenknochen bzw. den Schultergürtel mit der Wirbelsäule verbunden. Im Erwachsenenzustand fehlten ihm die Kiemen, obwohl er wahrscheinlich die meiste Zeit im Wasser verbrachte. Ein solches Tier, welches Merkmale zweier Tierklassen besitzt, nennt man *Brückentier*.

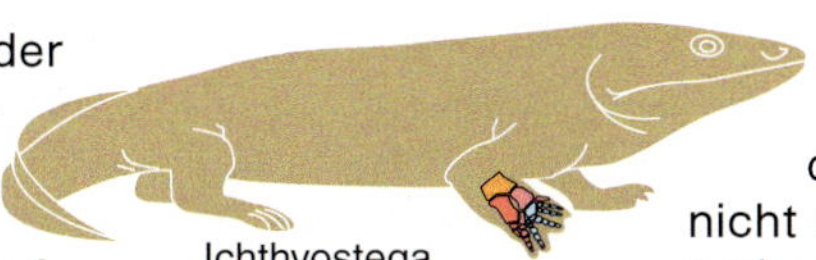
Ichthyostega

Das Land wird dauerhaft besiedelbar

Die ersten Lurche waren sicher noch sehr stark an das Wasser gebunden, da sie kaum gegen Austrocknung geschützt waren. Das feuchtwarme Klima der damaligen Zeit begünstigte andererseits den Aufenthalt an Land. Dort breiteten sich weite Sumpflandlandschaften mit üppigem Bewuchs aus. In dieser Zeit entwickelten sich nach und nach die heute lebenden Lurche, aber bereits vor etwa 330 Mio. Jahren auch die ersten *Kriechtiere*.

Die ersten Kriechtiere legten ihre Eier nicht mehr wie die Lurche ins Wasser. Die Eier besaßen eine feste Schale, die sie vor Austrocknung besser schützte. Damit waren die Kriechtiere als eine neue, weitere Tierklasse entstanden, die zur Fortpflanzung nicht mehr das Wasser aufsuchen mussten wie die Lurche. Sie konnte deswegen große Teile des Festlandes, sogar die Wüsten, erobern. Das zeigen uns die heute noch lebenden Kriechtiere (Echsen, Schlangen, Schildkröten und Krokodile). Die bekanntesten Vertreter der Kriechtiere waren die *Saurier*, die bis zu ihrem Aussterben fast alle Lebensräume besiedelten. Aus Saurier-Vorfahren entwickelten sich bereits vor etwa 200 Mio. Jahren die ersten *Säugetiere* und *Vögel*. Deren heute lebende Nachfahren konnten sich nach dem Aussterben der Saurier in einer großen Vielfalt entwickeln und besiedeln heute ebenfalls fast alle Lebensräume der Erde.

Fossilien – Spuren aus der Vergangenheit des Lebens

In einem Steinbruch wird aus grauem Schiefergestein eine Platte herausgelöst. Ein Wissenschaftler bearbeitet das Fundstück fachmännisch weiter. Immer mehr wird erkennbar, dass in dieser Steinplatte etwas eingeschlossen ist. Die weitere Bearbeitung erfolgt dann im Labor. Mit feinen Meißeln werden die versteinerten Knochen eines riesigen Tieres aus dem Schiefer herausgeschält. Erst nach Wochen sorgfältiger Arbeit wird das ganze Skelett eines *Fischsauriers* sichtbar.

Meist sind die *Versteinerungen* kleiner und nicht so gut erhalten wie in unserem Beispiel. Sie geben Auskunft über die in der Vergangenheit lebenden Organismen. Solche Zeugnisse aus der Vergangenheit müssen aber nicht immer versteinerte Knochen ausgestorbener Tiere sein. Einschlüsse von Organismen in Bernstein, Mumien in Wüstengebieten oder tiefgefrorene Mammuts aus dem Dauerfrostboden Sibiriens gehören ebenso dazu. In der Gesamtheit nennt man solche Fundstücke **Fossilien**.

Wie entstehen nun Fossilien? Am Beispiel des versteinerten Fischsauriers soll dies erklärt werden. Nach seinem Tod wäre der Fischsaurier unter normalen Bedingungen, d. h. bei Anwesenheit von Sauerstoff und Mikroorganismen, wie das fast immer der Fall ist, verwest, sodass keine Reste übrig geblieben wären.

Wird aber der Fischsaurier bald nach seinem Tode von abgelagertem Sand oder Schlick überdeckt, kann er wegen Sauerstoffmangels nicht vollständig zersetzt werden. Im Laufe der folgenden Jahrmillionen verdichten sich die über ihm liegenden Ablagerungen zu Gestein *(Ablagerungs-* oder *Sedimentgestein)*. Hartteile des Fischsauriers, wie Knochen, können lange Zeit erhalten bleiben und werden später oft infolge chemischer Vorgänge durch abgeschiedenes Gestein ersetzt. Der Vorgang der Versteinerung ist dann abgeschlossen. Bei anderen Organismen können auch Panzer oder Gehäuse versteinern.

Aber weshalb findet man solche Versteinerungen auf dem Land und manchmal in größerer Tiefe? Die Ursache dafür ist, dass sich im Lauf von Jahrmillionen über dem Fossil langsam weitere Gesteinsablagerungen bilden können. Wenn sich ein solches Gebiet langsam hebt und schließlich über den Meeresspiegel herausragt, ist das abgelagerte Gestein den Klimaeinflüssen ausgesetzt und kann verwittern. Auf diese Weise werden immer wieder Fossilien mehr oder weniger freigelegt, die dann nur noch gefunden werden müssen.

Bei der Entdeckung der ersten Fossilien war den Forschern nicht klar, dass es sich dabei um Spuren von Lebewesen handelte. Manche Fossilien zeigen keine Ähnlichkeiten zu heutigen Lebewesen. Auch konnte man sich früher nicht vorstellen, dass sich die Tier- und Pflanzenwelt im Laufe der Zeit verändert haben könnte (▶ S. 222). Durch moderne Nachweismethoden beim Vergleich von Fossilien mit heute lebenden Pflanzen und Tieren weiß man heute aber sicher, dass Fossilien Überreste früherer Lebewesen sind.

1 Versteinertes Skelett eines Fischsauriers

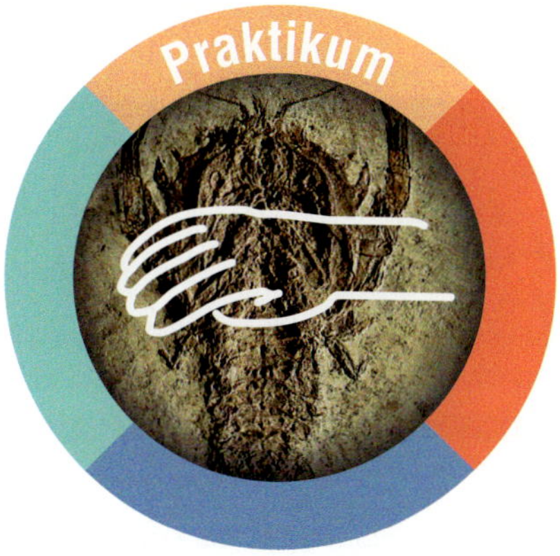

Herstellung von Fossilien

Man kann keine echten Fossilien herstellen, denn sie können nur auf natürlichem Wege entstehen. Allerdings lassen sich die Vorgänge, die zur Entstehung von Fossilien geführt haben, modellhaft nachahmen. Wir arbeiten also mit Modellfossilien.

Besorge dir dazu Laubblätter und Muschelschalen, Schneckengehäuse oder Knochen von Hühnchen. Diese Objekte eignen sich gut als Modellfossilien.

Material:
Gips, Kies, Sand, Wasser, leere 1-Liter-Getränketüte (Tetrapack), großer Spatel, Mischgefäß (z. B. 500-ml-Jogurtbecher), 100-ml-Messzylinder, Vaseline, Hammer.

Durchführung:
Nimm drei Objekte, die du als Modellfossilien vorgesehen hast. Streiche davon zwei gut von allen Seiten mit Vaseline ein. Entferne den oberen Teil einer Getränketüte, sodass ein offenes Gefäß entsteht.

Stelle die Mischung 1 zusammen:
Fülle dazu in das Mischgefäß 50 ml Gips, 50 ml Kies und gib unter Rühren etwa 40 bis 60 ml Wasser zu. Durchmische die Zutaten gründlich, bis ein zähflüssiger Brei entsteht.

Gieße diese Mischung 1 in die Getränketüte und warte kurz, bis die Oberfläche leicht verfestigt ist. Lege jetzt ein Modellfossil mit Vaselineschicht und eines ohne Vaselineschicht darauf. Stelle nochmals die Mischung 1 zusammen und gieße sie darüber (die Mischung 1 muss zweimal hergestellt werden, da sie sehr schnell aushärtet).

Fertige nun die Mischung 2 an:
Gib dazu in das Mischgefäß 50 ml Gips, 50 ml roten Sand oder Erde und schütte unter Rühren etwa 50 bis 70 ml Wasser dazu. Gieße dann die Mischung 2 in die Getränketüte. Lege das dritte Objekt darauf, wenn die Oberfläche leicht verfestigt ist.

Fertige nochmals die Mischung 2 an und gieße sie darüber. Lasse nun den Gipsblock in der Tüte mehrere Tage gut durchtrocknen.

Aufgaben

1. Entferne die Getränketüte vom Gipsblock und kratze anschließend mit einem Messer oder einem Spatel flach von oben bis unten seitwärts über eine Oberfläche des Gipsblocks. Betrachte die freigekratzte Seitenfläche. Beschreibe und notiere ihr Aussehen.
   Welcher natürliche Vorgang im Zusammenhang mit der Bildung von Fossilien wurde durch das Einbringen der Mischungen in die Getränktetüte nachgeahmt?
2. Welchen natürlichen Verhältnissen entspricht die Verwendung verschiedener Mischungen?
3. Klopfe mit dem Hammer sanft, dann immer stärker auf den Gipsblock, bis er zerspringt. An welchen Stellen bricht er besonders leicht?
4. Suche nach deinen „Fossilien“ und lege sie frei. Welche Funktion hat die Vaseline?
5. Beschreibe, weshalb man richtige Fossilien nicht so leicht freilegen kann wie unsere Modellfossilien.
6. Als Fossilien bezeichnet man nicht nur Reste von Lebewesen. Zu Fossilien zählen auch Spuren verstorbener Lebewesen.
   Findest du solche Spuren in deinem Gipsblock?

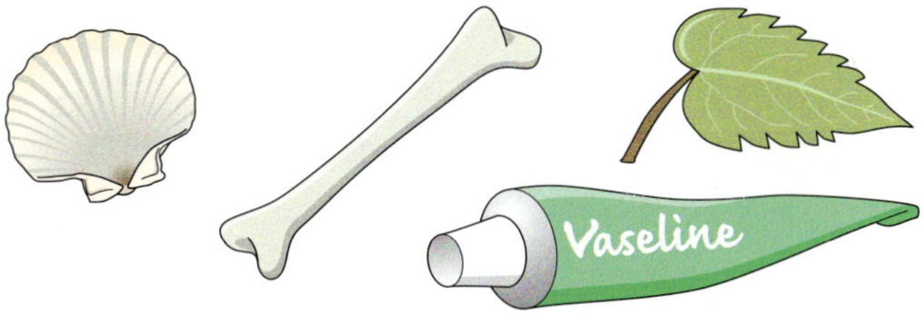

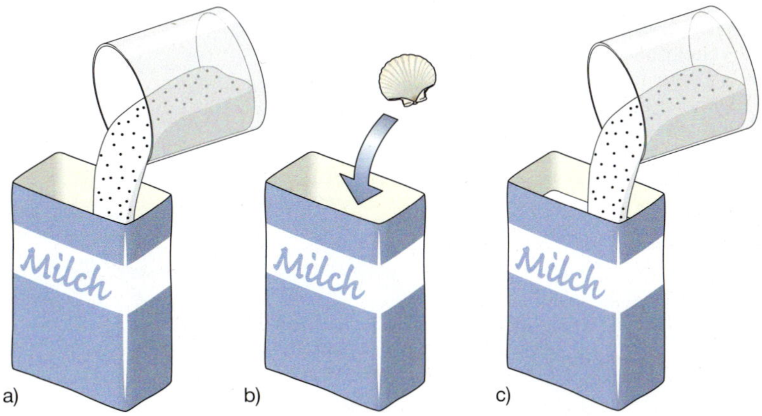

Saurier

Echsen aus der Urzeit

Obwohl die Saurier längst ausgestorben sind, kennt sie doch jeder. Viele sind fasziniert vom Anblick eines Saurierskeletts in einem Museum, vor allem, wenn es von einem der ganz großen Saurier stammt, die eine Körperlänge von über 20 Metern erreichten. Ganz unwillkürlich stellt sich die Frage, wie die Saurier gelebt haben mögen. Diese Frage hat die Phantasie der Menschen so stark beflügelt, dass die Saurier in einer Reihe von Filmen die Titelhelden waren.

Fossilien – Zeugnisse aus der Vergangenheit

Woher weiß man, dass es Saurier gab? Woher weiß man, wie sie aussahen? Die einzigen Hinweise auf ihre Existenz haben wir durch *Fossilien*. Meistens handelt es sich um versteinerte Skelettteile. Manchmal werden aber auch fast vollständige Skelette gefunden. Aber auch versteinerte Fußabdrücke und Nester sind erhalten geblieben.

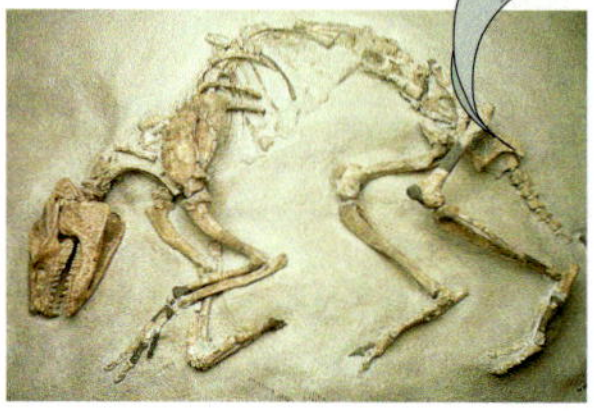

Meistens befinden sich die Knochen bei einem Fossilfund nicht mehr in der richtigen Lage zueinander. Trotzdem ist es häufig möglich, die Lage der Knochen zueinander und die richtige Körperhaltung zu rekonstruieren. Kannst du dir vorstellen, mithilfe welcher Merkmale dieses möglich sein könnte. Vergleiche dazu auch mit der Körperhaltung und den Skeletten lebender Tiere, z. B. einer Eidechse und einem Hund.

Weißt du, wie Fossilien entstehen? Wann lebten Saurier und wo lebten sie? Antworten darauf findest du z. B. in einem Lexikon oder in einem Museum, in dem ausgestorbene Tiere zu sehen sind.

Oft gibt es zwischen den Sauriern und heute lebenden Tieren Ähnlichkeiten in der Lebensweise und der Fortbewegung. Suche nach Beispielen.

Vielfalt der Saurier

Saurier haben viele Millionen Jahre lang das Leben auf der Erde weitgehend beherrscht. Das Land wurde von einer Vielzahl von Dinosauriern besiedelt. Es gab kleine, vogelgroße, aber auch riesige Arten, die entweder Pflanzenfresser oder gefährliche Raubtiere waren. Sie bewegten sich als Vierbeiner, aber auch als Zweibeiner fort. Außerdem existierten viele wasserlebende Saurier, aber auch Flugsaurier.

Suche Abbildungen von Sauriern und notiere ihren Namen. Versuche sie zu ordnen und herauszufinden, wann und wo sie lebten.

Lebensraum und Lebensweise

Die Wissenschaftler nehmen an, dass im Zeitalter der Dinosaurier das Klima wärmer und ausgeglichener war als heute. Eine üppige Pflanzenwelt konnte dadurch gedeihen. Kannst du dir vorstellen, warum das die Grundlage für die großen Pflanzenfresser unter den Sauriern war, aber auch für die großen und schnellen Räuber, die von ihnen lebten?

Aus den Nestern, die man gefunden hat, hat man den Schluss gezogen, dass es zumindest bei einigen Saurierarten *Brutpflege* gab. Suche zum Vergleich nach heute lebenden Tieren, die Brutpflege betreiben.

Stelle zusammen, was du über die Lebensweise als Jäger und Gejagte erfahren kannst. Welche Möglichkeiten zur Verteidigung hatten die Gejagten?

Das Aussterben der Saurier

Dass die Saurier vor ungefähr 65 Mio. Jahren ausgestorben sind, weiß man ziemlich sicher. Über die Ursachen dafür gibt es keine gesicherten Erkenntnisse.

Viele Wissenschaftler glauben, dass eine weltweite Abkühlung zu einer Verschlechterung der Lebensbedingungen für die Saurier geführt hat. Der Einschlag eines großen Meteoriten oder heftige Vulkanausbrüche könnten zusätzlich die Lebensbedingungen für die Saurier so stark verschlechtert haben, dass sie schließlich ausstarben.

Skelett und Umriss von Iguanodon. Im Hintergrund Umriss von Brachiosaurus und Größenvergleich zum Menschen.

Heute ist man sich sicher, dass unsere Vögel aus Sauriervorfahren hervorgegangen sind. Ein wichtiger Beleg für diese Annahme ist der Urvogel Archaeopteryx, den man als Versteinerung gefunden hat.

Saurier – Vorfahren der Vögel

Der Archaeopteryx ist zwar kein direkter Vorfahre unserer heutigen Vögel, aber er besitzt Merkmale von zwei Tiergruppen: Von den zu den Reptilien gehörenden Sauriern und von den Vögeln. Vergleiche.

Stammbaum der Wirbeltiere

Die genaue Untersuchung von *Fossilien* (z. B. Versteinerungen) hat gezeigt, dass Wirbeltiere bereits seit etwa 500 Mio. Jahren auf der Erde existieren.
Damals gab es ausschließlich *Fische*. Zu den ältesten Fischen gehören kieferlose Fische und Panzerfische, die es heute nicht mehr gibt. Ungefähr 100 Mio. Jahre später entwickelten sich die ersten Knorpelfische, Quastenflosser und Lungenfische, von denen es heute noch lebende Formen gibt. Die Knochenfische entstanden erst später. Vor über 350 Mio. Jahren entwickelten sich aus Fischvorfahren die ersten Lurche, aus diesen vor ungefähr 330 Mio. Jahren die ersten Kriechtiere, zu denen auch die vor ungefähr 270 Mio. Jahren auftauchenden Saurier gehörten. Aus ihnen gingen die heute lebenden Kriechtiere hervor, aber auch vor etwa 220 Mio. Jahren die ersten Säuger und vor etwa 195 Mio. Jahren die ersten vogelartigen Tiere, die heute in einer großen Vielfalt die Erde besiedeln.

Eine solche zeitliche Abfolge wird in einem Stammbaum auf der senkrechten Achse dargestellt, die im Laufe der Zeit auftretenden Veränderungen auf der waagerechten Achse. Der Stammbaum zeigt, dass alle Wirbeltiere auf einen *gemeinsamen Ursprung* zurückgehen. Alle Wirbeltiere stammen von Fisch-Vorfahren ab. Genaueren Aufschluss über die Entstehung einer neuen Wirbeltierklasse liefern *Brückentiere*, zum Beispiel der Urlurch Ichthyostega. Er besaß sowohl Fischmerkmale als auch Merkmale eines Lurches.

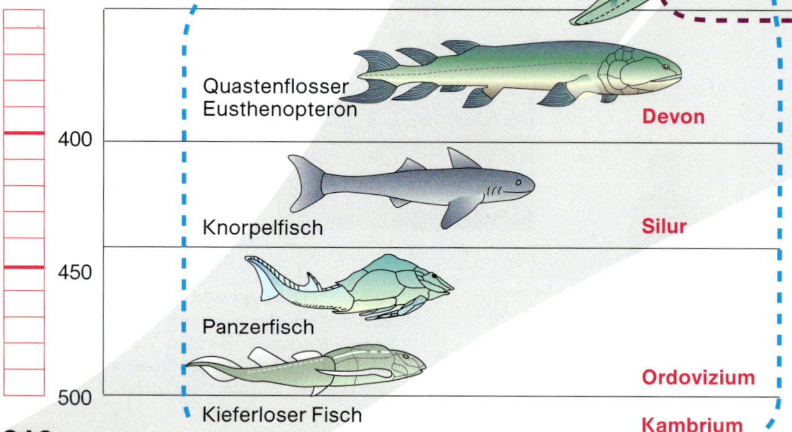

Entwicklungslinien

Die Entwicklung neuer Wirbeltierklassen war verbunden mit der Besiedlung neuer Lebensräume. Ausgehend vom Wasser haben sich über ufernahe Feuchtgebiete schließlich land- bzw. luftlebende Wirbeltiere entwickelt. Der Weg zurück ins Wasser war allerdings nicht unmöglich, wie das Beispiel der Pinguine, Robben und Wale zeigt. Die Eroberung neuer Lebensräume war gekoppelt mit der Entwicklung neuer Merkmale, durch die der Körper der Tiere an den jeweiligen Lebensraum angepasst ist.

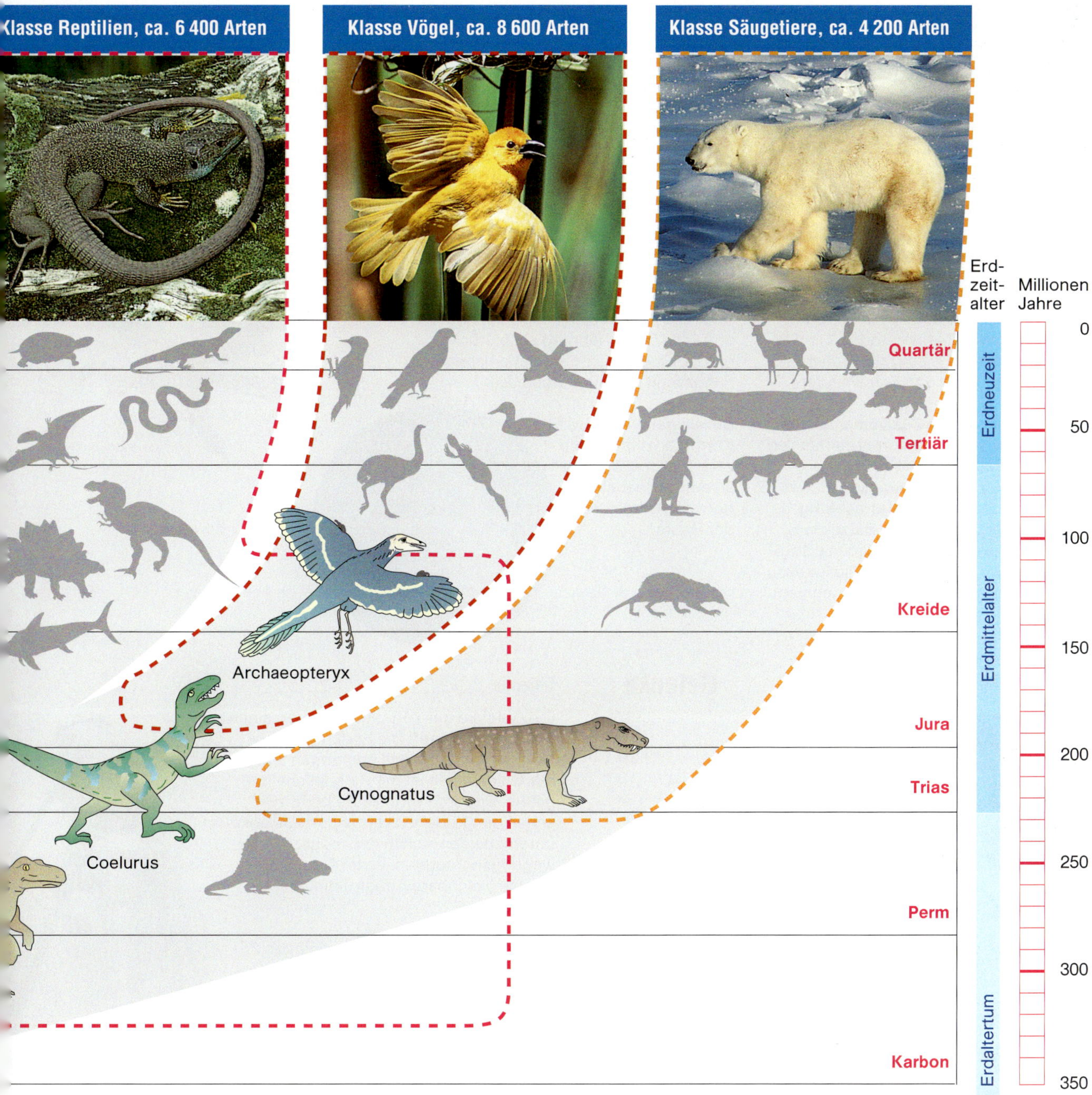

ische sind vollständig an den Lebensraum /asser gebunden. Ihre Fortbewegungs-rgane (Flossen), Atmung (Kiemen), Fort-flanzung (äußere Befruchtung), Körperform nd Körperbedeckung sind den entspre-henden Umweltbedingungen angepasst.

ie **Lurche** haben das Land erobert (4 Glied-naßen, Lungen), sind aber bei der Fort-flanzung noch auf das Wasser angewiesen. der Regel entwickelt sich das befruchtete i zu einer kiementragenden Larve, aus der rst nach der Verwandlung der zum Land-ben befähigte Lurch entsteht.

Kriechtiere, Säuger und **Vögel** sind weitgehend vom Lebensraum Wasser unabhängig geworden. Ihre Fortpflanzung ist gekennzeichnet durch eine *innere Befruchtung*. Die Embryonen der Kriechtiere und Vögel entwickeln sich in festen Eischalen, die der Säuger im Mutterleib. Auch die Körper der Kriechtiere, Säuger und Vögel sind durch die Beschaffenheit der Haut und Körperbedeckung gut gegen Austrocknung geschützt. Wüstenbewohner, wie z. B. die Wüstenspringmaus, sind so gut gegen Austrocknung geschützt, dass sie kaum Wasser aufzunehmen brauchen.

Säuger und Vögel besitzen hoch entwickelte Lungen und Herz-Kreislauf-Systeme. Sie sind, im Gegensatz zu den übrigen, wechselwarmen Wirbeltieren, gleichwarm. Gegen Kälte schützt die Säuger das Fell und die Vögel das Federkleid. Die Gliedmaßen sind häufig spezialisiert und an die jeweilige Art der Bewegung angepasst. So besitzen zum Beispiel Robben flossenförmige Gliedmaßen. Diese und andere Anpassungen haben es ihnen ermöglicht, fast alle Lebensräume der Erde zu erobern, wie zum Beispiel die Pinguine die Antarktis und die Wale die Weiten der Meere.

Basiskonzept

Struktur und Funktion

Der Bau von tierischen und pflanzlichen Organen hängt davon ab, welche Aufgaben sie für das Lebewesen erfüllen müssen: Die Grabbeine eines Maulwurfs sehen aus wie Schaufeln, sie ermöglichen ihm das Wühlen im Boden. Die Stacheln der Rose sind spitz und scharf, sie dienen der Abwehr von Fressfeinden.

Nicht immer sind die Zusammenhänge zwischen bestimmten Körpermerkmalen *(Strukturen)* und deren Bedeutung *(Funktion)* für das Lebewesen so leicht erkennbar. Bei genauer Betrachtung zeigt sich jedoch an vielen Beispielen, dass Organe eine ganz bestimmte Struktur aufweisen müssen, damit sie für das Lebewesen eine Funktion wahrnehmen können.

Fangorgane

Fangorgane

Greifvögel müssen ihre Beute beim ersten Versuch wirksam festhalten können. Ein zweiter Angriff ist meistens nicht möglich. Die Krallen der Greifvögel sind scharf und stark. Die Anordnung der Fußzehen unterstützt das kraftvolle Festhalten.

Haie haben scharfe, nach hinten gebogene Zähne. Durch starke Muskeln im Kiefer können sie kräftig zubeißen. Hat der Hai die Beute fest im Maul, windet er Kopf und Körper einige Male hin und her und kann seine Nahrung so in Stücke reißen. Eine ähnliche Aufgabe haben die Fangzähne im Raubtiergebiss.

Bei einigen Vögeln (z. B. Kormoran) verhindern zahnähnliche Gebilde an den Schnabelrändern das Entgleiten der Beute.

Gelenke

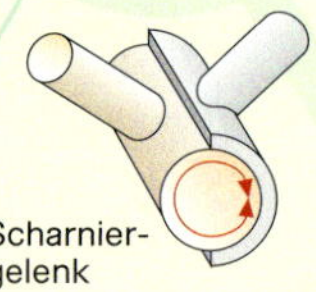

Scharniergelenk

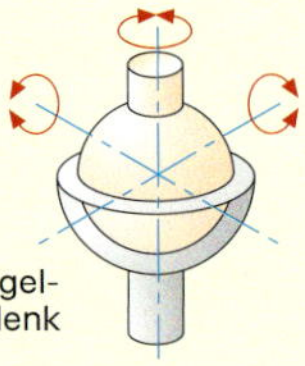

Kugelgelenk

Gelenke

Die Gelenke der Wirbeltiere weisen einen ähnlichen Bau auf: Die Enden der Knochen sind mit Knorpel überzogen und der Gelenkspalt ist mit Gelenkschmiere gefüllt. Dadurch wird die Reibung zwischen den Knochen vermindert. Gelenke unterscheiden sich in den möglichen Bewegungsrichtungen. In der Technik werden vergleichbare Konstruktionen verwendet.

Auch Pflanzen haben an bestimmten Zonen der Stängel oder an Blattstielen Einrichtungen, die ähnlich den Gelenken Krümmungsbewegungen ermöglichen.

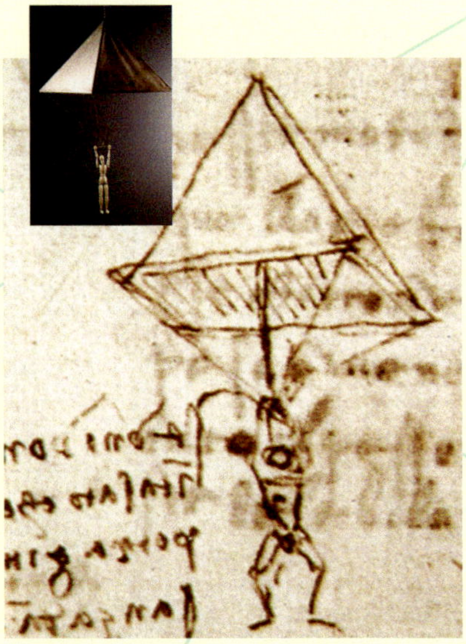

Flugeinrichtungen

Die Früchte und Samen vieler Pflanzen werden durch raffinierte Vorrichtungen über große Entfernungen verbreitet. Manche können sich mit Kletten an das Fell von Tieren heften, andere haben eigene Flugvorrichtungen, wie zum Beispiel die Flugfrüchte des Löwenzahns.

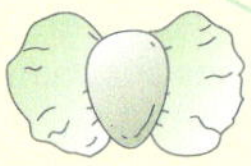

Erle

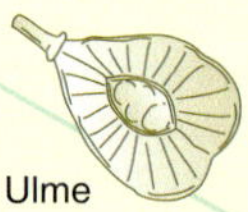

Ulme

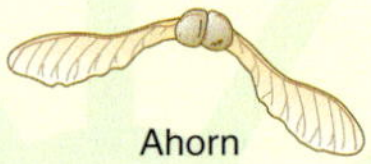

Ahorn

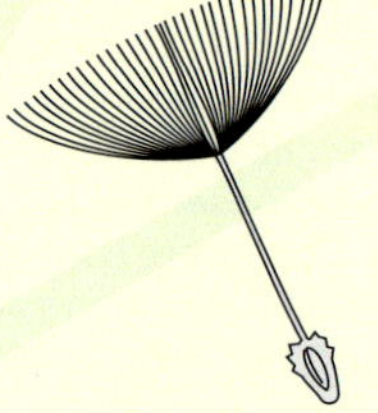

Fallschirmfrucht

Feine Haare sind ähnlich wie bei einem Fallschirm angeordnet und halten die Frucht lange in der Luft. Dieses Bild soll den italienischen Wissenschaftler Leonardo da Vinci zur Entwicklung eines Fallschirms angeregt haben.

Flugeinrichtungen

Biologische Scheren

Biologische Scheren

Raubtiere weisen in ihrem Kiefer Reißzähne auf. Das sind besonders große Backenzähne mit auffällig scharfen Kanten. Sie wirken wie eine Schere und funktionieren so gut, dass mit ihnen das Muskelfleisch, der Knorpel und sogar die zähen Sehnen der Beute durchschnitten werden können. Biologische Scheren gibt es auch bei Wirbellosen: Krebse und Spinnen haben Scherenfüße von oft beeindruckender Größe, wie beispielsweise die Scheren des Hummers.

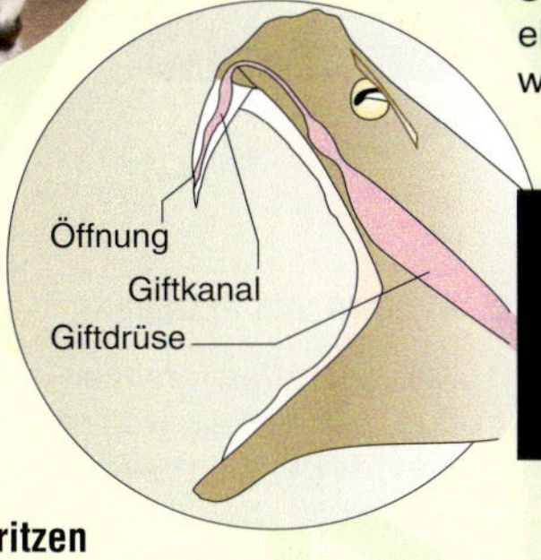

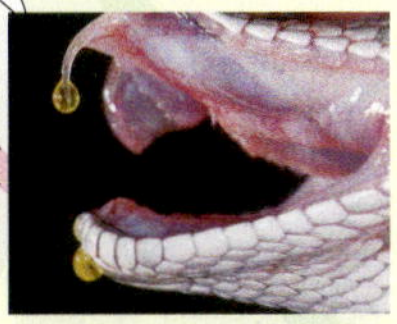

Biologische Spritzen

Die Abbildung rechts zeigt das Brennhaar einer Brennnessel. Das Köpfchen am Ende des Haares bricht bei Berührung leicht ab. Der Rest des Haares ähnelt der Spritze eines Arztes und die Wirkung ist auch genauso: Das Haar dringt mit dem spitzen, abgeschrägten Ende in die Haut ein, aus einem Vorratsbehälter am Fuße des Haares wird ätzende Methansäure (Ameisensäure) in die Wunde gespritzt. Die Brennnessel verteidigt sich also mit mechanischen und chemischen Mitteln gegen ihre Fressfeinde. Biologische Spritzen findet man bei vielen anderen Lebewesen, beispielsweise wirken die Giftzähne vieler Schlangen ähnlich.

Biologische Spritzen

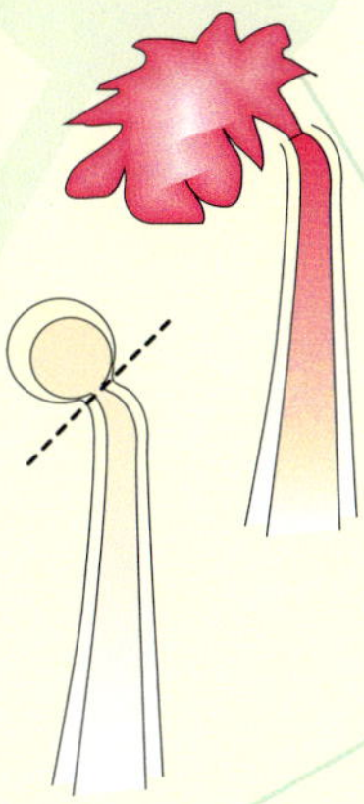

Aufgaben

1. Beschreibe für jedes Unterthema mit eigenen Worten kurz den Zusammenhang zwischen Struktur und Funktion.
2. Wo befinden sich in unserem Körper die abgebildeten Gelenke? Welche weiteren Gelenktypen gibt es? Suche nach ähnlichen Strukturen im Skelett anderer Wirbeltiere.
3. Welche anderen Flugeinrichtungen außer dem Fallschirm gibt es bei Pflanzen? Vergleiche mit dem Flug der Vögel.
4. Vergleiche die Greifschaufel eines Baggers mit den genannten Fangorganen.
5. Welche Vorteile haben Schwimmfüße im Vergleich zum Ruderblatt. Beachte Vorwärts- und Rückwärtsbewegung der Füße.
6. Tiere und Pflanzen zeigen viele Strukturen, die hervorragend an ihre Funktion angepasst sind. Der Mensch versucht, in der Technik ähnlich zweckmäßige Konstruktionen zu schaffen. Erkläre dies am Beispiel des Klettverschlusses.

Ruderorgane

Ruderorgane

Die Schwimmfüße der Stockenten haben zwischen den Zehen Schwimmhäute, ebenso wie bei Pelikanen, Kormoranen oder den Wasserschildkröten. Beim Rückwärtsschlag drücken die ausgebreiteten Häute die Tiere vorwärts wie der Ruderschlag das Boot. Krokodile und Kammmolche benutzen den Ruderschwanz zur Fortbewegung im Wasser. Im Gegensatz dazu verwenden tropische Ruderfrösche die Spannhäute zwischen ihren Zehen zum Fliegen.

Basiskonzept

Angepasstheit

Tiere und Pflanzen besitzen Merkmale, die es ihnen ermöglichen, bestimmte Eigenschaften und Gegebenheiten ihres natürlichen Lebensraums besonders gut zu nutzen. Da dies für alle Lebewesen gilt, spricht man von einem *Prinzip*, dem Prinzip der *Angepasstheit*. Angepasstheit zeigt sich oft schon an wenigen, meist besonders auffälligen Merkmalen und damit verbundenen Fähigkeiten.

Fliegen

Nicht nur für Vögel, Fledermäuse und Insekten gehört die Luft zu ihrem Lebensraum. Auch Fliegende Fische, Flughörnchen, Flugdrachen und fliegende Schlangen können kürzere Strecken durch die Luft segeln oder gleiten. Und auch Pflanzen nutzen den Luftraum. Häufig sind ihre Samen flugfähig.

Fliegen

Klettern und Springen

Klammeraffen besitzen neben Greiffüßen und -händen ein weiteres Organ, das ihnen bei der Fortbewegung von Baum zu Baum hilft: den Greifschwanz. Faultiere verbringen große Teile des Tages hängend an Ästen, Kopfläuse leben im Kopfhaar. Beide Arten halten sich an dünnen Objekten sicher und kräftesparend fest. Sie zeigen vergleichbare Angepasstheiten: Faultiere besitzen kräftige, gebogene Krallen, Kopfläuse krallenförmige Klammerbeine. Sprungbeine sind eine Gemeinsamkeit springender Tiere.

Springen und Klettern

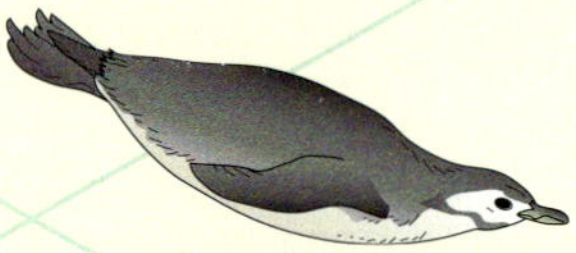

Schwimmen und Tauchen

Außer den Fischen gibt es viele Vertreter weiterer Tiergruppen, die ebenfalls den Lebensraum Wasser nutzen, zum Beispiel Pinguine, Delfine, das Schnabeltier und Kormorane, aber auch Tintenfisch und Gelbrandkäfer. Welche Merkmale für die Fortbewegung im Wasser günstig sind, sieht man gut am Körper des Hais. Sein Körperumriss hat Stromlinienform und verursacht so einen geringen Strömungswiderstand. Mit der breiten Schwanzflosse drückt er beim Schlagen heftig gegen das Wasser und kann dadurch schnell schwimmen.

Schwimmen und Tauchen

Jagen bei Nacht

Jagen bei Nacht

Mausmakis jagen bei Nacht. Sie haben ein gutes Gehör und auffallend große Augen, mit denen sie auch in der Dämmerung Beutetiere ausmachen können. In große Augen fällt mehr Licht als in kleinere. Manche Schlangen (Pythons und Vipern) können auch bei völliger Dunkelheit jagen. Mit einem besonderen Sinnesorgan am Kopf *(Grubenorgan)* erfassen sie die Körperwärme der Tiere, etwa einer Maus. So erhalten sie ein Wärmebild (Infrarotbild) ihrer Beute.

Nahrungserwerb

Lebewesen sind in ihrem Körperbau auch an die Art des Nahrungserwerbs angepasst. Chamäleons fangen Insekten aus größerer Entfernung, sogar im Flug.

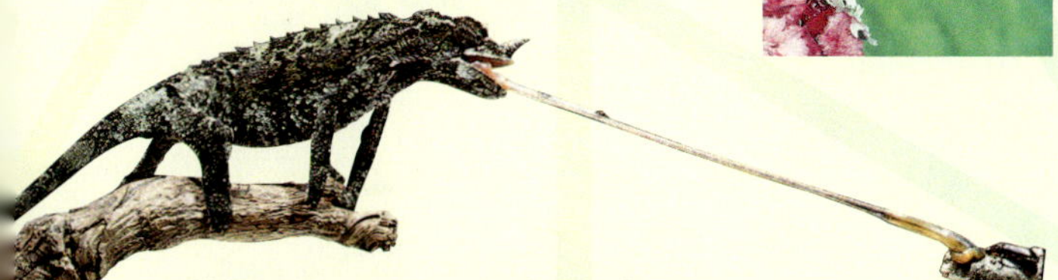

Als Fangorgan setzen sie ihre lange, klebrige Zunge ein, die blitzschnell ausgeschleudert wird. Schmetterlinge, wie das Taubenschwänzchen, und Vögel, wie der Kolibri, ernähren sich von Nektar. Sie müssen täglich eine große Anzahl von Blüten besuchen, darunter auch viele, die ihr Gewicht nicht tragen können. Im Flug verharren sie vor der Blüte und setzen ihren langen Saugrüssel ein, mit dem sie auch ohne Landung vom Blütengrund Nektar saugen können.

Nahrungserwerb

Aufgaben

1. Welchen Vorteil haben Flugeinrichtungen an Früchten?
2. Beschreibe die Angepasstheiten der wasserlebenden Tiere auf S. 220 an den Lebensraum Wasser.
3. Beschreibe die Angepasstheiten von Fledermäusen an das Jagen bei Nacht. Vergleiche sie mit denen von Schlangen und Mausmaki.
4. Tarnung hat für verschiedene Tiere unterschiedliche Bedeutung. Beschreibe die Bedeutung der Tarnung für Hecht und die Flunder.
5. Vergleiche Polar- und Wüstenfuchs. Stelle in einer Tabelle dar, wie sie an ihre Lebensräume angepasst sind.
6. Zeige am Chamäleon, dass die Angepasstheit von Lebewesen an ihre Lebensbedingungen mehrere Merkmale umfasst.
7. Welche Vorteile kann ein Tier haben, wenn es springen kann. Nenne Beispiele und erläutere.
8. Zeige für Chamäleon, Hecht und Mausmaki, dass ihre Angepasstheit mehrere Merkmale umfasst. Zu welchen anderen Überschriften dieser Doppelseite passen diese Tiere ebenso?

Tarnen

Die Eier einer Fluss-Seeschwalbe sind von der Umgebung kaum zu unterscheiden. Gleiches gilt auch für ihre Küken. Hechte lauern zwischen Pflanzen auf Beute. Durch die unregelmäßige Streifung ihres Körpers ist der Körperumriss nur schwer wahrzunehmen. Die Raupen einiger Schmetterlinge sehen Vogelkot zum Verwechseln ähnlich.

Tarnen

Basiskonzept

Variabilität

Die Nachkommen von Lebewesen sehen auf den ersten Blick so aus wie ihre Eltern. Vergleicht man sie jedoch sehr genau, so lassen sich viele Unterschiede erkennen. So kann man beispielsweise Größe und Form von Ohren vergleichen oder die Färbung von Fell oder Gefieder. Die Tatsache, dass sich Nachkommen immer wieder ein wenig von ihren Eltern unterscheiden, bezeichnet man als Veränderlichkeit oder *Variabilität*.

Es hat sich gezeigt, dass die Unterschiede in den Merkmalen erblich bedingt sind und bei Nachkommen wieder auftreten. Der Mensch nützt dies schon seit langer Zeit, indem er ausgewählte Tiere und Pflanzen mit erwünschten Eigenschaften fortpflanzt. Die Variabilität tritt besonders bei Lebewesen in Erscheinung, die sich geschlechtlich fortpflanzen. Bei ungeschlechtlicher Fortpflanzung ist sie praktisch nicht feststellbar.

Im Laufe vieler Millionen Jahre ist als Folge der Variabilität der Lebewesen die riesige Vielfalt an Lebensformen entstanden, die heute auf der Erde lebt.

Gesichtszüge

Gesichtszüge

Die Unterschiede zwischen den Menschen zeigen sich beispielsweise an den Gesichtszügen. Europäer, Asiaten und Afrikaner unterscheiden sich deutlich voneinander. Doch das deutlichste Kennzeichen dafür, dass Variabilität auch beim Menschen auftritt, ist eine alltägliche Erfahrung: Die Menschen, mit denen wir täglich zusammentreffen, sind alle verschieden. Sehen wir von eineiigen Zwillingen ab, so ist jeder Mensch einzigartig. Jeder von uns besitzt Merkmale und Eigenheiten, die bei anderen so nicht vorhanden sind. Jedes Neugeborene ist wieder ein neuer Mensch mit eigenen Ausprägungen.

Auerochse

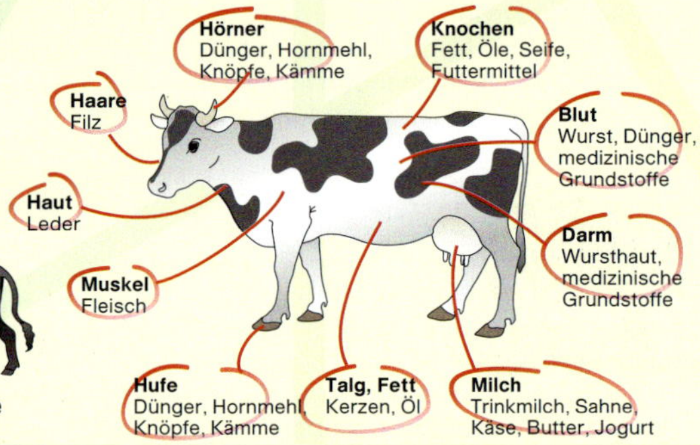

Nutztiere

Nutztiere

Heute wird das Hausrind in vielen Rassen gezüchtet, abhängig davon, ob es überwiegend Milch, Fleisch, Fett oder Leder liefern soll. Es ist eines der ältesten Haustiere des Menschen und stammt vom Auerochsen ab. Es diente ursprünglich auch als Zugtier. In manchen Kulturkreisen spielen Zebu, Yak und Wasserbüffel oder Ziegen, Schafe und Kamele eine ähnliche Rolle. Aussehen und Körpergröße dieser Nutztiere sind ebenso wie andere Körpermerkmale darauf ausgerichtet, wie der Mensch die Tiere nutzt und in welchem Klima er sie hält.

Züchtung

Rosen erfreuen sich bei vielen Gartenbesitzern großer Beliebtheit. Sie blühen vom Frühjahr bis in den späten Herbst. Die Vielfalt der Blütenfarben ist überwältigend. Die Farbskala reicht von violett, blau über gelb und rot bis zu reinem Weiß. Auch im Wuchs gibt es viele Unterschiede. Von niedrig wachsenden kleinen Büschen bis zu hoch rankenden Gewächsen, die eine Hauswand schmücken, kann die Größe eines Rosenstocks liegen. Die Vielzahl der Rosensorten ist schwer überschaubar und immer wieder überraschen Züchter mit neuen Sorten.

Züchtung

Körpergröße

Körpergröße

Die größten Säugetiere sind Blauwale. Ein ausgewachsenes Tier wiegt 90 bis 130 Tonnen. Bis heute konnte noch kein Tier ganz gewogen werden. Es wurde nur das Gewicht von Teilen des Körpers bestimmt und das Gesamtgewicht errechnet.

Das größte Landsäugetier ist der Afrikanische Elefant. Seine Schulterhöhe kann bis zu 3,7 m betragen und das Gewicht reicht bis zu 7 Tonnen.

Das kleinste Landsäugetier ist die Etruskerspitzmaus. Sie wiegt nur 1,5 bis 2,5 Gramm und ist so klein, dass sie selbst in Regenwurmlöcher schlüpfen kann.

Die anderen, etwa 4500 Säugetierarten liegen mit ihrem Körpergewicht zwischen den Riesen und Zwergen. Dabei sind alle Gewichtsklassen vertreten.

Nutzpflanzen

Seit mehr als 10 000 Jahren bauen Menschen gezielt bestimmte Pflanzen an. Zuckerrüben, Kürbis, Gurken und Hülsenfrüchte wie Bohne, Erbse und Linse, Kartoffeln, Gemüse und Getreide sind dir bestimmt als einheimische Nutzpflanzen bekannt. Apfelsinen, Bananen, Kiwi, Mango oder Ananas werden importiert. Allen gemeinsam ist die Tatsache, dass der Mensch ihre Wildformen so lange gezüchtet, veredelt und verändert hat, bis sie den heutigen Ansprüchen genügten. Dies ist nur aufgrund der Variabiltät der Pflanzen möglich.

Nutzpflanzen

Korbblütler

Korbblütler

Löwenzahn, Gänseblümchen, Sonnenblume , Silberdistel, Wegwarte — alle gehören zur einer Pflanzenfamilie, den Korbblütlern. Dies ist eine große, formenreiche Familie. Sie umfasst etwa 22 000 Arten. Die Familienzugehörigkeit der abgebildeten Pflanzen erkennt man am Blütenstand, der in einem Körbchen untergebracht ist. Für einen Unkundigen zeigen sich jedoch mehr Unterschiede als Gemeinsamkeiten. So wird die Sonnenblume bis zu 2 Meter hoch, ihr Blütenstand ist tellergroß und die Blütenfarbe leuchtend gelb. Dagegen sieht das weißrötlich blühende Gänseblümchen recht unscheinbar aus. Die Silberdistel hat einen kurzen Spross, wächst nur knapp über dem Erdboden und hat auffällig große Zungenblüten.

Aufgaben

① Vergleiche die Beispiele dieser Seite und stelle zusammen, in welchen Fällen sich der Mensch die Variabilität in der Natur zu Nutze gemacht hat.

② Ohne Variabilität keine Züchtung. Erläutere diesen Satz.

③ Welche Merkmale von Tieren und Pflanzen haben sich durch den Einfluss des Menschen verändert? Stelle mithilfe des Buchs weitere Beispiele zusammen.

④ Welche Beispiele zeigen eine auf natürliche Weise entstandene Vielfalt?

⑤ Suche andere Pflanzen oder Tierfamilien, die sich durch eine große Formenvielfalt auszeichnen.

Basiskonzept

Kommunikation

„Information ist das halbe Leben!“, das ist vielleicht übertrieben. Tatsache ist aber, dass alle Lebewesen untereinander Information austauschen; sie kommunizieren. Als *Kommunikation* bezeichnet der Biologe jede Form der Verständigung unter Lebewesen, vor allem zwischen Artgenossen.

Viele Tiere leben die meiste Zeit des Jahres als Einzelgänger, zur Paarung müssen sie aber zueinander finden. Zahlreiche Arten betreiben Brutpflege. Das setzt voraus, dass die Eltern ihre eigenen Jungen erkennen können, meistens am Geruch. Auch ein geselliges Zusammenleben in einer Gruppe, etwa einem Wolfsrudel, einer Affenhorde oder einem Insektenstaat, ist nur möglich, wenn die Mitglieder sich untereinander verständigen können. Diese Beispiele verdeutlichen, dass Kommunikation für alle Bereiche des Zusammenlebens eine bedeutende Rolle spielt.

Eine Verständigung kann auf verschiedene Weise erfolgen. Uns Menschen ist eine Verständigung über optische Signale, also Sichtzeichen, oder Lautsignale vertraut. Wir nehmen sie wahr und können sie daher leicht bei Tieren beobachten. Informationen können aber ebenso über Duftstoffe oder Berührungen weitergegeben werden. Je nach Art der ausgesandten Signale werden sie vom Empfänger über andere Sinnesorgane wahrgenommen.

Sichtzeichen

Sichtzeichen

Auffallend sind die farbenprächtigen Hochzeitskleider bei Vögeln und Fischen, durch die während der Paarungszeit Partner angelockt werden. Gleichzeitig können sie als Warnsignal für einen Rivalen dienen.

Das Sperren der Jungen löst bei den Altvögeln das Fütterungsverhalten aus. Je größer und je intensiver gefärbt der Rachen ist, desto stärker ist der Reiz und desto mehr Futter erhält der Jungvogel, wie das Beispiel des Kuckucks eindrucksvoll zeigt.

Lautsignale

Lautsignale

Der Gesang der Vögel signalisiert einerseits anderen Männchen, dass dieses Revier bereits besetzt ist, und dient andererseits dem Anlocken von Weibchen zur Paarung.

Die selbe Funktion hat auch das Trommeln der Spechte oder das Zirpen der Heuschrecken.

Auf Warnrufe, wie sie Vögel zum Beispiel bei Gefahr durch Raubvögel ausstoßen, reagieren auch Nichtartgenossen mit Fluchtverhalten.

Duftstoffe

Duftstoffe

Hunde setzen durch kurzes Urinieren Duftmarken, mit denen sie ihr Revier markieren.

Ameisen legen Duftstraßen an und leiten so ihre Nestgenossen zu einer Futterquelle.

Fische sondern bei Verletzung, zum Beispiel durch einen Raubfisch, Schreckstoffe ab. Der Schwarm flüchtet und meidet daraufhin die Gefahrenstelle.

Berührungssignale

Berührungssignale

Wenn Menschen sich streicheln, drücken sie damit Zuneigung aus. Die gegenseitige Fellpflege bei Gorillas stärkt den Zusammenhalt in der Gruppe, sie signalisiert Zuneigung und Friedfertigkeit. Das Anstubsen mit der Schnauze ist eine Freundschaftsgeste bei Hund und Katze.

Ameisen verständigen sich auch über eine „Fühlersprache", sie betasten sich dabei gegenseitig mit den Fühlern.

Körpersprache

Die Körpersprache umfasst Mimik, Gestik, Körperhaltung und Bewegung; durch Kombination mehrerer Signale wird eine bestimmte Reaktion ausgelöst.

In Wolfsrudeln wird durch Kämpfe, die festen Regeln folgen, eine Rangordnung ausgefochten. Sobald der Verlierer sich als Zeichen der Unterwerfung auf den Rücken legt und seine empfindlichste Stelle, die Halsseite, zum Biss darbietet, bricht der Gegner den Kampf ab. Auch Welpen zeigen diese Demutshaltung gegenüber älteren Tieren.

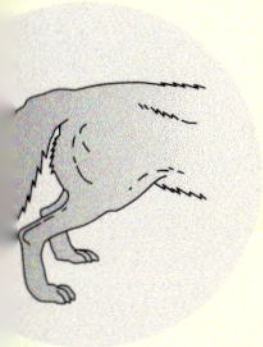

Körpersprache

Elektrische Signale

Nilhechte sind in der Lage, ihren Körper elektrisch aufzuladen, dabei entstehen Spannungen, wie sie beispielsweise bei einer Taschenlampenbatterie auftreten (etwa 5 Volt). Sie besitzen außerdem Sinnesorgane, die durch elektrische Ladungen sogar über eine Entfernung von bis zu 10 Metern erregt werden. Mit solchen elektrischen Signalen drohen die Nilhechte Artgenossen, verteidigen ihr Revier und locken in der Fortpflanzungsperiode Weibchen an.

Elektrische Signale

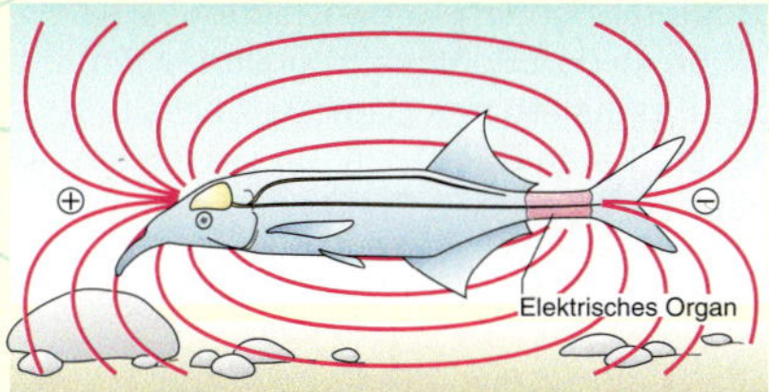

Aufgaben

① Zähle Beispiele auf, die zeigen, welche verschiedenen Funktionen Sicht- bzw. Lautsignale haben können.

② Bei Säugetieren sind Duftstoffe ein wichtiges Mittel zur Verständigung. Für die menschliche Kommunikation spielen sie dagegen kaum eine Rolle. Begründe.

③ Verschiedene Tiergruppen nutzen unterschiedliche Signale, um vor drohender Gefahr zu warnen. Nenne Beispiele.

④ Welche verschiedenen Signale werden im Tierreich eingesetzt, um einen Geschlechtspartner anzulocken? Erläutere mithilfe von Beispielen.

⑤ Gib neben Partnerfindung und Warnung vor Gefahren weitere Bereiche oder Situationen an, in denen die Kommunikation zwischen Tieren eine wichtige Rolle spielt.

⑥ Beobachte die Verständigung von Affen im Zoo. Achte auf die verschiedenen Laute, die die Affen von sich geben, und notiere, in welcher Situation sie zu hören waren.

Basiskonzept

Wechselwirkung

Zwischen Lebewesen können sehr unterschiedliche Wechselwirkungen bestehen. Ein Beispiel ist *Fressen* und *Gefressenwerden*. So frisst ein Raubfisch in der Regel kleinere Fische. Aber es gibt auch andere Wechselbeziehungen. An den Kiemen und am Maul des Kaiserfischs darf der kleine Putzerfisch nach Nahrung suchen, ohne gefressen zu werden. Dafür wird der Kiemenraum des Kaiserfischs gesäubert. Dieses Verhalten dient dem wechselseitigen Nutzen. Nun gibt es aber den Sägezahnschleimfisch, der genau so aussieht wie der Putzer. Auch er darf ungestört an Maul und Kiemen des Kaiserfischs heran schwimmen. Dann aber beißt er schnell zu und reißt ein Stück Haut oder Flosse ab. Diese Beziehung lässt sich eher als *Tarnen* und *Täuschen* bezeichnen.

Lebewesen, die in einem Lebensraum zusammen leben, beeinflussen sich gegenseitig und sind voneinander abhängig.

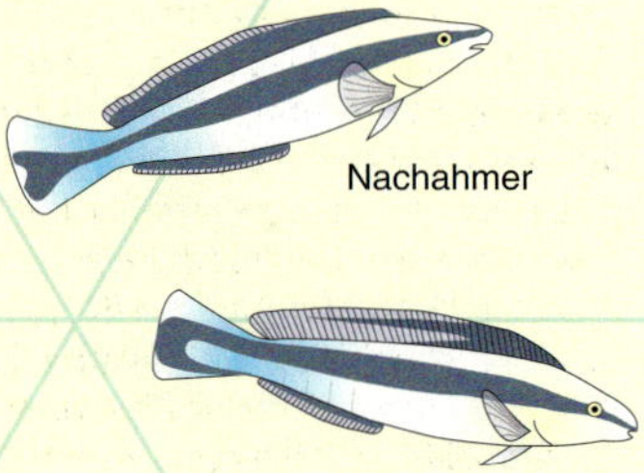

Blüte und Bestäuber

Blüte und Bestäuber

Der Pollen einer Blütenpflanze ist unbeweglich und kann nicht aus eigener Kraft auf die Narbe einer gleichartigen Pflanze gelangen. Das besorgen die Bestäuber, zum Beispiel Nektar saugende Vögel oder Insekten. Der Bau der Blüten ist sehr genau an die Tierart angepasst, die den Pollentransport besorgt. Sozusagen als Belohnung erhalten die Tiere in Form des Nektars eine energiereiche Nahrung.

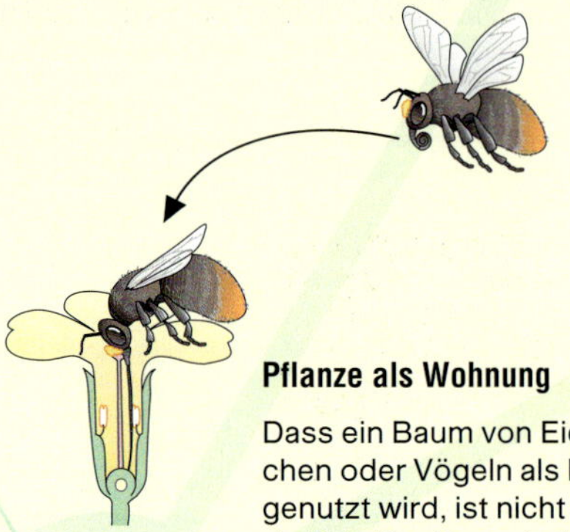

Pflanze als Wohnung

Pflanze als Wohnung

Dass ein Baum von Eichhörnchen oder Vögeln als Nistplatz genutzt wird, ist nicht verwunderlich. Der Baum hat aber keinen Vorteil davon, es sei denn, dass die Tiere zur Verbreitung seiner Samen beitragen. Anders liegt der Fall bei dem abgebildeten Akazienbaum. In seinen großen, hohlen Dornen nisten Ameisen. Sie jagen nach Insekten und halten dadurch ihren Wohnbaum schädlingsfrei. So ergibt sich auch für die Pflanze ein deutlicher Vorteil.

Nahrungsspezialisten

Nahrungsspezialisten

Der Große Panda oder Bambusbär, das bekannte „Wappentier" des WWF, gilt als ein typischer Nahrungsspezialist. Seine Hauptnahrung sind Bambusschösslinge und -stängel. Sie sind sehr nährstoffarm und der Bär muss täglich große Mengen davon verzehren. Greifballen an den Sohlen ermöglichen ihm das Festhalten des Bambusrohres und die stärksten Backenzähne unter allen Raubtieren dessen Zerkleinerung.

WWF

Schädling und Wirt

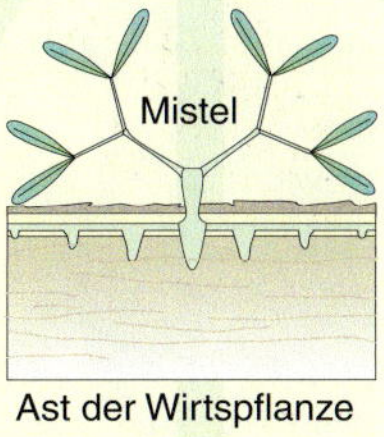

Schädling und Wirt

Nicht immer ist die Wechselbeziehung zweier Lebewesen zum gegenseitigen Nutzen. Manchmal zieht nur ein Partner, der *Schmarotzer*, Gewinn daraus und der andere wird sogar geschädigt. Ein bekanntes Beispiel ist der Kuckuck als Brutschmarotzer. Auch zwischen Pflanzen gibt es solche Beziehungen zum einseitigen Nutzen. Die Mistel wächst hoch oben auf einem Baum und zapft mit ihren Saugwurzeln dessen Wasserleitungsbahnen an. So lässt sie sich mit Wasser und Mineralsalzen versorgen.

Täuschen von Feinden

Das Abendpfauenauge ist tagsüber auf der Baumrinde gut getarnt. Wenn es aber gestört wird, dann klappt es die oberen Flügel auseinander und plötzlich scheint uns ein Tier mit großen Augen anzuschauen. Ein Insekten fressender Vogel kann so abgeschreckt werden.

Schwebfliegen gelingt ein anderes Täuschungsmanöver. Sie ähneln in ihrem Aussehen einer auffällig gelbschwarz gestreiften Wespe. Insektenfresser, die vorher schlechte Erfahrungen mit Wespenstichen gemacht haben, werden jetzt auch die völlig harmlose Schwebfliege meiden.

Täuschen von Feinden

Verbreitungsspezialisten

Verbreitungsspezialisten

Viele Pflanzensamen werden durch Tiere verbreitet: Eichhörnchen sammeln im Herbst Haselnüsse und Eicheln, doch nur wenige der vergrabenen Samen finden sie wieder. Der Knöterich produziert klebrige Haftfrüchte und das Labkraut Klettfrüchte, die an unserer Kleidung oder im Fell von Tieren hängen bleiben. Der Schneeballstrauch hat auffällig rote Lockfrüchte, die von Vögeln gefressen werden. Der unverdauliche Samen wird dann mit dem Kot ausgeschieden.

Aufgaben

① Stelle bei den genannten Wechselwirkungen heraus, ob es sich um Beziehungen zum gegenseitigen Nutzen handelt oder ob nur einer der beiden Partner profitiert.

② Wähle von dieser Doppelseite ein Beispiel aus. Sammle dazu weitere Informationen und berichte darüber.

③ Suche in deinem Buch nach mindestens zwei weiteren Beispielen für Wechselbeziehungen zwischen Lebewesen verschiedener Arten.

④ Die Schwebfliege täuscht vor, so gefährlich zu sein wie eine Wespe. Diese Erscheinung gibt es auch bei anderen Tierarten und heißt *Mimikry*. Suche weitere Beispiele. Berichte darüber, wie und wo du gesucht und was du gefunden hast.

Basiskonzept

Fortpflanzung

Zahlreiche Lebewesen werden gefressen, andere altern und sterben. Damit die jeweilige Art erhalten bleibt, pflanzen sich Tiere, Pflanzen und Menschen fort, d.h. sie erzeugen Nachkommen. Jede Art geht dabei anders vor. Vögel bauen Nester und brüten Eier aus, Säugetiere bringen lebende Junge zur Welt und Insekten entwickeln sich vom Ei über Larven zum geschlechtsreifen Tier. Pflanzen bilden Samen aus, die dann, oft weit entfernt von der Mutterpflanze, keimen und heranwachsen.

Trotz aller Unterschiede sind diese Vorgänge vergleichbar. So lassen sich sogar zwischen pflanzlicher und tierischer Fortpflanzung prinzipielle Gemeinsamkeiten entdecken.

Geschlechtlich

Bei sehr vielen Lebewesen sind zur Fortpflanzung zwei Partner mit unterschiedlichem Geschlecht nötig. Sie bilden in ihren Geschlechtsorganen männliche oder weibliche Keimzellen. Diese verschmelzen bei der Befruchtung. Nun erst kann sich ein neues Lebewesen entwickeln. Diese Vorgänge laufen bei Pflanzen, Tieren und auch beim Menschen im Prinzip gleich ab. Eine solche Fortpflanzung nennt man kurz *geschlechtlich* und meint damit, dass beide Geschlechter mit ihren unterschiedlichen Keimzellen daran beteiligt sind.

Geschlechtlich

Weiblich

Weiblich

Die Eizellen der Tiere sind in der Regel groß und nährstoffreich. Sie werden in deutlich geringerer Zahl gebildet als Spermien. Tiere mit Brutpflege, z.B. Säugetiere und Vögel, produzieren oft nur sehr wenige Eizellen.

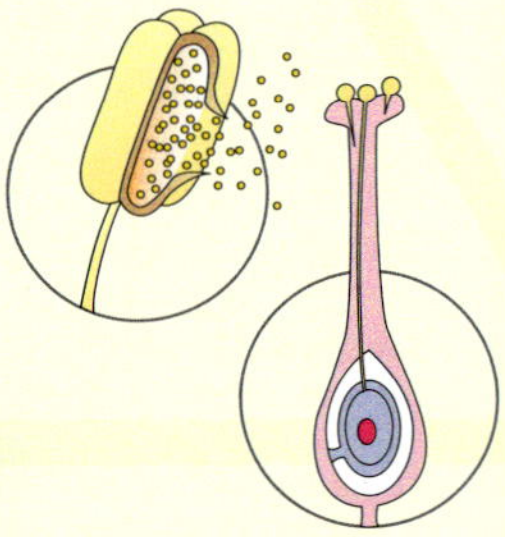

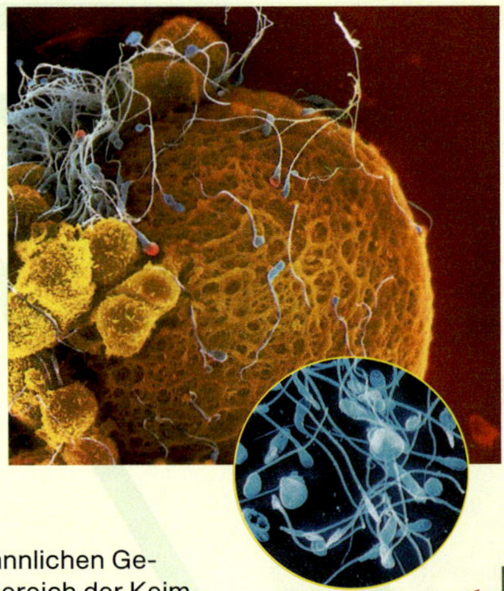

Auch bei Pflanzen ist das weibliche Geschlecht durch den Besitz von Eizellen gekennzeichnet. Bei Blütenpflanzen liegen sie in der Samenanlage. Aus der befruchteten Eizelle entwickelt sich der Embryo.

Männlich

Tiere und Pflanzen männlichen Geschlechts zeigen im Bereich der Keimzellen eine verblüffende Gemeinsamkeit. Die Spermien der Tiere und die Pollenkörner sind beide sehr klein und werden in riesiger Zahl hergestellt. Männliche Fortpflanzungszellen werden oft in solchen Mengen gebildet, dass es fast verschwenderisch wirkt. Das gilt besonders für die Tiere, die ihre Spermien frei ins Wasser abgeben, oder für Pflanzen mit Windbestäubung. Umgekehrt: Je besser die Bestäubung gesichert ist, desto weniger Pollen wird gebildet. Auch Tiere mit innerer Befruchtung produzieren in der Regel weniger Spermien.

Männlich

Ein-geschlechtlich

Eingeschlechtlich

Die Weibchen einiger Tierarten, z. B. Blattläuse, bilden im Sommer Eizellen aus, die nicht befruchtet werden müssen. Da nur Weibchen für diese Vermehrung benötigt werden, nennt man sie *eingeschlechtlich* (Jungfernzeugung). So können sehr schnell sehr viele Nachkommen produziert werden.

Ungeschlechtlich

Das Brutblatt ist eine Pflanze, die am Rand ihrer Laubblätter winzige Tochterpflänzchen ausbilden kann. Wenn diese zu Boden fallen, entwickeln sie sich zu neuen Pflanzen. Weil dabei keine Keimzellen gebildet worden sind, nennt man diese Fortpflanzung *ungeschlechtlich*. Die Bildung von Ausläufern, an deren Enden neue Tochterpflanzen entstehen, ist ein anderes Beispiel für diese Art der Fortpflanzung.

Unge-schlechtlich

Bei Tieren ist ungeschlechtliche Fortpflanzung sehr selten. Meistens kommt sie nur bei sehr einfach gebauten Tieren vor, wie zum Beispiel bei dem abgebildeten Süßwasserpolyp. Er kann an seinem Körper Knospen bilden, die sich zu kleinen Polypen entwickeln. Sie fallen irgendwann ab und sind dann selbstständige Tiere.

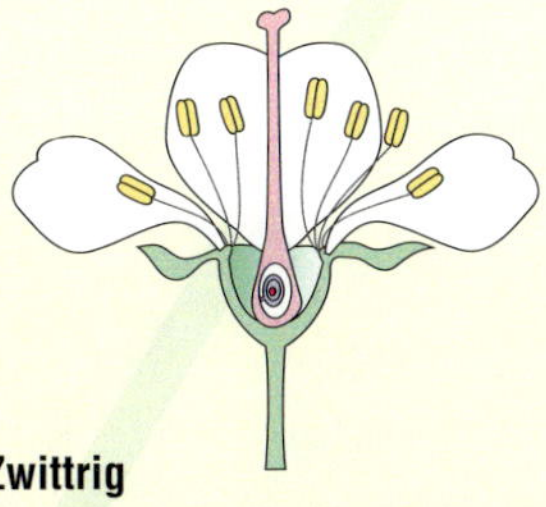

Zwittrig

Als *Zwitter* bezeichnet man ein Lebewesen, das sowohl weibliche als auch männliche Keimzellen bilden kann. Viele Pflanzenarten besitzen zwittrige Blüten. Der Fruchtknoten mit der Eizelle ist das weibliche Organ, Staubblätter sind die männlichen. Diese reifen meist zu unterschiedlichen Zeiten, sodass Selbstbestäubung ausgeschlossen wird.

Zwittrige Arten sind bei Tieren wesentlich seltener anzutreffen. Weinbergschnecken tauschen zunächst Spermien aus, danach legen sie befruchtete Eier ab. Auch Regenwürmer sind Zwitter.

Zwittrig

Aufgaben

① Untersuche an den Beispielen, ob die genannte Fortpflanzungsform bei Tieren und Pflanzen auftritt.

② Bei Bienen gibt es die Königin, Arbeiterinnen und Drohnen. Gib an, durch welche Art der Fortpflanzung sie jeweils entstehen.

③ Nutzpflanzen werden häufig ungeschlechtlich vermehrt. Nenne mindestens zwei Beispiele und gib Gründe an.

④ Auf dieser Seite wird immer von Fortpflanzung gesprochen. Manchmal benutzt man auch ein anderes Wort, nämlich „Vermehrung". Erläutere die Bedeutung beider Begriffe und erkläre den Unterschied an einem Beispiel.

Basiskonzept

Zeit

Zeit spielt im Leben aller Organismen eine große Rolle. Der Satz „Ich habe keine Zeit!“ ist sicherlich jedem bekannt. Aber: Was ist „Zeit“ eigentlich?

Viele Abläufe werden von der Zeit bestimmt: Tageszeiten legen fest, ob ein Lebewesen aktiv ist oder schläft. Jahreszeiten bestimmen Tierwanderungen oder die Dicke des Fells. Manche Schädlingsplagen treten im Fünf- oder Siebenjahre-Rhythmus auf. Das einzelne Lebewesen durchläuft verschiedene Lebensabschnitte, in denen bestimmte Entwicklungsprozesse stattfinden und an deren Ende schließlich der Tod steht. Selbst unsere Erde hat sich im Verlauf der Zeit verändert und in den einzelnen Erdzeitaltern sehr verschiedenartige Lebewesen beherbergt.

Auch Zeiträume sind sehr unterschiedlich: Erdzeitalter dauern mehrere Millionen Jahre, Mammutbäume werden etwa 4000 Jahre und Tannen bis zu 500 Jahre alt, eine Stubenfliege lebt bis zu 76 Tage, und Bakterien können sich unter günstigen Bedingungen schon nach 20 Minuten teilen. Diese Beispiele zeigen, dass Zeit in bestimmten Einheiten gemessen wird. Zeitgeber sind stetig wiederkehrende Ereignisse in der Natur wie der Tag-Nacht-Wechsel. Gemessen wird die Zeit in Jahren, Stunden, Minuten und Sekunden durch immer präziser arbeitende Uhren.

Sonnenuhr

Tages-rhythmik

Tagesrhythmik

Ein Tag – festgelegt durch den Sonnenstand – dauert bekanntermaßen 24 Stunden und ist an jedem Punkt der Erde durch einen charakteristischen Tag-Nacht-Wechsel gekennzeichnet. Viele Lebewesen passen ihre Aktivitätszeiten diesem Rhythmus an: Der tagaktive Mäusebussard schläft zum Beispiel in der Nacht, die nachtaktive Eule dagegen am Tag. Viele Pflanzen öffnen ihre Blüten nur tagsüber oder nur zu einer bestimmten Tageszeit.

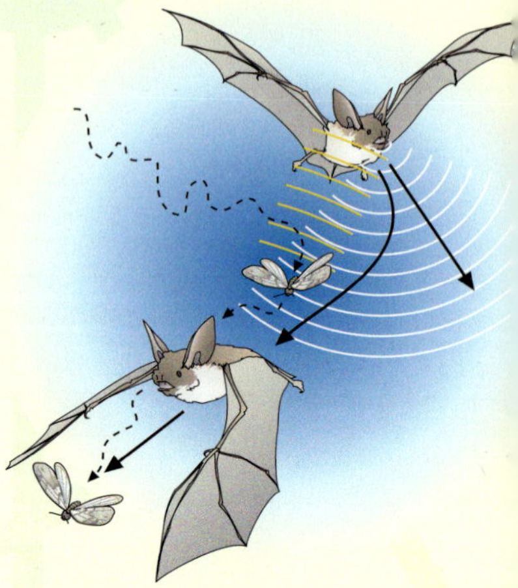

Zyklen

Zyklen

Der Menstruationszyklus der Frau umfasst einen Zeitraum von 28 Tagen, ein Herzzyklus (Zusammenziehen und Ausdehnen der Vorhöfe und Hauptkammern) dauert ca. 1 Sekunde. Lachse zeigen mit ihren Wanderungen zu einer bestimmten Jahreszeit ein bestimmtes Verhalten, das einzelne Tier wandert aber im Abstand von mehreren Jahren flussauf- bzw. abwärts. Diese immer wiederkehrenden Ereignisse sind also nicht an den Tages- oder Jahresrhythmus gebunden.

Jahresrhythmik

Für viele Tiere ist es ein großes Problem, im Winter Nahrung zu finden. Auch das Aufrechterhalten der Körpertemperatur ist für die gleichwarmen Organismen dann sehr energieaufwändig. Einige Säugetiere halten daher Winterruhe oder Winterschlaf, Vögel ziehen in den Süden und Reptilien oder Amphibien verfallen in Winterstarre. Pflanzen werfen ihre Blätter ab oder bilden – wie die einjährigen Pflanzen es machen – im Herbst Samen und sterben selbst vollständig ab.

Jahres-rhythmik

Lebensabschnitte

Lebensabschnitte

Die individuellen Lebensabschnitte der Wirbeltiere sind vergleichbar: Vor der Geburt wird z. B. der werdende Mensch als Embryo, später als Fetus bezeichnet. Danach folgen das Säuglings- und Kleinkindalter, Jugendliche durchlaufen die Pubertät und werden zu Erwachsenen. Vergleichbare Lebensabschnitte findet man bei allen Lebewesen.

Bei manchen Lebewesen ist der Wechsel der Lebensabschnitte auch mit einer Veränderung der Körperform verbunden. Der Grasfrosch lebt in den ersten Wochen seines Lebens als Kaulquappe im Wasser und kommt erst nach der Metamorphose an Land. Ähnliche „Gestaltwandel" – hier von der Raupe zum geflügelten Insekt – findet man auch bei Schmetterlingen oder anderen Insekten.

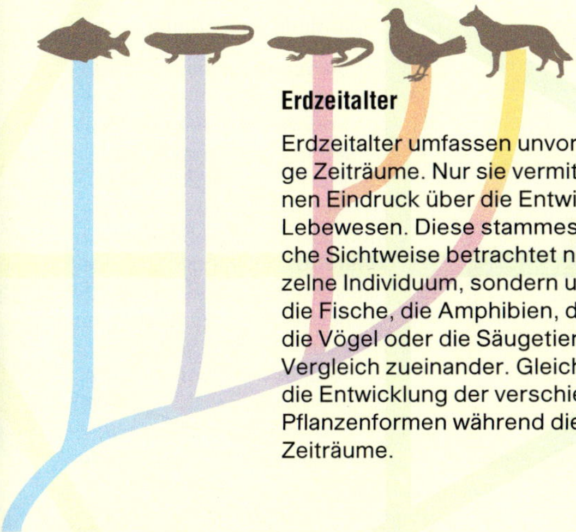

Erdzeitalter

Erdzeitalter umfassen unvorstellbar lange Zeiträume. Nur sie vermitteln aber einen Eindruck über die Entwicklung der Lebewesen. Diese stammesgeschichtliche Sichtweise betrachtet nicht das einzelne Individuum, sondern untersucht die Fische, die Amphibien, die Reptilien, die Vögel oder die Säugetiere auch im Vergleich zueinander. Gleiches gilt für die Entwicklung der verschiedenen Pflanzenformen während dieser langen Zeiträume.

Erdzeitalter

Geschwindigkeit

Die Geschwindigkeit gibt an, welche Wegstrecke in einer bestimmten Zeit zurückgelegt wird. Der Zusammenhang zwischen Geschwindigkeit und Zeit wird deutlich, wenn man angibt, wie lange es dauert, bis eine bestimmte Strecke, z. B. 1 Meter, zurückgelegt wird. Eine Landschildkröte braucht dazu 12 Sekunden (s), ein Spitzenathlet beim 100-Meter-Sprint 0,1 s, ein Auto mit 50 km/h 0,072 s, ein mit 130 km/h jagender Gepard nur 0,028 s und der Wanderfalke im Sturzflug mit Tempo 300 km/h gerade 0,012 s.

Auch die Weiterleitung von Information im Nervensystem kann als Weg pro Zeit gemessen werden. Manche Pflanzen schleudern ihre Samen oder Pollen so schnell weg, dass man nur mit einer Hochgeschwindigkeitskamera genügend viele Bilder pro Sekunde machen kann. Man kann aber auch die Geschwindigkeit von Vorgängen erfassen, bei denen keine Wegstrecke zurückgelegt wird, sondern innerhalb eines bestimmten Zeitraumes etwas hergestellt, verändert oder verbraucht wird.

Geschwindigkeit

Aufgaben

① Welches Prinzip vermittelt das Thema Zeit? Betrachte dazu die sechs Unterthemen aus der Sicht des einzelnen Lebewesens.

② „Der Mond beeinflusst die Aktivität vieler Lebewesen an der Küste." Informiere dich über Ebbe und Flut und erkläre diese Behauptung.

③ Viele Menschen klagen nach einem Atlantikflug über Müdigkeit und Schlafstörungen (Jetlag). Suche unter dem Aspekt Zeit nach Gründen für diese Beeinträchtigungen.

④ Stell dir vor, die Erde wäre nicht 4,6 Milliarden Jahre alt, sondern würde ihren 46. Geburtstag feiern. In dieser Zeitleiste hätte die Entwicklung der Säugetiere vor 8 Monaten begonnen, die letzte Eiszeit würde erst ein Wochenende zurückliegen und den Menschen gäbe es erst seit einigen Stunden. Versuche, die Erdzeitalter und das Auftreten der Dinosaurier in dieser Zeitleiste einzuordnen.

⑤ Wie werden die „Jugendstadien" von Rindern, Pferden, Hunden, Schweinen und Rehen bezeichnet?

⑥ Auch Pflanzen zeigen mit Keimung, Blütezeit und Samenbildung einen Lebenszyklus, der bei uns eng an die Jahreszeiten gekoppelt ist. Warum ist es wichtig, dass Pflanzen einer Art zur gleichen Zeit blühen?

Basiskonzept

Stoffwechsel – Bewegung

Menschen und Tiere nehmen Nahrung auf und wandeln diese Stoffe um. Dabei wird Energie gewonnen und der Körper kann wachsen und sich bewegen. Was nicht verwertbar ist, wird ausgeschieden.

Bei den meisten Lebewesen kann dieser Stoffwechsel nur dann stattfinden, wenn sie atmen, ihren Körper also mit Sauerstoff versorgen. Sauerstoff ist – wie bei einer Verbrennung von Holz oder Kohle – wichtig für die Energiegewinnung. Werden Muskeln nicht ausreichend mit Sauerstoff und Energie versorgt, machen sie „schlapp" oder melden sich später wieder mit „Muskelkater".

Die enge Verknüpfung von Stoffwechsel und Bewegung zeigt z. B. das Faultier: Es ernährt sich ausschließlich von Blättern, die aber kaum Nährstoffe enthalten. Durch seine Bewegungsweise im Zeitlupentempo „spart" das Faultier Energie. Ähnlich verhalten sich Tiere, die in der kalten Jahreszeit in Winterruhe, Winterschlaf oder Winterstarre verfallen oder sich durch ein dickes Fell oder eine Fettschicht vor Wärmeverlusten schützen.

Faultier

Austauschfläche

Mit einer Heizspirale wird im Wasserkocher oder im Toaster auf kleinem Raum große Hitze entwickelt. Ein Holzklotz brennt besser, wenn er in kleine Späne zerhackt ist. In beiden Fällen ist eine relativ große Oberfläche dafür verantwortlich. Gleiches gilt für die Lunge und den Darm: Durch die große Anzahl der Lungenbläschen kann Sauerstoff und Kohlenstoffdioxid besser ausgetauscht werden. Im Darm bilden Faltungen, Einstülpungen und Zotten eine riesige Fläche, über die die Nahrungsbestandteile gut ins Blut abgegeben werden können.

Austauschfläche

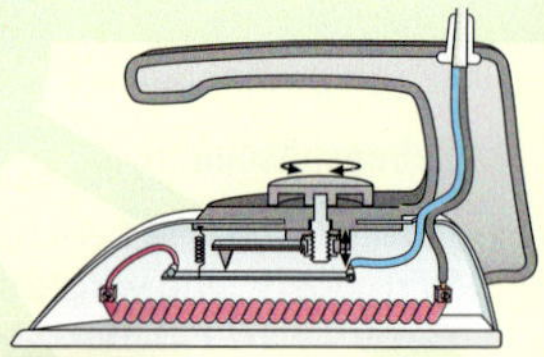

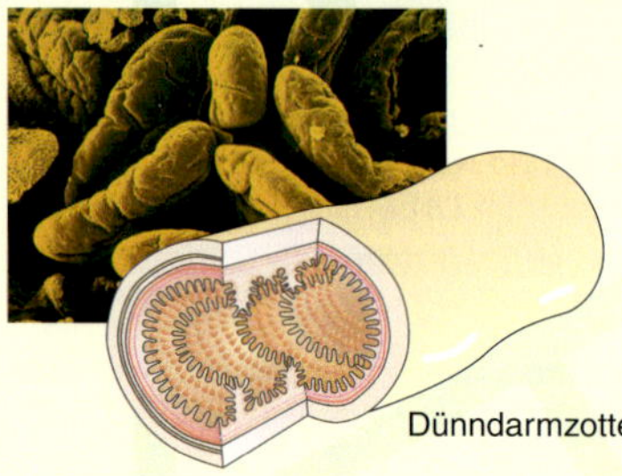

Dünndarmzottem

Versorgung/ Entsorgung

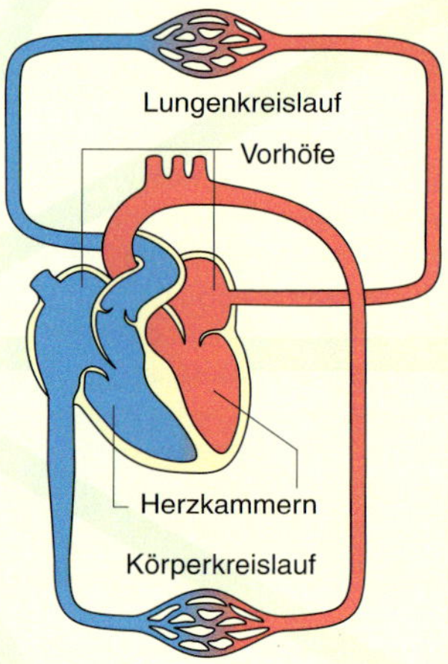

Versorgung/Entsorgung

Lebewesen müssen ständig Substanzen auf- und abbauen, um Energie zu gewinnen. Blutgefäße bringen dazu sauerstoff- und nährstoffreiches Blut zu den Organen hin und nehmen dort Abfallstoffe und Kohlenstoffdioxid wieder auf. Über das Verdauungssystem werden die tierischen Organismen mit Nährstoffen versorgt; Abfallstoffe oder nicht verwertbare Substanzen scheiden sie über den Kot oder Urin wieder aus. Auch Pflanzen nehmen Stoffe wie Wasser, Mineralien oder Kohlenstoffdioxid auf. Abfallstoffe können zum Teil durch das Abwerfen der Blätter entsorgt werden.

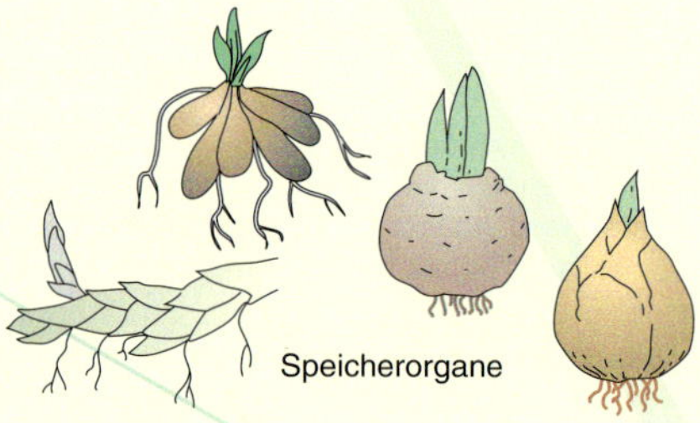

Speicherorgane

Energie

Damit Pflanzen wachsen können, benötigen sie die Lichtenergie der Sonne. Gäbe es keine Pflanzen, könnten weder Tiere noch Menschen existieren. Energie kommt in Lebewesen in verschiedenen Formen vor: Die in Knollen und Wurzeln der Pflanzen gespeicherte chemische Energie nehmen wir mit der Nahrung auf und wandeln sie z. B. in Bewegungsenergie um oder speichern sie als Fettpolster. Energie kann nicht verloren gehen, sondern nur umgewandelt werden.

Energie

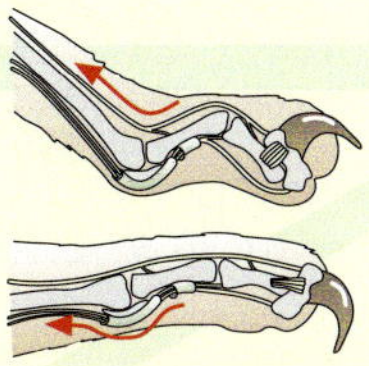

Gegenspieler

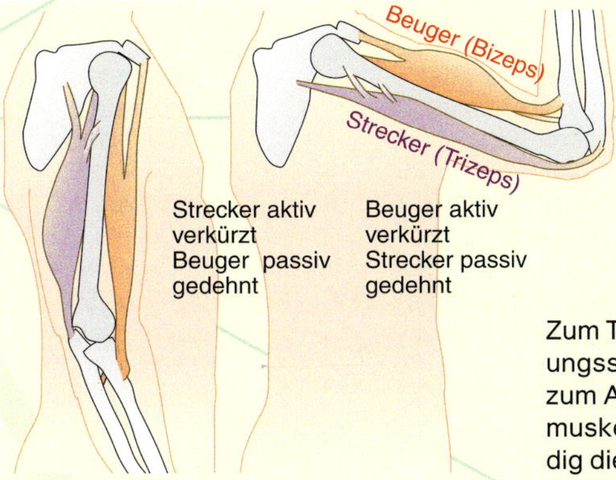

Gegenspieler

Muskeln dienen Tieren zur Bewegung. Dabei wirken in der Skelettmuskulatur stets Beuger und Strecker als Gegenspieler. Beim Ausfahren der Katzenkrallen arbeiten dehnbare Sehnen und Muskeln nach diesem Prinzip zusammen.

Zum Transport der Nahrung im Verdauungssystem ist die Darmmuskulatur und zum Antrieb im Blutkreislauf der Herzmuskel notwendig. Sie verändern ständig die Form des Organs.

Alle Muskeln können sich nur zusammenziehen und werden durch dagegen wirkende Kräfte wieder gedehnt.

Fortbewegung

Für Tiere ist die Fortbewegung ein Kennzeichen des Lebendigen. Fliegen, Klettern und Springen, Schwimmen und Tauchen erfordern eine besondere Angepasstheit an den Lebensraum (S. 220/221). Die meisten Tiere bewegen sich fort, um Nahrung zu suchen oder vor ihren Feinden zu fliehen. Fortbewegung ist zur Fortpflanzung (S. 228/229) und zum Aufziehen der Jungtiere notwendig. Alle Bewegungen sind aber nur dann möglich, wenn dem Tier ausreichend Energie zur Verfügung steht. Mangelnde Nahrungszufuhr oder ständige Bewegung erschöpfen die Energiereserven und führen schließlich zum Tod des Lebewesens.

Fortbewegung

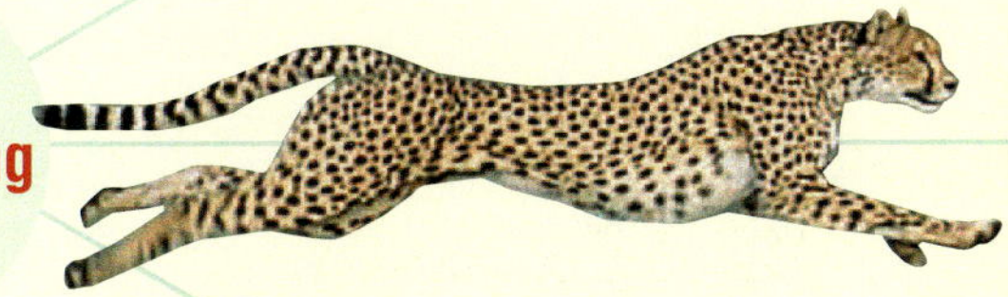

Aufgaben

① Warum ist Stoffwechsel lebensnotwendig? Benutze zur Erklärung die Unterthemen dieser Doppelseite.

② Wodurch unterscheiden sich die verschiedenen Bewegungen bei Tieren und Pflanzen?

③ Viele Bewegungen bei Pflanzen beruhen auf einem Mechanismus, der vom Innendruck in den Zellen abhängig ist. Folgendes Modell kann das verdeutlichen: Fülle eine Plastiktüte so mit Wasser, dass sie nicht ganz prall ist und verschließe sie gut. Klebe dann abgeknickte Papierstreifen oder Pappfiguren „stehend“ auf dieses Wasserkissen. Wenn du jetzt an einer Stelle das Kissen zusammendrückst und wieder loslässt, bewegen sich die Figuren auf und ab. Gibt es auch bei dieser Bewegung Gegenspieler?

④ Auch Rinder fressen nur Gras, das vergleichsweise wenige Nährstoffe enthält. Trotzdem bewegen sie sich schneller als das Faultier. Welche Gründe gibt es dafür?

Bewegung bei Pflanzen

Die auffälligen Bewegungen der Venusfliegenfalle oder der Mimose sind in der Pflanzenwelt schnelle Bewegungen – obwohl wir sie als sehr langsam wahrnehmen. Noch langsamer drehen sich aber z. B. die Blüten der Sonnenblume im Tagesverlauf mit der Sonne oder die Blätter unserer Zimmerpflanzen zum Licht hin. Tulpen- und Krokusblüten schließen sich in der Nacht. Auch die Blätter vieler Pflanzen nehmen nachts oder bei sehr starker Besonnung eine „Schlafstellung“ ein.

Bewegung bei Pflanzen

Register

Bildnachweis

Fotos: 6.1 Silvestris (Gerd Wagner), Dießen – 6.2 Getty Images (The Image Bank/Grant Faint), München – 6.3 Klett-Archiv (Aribert Jung), Stuttgart – 7.1 Okapia, Frankfurt – 8.1 Mauritius (Rosenfeld Images Ltd), Mittenwald – 8.2 Okapia (Hans Reinhard), Frankfurt – 12.1 KODAK (Steve Kally), Stuttgart – 12.2 Angermayer (H. Pfletschinger), Holzkirchen – 12.3 Okapia (Götz), Frankfurt – 12.4 Angermayer (Hans Pfletschinger), Holzkirchen – 14.1 Okapia (Frank Nikolaus), Frankfurt – 14.2 Klett-Archiv (Nature + Science AG), Stuttgart – 14.3 Reinhard-Tierfoto, Heiligkreuzsteinach – 14.4 Reinhard-Tierfoto, Heiligkreuzsteinach – 14.5 IFA (R. Maier), Ottobrunn – 14.6 Reinhard-Tierfoto, Heiligkreuzsteinach – 14.7 Okapia (Georg Büchold), Frankfurt – 15.1 Mauritius (IPS), Mittenwald – 16.1 ZEFA (Norman), Düsseldorf – 16.2 Okapia (Owen Newman, OSF), Frankfurt – 16.3 Klett-Archiv (Thomas Raubenheimer), Stuttgart – 16.4 Wirth, Prof. Jürgen, Dreieich – 16.5 Wirth, Prof. Jürgen, Dreieich – 16.6 Okapia (M. Cawardine, BIOS), Frankfurt – 16.7 Klett-Archiv (Nature + Science AG), Stuttgart – 17.1 Haala, Gert, Wesel – 17.2 Haala, Gert, Wesel – 17.3 Haala, Gert, Wesel – 17.4 Haala, Gert, Wesel – 17.5 Okapia (Manfred Danegger), Frankfurt – 17.6 Okapia (Christian Decout), Frankfurt – 17.7 Okapia (Roland Birke), Frankfurt – 17.8 Okapia (R. Valarcher), Frankfurt – 17.9 Klett-Archiv (Aribert Jung), Stuttgart – 18.1 Wirth, Prof. Jürgen, Dreieich – 18.2 Wirth, Prof. Jürgen, Dreieich – 18.3 Wirth, Prof. Jürgen, Dreieich – 18.4 Wirth, Prof. Jürgen, Dreieich – 18.5 Wirth, Prof. Jürgen, Dreieich – 18.6 Wirth, Prof. Jürgen, Dreieich – 18.7 Wirth, Prof. Jürgen, Dreieich – 18.8 Wirth, Prof. Jürgen, Dreieich – 18.9 Wirth, Prof. Jürgen, Dreieich – 18.10 Wirth, Prof. Jürgen, Dreieich – 18.11 Wirth, Prof. Jürgen, Dreieich – 18.12 Okapia (M. & C. Denis-Huot), Frankfurt – 18.13 Corel Corporation, Unterschleissheim – 18.14 Okapia (R. Jackmann), Frankfurt – 18.15 Pott, Dr. Eckart, Stuttgart – 18.16 Silvestris (Aitken Kelvin), Dießen – 18.17 Wildlife (S. Muller, S. Cordier), Hamburg – 18.18 Reinhard-Tierfoto, Heiligkreuzsteinach – 20.1 Okapia (M. Camardine, BIOS), Frankfurt – 20.2 Corbis (Firefly Productions), Düsseldorf – 20.4 IFA (BCI, Norman Owen Tomalin), Ottobrunn – 20.5 Okapia (Roland Seitre, BIOS), Frankfurt – 20.6 Okapia (Jean-Jacques Etienne), Frankfurt – 20.7 Okapia (NAS, David Weintraub), Frankfurt/M.Okapia (Lanceau, Cogis), Frankfurt/M. – 21.1 Okapia (Stephen Dalton, OSF), Frankfurt – 21.2 Okapia (H. Ausloos, BIOS), Frankfurt – 21.3 Okapia (Klein & Hubert, BIOS), Frankfurt – 21.4 Okapia (Dominique Halleux, BIOS), Frankfurt – 21.5 Okapia (Manfred Danegger), Frankfurt – 21.6 Okapia (Regis Cavignaux, BIOS), Frankfurt – 21.7 Rodach, Paul, Sachsenheim – 22.1 Wildlife (T. Beuster), Hamburg – 23.1 Picture-Alliance (Karl Gottfried Vock/Okapia), Frankfurt – 24.1 Okapia (Hans Reinhard), Frankfurt – 26.1 Tilman Wischuf, Cleebronn – Okapia (Klein u. Hubert/BIOS), Frankfurt/M. – 26.2 Angermayer, Holzkirchen – 27.1 Rodach, Paul, Sachsenheim – 27.2 Okapia (Vedie, Cogis), Frankfurt – 27.3 Okapia (Hans Reinhard), Frankfurt – 27.4 Okapia (J. L. Klein, M. L. Hubert), Frankfurt – 27.5 Okapia (J. L. Klein, M. L. Hubert), Frankfurt – 27.6 Okapia (Hans Reinhard), Frankfurt – 27.7 Angermayer (Hans Reinhard), Holzkirchen – 27.8 Reinhard-Tierfoto, Heiligkreuzsteinach – 28.1 Reinhard-Tierfoto, Heiligkreuzsteinach – 28.2 Okapia (Klein u. Hubert, BIOS), Frankfurt – 28.3 ZEFA (Picture Book), Düsseldorf – 28.4 Okapia (J. L. Klein u. M. L. Hubert), Frankfurt – 28.5 Dr. Erik Zimen, Haarbach – 29.1 Okapia (Rence Lynn, NAS), Frankfurt – 29.2 ZEFA (Wisniewski), Düsseldorf – 30.1 Reinhard-Tierfoto, Heiligkreuzsteinach – 31.1 Okapia (Lond. Sc. Films, OSF), Frankfurt – 31.2 Okapia (Jean-Jacques Etienne/BIOS), Frankfurt – 31.3 Mauritius (Ropp), Mittenwald – 32.1 Landesmedienzentrum Baden-Württemberg (Klaus Paysan), Stuttgart – 32.2 Silvestris (Manfred Danegger), Dießen – 32.3 Silvestris (Carlo Dani Ingrid Jeske), Dießen – 32.4 Okapia (Norbert Rosing), Frankfurt – 32.5 Silvestris (Sunset), Dießen – 32.6 Angermayer (Hans Reinhard), Holzkirchen – 33.1 Okapia (Wil Meinderts), Frankfurt – 33.2 Okapia (J. L. Klein, M. L. Hubert), Frankfurt – 34.1 ZEFA (Spichtinger), Düsseldorf – 34.2 ZEFA (Spichtinger), Düsseldorf – 35.1 Angermayer (Hans Reinhard), Holzkirchen – 35.2 Reinhard-Tierfoto, Heiligkreuzsteinach – 35.3 Reinhard-Tierfoto, Heiligkreuzsteinach – 36.1 Reinhard-Tierfoto, Heiligkreuzsteinach – 36.2 Keil, Prof. Dr. Manfred, Neckargemünd – 38.1 Okapia, Frankfurt – 38.2 Silvestris (Martin Wendler), Dießen – 38.3 Okapia (Rainer Berg), Frankfurt – 39.1 FOCUS (S. Julienne, COSMOS), Hamburg – 39.2 Angermayer, Holzkirchen – 39.3 Angermayer, Holzkirchen – 39.5 Angermayer (Günter Ziesler), Holzkirchen – 40.1 ZEFA (Deuter), Düsseldorf – 40.2 Naturmuseum Senckenberg, Frankfurt/Main – 42.1 S. Meyers – 42.2 Danegger, Manfred, Owingen – 43.1 Angermayer (Hans Reinhard), Holzkirchen – 43.2 B. Siegemund – 44.1 Okapia (Stephen Dalton), Frankfurt – 44.2 Silvestris (Lothar Lenz), Dießen – 45.1 Okapia (Jany Sauvanet), Frankfurt – 46.1 Reinhard-Tierfoto, Heiligkreuzsteinach – 47.1 Reinhard-Tierfoto, Heiligkreuzsteinach – 47.2 Wildlife (C. Sanchez), Hamburg – 48.1 Reinhard-Tierfoto, Heiligkreuzsteinach – 49.1 Okapia (Attilio Calegari, Overseas), Frankfurt – 49.2 Okapia (Brock May, NAS), Frankfurt – 50.1 Danegger, Manfred, Owingen – 51.1 Picture Press (Hahn), Hamburg – 52.1 Reinhard-Tierfoto, Heiligkreuzsteinach – 52.2 Picture Press (M. Danegger), Hamburg – 53.1 Reinhard-Tierfoto, Heiligkreuzsteinach – 53.2 Reinhard-Tierfoto, Heiligkreuzsteinach – 54.1 Reinhard-Tierfoto, Heiligkreuzsteinach – 54.2 Reinhard-Tierfoto, Heiligkreuzsteinach – 54.3 Reinhard-Tierfoto, Heiligkreuzsteinach – 54.4 Danegger, Manfred, Owingen – 54.5 Reinhard-Tierfoto, Heiligkreuzsteinach – 55.1 Okapia (Antonius Ablinger), Frankfurt – 55.2 Reinhard-Tierfoto, Heiligkreuzsteinach – 55.3 Reinhard-Tierfoto, Heiligkreuzsteinach – 55.4 Angermayer (Hans Reinhard), Holzkirchen – 55.5 Angermayer (Günter Ziesler), Holzkirchen – 55.6 Angermayer (Hans Reinhard), Holzkirchen – 56.1 Okapia (Ulrich Zillmann), Frankfurt – 56.2 Wichert, Günther, Dinslaken – 56.3 Wildlife (F. Graner), Hamburg – 57.1 Wildlife (D. J. Cox), Hamburg – 57.2 Wildlife (D. J. Cox), Hamburg – 57.3 Wildlife (A. Mertiny), Hamburg – 58.1 Okapia (NAS/Thomas D. W. Friedmann), Frankfurt – 58.2 Okapia (Dale Robert Franz), Frankfurt – 59.1 Okapia (Hans Reinhard), Frankfurt – 59.2 Okapia (Henry Ausloos), Frankfurt – 59.3 Mauritius (Hackenberg), Mittenwald – 59.4 Okapia (Fritz Pölking), Frankfurt – 59.5 Okapia (Frank Krahmer), Frankfurt – 60.1 Corbis (Hugo von Lawick), Düsseldorf – 60.2 Okapia (NAS, Tim Davies), Frankfurt – 60.3 Okapia (Jean-Jaques Alcalay, BIOS), Frankfurt – 61.1 Okapia (Joe Dorsey, OSF), Frankfurt – 61.2 Okapia (NAS, Tim Davis), Frankfurt – 61.3 Okapia (NAS, T. McHugh), Frankfurt – 61.4 Okapia (Muriel Nicolotti), Frankfurt – 61.5 Unbekannter Lieferant, Stuttgart – 61.6 Unbekannter Lieferant, Stuttgart – 61.7 Unbekannter Lieferant, Stuttgart – 61.8 Unbekannter Lieferant, Stuttgart – 61.9 Silvestris, Dießen – 61.10 Unbekannter Lieferant, Stuttgart – 65.1 Reinhard-Tierfoto, Heiligkreuzsteinach – 65.2 Okapia (Manfred Danegger), Frankfurt – 65.3 Reinhard-Tierfoto, Heiligkreuzsteinach – 65.4 Okapia (Henry Ausloos), Frankfurt – 65.5 Reinhard-Tierfoto, Heiligkreuzsteinach – 65.6 Reinhard-Tierfoto, Heiligkreuzsteinach – 65.7 Reinhard-Tierfoto, Heiligkreuzsteinach – 65.8 Reinhard-Tierfoto, Heiligkreuzsteinach – 66.1 Corbis (R.B. Studio), Okapia (NAS, Clark), Mauritius (Mc Carthy), Okapia – 66.2 Mauritius (Superstock), Mittenwald – 66.3 Rodach, Paul, Sachsenheim – 66.4 Corbis (R. B. Studio), Düsseldorf – 67.1 John Foxx Images (RF), Amsterdam – 68.1 Corbis (Holway u. Lobel Globus), Düsseldorf – 73.1 Corbis (Steve Prezant), Düsseldorf – 75.1 blickwinkel (Royer), Witten – 75.2 Getty Images (Iconica/Wild Pics), München – 75.3 Picture-Alliance (ASA/Francois Sejourne), Frankfurt – 76.1 FOCUS (Peter Menzel), Hamburg – 76.2 FOCUS (Peter Menzel), Hamburg – 76.3 FOCUS (Peter Menzel), Hamburg – 80.1 Stockfood Photo Stock Agency (S. & P. Eising), München – 80.2 Stockfood Photo Stock Agency (S. & P. Eising), München – 81.1 Stockfood Photo Stock Agency (Maximilian Stock LTD), München – 81.2 Stockfood Photo Stock Agency (Susie Eising), München – 81.3 Stockfood Photo Stock Agency (S. & P. Eising), München – 81.4 Stockfood Photo Stock Agency (Maximilian Stock LTD), München – 83.1 Wichert, Günther, Dinslaken – 83.2 Fotex (J.M. Lühmann), Hamburg – 84.1 Okapia (SIU Biomed Comm/CMSP), Frankfurt – 86.1 aus „Brigitte-Diät“ von Marlies Klosterfelde-Wentzel und Helga Haseltine – 86.2 Stockfood Photo Stock Agency (S. u. P. Eising), München – 87.1 Stockfood Photo Stock Agency (Harry Bischof), München

— 87.2 Stockfood Photo Stock Agency (S. u. P. Eising), München — 87.3 Stockfood Photo Stock Agency (S. u. P. Eising), München — 87.4 Stockfood Photo Stock Agency (S. u. P. Eising), München — 87.5 Stockfood Photo Stock Agency (S. u. P. Eising), München — 87.6 Corbis (Gerhard Steiner), Düsseldorf — 87.7 Klett-Archiv, Stuttgart — 88.1 Okapia (Francois Gohier), Frankfurt — 90.1 Mauritius (Enzinger), Mittenwald — 90.2 Okapia (Joyce Photogr./PR Science Sc.), Frankfurt — 93.1 Lieder, Johannes, Ludwigsburg — 93.2 Okapia (NAS, Bill Longcore), Frankfurt — 94.1 Mauritius (Zarember), Mittenwald — 98.1 Mauritius (Benelux Press), Mittenwald — 98.2 Corbis (Firefly Productions), Düsseldorf — 99.2 Mauritius (Ducatez), Mittenwald — 102.1 Corbis (Jose Luis Pelaez), Düsseldorf — 102.2 Mauritius (Kuchlbauer), Mittenwald — 102.3 Helga Lade (D. Rose), Frankfurt — 102.4 Corbis (Mugshots), Düsseldorf — 103.1 Mauritius (Rosenfeld), Mittenwald — 103.2 Getty Images/Bongarts, Hamburg — 104.1 Corbis (Roy Morsch), Düsseldorf — 106.1 Albert Bonniers Förlag AB (Lennart Nilsson), Stockholm — 107.1 Albert Bonniers Förlag AB (Lennart Nilsson), Stockholm — 109.1 Johnson & Johnson (Hans Kubler Medientechnik), Düsseldorf — 109.2 Johnson & Johnson (Hans Kubler Medientechnik), Düsseldorf — 110.1 Albert Bonniers Förlag AB (L. Nilsson), Stockholm — 111.1 Getty Images (stone/UHB Trust), München — 111.2 FOCUS (Matt Meadows, Science Photo Library), Hamburg — 112.1 Mauritius (Mahrholz), Mittenwald — 113.1 Corbis GmbH (Michael Keller, John Welzenbach, C/B-Productions, Norbert S — 114.1 Corbis (Tom u. Dee Ann Mc Carthy), Düsseldorf — 114.2 Mauritius (Eye-Press), Mittenwald — 114.3 Mauritius (Superstock), Mittenwald — 114.4 Corbis (Ariel Skelley), Düsseldorf — 114.5 IFA (Diaf), Ottobrunn — 114.6 IFA (J. Heron), Ottobrunn — 114.7 Corbis (Robert Semeniuk), Düsseldorf — 114.8 Corbis (Rob Lewine), Düsseldorf — 115.1 Corbis (Jon Feingersh), Düsseldorf — 115.2 Corbis (George Shelley), Düsseldorf — 115.3 ZEFA (S. Oskar), Düsseldorf — 115.4 Corbis (Jose L. Pelaez), Düsseldorf — 115.5 Corbis (Jose L. Pelaez), Düsseldorf — 115.6 Corbis (Lance Nelson), Düsseldorf — 115.7 Süddeutscher Verlag, München — 117.1 Niehoff, Ulrich, Bienenbüttel — 118.1 Silvestris (Gerd Wagner), Dießen — 118.2 Pott, Dr. Eckart, Stuttgart — 118.3 Reinhard-Tierfoto, Heiligkreuzsteinach — 118.4 Silvestris (Portsch), Dießen — 118.5 Silvestris (Volkmar Brockhaus), Dießen — 118.6 Okapia (D. Delfino, BIOS), Frankfurt — 118.8 ZEFA (Imaging), Düsseldorf — 118.9 Okapia (B. Marielle, BIOS), Frankfurt — 119.1 Okapia (J. Frebet, BIOS), Frankfurt — 119.2 Klett-Archiv (Nature + Science AG), Stuttgart — 119.7 ZEFA (Ruckszio), Düsseldorf — 121.1 Okapia (Hans Reinhard), Frankfurt — 121.2 Okapia (Andreas Kurz, Naturbild), Frankfurt — 123.1 Okapia (Chaumeton-Lanceau, Nature), Frankfurt — 123.1 Okapia (Chaumeton-Lanceau, Nature), Frankfurt — 123.2 Reinhard-Tierfoto, Heiligkreuzsteinach — 126.1 Klett-Archiv (Thomas Raubenheimer), Stuttgart — 126.2 Reinhard-Tierfoto, Heiligkreuzsteinach — 127.1 Okapia (Kjell B. Sandved), Frankfurt — 127.2 Okapia (Kjell B. Sandved), Frankfurt — 128.1 Klett-Archiv (Nature + Science AG), Stuttgart — 128.2 Silvestris, Dießen — 128.3 G. Bauer — 128.4 Reinhard-Tierfoto, Heiligkreuzsteinach — 128.5 Klett-Archiv (Nature + Science AG), Stuttgart — 128.6 Klett-Archiv (Nature + Science AG), Stuttgart — 128.7 Silvestris (Siegfried Kerscher), Dießen — 128.8 Silvestris (Erich Kuch), Dießen — 129.1 Pott, Dr. Eckart, Stuttgart — 129.2 Reinhard-Tierfoto, Heiligkreuzsteinach — 129.3 Silvestris (Volkmar Brockhaus), Dießen — 131.1 Pott, Dr. Eckart, Stuttgart — 131.2 Reinhard-Tierfoto, Heiligkreuzsteinach — 131.3 Baumann, Helmut, Böblingen — 132.1 Reinhard-Tierfoto, Heiligkreuzsteinach — 135.1 Reinhard-Tierfoto, Heiligkreuzsteinach — 135.2 Reinhard-Tierfoto, Heiligkreuzsteinach — 135.3 Reinhard-Tierfoto, Heiligkreuzsteinach — 135.4 Reinhard-Tierfoto, Heiligkreuzsteinach — 135.5 Angermayer (Hans Reinhard), Holzkirchen — 135.6 Angermayer (Hans Reinhard), Holzkirchen — 135.7 Reinhard-Tierfoto, Heiligkreuzsteinach — 135.8 Silvestris (Gerd Wagner), Dießen — 135.9 Angermayer (Ernst Elfner), Holzkirchen — 136.1 Pott, Dr. Eckart, Stuttgart — 136.2 Pott, Dr. Eckart, Stuttgart — 136.3 Pott, Dr. Eckart, Stuttgart — 136.4 Pott, Dr. Eckart, Stuttgart — 137.1 Reinhard-Tierfoto, Heiligkreuzsteinach — 137.2 Roland Wolf — 137.3 Reinhard-Tierfoto, Heiligkreuzsteinach — 137.4 Reinhard-Tierfoto, Heiligkreuzsteinach — 138.1 Angermayer (Günter Ziesler), Holzkirchen — 138.2 de Cuveland, Justus, Norderstedt — 138.3 de Cuveland, Justus, Norderstedt — 138.4 Silvestris (Volkmar Brockhaus), Dießen — 138.5 Klett-Archiv (Nature + Science AG), Stuttgart — 138.6 Klett-Archiv (Nature + Science AG), Stuttgart — 138.7 Silvestris (Redeleit), Dießen — 139.1 Wildlife (Mertiny), Hamburg — 140.1 Det Kongelige Bibliothek, Kopenhagen — 140.2 Det Kongelige Bibliothek, Kopenhagen — 141.1 Wirth, Prof. Jürgen, Dreieich — 141.2 Wirth, Prof. Jürgen, Dreieich — 141.3 Reinhard-Tierfoto, Heiligkreuzsteinach — 141.4 Wirth, Prof. Jürgen, Dreieich — 141.5 Länge, Dr. Helmut, Stuttgart — 141.6 Wirth, Prof. Jürgen, Dreieich — 141.7 Wirth, Prof. Jürgen, Dreieich — 141.8 Länge, Dr. Helmut, Stuttgart — 141.9 Wirth, Prof. Jürgen, Dreieich — 141.10 Länge, Dr. Helmut, Stuttgart — 141.11 Wirth, Prof. Jürgen, Dreieich — 142.1 Mauritius (Reinhard), Mittenwald — 143.1 Helga Lade (K. Röhrig), Frankfurt — 143.2 Mauritius (P.Freytag), Mittenwald — 143.3 Mauritius (Frank), Mittenwald — 145.1 Pott, Dr. Eckart, Stuttgart — 145.2 Greiner & Meyer (Schrempp), Braunschweig — 148.1 ZEFA (APL), Düsseldorf — 148.2 Okapia (Jim Frasier, OSF), Frankfurt — 148.3 ZEFA (Weber), Düsseldorf — 148.4 IFA (BCI, Norman Owen Tomalin), Ottobrunn — 148.5 IFA (BCI, Norman Owen Tomalin), Ottobrunn — 148.6 IFA (BCI, Norman Owen Tomalin), Ottobrunn — 148.8 Okapia (T. Heathcote, OSF), Frankfurt — 149.1 Okapia (Walter Geiersperger), Frankfurt — 149.2 Okapia (Roger Brown, OSF), Frankfurt — 150.1 Pott, Dr. Eckart, Stuttgart — 151.1 Bildagentur Anne Hamann (T. Hoepker), München — 151.7 ZEFA (Wisniewski), Düsseldorf — 154.1 Angermayer (Hans Reinhard), Holzkirchen — 155.1 Okapia (Nature Agence), Frankfurt — 155.2 Okapia (Nature Agence), Frankfurt — 155.3 Okapia (Nature Agence), Frankfurt — 155.4 Okapia (Nature Agence), Frankfurt — 157.1 Agrar-Press (W. Schiffer), Nörvenich — 157.2 Corbis (Ed Eckstein), Düsseldorf — 157.3 Reinhard-Tierfoto, Heiligkreuzsteinach — 157.4 Reinhard-Tierfoto, Heiligkreuzsteinach — 157.5 Reinhard-Tierfoto, Heiligkreuzsteinach — 157.6 Reinhard-Tierfoto, Heiligkreuzsteinach — 157.7 Angermayer, Holzkirchen — 157.8 Reinhard-Tierfoto, Heiligkreuzsteinach — 158.1 Wildlife (Delpho), Hamburg — 159.1 Silvestris (Frithjof Skibbe), Dießen — 159.2 Angermayer (Hans Pfletschinger), Holzkirchen — 160.1 Silvestris (Konrad Wothe), Dießen — 160.2 Reinhard-Tierfoto, Heiligkreuzsteinach — 160.3 Angermayer (Rudolf Schmidt), Holzkirchen — 161.1 Angermayer (Rudolf Schmidt), Holzkirchen — 161.2 Angermayer (Rudolf Schmidt), Holzkirchen — 161.3 Angermayer (Rudolf Schmidt), Holzkirchen — 161.4 Angermayer (Rudolf Schmidt), Holzkirchen — 161.5 Angermayer (Rudolf Schmidt), Holzkirchen — 161.6 Okapia (Hans Dieter Brandl), Frankfurt — 162.1 Trötschel, Paul, Heeslingen — 162.2 Trötschel, Paul, Heeslingen — 162.3 Trötschel, Paul, Heeslingen — 162.4 Trötschel, Paul, Heeslingen — 162.5 Trötschel, Paul, Heeslingen — 162.6 Trötschel, Paul, Heeslingen — 162.7 Trötschel, Paul, Heeslingen — 162.8 Trötschel, Paul, Heeslingen — 162.9 Trötschel, Paul, Heeslingen — 162.10 Trötschel, Paul, Heeslingen — 163.1 Silvestris (Hans Dieter Brandl), Dießen — 164.1 Danegger, Manfred, Owingen — 164.2 Danegger, Manfred, Owingen — 165.1 Okapia (Hans Reinhard), Frankfurt — 167.2 Reinhard-Tierfoto, Heiligkreuzsteinach — 167.3 Reinhard-Tierfoto, Heiligkreuzsteinach — 167.4 Reinhard-Tierfoto, Heiligkreuzsteinach — 168.1 Okapia (Hans Schweiger), Frankfurt — 168.2 Okapia (Michael Göggelmann), Frankfurt — 168.3 Okapia (Sohns), Frankfurt — 168.4 Bruce Coleman Collection (H. Angel), Cahlfont St Peter Bucks — 168.5 aus „Sehen, Staunen, Wissen Vögel" (S. 46), Gerstenberg-Verlag — 169.1 aus „Sehen, Staunen, Wissen Vögel", Gerstenberg-Verlag (S. 42,61) — 169.2 aus „Sehen, Staunen, Wissen Vögel", Gerstenberg-Verlag (S. 42,61) — 169.3 Okapia (K. Wanecek), Frankfurt — 169.4 Unbekannter Lieferant, Stuttgart — 169.5 aus „Sehen, Staunen, Wissen Vögel", Gerstenberg-Verlag (S. 42, 61) — 170.1 Reinhard-Tierfoto (Arndt), Heiligkreuzsteinach — 170.2 Schrempp, Heinz, Breisach — 170.3 Reinhard-Tierfoto, Heiligkreuzsteinach — 170.4 Schrempp, Heinz, Breisach — 172.1 Angermayer (Hans Reinhard), Holzkirchen — 173.1 Reinhard-Tierfoto, Heiligkreuzsteinach — 173.2 Silvestris (Dietmar Nill), Dießen — 173.3 Reinhard-Tierfoto, Heiligkreuzsteinach — 173.4 Angermayer (Hans Reinhard), Holzkirchen — 173.5 Angermayer (Hans Reinhard), Holzkirchen — 173.6 Angermayer (Hans Reinhard), Holzkirchen — 174.1 Reinhard-Tierfoto, Heiligkreuzsteinach — 174.2 Reinhard-Tierfoto, Heiligkreuzsteinach — 175.1 Danegger, Manfred, Owingen —

175.2 Danegger, Manfred, Owingen — 175.3 Danegger, Manfred, Owingen — 175.4 Danegger, Manfred, Owingen — 175.5 Pott, Dr. Eckart, Stuttgart — 175.6 Pott, Dr. Eckart, Stuttgart — 176.1 Reinhard-Tierfoto, Heiligkreuzsteinach — 176.2 Reinhard-Tierfoto, Heiligkreuzsteinach — 177.1 Reinhard-Tierfoto, Heiligkreuzsteinach — 180.1 Okapia (Michael Fogden, OSF), Frankfurt — 180.3 Okapia (Michael Fogden, OSF), Frankfurt — 180.4 Okapia (Alastair Shay, OSF), Frankfurt — 180.5 Okapia (NAS, T. McHugh), Frankfurt — 180.6 Okapia (John Cancalosi, P. Arnold), Frankfurt — 181.1 Okapia (Patrick Da-Costa), Frankfurt — 181.2 Okapia (Robert Henno, Wildlife Pict.), Frankfurt — 181.3 Okapia (Y. Lefevre, BIOS), Frankfurt — 181.4 Okapia (Rafael Al Ma'ary, BIOS), Frankfurt — 181.5 Okapia (Michael Fogden, OSF), Frankfurt — 181.6 Okapia (Michael Fogden, OSF), Frankfurt — 182.1 Reinhard-Tierfoto, Heiligkreuzsteinach — 184.1 Angermayer (Hans Reinhard), Holzkirchen — 184.2 Angermayer (Heppner), Holzkirchen — 184.3 Angermayer (Heppner), Holzkirchen — 184.4 Angermayer (Heppner), Holzkirchen — 186.1 Reinhard-Tierfoto, Heiligkreuzsteinach — 186.2 Reinhard-Tierfoto, Heiligkreuzsteinach — 186.3 Reinhard-Tierfoto, Heiligkreuzsteinach — 186.4 Angermayer (Hans Reinhard), Holzkirchen — 186.5 Reinhard-Tierfoto, Heiligkreuzsteinach — 186.6 Silvestris (Krone), Dießen — 186.7 Reinhard-Tierfoto, Heiligkreuzsteinach — 186.8 Okapia (Tony Bomford. OSF), Frankfurt — 188.1 Reinhard-Tierfoto, Heiligkreuzsteinach — 189.1 Picture-Alliance (Picture Press/Olaf Ballnus), Frankfurt — 189.2 Bilderberg (Klaus-D. Francke), Hamburg — 190.1 Okapia (David B. Fleetham, OSF), Frankfurt — 190.2 ZEFA (Bell), Düsseldorf — 190.3 Okapia (NAS, A. Power), Frankfurt — 192.1 Angermayer (H. Pfletschinger), Holzkirchen — 193.1 Angermayer (H. Pfletschinger), Holzkirchen — 193.2 Angermayer (H. Pfletschinger), Holzkirchen — 193.3 Angermayer (H. Pfletschinger), Holzkirchen — 193.4 Angermayer (H. Pfletschinger), Holzkirchen — 194.1 Harald Lange Naturbild, Bad Lausick — 194.2 Okapia (J. A. L. Cooke, OSF), Frankfurt — 195.1 Angermayer, Holzkirchen — 195.1 Reinhard-Tierfoto, Heiligkreuzsteinach — 195.2 Angermayer (Hans Pfletschinger), Holzkirchen — 198.1 Angermayer (Hans Pfletschinger), Holzkirchen — 198.2 Reinhard-Tierfoto, Heiligkreuzsteinach — 198.3 Reinhard-Tierfoto, Heiligkreuzsteinach — 201.1 Angermayer (H. Pfletschinger), Holzkirchen — 201.2 Landesmedienzentrum Baden-Württemberg (Klaus Paysan), Stuttgart — 201.3 Reinhard-Tierfoto, Heiligkreuzsteinach — 201.4 Angermayer (H. Pfletschinger), Holzkirchen — 201.5 Pott, Dr. Eckart, Stuttgart — 201.6 Pott, Dr. Eckart, Stuttgart — 201.7 Angermayer (H. Pfletschinger), Holzkirchen — 201.8 Angermayer (H. Pfletschinger), Holzkirchen — 201.9 Angermayer (Günter Ziesler), Holzkirchen — 202.1 Danegger, Manfred, Owingen — 202.2 Reinhard-Tierfoto, Heiligkreuzsteinach — 202.3 Reinhard-Tierfoto, Heiligkreuzsteinach — 202.4 Angermayer (H. Pfletschinger), Holzkirchen — 202.5 Angermayer (H. Pfletschinger), Holzkirchen — 202.6 Angermayer (H. Pfletschinger), Holzkirchen — 203.1 Angermayer (H. Pfletschinger), Holzkirchen — 204.1 Angermayer, Holzkirchen — 205.1 Reinhard-Tierfoto, Heiligkreuzsteinach — 205.2 Okapia (Michael Fogden/OSF), Frankfurt — 205.3 Angermayer, Holzkirchen — 205.4 Wildlife (M. Carwardine), Hamburg — 206.1 Reinhard-Tierfoto, Heiligkreuzsteinach — 206.2 Okapia (Werner Layer), Frankfurt — 207.1 Angermayer (H. Pfletschinger), Holzkirchen — 207.2 Reinhard-Tierfoto, Heiligkreuzsteinach — 207.3 Wildlife (B. Stein), Hamburg — 207.4 Angermayer (Günter Ziesler), Holzkirchen — 207.5 Corbis (Michael & Patricia Fogden), Düsseldorf — 207.6 Reinhard-Tierfoto, Heiligkreuzsteinach — 212.1 Urwelt-Museum Hauff, Holzmaden — 214.1 aus „David Norman, Dinosaurs", Crescent Books, New York — 214.2 Okapia (Kevin Schafer, P. Arnold), Frankfurt — 215.1 Okapia (NAS, K. Fink), Frankfurt — 215.2 Okapia (Martial Aquavone, BIOS), Frankfurt — 215.3 Naturmuseum Senckenberg, Frankfurt/Main — 218.1 Silvestris (Aitken Kelvin), Dießen — 218.2 Wirth, Prof. Jürgen, Dreieich — 218.3 Wirth, Prof. Jürgen, Dreieich — 218.4 Wirth, Prof. Jürgen, Dreieich — 219.1 Bildagentur Schuster (Jean-Louis Dubois/Jacana Janjac), Oberursel — 219.2 Corbis (Tom Brakefield), Düsseldorf — 219.3 Okapia (Joe McDonald), Frankfurt — 219.4 FOCUS (Andrew Syred / SPL), Hamburg — 219.5 Angermayer (Hans Pfletschinger), Holzkirchen — 220.1 Bruce Coleman Collection, Cahlfont St Peter Bucks — 220.2 Okapia (Nick Bergkessel), Frankfurt — 220.3 Okapia (A. Shay/OSF), Frankfurt — 220.4 Okapia (Konrad Wothe), Frankfurt — 220.5 Okapia (D. Scharf/ Peter Arnold Inc.), Frankfurt — 220.6 Silvestris (Arnold Inc.), Dießen — 220.7 Angermayer (Toni Angermayer), Holzkirchen — 221.1 Okapia (Mark Pidgeon), Frankfurt — 221.2 Okapia (Stephen Dalton, OSF), Frankfurt — 221.3 Silvestris (Dietmar Nill), Dießen — 221.4 Okapia (Patrick Da-Costa), Frankfurt — 221.5 Silvestris (Helmut Parsch), Dießen — 221.6 Okapia (Dr. Gilbert S. Grant), Frankfurt — 221.7 Silvestris (Gerard Lacz), Dießen — 221.8 Greiner & Meyer (Greiner), Braunschweig — 222.1 Bilderberg (Markus Kirchgessner), Hamburg — 222.2 Bilderberg (Bertold Steinhilber), Hamburg — 222.3 Corbis (Bob Rowan, Progressive Image), Düsseldorf — 222.4 Bilderberg (Till Leeser), Hamburg — 222.5 Bilderberg (Hans-Jürgen Burkard), Hamburg — 222.6 Reinhard-Tierfoto, Heiligkreuzsteinach — 222.7 Silvestris (Robert Bruckner), Dießen — 222.8 Silvestris (Wolfgang Willner), Dießen — 222.9 Silvestris (Pfeiffer), Dießen — 223.1 Silvestris (Rudolf Höfels), Dießen — 223.2 Angermayer (Günter Ziesler), Holzkirchen — 223.3 Okapia (Manfred Danegger/P. Arnold), Frankfurt — 223.4 Wildlife (D. J. Cox), Hamburg — 224.1 Okapia (NAS/Sidney Bahrt), Frankfurt — 224.2 Reinhard-Tierfoto, Heiligkreuzsteinach — 224.3 Pott, Dr. Eckart, Stuttgart — 224.4 Okapia (Thomas S. England/NAS), Frankfurt — 224.5 Reinhard-Tierfoto, Heiligkreuzsteinach — 224.6 Corbis (Tim Davies), Düsseldorf — 224.7 Okapia (Hansgeorg Arndt), Frankfurt — 224.8 Mauritius (age), Mittenwald — 224.9 Reinhard-Tierfoto, Heiligkreuzsteinach — 224.10 Okapia (Philippe Oberle), Frankfurt — 225.1 Angermayer (Hans Pfletschinger), Holzkirchen — 225.2 Corbis (C.B.P.), Düsseldorf — 225.3 Silvestris (Konrad Wothe), Dießen — 225.4 Okapia (Hans Reinhard), Frankfurt — 226.1 Silvestris (Gertraud Gasser), Dießen — 226.2 Getty Images (The Image Bank / James Balog), München — 226.3 WWF-Deutschland, Frankfurt — 227.1 Angermayer, Holzkirchen — 227.2 Schrempp, Heinz, Breisach — 227.3 Okapia (John A. Anderson), Frankfurt — 227.4 Angermayer (Hans Pfletschinger), Holzkirchen — 227.5 Reinhard-Tierfoto, Heiligkreuzsteinach — 227.6 Angermayer, Holzkirchen — 228.1 Angermayer (Hans Reinhard), Holzkirchen — 228.2 Albert Bonniers Förlag AB (Lennart Nilsson), Stockholm — 228.3 Okapia (Manfred Kage), Frankfurt — 228.4 Angermayer (Hans Pfletschinger), Holzkirchen — 228.5 Okapia (Hansgeorg Arndt), Frankfurt — 228.6 Angermayer (H. Pfletschinger), Holzkirchen — 228.7 Okapia (Neil Bromhall, OSF), Frankfurt — 229.1 Okapia (Herbert Schwind), Frankfurt — 229.2 Bellmann, Dr. Heiko, Lonsee — 229.3 Angermayer (Hans Pfletschinger), Holzkirchen — 230.1 Haala, Gert, Wesel — 230.2 Haala, Gert, Wesel — 230.3 Haala, Gert, Wesel — 230.4 Okapia (NAS/F. Gohier), Frankfurt — 230.5 Pforr, Manfred, Langenpreising — 232.2 Corbis (Kevin Schafer), Düsseldorf — 233.1 Corbis (Ralf-Finn Hestoft), Düsseldorf — 233.2 Okapia (NAS/Dan Suzio), Frankfurt — 233.3 Okapia (NAS/ Dan Suzio), Frankfurt — U1.1 Okapia (Gary Schultz), Frankfurt — U1.2 Getty Images (Taxi/Mike Powell), München

Grafiken: Prof. Jürgen Wirth, Visuelle Kommunikation, Dreieich unter Mitarbeit von Matthias Balonier, Evelyn Junqueira, Nora Wirth

Nicht in allen Fällen war es möglich, den uns bekannten Rechteinhaber der Abbildungen ausfindig zu machen. Berechtigte Ansprüche werden selbstverständlich im Rahmen der üblichen Vereinbarungen abgegolten.

Alter von Tieren	Jahre
Meeresmuschel	220
Strahlenschildkröte	189
Bartenwal	70
Schimpanse	59
Katze	36
Reh	31
Hund	29
Amsel	20

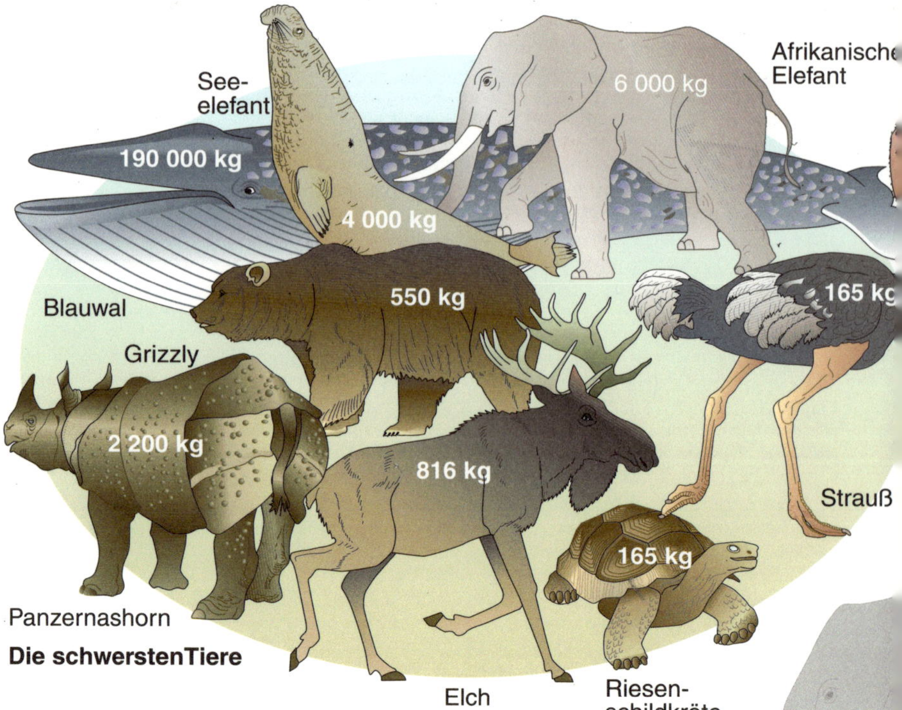

Die schwersten Tiere

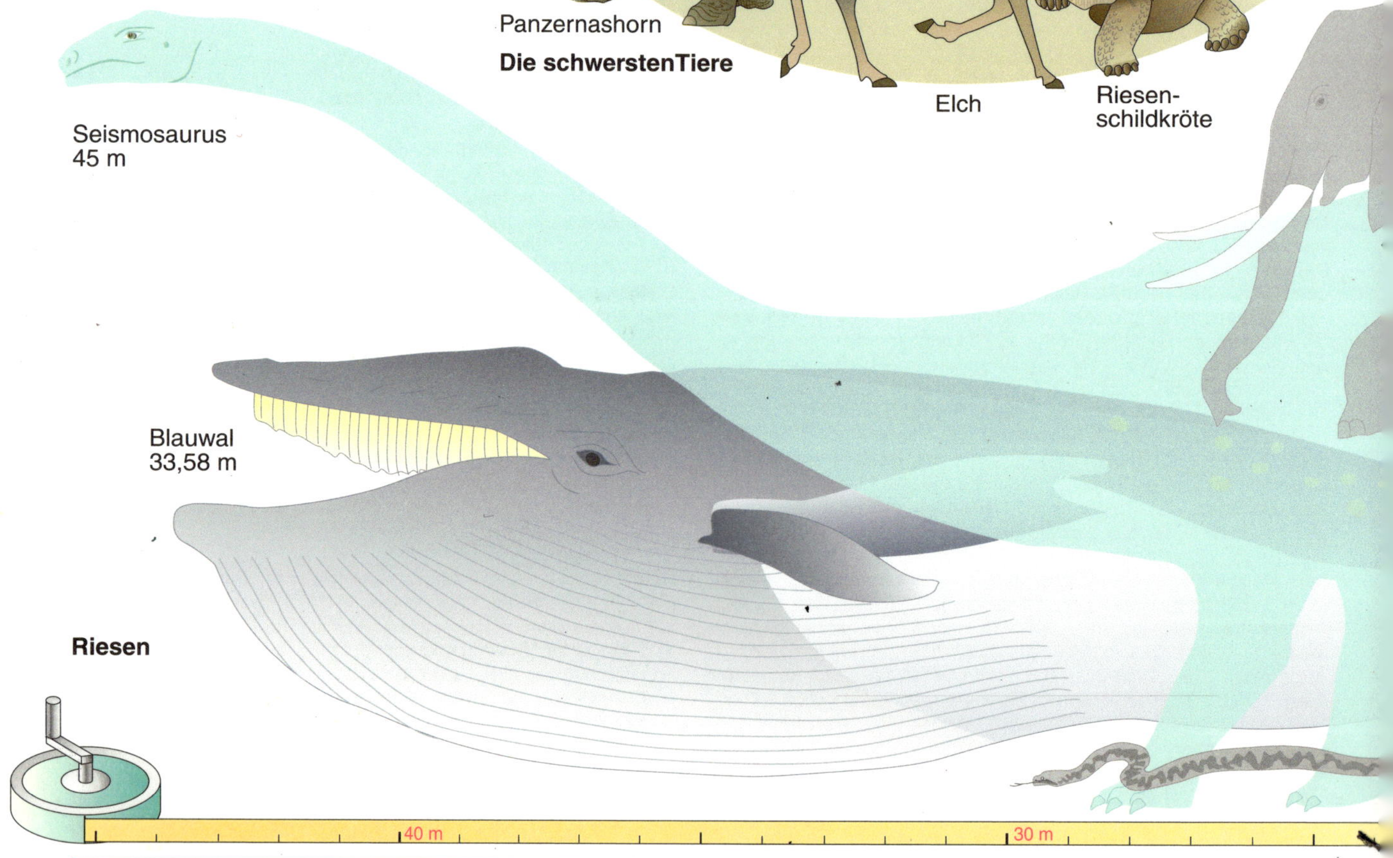

Riesen

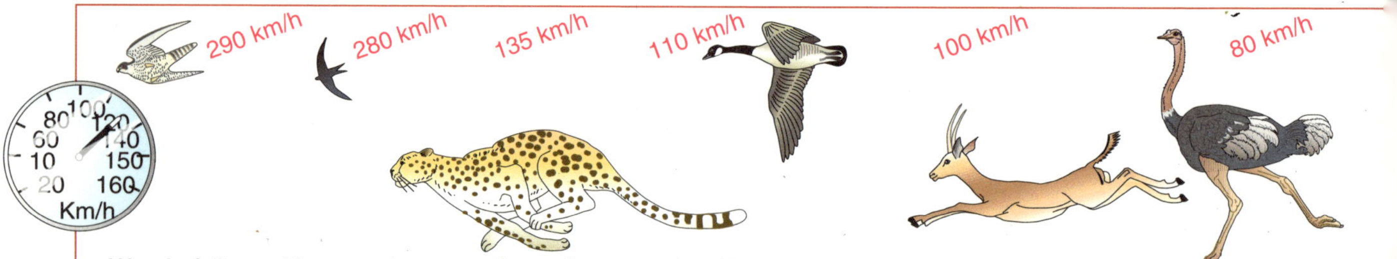